高等职业教育"十二五"规划教材

肉制品加工技术

主编　袁玉超　胡二坤
副主编　申晓琳　鲍　琳

U0266231

中国轻工业出版社

图书在版编目（CIP）数据

肉制品加工技术/袁玉超，胡二坤主编. —北京：中国
轻工业出版社，2015.8

高等职业教育"十二五"规划教材

ISBN 978-7-5184-0396-7

Ⅰ.①肉…　Ⅱ.①袁…②胡…　Ⅲ.①肉制品－食品加
工－高等职业教育－教材　Ⅳ.①TS251.5

中国版本图书馆 CIP 数据核字（2015）第 009492 号

责任编辑：张　靓　　责任终审：滕炎福　　封面设计：锋尚设计
版式设计：王超男　　责任校对：燕　杰　　责任监印：张　可

出版发行：中国轻工业出版社（北京东长安街 6 号，邮编：100740）
印　　刷：三河市万龙印装有限公司
经　　销：各地新华书店
版　　次：2015 年 8 月第 1 版第 1 次印刷
开　　本：720×1000　1/16　印张：20.25
字　　数：498 千字
书　　号：ISBN 978-7-5184-0396-7　　　定价：39.00 元
邮购电话：010－65241695　传真：65128352
发行电话：010－85119835　85119793　传真：85113293
网　　址：http：//www.chlip.com.cn
Email：club@chlip.com.cn
如发现图书残缺请直接与我社邮购联系调换
130366J2X101ZBW

前　言

　　多年以来，食品工业作为我国国民经济的支柱产业得到了蓬勃发展，肉类工业也伴随着食品工业的发展而飞速发展，肉类加工企业及相关行业需要大量的技能型人才，而高职高专教育的培养目标就是培养合格的高素质技能型人才。为此，在中国轻工业出版社的努力下，结合企业生产实际和当前高职高专院校进行的教学改革，编写了这本《肉制品加工技术》，作为高职高专院校食品加工类专业的通用教材。

　　该书是基于以工作过程为导向的教学模式、根据肉类行业的发展需要和现实生产实际，在充分分析工作岗位、工作任务的基础上编写的。该书将学生今后的实际工作任务转变为学习情境，又通过学习任务来支撑整个学习情境；每一个学习任务都是完整的工作过程；完全打破了原有的以知识传授为主要特征的传统教材结构，以真实工作任务及其工作过程为依据整合、序化全书内容，并与行业生产实际和发展需要相一致；以产品加工为主线，以加工操作为基础，以典型产品为重点。全书内容按实际生产工序进行编排，并根据学生的认知规律，把肉类加工的基本原理和基础知识融入到每一个学习任务中。

　　本书系统介绍畜禽屠宰技术、肉的剔骨分割与冷加工技术、干制肉制品加工技术、腌腊肉制品加工技术、灌制类产品加工技术、熏烤制品加工技术、酱卤制品加工技术和油炸速冻制品加工技术，在每一项技术后设置了相关知识的拓展和链接，并安排一定的实训内容，对学生职业技能鉴定中实操考试是个有益的补充，使高职高专的教学更具有针对性和适应性。

　　本书由河南牧业经济学院袁玉超、河南职业技术学院胡二坤担任主编，河南牧业经济学院申晓琳、鲍琳担任副主编。具体编写分工如下：郑州科技学院的王莹莹编写了绪论及学习情境四；河南牧业经济学院的袁玉超编写了学习情境一及学习情境五中的学习任务一、二、三；河南牧业经济学院的孙向阳编写了学习情境二中的学习任务一；郑州旅游职业学院的侯丽芬编写了学习情境二中的学习任务三和学习任务五；河南牧业经济学院的鲍琳编写了学习情境二中的学习任务四、链接与拓展及实训部分；河南职业技术学院的李亚欣编写了学习情境二中的学习任务二和学习情境三；河南至真食品有限公司的华金立编写了学习情境五中的学习任务四和学习任务八；洛阳伊众清真食品有限公司的李玉征编写了学习情境五中的学习任务五、链接与拓展及实训部分；河南牧业经济学院的申晓琳编写了学习情境五中的学习任务六、学习任务七；鹤壁职业技术学院的杨玉红编写了学习情境六；河南职业技术学院的胡二坤编写了学习情境七；河南农业职业学院的李俊华编写了学习情境八。全书由袁玉超进行统稿，邀请了河南尚正食品有限公司尚正先生进行审稿，并提出了宝贵的修改意见，在此表示感谢。

在本书编写过程中，参考了众多学者的著作和论文，并得到了众多同行和企业的指导和支持，在此一并表示感谢。

由于编者能力有限，对书中的错误和不足之处，敬请同仁和读者批评指正。

编　者

学习情境一　畜禽屠宰技术

学习情境二　肉的剔骨分割与冷加工技术

学习情境三　干制肉制品加工技术

学习情境四　腌腊肉制品加工技术

学习情境五　灌制类产品加工技术

学习情境六　熏烤制品加工技术

学习情境七　酱卤肉制品加工技术

学习情境八　油炸速冻制品加工技术

绪　论

一、肉与肉制品

广义上讲，凡是作为人类食物的动物体组织均可称为"肉"，不仅包括动物的肌肉组织，而且还包括像心、肝、肾、肠、脑等器官在内的所有可食部分。然而，现代人类所消费的肉主要来源于家畜、家禽和水产动物，如猪、牛、羊、马、鸡、鸭、鹅、鱼、虾、蟹、贝等。狭义上讲，肉是指畜禽经屠宰放血后，除去毛、头、蹄、内脏后的可食部分。在肉品加工中，原料肉是指胴体中的可食部分，又称其为净肉；肉是指动物的肌肉组织和脂肪组织以及附着于其中的结缔组织、微量的神经和血管。因为肌肉组织是肉的主体，它的特性支配着肉的食用品质和加工特性，因而肉品研究的主要对象是肌肉组织。

对原料肉进行粗加工或精加工处理的过程，称为肉品加工。肉品加工的目的是将屠宰动物转化为动物性食品和其他工业产品；抑制微生物生命活动，防止有害物质的产生和残留，保证肉制品的安全性和稳定性；添加或改变某些成分，科学调制配方，强化功能，增加肉制品的种类，使其符合营养和保健需要，满足消费者需求；改善品质，注重色、味、香、形和质地，增加美食度，以提高食品价值和商品价值；适应国内外市场的需求；综合利用副产品，以提高经济效益和社会效益。同时肉品加工业为畜牧业引进工业技术，实行大规模、工业化生产、将分散的畜牧业集中起来，促进其产业化。

肉制品是指以动物的肉或可食内脏为原料加工制成的产品。由于我国地域辽阔、民族众多，各地区民族的饮食习惯与嗜好差异悬殊，所以我国肉制品品种极为丰富，一般分为以下九大类。

（1）腌腊制品类，如咸肉、板鸭、腊肉等。

（2）酱卤制品类，如盐水鸭，酱牛肉等。

（3）熏烧烤制品类，如熏肉、熏鸡、烤鸭等。

（4）干制品类，如肉松、肉干、肉脯等。

（5）油炸制品类，如炸猪皮、炸丸子等。

（6）香肠制品类，如风干香肠、广东香肠、哈尔滨红肠、粉肠、小肚等。

（7）火腿制品类，如金华火腿、碎肉火腿、盐水火腿等。

（8）罐头制品类，如午餐肉罐头、红烧肉罐头、禽肉罐头等。

（9）其他制品类，如肉冻、肉糕等。

二、我国肉品加工的历史

据文献记载，中国是肉制品的发源地之一，至今已有三千多年的历史。全国各地形成了具有鲜明地方特色的肉制品，有的已成为当地的支柱产业。如金华火腿、宣威火腿历史悠久，驰名中外；苏州酱汁肉、北京月盛斋的酱牛肉和烧羊肉已有200多年的历史；南京板鸭在明朝时期就已成为名产，并作为贡品（又称贡鸭）；北京全聚德的烤鸭已成为国内外人们十分喜爱的名吃；此外，还有广东腊肉腊肠、南安板鸭、德州扒鸡、道口烧鸡、福建肉松、四川肉干等，都已成为驰名中外的传统特色肉制品。这些传统特色肉制品，都是我国劳动人民长期实践经验的结晶，是我国劳动人民对肉品加工的巨大贡献。

新中国成立至今，大规模的养猪业促进了我国原料肉贮藏技术和设备的发展。20世纪70年代我国开始建立冷冻猪分割肉车间；80年代建立了冷却肉小包装车间，从德国、意大利、荷兰、日本等国引入分割肉和肉类小包装生产线；到90年代，我国的猪肉分割肉已占白条肉的10%～15%。改革开放以来，我国从德国、意大利、荷兰、日本等国引进了西式肉制品生产线和单台设备。随后天津、上海等地肉类机械设备厂引进、仿制了西式肉制品生产线及设备。从此肉品加工技术得到长足发展，在加工技术研究、机械设备、标准制定、卫生检疫等方面快速发展，实现了工业化、现代化、规模化、科学化生产。其中，特别是高温火腿肠生产线的引进与生产，给我国肉制品加工行业带来了一次革命。

三、我国肉类行业的现状

中国的肉类食品行业是新中国成立后发展壮大起来的，现在已基本建立起以现代肉类加工业为核心，涵盖畜禽养殖、屠宰及精深加工、冷藏储运、批发配送、商品零售及相关服务的完整产业链，在行业规模、技术水平和产业素质等方面均取得了突破性的进展。

2013年全国肉类总产量8536万t，比上年增长1.8%，人均肉类占有量已超过60kg，超出世界平均水平（2013年全球肉类产量达到3.082亿t），提前超额完成了"十二五"肉类工业发展规划提出8500万t的总量目标。2013年在进出口方面，我国肉类出口总量106万t，肉类进口总量252万t。肉类贸易逆差146万t，比上年的119.5万t增加26.5万t以上，逆差扩大43.2%。

在肉类产品结构上，2013年我国猪肉产量5493万t，增长2.8%；牛肉产量673万t，增长1.7%；羊肉产量408万t，增长1.8%；禽肉产量1798万t，下降

1.3%。猪、禽、牛、羊肉在肉类总产量中所占比重为 64.3:21.0:7.9:4.8。

2013 年肉品加工企业规模以上及通过 QS 认证企业数量有所增加。截至 6 月，全国规模以上畜禽屠宰及肉类加工企业数增长近 5%；通过 QS 认证的肉制品加工企业总数比上年末增加 500 多家，其中酱卤和速冻肉制品企业数量增长较快。大型企业利润占比由年初的 30% 上升至 34%，盈利能力有所提高。

四、我国肉制品加工行业存在的问题

中国是世界肉类生产和消费大国，但中国肉类食品行业的发展水平与世界发达国家相比还存在一定的差距。

（1）肉制品、畜禽副产物原料总量多，但加工转化率远远低于发达国家，我国目前仅有 15% 左右。

（2）肉制品的质量不高，普遍表现出脂肪、含水量高，货架期短等缺陷。

（3）肉制品产品结构不合理，以鲜冻肉消费为主，可直接食用的便捷肉类制品比例小，只占肉类总量的 11% 左右，低温肉制品和发酵肉制品市场比例低于国外。

（4）我国肉制品质量安全标准还存在一些问题亟待解决，如：标准老化、调理肉制品等企业生产中亟需的国家安全标准缺失，以及标准间的衔接协调程度不高，标准交叉、重复和矛盾等。

五、我国肉制品加工行业的发展趋势

1. 在新的市场经济环境下，中国肉制品行业在发展模式上正在探索整合

从中国猪肉行业和全球畜牧业产业链紧密依存的国际化角度放眼，随着国内肉制品行业的发展，单个工厂、区域市场、局部运作的模式将失去竞争力；自成体系的封闭式运作将面临资源约束的瓶颈。优势企业将在价值链主导下，打破资源约束，在全球产业链上谋求联盟与合作，建立安全、统一、高效、协同的供应链体系。产业集群、供应链体系、市场网络成为获取竞争优势的关键要素。

2. 随着社会经济的发展和生活水平的提高，人们越来越关注饮食与健康的关系

"三低一高"（低脂肪、低盐、低糖、高蛋白）的肉制品的开发已引起社会各界的重视；功能性的肉制品以其特殊的营养和保健功能，越来越受到消费者的青睐，研制和开发低脂肪、低硝酸盐、低盐、高膳食纤维等肉制品是功能性肉制品发展的主要方向。另外，低温肉制品的加工工艺最大化保持了肉蛋白质的原性，产生多种受人喜爱的风味，顺应各种饮食习惯人群的需要，由此可见低温肉是国内外肉制品工业未来发展的必然趋势，将成为消费的热点，保健型肉制品将成为市场的新宠。

3. 加工装备与工艺技术水平稳步提高

目前，我国肉类工业正处于由劳动密集型产业向技术密集型产业转变的进程中，呈现科学技术与产业示范化、生产现代化交叉发展的势态。特别是在一些规模化企业中，具有国际先进水平的生产装备和工艺技术得到应用，极大地促进了企业素质的提高和产品结构的调整。这些先进生产装备的引进，再加上消化吸收了一些国际前沿技术，例如腌制技术、乳化技术、栅栏技术及危害分析与关键点控制管理体系等，我国肉类加工技术水平上了一个大台阶。

4. 建立和完善我国肉制品标准化体系，尽快实现与国际接轨

通过学习国外先进制标经验，建立适合我国国情、科学合理的肉制品生产、管理、检验等标准体系。通过政府、监管部门、肉品企业等各方的综合努力，推行 GMP、HACCP 及 ISO9000 族系管理规范，尽快实行与国际接轨的标准化体系和全程质量控制体系，加强和规范肉类制品的质量管理及品质保障，从根本上保障国家肉品质量安全卫生。

5. 推行清洁生产、环境管理，发展生态工业

清洁生产是生态工业和循环经济的前提和本质，也是实现循环经济的基本形式。随着国家资源节约型、环境友好型社会建设的不断推进，畜禽废弃物资源化循环利用已成为国内外的重点研究对象。通过加快技术改造步伐，积极推行清洁生产审计，加强环境管理体系建设，逐步实现在生产全过程中控制污染。将节能减排、清洁生产、环境保护、综合利用等作为技术创新和技术改造的重点，全面提升我国肉类企业污染治理、清洁生产水平。

学习情境一 畜禽屠宰技术

畜禽屠宰加工是获得生鲜肉食和各种加工的基础，事关广大消费者的生命安全和身体健康，是畜牧业健康发展的重要一环。同时通过屠宰加工，生产出肉类深加工的原料肉，其品质在一定程度上决定了肉制品的质量。而原料肉的品质，不但与畜禽的品种、饲料、性别、年龄等有关，还与屠宰加工的条件、技术、贮藏等密切相关。

所谓屠宰加工，就是肉用畜禽经过刺杀、放血、浸烫脱毛（或剥皮）、开膛净膛、去头蹄、劈半等一系列加工工序，最后加工成胴体（即白条肉）的过程。这只是一个肉类初加工的过程。

国务院颁发的《生猪屠宰管理条例》规定：国家实行生猪定点屠宰、集中检疫制度；未经定点，任何单位和个人不得从事生猪屠宰活动，但是，农村地区个人自宰自食的除外；国家根据生猪定点屠宰厂（场）的规模、生产和技术条件以及质量安全管理状况，推行生猪定点屠宰厂（场）分级管理制度，鼓励、引导、扶持生猪定点屠宰厂（场）改善生产和技术条件，加强质量安全管理，提高生猪产品质量安全水平；生猪定点屠宰厂（场）由设区的市级人民政府根据设置规划，并颁发生猪定点屠宰证书和生猪定点屠宰标志牌；生猪定点屠宰厂（场）应当具备有与屠宰规模相适应、水质符合国家规定标准的水源条件，有符合国家规定要求的待宰间、屠宰间、急宰间以及生猪屠宰设备和运载工具，有依法取得健康证明的屠宰技术人员，有经考核合格的肉品品质检验人员，有符合国家规定要求的检验设备、消毒设施以及符合环境保护要求的污染防治设施，有病害生猪及生猪产品无害化处理设施，依法取得动物防疫条件合格证；生猪定点屠宰厂（场）屠宰的生猪，应当依法经动物卫生监督机构检疫合格，并附有检疫证明；屠宰生猪，应当符合国家规定的操作规程和技术要求，如实记录生猪来源和生猪产品流向（记录保存期限不得少于2年）；应当建立严格的肉品品质检验管理制度。肉品品质检验应当与生猪屠宰同步进行，并如实记录检验结果；合格的生猪产品，加盖肉品品质检验合格验讫印章或者附具肉品品质检验合格标志；生猪定点屠宰厂（场）以及其他任何单位和个人不得对生猪或者生猪产品注水或者注入其他物质，也不得屠宰注水或者注入其他物质的生猪，也不得为对生猪或者生猪产品注水或者注入其他物质的单位或者个人提供场所；从事生猪产品销售、肉食品生产加工的单位和个人以及餐饮服务经营者、集体伙食单位销售、使用的生猪产品，应当是生猪定点屠宰厂（场）经检疫和肉品品质检验合格的生猪产品。

学习任务一　畜禽宰前管理技术　🔍

准备进行屠宰的畜禽必须符合国家颁布的《家畜家禽防疫条例》、《肉品检验程序》的相关规定，经检疫人员检疫，出具检疫证明，保证健康无病，方可作为屠宰对象。动物在屠宰前，都要进行宰前检验和宰前的科学管理。

一、宰前检验及处理技术

畜禽的宰前检验与管理是保证肉品卫生质量的重要环节之一，它在贯彻执行病、健隔离，病、健分宰，防止肉品交叉污染，提高肉品卫生质量等方面，起着极为重要的把关作用。屠宰畜禽通过宰前临床检查，可以初步确定其健康状况，尤其是可以发现许多在宰后难以发现的传染病，如破伤风、狂犬病、脑炎、胃肠炎、脑包虫病、口蹄疫以及某些中毒性疾病，因宰后一般无特殊病理变化或解剖部位的关系，在宰后检验时常有被忽略或漏检的可能。而对于这些疾病，依据其宰前临床症状是不难做出诊断的，从而做到及早发现、及时处理、减少损失，还可以防止畜禽疫病的传播。此外，合理的宰前管理，不仅能保障畜禽健康，降低病死率，而且也是获得优质肉品的重要措施。

（一）宰前检验的步骤与程序

1. 入场（厂）验收

验讫证件，了解疫情。当畜禽由产地运输到屠宰加工企业后，在未卸下车、船之前，兽医检验人员应先向押运人员索取"三证"，即产地检验证明、车辆消毒证明和非疫区证明，了解产地有无疫病，并了解运输过程中的疾病及死亡情况。

视检畜禽，病、健分群。检疫人员亲自到车船仔细察看畜禽群，核对畜禽的种类和头数。如发现数目不符或见到畜禽死亡以及症状明显的畜禽时，必须认真查明原因。如果发现有疫情或疫情可疑时，不得卸载，立即将该批畜禽转入隔离圈（栏）内，进行仔细的检查和必要的实验室诊断。

逐头测温，剔除病畜。供给进入预检圈（栏）的畜群充分饮水，待安静休息4h后逐头测温。将体温异常的病畜移入隔离圈（栏）。经检查确认健康的屠畜则赶入待宰圈。

个别诊断，按章处理。隔离出来的病畜禽或可疑病畜禽，经适当休息后，进行仔细的临床检查，必要时辅以实验室诊断，确诊后按章处理。

2. 住场查圈

入厂检验合格的畜禽，在宰前饲养管理期间，兽医人员应该经常深入圈栏，对畜禽群进行静态、动态和饮食状态等的观察，以便及时发现漏检的或新发病的畜禽，做出相应的处理。

3. 送宰检验

送入宰前饲养管理场的健康畜禽，经过 2d 左右的休息管理后，即可送去屠宰。为了最大限度的控制有病畜禽，在送宰前需要再进行详细的外貌检查，没发现有病畜禽或可疑畜禽时，可开具准宰证，送入准宰圈。

（二） 宰前检验的方法

宰前检验的方法可依靠兽医的临床诊断，再结合屠宰场（厂）的实际情况灵活运用，生产实践中多采用群体检查和个体检查相结合的方法。其具体做法可归纳为动、静、食的观察三大环节和看、听、摸、检四大要领。首先从大群中挑出有病或不正常的畜禽，然后再详细的逐头检查，必要时应用病理学诊断和免疫学诊断的方法。一般对猪、羊、禽类等的宰前检验都应用群体检查为主，辅以个体检查；对牛、马等大家畜的宰前检验应以个体检查为主，辅以群体检查。

1. 群体检查

群体检查是将来自同一地区或同批的畜禽作为一组，或以圈、笼、箱划群进行检查；检查时可按静态、动态、饮食状态三个环节进行，对发现异常的个体标上记号。

（1）静态检查 检疫人员深入到圈舍，在不惊扰畜禽使其保持自然安静的情况下，观察其精神状态、睡卧姿势、呼吸和反刍状态，注意有无咳嗽、气喘、战栗、呻吟、流涎、嗜睡和孤立一隅等反常现象。

（2）动态检查 静态检查后，可将畜禽轰起，观察期活动姿势，注意有无跛行、后退麻痹、打晃踉跄、屈背弓腰和离群掉队现象。

（3）饮食状态检查 在畜禽进食时，观察其采食和饮水状态，注意有无停食、不饮、少食、不反刍和想食又不能吞咽等异常情况。

2. 个体检查

个体检查是在群体检查中被挑选的病畜禽和可疑病畜禽集中进行较详细的临床检查。即使已经群体检查并判定为健康无病的牲畜，必要时也可抽检 10% 作个体检查，如果发现有传染病时，可继续抽检 10%，有时甚至全部进行个体检查。个体检查的方法可归纳为看、听、摸、检四大要领。

（1）看 观察其精神、被毛和皮肤（有无水泡、溃疡、结节等）；观察运步状态；观察鼻镜和呼吸动作；观察可见黏膜（是否苍白、潮红、黄染）；观察排泄物。

（2）听 可以耳朵直接听取或用听诊器间接听取牲畜体内发出的各种声音。听叫声；听咳嗽；听呼吸音；听胃肠音；听心音。

（3）摸 用手触摸畜体各部，应结合眼观、耳听，进一步了解被检组织和器官的技能状态。摸耳根、脚跟；摸体表皮肤；摸体表淋巴结（大小、形状、硬度）；摸胸廓和腹部。

（4）检　重点是检测体温。体温的升高或降低，是牲畜患病的重要标志。

（三）宰前检验后的处理

经宰前检验健康合格、复合卫生质量和商品规格的畜禽按正常工艺屠宰；对宰前检验发现病畜禽时，根据疾病的性质、病势的轻重以及有无隔离条件等作如下处理。

1. 禁宰

经检查确诊为炭疽、鼻疽、牛瘟、恶性水肿、气肿疽、狂犬病、羊快疫、羊肠毒血症、马流行性淋巴管炎、马传染性贫血等恶性传染病的牲畜，采取不放血法扑杀。肉尸不得食用，只能工业用或销毁。同群其他牲畜应立即进行测温。体温正常者在指定地点急宰，并认真检验；不正常者予以隔离观察，确诊为非恶性传染病的方可屠宰。

2. 急宰

确认为无碍肉食卫生的一般病畜及患一般传染病而有死亡危险的病畜，应立即急宰。凡疑似或确诊为口蹄疫的牲畜应立即急宰，其他同群牲畜也应全部宰完。患布氏杆菌病、结核病、肠道传染病、乳房炎和其他传染病及普通病的病畜，必须在指定的地点或急宰间屠宰。

3. 缓宰

经检验确认为一般性传染病且有治愈希望者，或患有疑似传染病而未确诊的牲畜应予以缓宰。但应考虑有无隔离条件和消毒设施，以及病畜短期内有无治愈希望，经济费用是否有利成本核算等问题。否则，只能急宰。

此外，宰前检疫发现牛瘟、口蹄疫、马传染性贫血以及其他当地已基本扑灭或原来没有流行过的某些传染病，应立即封锁现场，进行环境、工器具、衣帽、鞋的卫生消毒，并采取个人防护措施，必要时取样送检，并及时向当地兽医防疫机构报告。

二、屠宰前的管理

宰前管理是指畜禽屠宰前的管理，包括运输、休息、禁食、饮水、驱赶等。

（一）畜禽进厂

畜禽运输车辆由专门的入口进入厂区，厂区门口安装有喷淋消毒设施和专用的消毒池。用 50~100mol/L 的次氯酸钠溶液对车体和畜禽进行喷淋消毒，消毒池用 300~400mol/L 的次氯酸钠溶液对车辆车轮进行消毒。然后，编号卸车、检验、称重、入圈。在驱赶时，要求轻驱慢赶，高喊轻拍，严禁棒打脚踢。

（二）宰前休息

运到屠宰场的牲畜，到达后不宜马上进行宰杀，由于环境改变、受到惊吓等外界因素的刺激，牲畜易于过度紧张而引起疲劳，使血液循环加速，体温升高，肌肉组织中的毛细血管充满血液，正常的生理机能受到抑制、扰乱或破坏，从而降低了机体的抵抗力，微生物容易侵入血液中，加速肉的腐败过程，也影响副产品品质。

畜禽必须在指定的圈舍中休息。宰前休息目的是恢复运输途中的疲劳，恢复正常生理状态，消除应激反应，有利于放血；增强抵抗力，抑制微生物的繁殖；提高肌糖原的含量，减少 PSE 肉（即白肌肉，指受到应激反应的畜禽屠宰后，产生色泽苍白、灰白或粉红、质地软和、肉汁渗出的肉），加速尸僵的进行。所以牲畜宰前充分休息对提高肉品质量具有重要意义。宰前休息时间一般为 24～48h。

休息时应注意使畜禽保持安静状态，不可过度拥挤，在驱赶时禁止鞭棍打、惊恐及冷热刺激。

（三）宰前断食

屠畜一般在宰前 12～24h 断食，断食时间必须适当，其意义主要有以下几点。

（1）临宰前给予充足饲料时，则其消化和代谢机能旺盛，肌肉组织的毛细血管中充满血液，屠宰时放血不完全，肉容易腐败。

（2）停食可减少消化道中的内容物，防止剖腹时胃肠内容物污染胴体，并便于内脏的加工处理。

（3）保持屠宰时安静，便于放血。

断食时间不能过长，以免引起骚动。断食会降低牲畜的体重和屠宰率，一般牛、羊宰前绝食 24h、猪 12h、鸡鸭 18～24h、兔 20h 内、鹅为 8～16h。

（四）充分饮水

在断食后，应供给充分的水，甚至 1% 的食盐水更好。充分饮水能使畜体进行正常的生理机能活动，调节体温，促使粪便排泄，以放血完全，获得高质量的屠宰产品。如果饮水不足会引起肌肉干燥，造成牲畜体重严重下降，直接影响产品质量；饮水不足还会使血液变浓，不易放血，影响肉的贮藏性。但是为避免屠畜倒挂放血时胃内容物从食道流出污染胴体，在屠宰前 2～4h 应停止给水。

（五）运输车辆和候宰圈的管理

运输车辆卸车后，要先在洗车台清除粪便后，再用热水冲洗至污水不呈黄色为止，然后用含有有效氯 5%～10% 的漂白粉溶液消毒，最后用热水冲洗干净。与之接触的工具（特别是装运家禽的周转筐）应做相应的冲洗与消毒。

候宰圈清空后要及时清扫冲洗干净后，用 100～200mol/L 的次氯酸钠溶液喷洒消毒 30min 以上，必要时用 2%～5% 的烧碱溶液喷洒消毒 2～5min。每循环使用一次要消毒一次。

学习任务二　生猪屠宰技术

猪的屠宰工艺如图 1-1 所示。

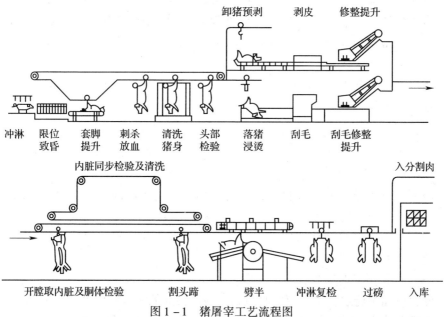

图 1-1　猪屠宰工艺流程图

根据《GB/T 17236—2008 生猪屠宰操作规程》规定，从致昏开始，猪的全部屠宰过程不得超过 45min，从放血到摘取内脏，不得超过 30min，从编号到复检、加盖检验印章，不得超过 15min。

一、淋浴

生猪宰杀前必须进行水洗或淋浴，其主要目的是洗去猪体病菌及污物，提高肉品质量，生猪淋浴后，体表带有一定的水分，增加了导电性能，有利于麻电操作，提高致昏效果。在淋浴或水洗时，由于水压的关系对生猪则是一种突然的刺激，环境的突变引起生猪机体的应激性反应，表现为生猪的精神异常兴奋、心跳加快、呼吸增强、肌肉紧张、体温上升。由于毛细血管的收缩，引起毛细血管中血液量暂时减少，同时表现有毛孔的扩张及胃肠蠕动加快、排粪便多等。如果在这时麻电放血，则会造成肉尸放血不全、内脏淤血等，从而出现毛细血管扩张及暂时的生理性充血。为此在淋浴后要让生猪休息 5 ~ 10min，最长不应超过 15min，然后再进行麻电刺杀为好。

淋浴一般在候宰圈或者赶猪道进行，喷水应是上下左右交错地喷向猪体，水温应根据季节的变化，适当加以调整，冬季一般应保持在 38℃左右。夏季一般在 20℃左右。淋浴的时间在 3 ~ 5min。在淋浴时要保持一定的水压，不宜太急，以免生猪过度紧张，最好是毛毛细雨，使屠畜有凉爽舒适的感觉，促使外围毛细血管收缩，便于放血。

二、击晕

应用物理的或化学的方法，使家畜在宰杀前短时间内处于昏迷状态，称为致昏，也叫击晕。主要方法有电击法及 CO_2 麻醉法。击晕的目的是使屠畜暂时失去知觉，因为屠宰时牲畜精神上受到刺激，容易引起内脏血管收缩，血液剧烈地流集于肌肉内，致使放血不完全，从而降低了肉的质量。同时避免宰杀时屠畜嚎叫、拼命挣扎消耗过多糖原，使宰后肉尸保持较低 pH，此外，击晕还可以保持环境安静、减轻工人的体力劳动和保证操作的安全，体现职业道德和高尚文明的生产精神。

（一）电击晕

国内目前普遍采用的是电击晕法，也就是通常所说的"麻电"，微电流通过牲畜大脑时，可使牲畜完全麻醉昏迷。

1. 麻电原理

麻电时电流通过猪的脑部，造成实验性癫痫状态，暂时失去知觉 3 ~ 5min。猪心跳加剧，全身肌肉高度痉挛，故能得到良好的放血效果。麻电效果与电流强度、电压大小、频率高低以及作用时间都有很大关系。麻电致昏符合动物福利提倡的关爱动物、无痛苦屠宰的要求，体现了文明生产、善待生命的理念。

麻电致昏的强度，以使待宰生猪失去知觉，处于昏迷状态，呼吸缓慢均匀，肢体抽动，心跳加强，失去攻击性，消除挣扎，保证放血良好为最佳致昏程度，严禁将生猪电击死亡。麻电致昏常因毛细血管破裂和肌肉撕裂引起局部淤血，或因心脏麻痹而导致放血不全。引起胴体特别是腿部和腰部肌肉中产生许多淤血区；电击引起猪血压升高，也会产生淤血斑。

电压过小或时间过短时会出现反复电击才能致昏的现象；当电压过高或时间过长时，出血不畅，肉中出现淤血，甚至导致骨折等胴体损伤。国外有采用低电压、高频率的电击方法，可以缩短从击晕到放血的时间（不超过 30s），减少儿茶酚胺的作用，减低淤血斑的发生频率。

2. 麻电设备

有手持式麻电器和光电麻电机两种。手持式麻电器由调压器、导线、手持式麻电装置组成（图 1 - 2）。光电麻电装置是猪自动触点而晕倒的一套装置，较为复杂，由光电管、活动夹板、活塞及大翻板等组成，外形像一只铁柜。当猪逐头按次序、相等的时间间隔进入一个槽状的狭小自动运输通道，触及自动开闭的夹形麻电器上，猪头切断光源，产生信号，活动夹板夹住猪头，进行麻电，晕倒后滑落在运输带上（图1-3）。目前先进的光电自动电击晕设备是心脑三点式低压电击晕机，采用双位电击（心脑三点低压电麻），3个击晕电极（头—头—心脏），头部击昏电流在2.4～2.8A，击昏时间为2.2s，心脏击晕电压在75～100V，时间为1.5s。

图1-2 猪手持式麻电器

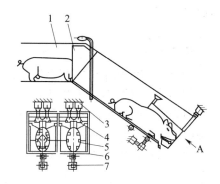

图1-3 猪自动麻电装置
1—机架 2—铁门 3—磁力牵引器 4—挡板
5—触电板 6—底板 7—自动插销

3. 人工麻电操作

操作者穿戴上绝缘手套、靴、围裙，手持麻电器，接通电源，检查电压是否适当，将麻电器两端分别浸润5%的食盐水（浸入盐水溶液时不要同时浸入，以防短路）。将麻电器电极的一端揿在猪眼与耳根交界处，另一端揿在肩胛骨附近（这两个区域俗称太阳穴和前夹心）进行麻醉，以猪昏倒为度，即将麻电器移开。一般说，麻电所需电压为70～90V时即可达到致昏目的，这种电麻的电流为0.5～1.0A，频率为50～60Hz，麻电时间1～3s。有时在电流频率不变的条件下，电压也可使用100V左右。

（二）二氧化碳麻醉

丹麦、美国、加拿大、德国等国家应用较多，属化学致昏法。使屠畜通过用干冰产生的二氧化碳密闭室或隧道，由于吸入二氧化碳而致昏。二氧化碳体积分数65%～75%，空气25%～35%。猪只15s左右失去知觉而倒下，保持时间2～3min。

此方法麻醉的猪在安静状态下，不知不觉地进入昏迷状态，呼吸维持较久，心跳不受影响，由于肌肉完全放松，血液循环正常，屠宰放血时利于充分放血，不会出现充血现象，肉的品质较高。此外，肌糖原含量相对较高，肌肉pH偏低，肉的保存性较好。实验证明吸入二氧化碳对血液、肉质及其他脏器影响较小。但工作人员不能进入麻醉室，二氧化碳浓度过高时，也能使屠畜死亡，且该套设备造价高，我国尚未大范围推广。

三、刺杀放血

刺杀放血是指屠宰时致生猪死亡的动作，即用刀刺入屠畜体内，割破血管或心脏使血液流出体外，造成屠畜死亡的屠宰操作环节。须在生猪致昏后立即进行，不得超过30s，沥血时间不得少于5min。常用的放血方式有倒挂放血（吊挂垂直刺杀放血）和卧式放血两种。

（一）刺杀方法

致昏后的生猪，操作人员一手握住吊链套管，一手拉住猪的左后腿，将吊链环套挂在猪腿跗关节上方，将猪提升上自动轨道生产线，即进入刺杀放血工作。

国内生猪屠宰企业长期、广泛采用的刺杀方法是切断颈部血管（动脉、静脉）法。选用一把长刃尖刀（20～25cm），操作人员一手抓住猪前腿，另一手握刀（握刀必须正直，大拇指压在刀背上，不得偏斜），刀尖向上，刀锋向前，同体颈表面形成15°～20°倾斜角，对准颈部第一肋骨咽喉正中偏右0.5～1cm处向心脏方向刺入，刀刺入深度按猪的品种、肥瘦情况而定，一般在15cm左右。刀不要刺得太深，以免刺入胸腔和心脏、气管，造成淤血。刺入后，刀略向左偏，直至第三肋骨附近，抽刀时侧刀下拖切断颈部动脉和静脉。

这种方法拖刀和拔刀时速度要快，最好是拔出来的刀上不沾血迹，从进刀到出刀的全部时间不超过1～1.5s。刺杀时，不得使猪呛膈、淤血。每刺杀一头猪，放血刀要在82℃的热水中消毒一次，放血刀可轮换使用。

这种刺杀方法，刀口较小，可减少烫毛池的污染，不伤及心脏，心脏保持收缩功能，有利于充分放血，操作简单安全。但也由于刀口较小，必须保证充分的沥血时间，否则容易造成放血不全，因此，放血轨道和接血池应有足够的长度来保证放血充分。

（二）放血方法

刺杀后或伴随着刺杀，应立即进行卧式或用链钩套住猪左脚跗骨节，将其提上到轨道（套脚提升）进行立式（垂直倒挂）放血。从卫生学角度看，倒挂屠体放血良好，利于随后的加工，但会产生肌肉收缩，且该过程会消耗能量并加速厌氧的糖酵解，促进白肌肉（PSE）的产生。

目前一些大规模、高度机械化、自动化的生猪屠宰企业，也较多采用击晕后，猪只躺在卧式滚筒输送线上进行刺杀放血，然后吊挂、沥血，同时收集血液，进行血液的深加工。卧式放血操作简便，减少了从击晕到刺杀放血的时间，同时缩短了屠体内激素和酶的作用时间，对肉的品质有明显的改善作用，缺点是需要增加一个滚筒式输送床，而且往往采取真空放血，因工艺和占地导致成本增加。

在小型屠宰场或屠宰量较小时，不论立式还是卧式放血，接血槽往往是土建或不锈钢池子，血液自然流出后用自来水冲掉或人工收集，商贩定时收购加工，也有少数采用管道收集，然后分离，喷雾干燥加工成血粉、血清粉、血浆粉等产品或者其他生化制品。这种放血方式，放血量约占猪只体重的 3.5%，占全部血液量的 50% 左右。

一些屠宰场采用更先进的真空放血设备，放血量可达总血量的 90% 左右，也有利于血液深加工综合利用。所用工具是一种具有真空抽气装置的特制"空心刀"，刺杀时用空心刀直接在颈部刺入，经过第 1 对肋骨中间向右心插入，血液即通过刀刃空隙、刀柄空心腔沿橡皮管路抽入容器中。用空心刀放血可以获得食用或医疗用的血液，从而提高副产品利用价值。真空放血虽刺伤心脏，但因有真空抽气装置，放血仍然良好。

（三）放血不全的原因

放血程度是肉品品质的重要指标。放血完全的胴体，大血管内不存有血液，内脏和肌肉中含血量少，肉质鲜嫩，色泽鲜亮，含水量少，保存期长。放血不完全的胴体，色泽深暗，含水量高，易造成微生物的生长繁殖，容易腐败变质，不耐久藏。

造成放血不全的原因如下。

（1）宰前生猪未进行适当的休息和饮水，特别是商品猪在运输过程中造成机体的疲劳过度，生猪机体内水分减少，血液循环缓慢，心力减弱，于是在刺杀后血液排出缓慢，机体内血液不能完全排出。

（2）由于麻电时间过长和电压过高，致使生猪心脏衰竭死亡，宰杀时血液外流受阻而引起放血不全。

（3）病猪或体温高的生猪，由于受病理的影响，机体脱水，血液的浓度增高，致使宰杀放血时血流缓慢，造成出血不全。

（4）将猪麻电致死或刺伤心脏，使心脏停止跳动，血液不能循环，为此刺杀后血液只能借助自身重力流出，但流速慢、血量少，部分血液仍淤积在各组织器官中而造成放血不全。

（5）刺杀时进刀部位选择不准，未能切断颈部动脉而引起放血不全。

（6）刺杀后马上进行热烫刮毛或剥皮，血液自流时间短，也会出现放血不全。

四、摘甲状腺

甲状腺俗称"栗子肉"，是合成、贮存、分泌甲状腺素的腺体。甲状腺素具有增加全身组织细胞的氧消耗量及热量产生，促进蛋白质、碳水化合物和脂肪的水解，促进人体的生长发育及组织分化的作用。

由于甲状腺具有性质稳定，不易被高温破坏的特点，一般的加热方法很难使其失活。所以，即使人们食用了经过熟制的甲状腺的产品也可能出现中毒现象。人误食甲状腺后，过量的甲状腺素会造成过敏中毒，病人出现兴奋、恶心、呕吐、狂躁不安、心脏悸动、头痛、发热和荨麻疹等症状，孕妇还见发生流产。严重者可以导致死亡。研究表明，人如果食入 1.8g 的鲜甲状腺即可发生中毒。

甲状腺位于颈部上中部，喉短管的腹侧，胸骨柄前上方，气管交接处的两侧，附着在喉头上，有两个。腺体红色，重 8 ~ 10g，长 4.0 ~ 4.5cm，宽 2.0 ~ 2.5cm，厚 1.0 ~ 1.5cm，由左右两个侧叶和中间的腺峡组成。猪甲状腺的腺峡与两个侧叶连成一体，呈椭圆枣状。与肾上腺、病变淋巴结一起俗称为"三腺"，是《GB/T 17996—1999 生猪屠宰产品品质检验规程》中明确规定必须摘除的有害腺体之一。

操作时看清甲状腺所在位置，从刺杀刀口伸进一只手，拉住腺体并将其撕下；或左手用钩钩住颈部内侧甲状腺，右手持刀将其割下。要求同时修去表层包皮，剪净上面的碎脂肪，保持腺体完整。如果在取红脏后摘除甲状腺，则左手用镊子夹住附着在喉头上的甲状腺，右手持刀将其割下。

五、浸烫脱毛

浸烫脱毛是带皮猪屠宰加工中的重要环节，浸烫脱毛好坏与白条肉质量有直接关系。在浸烫前，不论对何种方式放血的屠体，都要进行清洗。目前国内企业多数都是利用安装有特制鞭条的清洗机进行清洗，开启喷水喷头用清水洗掉猪身上的泥沙和血污、粪便等污物，避免污染池水，以及由此造成的屠体之间的交叉污染。

（一）浸烫脱毛原理

猪宰后浸入一定温度（60℃以上）的水中，保持适当的时间，使表皮、真皮、毛囊和毛根的温度升高，毛囊和毛根处发生蛋白质变性而收缩，促使毛根与毛囊分离。同时毛经过浸烫后，变软，增加了韧性，脱毛时不易折断，可收到连根拔起之效。水温过高或过低，都对脱毛的质量产生不利影响。如水温过低，毛根、毛囊、表皮与真皮之间不起变化，无法脱毛、脱皮；如水温过高，蛋白质迅速变性，皮肤收缩，结果毛囊收缩，无法脱毛，表皮与真皮结合在一起，无法分离。

浸烫水温与浸烫时间与季节、气候、猪品种、月龄有关。不同品种猪的毛稀密程度不同皮厚度也不一样，对浸烫温度和时间有不同要求。月龄大的对水温要求比月龄小的猪高，一般浸烫水温为 58 ~ 62℃，时间为 5 ~ 8min。

（二）烫毛

现在国内外大中型屠宰厂采用得比较多的烫毛方法主要有两种：一种是烫池

工艺，属于热水浸烫；另一种是竖式隧道烫工艺，是部分技术先进的大规模生猪屠宰企业通过引进吸收的方式，使用蒸汽式（蒸汽冷凝式）烫毛系统。烫池工艺是由原来的手工烫毛发展为往复式摇烫，然后发展到国内目前运用最为普通的"运河式烫毛"。

1. 往复式摇烫

往复式摇烫工艺采用摇摆式烫毛装置，主要有烫池、摇烫机两部分，如图1-4所示。

图1-4 摇摆式烫毛装置

毛猪进入烫池后，一般按照先后次序进、出入摇烫机，但遇上个别需要多泡烫的猪时，毛猪在进摇烫机之前或出摇烫机之后的空池内停留一段时间。此外，在摇烫机的右侧也留有一个400mm宽的空烫池，以便不宜进摇烫机的大猪（150kg）通过此狭窄的空烫池传至出猪处，进行手工刮毛。摇烫机右侧还装有活动栅栏门，以便猪被卡在蝶形架中不动时，可开门将猪拖出。

2. 运河式烫毛

摇摆式烫毛装置工作时，热量损失大，卫生状况差，工作环境恶劣。随着屠宰企业卫生标准的提高，摇摆式烫毛装置慢慢的被运河式烫毛装置或蒸汽烫毛装置取代。

运河式浸烫法是国外20世纪70年代采用的工艺，主要由自动控血线、烫池、自动沉降装置、转向装置、水循环系统等组成。如图1-5所示，烫毛池由不锈钢制造，长度由链条速度和烫毛时间决定，长度一般不得少于20m；烫毛池的侧面有保温层，外部包有不锈钢板，池底也有保温措施；除浸烫池出入口处，池体上部设有密封盖；烫池入口、出口段有导向装置，入口段设有溢流管，出口段补充新水装置；入口、出口段长度各2m左右，单排的浸烫池池体宽0.6~0.75m，U形线路的更宽，不包括密封盖的池体净高度0.8~1.0m；烫池底部有一定的坡度，并有排水口；烫池外还需增设一个水循环装置，强制循环水流方向与屠体在烫池内行进方向相反，在进行水温均匀度调节的同时，还可以控制屠体脱钩；池内的循环系统设有一个或几个热水或蒸汽入口，利用蒸汽对水进行直接或间接加热。

图 1 - 5　运河式浸烫池

在烫池内安装一条自动线轨道，屠体从刺杀、放血到烫毛都是吊挂进行，在浸烫过程中，挂脚链不松开直接进入烫池，在可控沉降的导轨下，被悬挂输送机拖动从入口拖动到出口即完成浸烫。浸烫后悬挂输送线送至脱毛机上部，自动脱钩，进入脱毛机。整个浸烫过程无需人工操作，基本实现了生产线机械化加工。封闭式的运河式烫池，温度稳定、均匀，烫毛效果好，可降低能源消耗和减少工人劳动强度，克服了传统烫毛刮毛操作困难、生产不连续等缺点，提高了生产效率。但是这种烫毛工艺仍沿袭着传统的"热水混烫"模式，其最大的缺点是容易造成交叉感染，内脏呛水，能源消耗较大，水污染严重，同时烫池浸烫法使胴体温度升高，加速宰后糖酵解，肉的极限 pH 较低，容易造成 PSE 肉，从而降低肉的品质。

3. 蒸汽式烫毛装置

由于烫池浸烫存在一定的缺陷，而冷凝式蒸汽烫毛隧道技术可有效避免病菌的交叉感染，改善烫毛工序的卫生条件，在欧洲广为流行，因此《SB/T 10396—2011 生猪屠宰企业资质等级要求》规定五星级生猪屠宰加工企业烫毛必须采用热水喷淋烫毛或隧道蒸汽烫毛。目前国内只有部分大型屠宰加工企业引进了蒸汽烫毛装置，国产化的屠宰设备还处在初步推广阶段。

冷凝式蒸汽烫毛隧道主要由不锈钢保温箱体，蒸汽供热（湿）系统，热循环系统，自动温控系统，排污系统等组成。如图 1 - 6 所示。

生猪经放血、控血后处于吊挂状态进入蒸汽隧道，隧道内的温度为 62 ~ 65℃，相对湿度为 96% 以上，以大约 12m/s 的速率循环。蒸汽供热（湿）系统将蒸汽冷凝至 62 ~ 65℃，然后通过热循环系统进入隧道，隧道两侧安装的导流板迫使湿热蒸汽均匀扩散，环绕猪屠体周围对猪体的较浅表层及猪毛进行浸润和浸烫。余热蒸汽回到隧道外与热蒸汽重新混合后循环使用，隧道底部的通道用来收集冷凝水和使蒸汽均匀分布，烫毛温度由安装在隧道上的温控系统来控制。蒸汽式烫毛装置长度主要依屠宰量、浸烫时间来确定。

蒸汽和湿热汽流是决定烫毛效果的关键因素，为了保证烫毛质量，蒸汽式烫毛装置在设计制作时，根据流体力学理论和猪屠体形状设计，保证猪体各个部位都能得到充分润烫，达到烫毛均匀的效果；采用蒸汽加热（湿）系统保证隧道内适宜的温度和湿度；自动监测和控制系统，可在线检测隧道内的温度和湿度，并自动调整工艺系数，可防止由于胴体浸烫过度而影响肉品质量；屠体经悬挂输送链送进烫毛隧道，相互之间没有接触，屠体干净，不会产生交叉污染，保证肉品卫生安全；可节约用水 90%，节省蒸汽 30%，余热重复利用，减少运行费用和水处理费用。

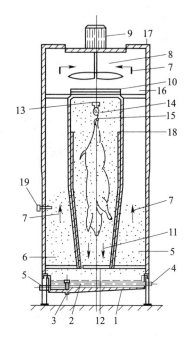

图 1 - 6　冷凝式蒸汽烫毛隧道示意图
1—水箱　2—烫毛水　3—蒸汽管　4—测温仪
5—排水口　6—水蒸气　7—蒸汽循环方向
8—吹风扇　9—带动吹风扇的电机
10—蒸汽冷却机组　11—热烫屠体
冷却蒸汽循环方向　12—活动挡板
13—空中传送装置　14—轨道
15—抓钩　16—支撑屠体的梁
17—隧道外架　18—隔热板
19—恒温调节器

4. 烫毛的技术要求

屠体浸烫完毕、进入刮毛机之前，操作者可以用手在鬃毛部或者前腿部试捋一下，如果捋毛即脱，表明浸烫适度，可以进入刮毛工序，否则需要继续浸烫。不论何种浸烫方式，都要把握好温度和时间，防止烫生、烫老和烫熟。

（三）脱毛

脱毛分手工刮毛和机器脱毛两种。极少数小型屠宰场无脱毛设备时，可进行人工刮毛。先用刮铁刮去耳和尾部毛，再刮头和四肢，然后刮背部和腹部。各地刮法不尽一致，以方便、刮净为宜。

机器刮毛基本上是靠刮毛机中的软硬刮片与猪体相互摩擦，将毛刮去，同时向猪体喷淋温水，刮毛时间 30 ~ 60 s 即可。

目前国内外机器刮毛方式主要也有两种，即吊挂式刮毛和卧式刮毛。吊挂式刮毛法是猪屠体进入刮毛隧道后，依靠橡胶片在屠体表面不断的拍打磨蹭，并同时配有 60~62℃热水淋洗，达到除毛和清洗目的，其优点可与烫洗隧道连成一体，构成烫毛脱毛连续化，无需摘钩，提高了工作效率；卧式刮毛法，是我国自20世纪50年代至今一直沿袭的一种刮毛工艺，由于我国烫毛工艺依旧以浸烫为主，因此卧式刮毛工艺在我国非常普遍。

（四） 修刮、燎毛与抛光

脱毛机脱毛后，还要对残毛进行燎毛。燎毛前要进行预干燥，目前绝大多数都是采用预干燥机，它是采用鞭状橡胶或塑料条鞭打猪屠体，使其表面脱水、干燥，为燎去猪屠体上未脱净的猪毛而设置的前加工设备，使燎毛设备节省能源消耗。

预干燥后，往往在燎毛炉中进行燎毛。它是利用燃气，依靠自动点燃装置，对准悬挂输送链上的屠体喷火，炉温至1000℃左右，屠体在炉内停留3~4s，可使猪屠体的表面清洁，也使猪屠体表面温度增高，起到杀菌作用。也有采用人工的方法，利用喷灯将颈部、鼠蹊部及其他部位未脱掉的残毛烧掉。

燎毛后，要将烧焦的皮屑层及黑污刮掉（俗称刮黑），常使用抛光机（即清洗刷白机）是在隧道内利用鞭条的抽打作用和温水的冲洗作用使屠体表面清洁并有光泽。

目前国内部分厂家也有将猪屠体浸泡在清水池中进行修刮残毛，刮毛虽然干净，但劳动强度大。由于屠体在池中浸泡，池水对宰杀刀口附近的肉会造成污染，增加了后续胴体的修割量，减少了出品率。温水池要不断注入清水，使水保持一定流速和清洁度。猪体经机器脱毛后经整理台进入温水池，立即用刨子、刀对猪体四肢、头、蹄等部位按顺序进行修刮。然后用刀在后肢跗关节上捅一个口子，称刀眼，刀口不得超过5cm，并不得把肌肉露在皮外。最后用扁担勾穿好两边刀眼，挂入滑轮，经提升机上道，该工序即告结束。

（五） 割头、割蹄、割尾

有的企业在脱毛后，要进行去头、去尾、去蹄。去头有以下三种方法。

（1）锯头　用锯头机，有可上下调节升降的口，适合大生产需要。操作时，一人掌握升降圆盘锯，看准屠体大小，迅速调整锯片对准屠体头颈寰枕关节处。另一人左手抓住屠体左前腿，右手推脑骨处，可迅速割下猪头。不足之处是猪体过大影响锯头速度和直接影响出肉率。目前也有用去头钳的，在颈背部贴近耳根部位将猪颈骨切断。

（2）刀砍　操作者先割好猪头一侧槽头，左手抓住手钩钩起，使露出寰椎关节，然后右手持砍刀，对准寰枕关节猛砍，猪头即被砍下。该法缺点是劳动强度大。

（3）刀割关节　从头颈连接的寰枕关节处与猪耳根平齐割下头部。从两耳根后部（距耳根0.5~1cm）连线处下刀，将皮肉割开，刀尖深入枕骨大孔将头骨与颈骨分离，然后左手下压，将猪头紧贴枕骨割开，不得过多地带颈部猪肉（质量≤50g），使之成为"三角头"。两侧咬肌裸露，宽度 3～4cm。要求刀具每使用一头消毒一次。缺点是，大猪猪头离地面太近，割时有些困难。

值得一提的是，不论哪种方法，在实际生产时，都必须使猪头仍先连在胴体上，待同步检验完毕后，用刀将猪头彻底割下。

去猪蹄也有两种方法：一种是机械去蹄，用手动液压去蹄钳，将前蹄从腕关节处夹断，后蹄从跗关节处剪断，要求刀口平整，不能切割成锯齿形；另一种是人工的方法，去前蹄时，先用刀在腕关节下方 3～4cm 处划一圈，整齐地割下猪皮，划前蹄时将猪蹄向外扳，使前蹄逐渐弯曲，然后用刀将猪皮上推，露出关节部位，下刀将前蹄从关节处割下。去后蹄时要求先用刀在踝关节的上方 2～3cm 处划一圈，将猪皮整齐地割开，再将猪后蹄稍用力往外扳，同时用力从踝关节处将后蹄割下。刀口平、齐、吻合，猪蹄要求断面整齐，猪皮的长度超出断面2cm以上。

去尾时，右手持刀贴尾根关节割下，将尾根割成圆锥形，要求下刀部位准确，刀口齐、圆，使割后肉尸没有骨梢突出皮外，没有明显凹坑。

六、剥皮

在生产不带皮猪肉时，要先去头、去蹄、去尾，然后剥皮，通常称为"毛剥"，有机械剥皮法和人工剥皮法两种。国内普遍采用机械剥皮法，基本实现了生产线机械化加工，提高了生产效率，减轻了工人的劳动强度。机械剥皮，就是依靠剥皮机上辊筒的运转，带动猪屠体进行180°的翻转，通过调整剥皮机刀片间隙，使刀片顺着皮、膘结合部位剥下猪皮，并在水流的冲淋下，从下料口滑出猪皮。利用剥皮机剥皮之前，由于机械性能制约，猪屠体上有些部位和上机时需要夹住部分猪皮，必须先用手工预剥一面或两面，并确定预剥面积，以解决设备无法剥到的部位，所以机械剥皮仍然含有手工剥皮的工序。

无论手工剥皮还是机械剥皮，均不得划破皮面，少带肥膘。手工预剥时要求下刀平整，屠体上无皮毛、无损伤，要杜绝出现"鱼鳞"刀痕等现象，要求操作人员必须掌握四个要点，即"通、平、紧、挺"。"通"就是在剥皮时猪屠体前段必须剥通颈下部（即槽头部分）；后段必须剥通尾根部，否则机械剥皮时，容易使猪皮破裂，并使破皮残留在屠体上。"平"就是刀身必须前后平贴着猪皮进刀，不可有一端翘起，否则容易破皮，并使皮上脂肪过多。"紧"和"挺"就是在进刀时，必须将猪皮拉紧，使皮张绷紧平整，不能有一处松软或打皱，否则容易发生刀伤破皮、"描刀"和破洞等。

（一）机械剥皮

1. 挑皮

（1）挑腹皮 从颈部起沿腹部中央正中线挑开，至肛门处，刀刃向上，不能挑得太深，以免挑破腹壁及内膜，伤及内脏。

（2）挑前后腿裆皮　刀刃向上，从进刀口处直线挑开前后裆皮，不宜挑得太深，避免伤及肌肉和皮下脂肪，注意与挑开的腹皮呈十字形状，下刀平整。

2. 预剥

手工剥皮，按剥皮机性能，预剥一面或两面，确定预剥面积。剥皮时一手把猪皮拽紧展平，另一手将刀刃紧贴皮内侧，刀尖上斜，刀刃朝下，沿猪皮、肥膘结合缝呈弧形向后运刀，幅度要长，动作要连贯，大面要剥到两腿窝以下，形成一条直线，将猪皮剥离。剥右侧时，从臀部或腿腹部入刀剥离至后肢后侧皮，再从腹部剥到胸部，最后剥离前肢后侧皮，直到剥通前肢；剥左侧时从颈部入刀，一直到后肢，最后使臀部、肩部形成一条直线。

3. 夹皮

将预剥开的大面（右侧）猪皮扯平，绷紧无褶，放入剥皮机卡口，夹紧。注意防止皱皮和双层皮，并把猪前后腿均匀压直，保持一条直线。

4. 开剥

夹皮完毕，开机人员应检查猪皮是否平整，夹皮人员手指是否离开刀口，再开机夹紧猪皮，当辊筒卡口处转进刀片内，应及时调节操作杠杆，把刀片紧贴猪皮，以免带皮油。由于猪皮厚度不均，颤动的刀片剥到脊背时，需调节操作杆，略微放宽刀片与猪皮的距离，把皮完整剥下，将猪屠体推下滑道后，开机人员松开卡口，夹皮人员将猪皮及时取下，防止重皮，使辊筒钳口停位准确。开剥时要求水冲淋与剥皮同步进行，按皮层厚度掌握进刀深度，不得划破皮面，少带肥膘。

（二）人工剥皮

将生猪屠体放在操作台上，按下列顺序剥皮。

（1）挑腹皮　从颈部沿腹部正中线切开皮层至肛门处。

（2）剥臀皮　先从后臀部皮层尖端割开一小块皮，用手拉紧，顺序下刀剥下两侧臀部皮和尾根皮。

（3）剥腹皮　左右两侧分别剥，剥右侧时，一手拉紧、拉平后裆肚皮，按顺序剥下后腿皮、腹皮、前腿皮；剥左侧时，一手拉紧脖皮，按顺序剥下脖头皮、前腿皮、腹皮、后腿皮。

（4）剥脊背皮　将屠体四肢向外平放，一手拉紧、拉平大皮，用刀剥下脊背皮。

（三）修整

用环形刀将刺杀放血口处污染的肉修去，部位要准，不得残留刀口肉。

七、剖腹取内脏

剖腹取内脏主要包括编号，割肥腮（下腮巴肉），雕圈，开膛，拉直肠割膀胱，取白脏、红脏等内容。

（一）编号

编号人员对自动线输送的屠体，按顺序在每一屠体耳部和前腿外侧用食品级记号笔编上号码，也可以用号牌对猪屠体进行编号，这有利于统计当日屠宰的头数。编号字迹要清晰、不重号、不错号、不漏号。号牌每使用一次，要用82℃以上的热水消毒一次。生产结束，用清水冲洗干净后，再用100～200mol/L的次氯酸钠溶液浸泡消毒。

（二）割肥腮

操作人员右手持刀，左手抓住左边放血肥腮处，离颌腺3～5cm处入刀，顺着下颌骨平割至耳根后再在寰枕关节处入刀，入刀时刀刃横割，刀尖略偏上，刀柄略向下，顺下颌骨割至放血口离颌下3～5cm处收刀。要割深、割透，两侧肥腮肉要割得平整，一般以小平头为标准。左右肥腮与颈肉相连通，但不能有皮连接。

（三）雕圈

雕圈是沿猪的肛门外围，将刀刺入雕成圆形。雕圈是生猪屠宰解剖、开膛和净腔（摘除猪屠体腹腔内的内脏）加工的第一步，目的在于将直肠和胴体分开，并通过套袋或束口等措施防止肠体粪污污染胴体。

手工雕圈时，右手拿刀从尾根刺入肛门外围，从趾骨中缝划开肛圈皮肉，左手食指深入肛门，拉紧下刀部位的皮层后，右手用刀沿肛圈划两个半圆，雕成圆圈，然后刀尖稍向外，割断尿管和筋腱，掏开后用手轻轻将大肠头拉出来垂直放入骨盆内。要求大肠头脱离括约肌，但不得割破直肠，不带三角肉。

机械雕圈时，用手动开肛器对准猪的肛门，将探头伸入肛门，启动开关，环形刀将直肠与猪体分离，拔出探头的同时，将大肠头拉出来。注意探头伸入位置要准确，不得过深或偏斜，避免割破直肠。

不论是刀具还是开肛器，都要用82℃以上的热水一头一消毒。

（四）开膛

开膛净腔是指用功能刀具打开生猪的胸腔和腹腔，取出内脏的过程。具体地讲，开膛就是自放血刀口沿胸部正中挑开胸骨，沿腹部正中线自上而下剖腹，将生殖器从脂肪中拉出，连同输尿管全部割除的过程。一般分挑胸、摘猪鞭、剖腹三个步骤。净腔指摘除猪屠体胸腹腔内的内脏的过程，一般分为取白脏、取红脏两个步骤。

开膛和净腔是生猪屠宰后解体加工的第一步，对后续工序的加工质量有重要影响。一般有仰卧开膛和吊挂开膛两种方法，前者适应于小型屠宰场，后者在大规模生产中使用，要求下刀要准、浅、轻，以免刺破内脏，污染胴体。

1. 仰卧开膛

让屠体四肢朝天，仰卧在特制的解剖架上，操作者从第一对乳头处下刀划到放血刀口，划开胸皮；然后从胸骨与肋骨相连的最末一节下方刺入，打开胸腔，从咽喉下端割断气管、食管。不得刺破心脏、胆囊、肠胃。

从挑胸处下刀划到肛门附近，以划开腹皮露出皮下脂肪为宜；割开两腿中间肌肉，露出骨头。然后打开腹腔，割断直肠两旁系膜并雕圈。

左手伸入猪屠体腹腔，向后扳开胃肠，右手用刀割断食管、肠系膜，然后连同胃肠、膀胱、卵巢或睾丸一起取出。然后扳开肝脏，将心肝肺与横膈膜、护心油、肝筋、腰肌、脊动脉割断后，连同横膈膜一起取出，要求不得损伤腰肌和胸腔。

内脏全部取出后，用刀在两后退跗关节后上方戳个洞，穿上挂钩，然后将净腔后的胴体倒挂在肉架上，从上到下、从里到外，用水冲洗干净体腔内的血污、浮毛、淤血、污物等杂质。

取出的内脏经检验合格后，应及时送到专用的副产品加工间整理。

2. 吊挂开膛

首先进行挑胸，操作者以左手抓住屠体的左前腿，使其胸部与人相对略偏右，右手持刀，刀刃向下，对准胸部两排乳头的中间略偏左 1cm（放血口在右侧就在右侧挑胸），由上而下切开胸部的皮肤、皮下脂肪、胸肌至放血口处，直至看见胸骨（俗称胸子骨），再将刀刃翻转向上，刀刃离胸骨中心线 3 ~ 5cm，并与胸骨中线呈 40°，与水平线呈 70°，从胸前口（放血口）插入胸腔。刀往上挑，挑开左侧全部真肋、肋软骨，与胸骨分离，挑胸口与放血口对齐成一直线。在入刀时，用力要先重后轻，防止用力过重，刺破肝、胆、胃，同时刀尖不宜刺得太深，以免刺破肺脏。

然后要摘除猪鞭，用刀将骨盆正中的皮层自上而下划开，使猪鞭露出并用左手拽住，右手用刀尖从猪鞭根部连同输尿管一起割断，左手用力将猪鞭拉出，再将包皮盲囊割下，要求不得将猪鞭根部留在胴体上。

最后剖腹，屠体腹剖与人相对，操作者用左手抓住左后肋，以起固定和着力作用。右手持刀，沿两股中间切开皮肤、脂肪层和腹壁肌，到耻骨缝合，然后刀翻转，刀尖朝向腹外，刀柄和右手在腹腔内，右手拇指和食指紧贴在腹壁上，用力向下推割，一直割到与挑胸口的刀口形成一条线，俗称三口成一线，即放血口、挑胸口、剖腹口成一条线，不得出现三角肉。入刀时用力要适当，用力过重，会切破膀胱、直肠和其余肠子，污染肉尸和刀具；用力过轻，需要剖两三刀。如内脏破损，必须将污物排除，用水冲洗干净，刀具应消毒，以防止交叉污染而影响肉质。

（五）拉直肠割膀胱

把直肠、膀胱从骨盆腔中拉出并将膀胱割除，称之为拉直肠割膀胱。操作时使屠体腹腔朝向操作者，左手抓住膀胱体，右手持刀，将左右两边两条韧带切断，然后左手用力一拉，使直肠脱离骨盆腔，同时用刀割开结肠系膜与腹壁的结合部分，直至肾脏处，最后在膀胱颈处切断，将膀胱放入容器内再做处理。拉直肠时注意用力要均匀，防止直肠被拉断或被拉出花纹而降低经济效益。同时，用刀时还要注意防止戳破直肠壁和膀胱。

（六）取胃肠（取白脏）

操作时左手抓住直肠，右手持刀，割开直肠系膜与腹壁的固着部分直至肾脏处，然后左手食指和拇指再抓住胃的幽门部食管 1.5cm 处并切断，使其分离，并立即放到同步检验盘中。要求食管不得残留过短，不得刺破肠、胃、胆囊，避免筒体被肠胃内容物、胆汁污染。如果肉尸已被污染，应立即冲洗肉尸，胃、肠也应冲洗干净。

（七）取肝、心、肺（取红脏）

一手抓住肝，另一手持刀在胸口处割断肝筋，割开两侧横膈膜和心包膜与胸腔壁的系膜，左手顺势将肝下揪，右手持刀将连接胸腔和颈部的韧带割断，同时割断膈肌角肉和脊动脉，划开两侧护心油，割断食管和气管的连带组织，刀子伸入将喉骨处割断，取出心、肝、肺，不得使其破损。取出红脏后，应挂在同步检验线的红脏挂钩上。

心、肝、肺和肠、胰、脾应分别保持自然联系，并与胴体同步编号，由检验人员按宰后检验要求进行检疫。

取红脏、白脏所用的刀具要在 82℃ 以上的热水中一头一消毒。白脏同步检验盘和红脏挂钩，每使用一次要用 82℃ 以上的热水消毒一次。生产结束，用清水冲洗干净后，再用 100~200mol/L 的次氯酸钠溶液浸泡消毒。

八、劈半

劈半是将肉尸沿脊柱劈成两半，是修整胴体的必要工序，一般在猪摘除内脏后，将胴体纵向劈成两半（两分体片猪肉），不仅便于宰后检验，而且便于冻结、冷藏、码放。生产中分为手工作业和机械化作业两种方式，但绝大多数生猪屠宰场采用机械化方式。

1. 手工作业

一般是操作人员先沿胴体脊背正中线，从尾至头部，用刀切开皮肤和皮下脂肪层（要求骨节对开），形成一条直线，即"描脊"。然后一手持刀劈开荐椎，另一手握住右边胴体，再沿描脊线往下，从尾椎、腰椎、颈椎至最后一节寰椎，用力劈开脊椎骨，将胴体分成两片，尾骨留在左半片上。要求下刀轻重适当，动作连贯，刀口平滑，劈半均匀。

2. 机械化作业

一般采用桥式劈半锯、往复式劈半锯、带式劈半锯等设备进行操作。使用往复式劈半锯时，操作人员左手握住机架上部手柄，右手握住手动开关，开启双手安全开关，面对胴体腹部，将锯弓架在骨盆中央，使锯齿对准脊椎正中线往下，将猪胴体沿脊椎中线一劈为二。

用桥式电锯劈半时应使轨道、锯片、导入槽呈直线，然后右手轻扶胴体后腿，左手轻扶前腿，使两腿平衡，脊椎中缝对准锯片，沿脊椎中线将胴体一分为二。

无论采取何种工艺，均以全线劈开脊椎管，暴露出脊髓为好。要求劈半时使骨节对开，劈半均匀，劈面平整挺直，不得弯曲、劈断、劈碎脊椎，以免损坏产品，堆积锯末。

3. 冲淋

左手用钩钩住胴体，右手用水管按照从里到外、从上到下的要求，用清水洗净体腔内的淤血、浮毛、污物及劈半时留在脊椎骨的锯末等。

4. 去肾脏

肾脏俗称腰子，摘除肾脏时，一只手伸平，插入肾脏与腹腔壁之间，将肾包膜抠开（尽量不要将肾膜抠破），另一只手按住肾脏周围的腹腔壁，将肾脏掀离腹腔壁，用刀具紧贴肾脏割断肾血管、输尿管，取下肾脏。要求肾脏不带输尿管和碎油、包膜。

5. 撕板油

板油是胴体的腹壁脂肪，采用人工方法时，扶正胴体，手指从板油下边缘外侧抠入，掀开板油组织，然后五指抓紧板油向上提起，将板油撕净。撕后检查腰肌、软裆、第五肋骨处，要求不得有残留。此方法劳动强度大。

采用机械方法时，在轨道上安装一台电机，带动两只撕板油的夹子，轮流上下升降。当片猪肉达到操作位置时，两名操作人员分别将一片胴体的板油下端撕开一角，并用下降的夹子夹住，随即夹子上升，将板油撕下。此方法节省人力，但残留多，容易撕碎板油，需人工补撕。

九、摘除肾上腺

肾上腺俗称"小腰子"，猪肾上腺位于左右肾的内侧前方，较长，大体呈三棱形，土黄色，外表有结缔组织被膜，少量结缔组织伴随血管和神经伸入腺体实质内，腺体外层为皮质部，土黄色；内部为髓质部，褐红色。重约 6.5g/头。肾上腺是"三腺"之一，必须摘除。

肾上腺的皮质与髓质均分泌激素，功能各异。皮质的激素主要影响物质代谢，并有增强机体抗御各种损伤等作用；髓质的激素则有升高血压、促进糖原分解等功能，并对内脏的平滑肌起松弛作用。人如果误食肾上腺，约在半小时内即可发病。主要症状为恶心、呕吐、心绞痛、手足麻木、血压及血糖升高等中毒症状。重症者，因小血管收缩，颜面变为苍白，应迅速救治。

摘除时，左右持镊子夹住肾的扁条状腺体，将肾上腺向外拉，右手持刀将其割下，尽量少带脂肪。刀具每使用一次，要在82℃以上的热水中消毒一次。

十、胴体修整

胴体肉尸修整包括修割与整理两部分。修割就是把残留在肉尸上的毛、灰、血污等，以及对人体有害的腺体和病变组织修割掉，以确保人身健康。修整则是根据加工规格要求或合同的需要对胴体不平整的切面进行必要的修削整形，使胴体具有完好的商品形象。修整包括湿修和干修两种方法。

修整的标准是局部或轻微的病变组织应彻底修割，但不得修下过多的正常组织；全身性或严重的病变组织，应将整个胴体或器官废弃做无害化处理。

修整时刀锋要紧贴皮面，下刀由小到大，由浅及深，修去臀部和腿裆部的黑皮、皱皮、刮净残毛、绒毛、粪污、胆污、油污、血污。修净体腔内的碎板油、小里脊两侧淋巴结。按照由里到外、由上到下、由浅到深的原则，沿病变组织与正常组织分界处下刀，将胴体上的伤痕、淤血、痂皮、红斑、病变淋巴结、皮肤结节、脓包、皮癣、湿疹等病变部分分离出来，而后将病变组织修割掉；出血点或出血斑用刀直接修割，直到全部修净为止。

（一）修整把关

1. 刮残毛

尽量修刮干净片猪肉上的残毛、毛根，剥皮猪应修净胴体上残留的皮毛块。

2. 割横膈膜

横膈膜位于割开胸腔和腹腔的横膈肌上，用刀紧贴肋骨将其修割净。

3. 割血污肉

操作时操作者左手拇指和食指捏住右边肉体接近第一肋骨处放血口表层的肉，使肉体固定，右手持刀，在第一肋骨处入刀，顺着颈椎割去槽头部位内表层被血和烫池水污染的肉血块和喉管等，然后左手抓住右边进刀部位的放血口，用刀割下被血污染的肉边子，约割到槽头末端时为止。割左边血污肉时，右手持刀，左手捏住左侧的血污肉，从颈椎处向外割，其余方法同上。

4. 割乳（奶）头

操作者左手用镊子夹住乳头轻拉，右手持刀在乳头基部入刀，由上而下，顺序将乳头逐个割净。要求割成圆形，不残留乳根，不带黄汁。发现有黄色乳汁的乳头，要割深一点，如发现乳头部位有灰色色素时，必须把色素全部割掉。也可用左手撑住奶脯上端，右手握刀，从胴体后腿软裆处下刀，紧贴奶脯由上而下割去乳头。

5. 割槽头

槽头是指下颌后部第一颈椎之前的肉。先刷掉槽头上残留的污物、血污，再将槽头内侧血管和各种腺体割掉，然后操作者左手抓住槽头下部的肉，稳住肉体，右手持刀，在第一颈椎下 1~2cm 处水平入刀，左手拉肉，右手持刀，沿第一颈椎直线平行割下，不得过高或过低。人工洗刷时，可用刷子在水的冲淋下进行。也可采用槽头冲洗机，操作时根据片猪肉大小，适当调整刷子的高度，使刷子对准槽头。

6. 修割护心油

用刀修去附着于胸骨上脂肪组织，要求下刀准确，不得划伤胸腔、肋骨。

7. 修割病变组织

修割病变组织包括出血点或出血斑、血肿、积血、淤血、肉内肿块、病变淋巴结等。

（二）冲洗

在剖腹和肉尸整理过程中，由于大小血管内的残血外流和被不慎割破的脏器造成粪胆汁的外溢，使肉尸受到污染，如不及时冲洗，就会造成细菌繁殖，使肉品质和外观都受到影响，所以应反复冲洗。

（三）消毒

刀具每使用一次，要在 82℃ 以上的热水中消毒一次。被脓包等污染后，应随时消毒，必要时应更换刀具。

盛放修割下料、废弃物的容器应每循环一次，用 82℃ 以上的热水消毒一次。生产前后用 100~200mol/L 的次氯酸钠溶液消毒。

十一、冷却排酸

胴体修整、复检后，一般利用轨道秤逐头准确计量，在宰后检验合格的每片猪肉的臀部和肩胛部加盖兽医验讫、检验合格和等级印戳，用1.9%~2.0%的乳酸溶液对加工后的胴体进行最后喷淋减菌。然后推入排酸间预冷排酸，预冷间温度 0~4℃，相对湿度 90%~95%，胴体间距 3~5cm，时间 12~24h，预冷至后腿中心温度降到7℃以下。

学习任务三　　牛与家禽屠宰技术　🔍

一、牛屠宰技术

牛肉的品质和肉牛的年龄、性别、饲养水平有很大的关系。年龄与肉的风味、嫩度和色泽有密切关系。幼龄牛风味很淡、味纯正、肌纤维细嫩、嫩滑、肌肉颜色浅、脂肪白，随年龄增大，肌肉颜色变深，变成紫红色。随年龄增大脂肪颜色加深，尤其是放牧饲养的老牛，脂肪呈黄色，肉的嫩度也明显地随年龄而下降。肥瘦程度也是左右肉的质量的最重要的因素之一，年幼的良好满膘牛，其肉更嫩，由于脂肪的增加，肉的香气也随之提高；老龄满膘肥牛则肌肉由于肌纤维之间间杂脂肪组织使色泽变得柔和，脂肪颜色变淡，使剖面肌肉和脂肪颜色变得较鲜艳，有的甚至出现大理石状或雪花状的高档牛肉，同时肉质变嫩，风味佳良。

性别对肉的颜色和风味也有很大影响。公牛肌肉颜色由于肌红蛋白含量高而颜色深，公牛肉的特有风味较母牛肉浓郁；同龄母牛肌肉中肌红蛋白含量较少而色泽较浅，而母牛肉则较公牛肉纤维细腻软嫩；公牛肉中脂肪含量较相同饲养水平的母牛肉少。

牛的产地、育肥期日粮组成、饲养水平与饲养方式，对牛肉质量也有影响。不同地区由于土壤某些元素含量有差异而影响牛肉的质量，土壤中铁含量高，以及习惯喂马铃薯和绿豆淀粉渣、番茄渣、玉米酒糟、芝麻饼、椰子饼、燕麦麸、绛三叶草、须芒草、菠菜、鸡粪再生饲料和各种动物性饲料等，均会明显地使牛肉肌红蛋白增加肉色变深。日粮中含花青素、叶黄素和胡萝卜素过多的饲料，例如红胡萝卜、各种青草和青割、南瓜、红心或黄心甘薯、番茄、红辣椒、苋菜、柿子皮、高粱糠等会使脂肪颜色变深；饲养水平高的牛，由于日增重快，其肌膜、鞘膜的结构性结缔组织交联被松动，使肉质明显嫩滑软化，而营养水平低，日增重很小的牛，虽然年龄相同，膘情近似，但肉质比较粗硬；在同样年龄性别、同样日增重下，放牧饲养的牛肉嫩度最差，舍饲全天拴系的牛肉最嫩。

不同品种更有差别。中国地方良种黄牛的肉大理石状明显，夏洛来牛、皮埃蒙特牛、荷斯坦牛及其他改良牛，则瘦肉比例大，即使成年满膘牛，也难以达到"五花"肉。

有了优质的肥牛，还不一定就获得优质的牛肉。屠宰是生产优质牛肉的重要环节。只有科学严格的屠宰工艺，才能保证牛肉的优质，否则牛育肥的再好，也难以获得上等的牛肉。

牛屠宰工艺如图1-7所示。

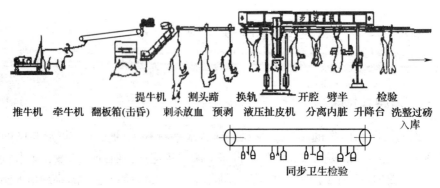

图1-7　牛屠宰加工示意图

（一） 宰前检验与管理

与生猪屠宰一样，活牛的屠宰前也需索取"三证"，进行宰前检验，并断食静养饮水与沐浴。

（二） 致昏

致昏的方法有多种，经常使用刺昏法、击昏法、麻电法。均要求致昏适度，牛昏而不死。

1. 刺昏法

用 1.5～2cm 宽、20～25cm 长的薄型专用刀具完成，用刺昏刀迅速、准确地刺入牛的枕骨和第一颈椎之间，破坏延脑和脊髓的联系（图 1-8），造成瘫痪。本法的优点是操作简单，易于掌握，缺点是刺得过深时，伤及呼吸中枢或血管运动中枢，可使呼吸立即终止或血压下降，影响放血效果，有时出现早死现象。

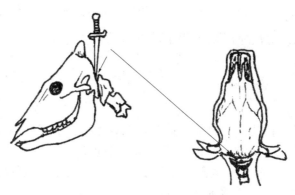

图 1-8　延脑切断位置

2. 击昏法

用击昏枪对准牛的双角与双眼对角线交叉点，启动击昏枪使牛昏迷。

3. 麻电法

在翻板箱中用单杆式电麻器击牛体，使牛昏迷，电压不超过 200V，电流为 1～1.5A，作用时间 6～30s，麻电方法如图 1-9 所示。此法操作方便，安全可靠，适宜于较大规模的机械化屠宰厂进行倒挂式屠宰。麻电法造成中枢神经麻痹，刺激心脏活动，使血压升高有利于放血。电击之后牛从晕倒到苏醒的时间约为 1min。

（三） 放血

牛被击昏后，立即进行宰杀放血。用扣脚链扣紧牛的右后小腿，用电动葫芦匀速提升，使牛后腿部接近输送机轨道，然后挂至轨道链钩上。滑轮沿轨道前进，将牛运往放血池，进行戳刀放血。挂牛要迅速，从击昏到放血之间的时间间隔不超过 1.5min。

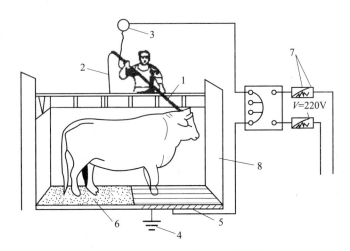

图 1 - 9 牛自动麻电装置示意图

1—麻电杆 2—电线 3—插座 4—地线 5—通电铁板 6—橡皮板 7—安全装置 8—自动翻板

刺杀放血刀应每次应用 82℃ 以上的热水消毒，轮换使用。放血时间不少于 8min，放血完全。

（四）剥皮、去内脏

1. 结扎肛门

用清水冲洗肛门周围，将橡皮筋套在左臂上，然后将塑料袋也反套在左臂上。左手抓住肛门并提起，右手持刀将肛门沿四周割开并剥离，随割随提升，提高至 10cm 左右。将塑料袋翻转套住肛门，顺势用左臂上的橡皮筋扎住塑料袋，然后将结扎好的肛门送回腹腔深处，以防在后续工序中内容物流出污染胴体。

2. 剥后腿皮

从跗关节下刀，刀刃沿后腿内侧中线向上挑开牛皮。沿后腿内侧线向左右两侧剥离，从跗关节上方至尾根部牛皮，同时割除生殖器。割掉尾尖，放入指定器皿中。

3. 去后蹄

从跗关节下刀，割断连接关节的结缔组织、韧带及皮肉，割下后蹄，放入指定的容器中。

4. 剥胸、腹部皮

用刀将牛胸腹部皮沿胸腹中线从胸部挑到裆部。沿腹中线向左右两侧剥开胸腹部牛皮至肷窝止。

5. 剥颈部及前腿皮

从腕关节下刀，沿前腿内侧中线挑开牛皮至胸中线，沿颈中线自下而上挑开牛皮。从胸颈中线向两侧进刀，剥开胸颈部皮及前腿皮至两肩止。

6. 去前蹄

从腕关节下刀，割断连接关节的结缔组织、韧带及皮肉，割下前蹄放入指定的容器内。

7. 换轨

启动电动葫芦，用两个管轨滚轮吊钩分别钩住牛的两只后腿跗关节处，将牛屠体平稳送到管轨上。

8. 机器扯（撕）皮

将预剥好的牛自动输送到扯皮工位，用拴牛腿链把牛的两前腿固定在拴牛腿架上。扯皮机的扯皮滚筒，通过液压作用上升到牛的后腿位置，用牛皮夹子夹住（或钢丝绳套紧）已预剥好的牛皮，从牛的后腿部分往头部扯，扯到尾部时，减慢速度，用刀将牛尾的根部剥开。在机械扯皮过程中，扯皮机均匀向下运动，两边操作人员站在单柱气动升降台进行修割，边扯边用刀轻剥皮与脂肪、皮与肉的连接处。扯到腰部时适当增加速度。扯到头部时，把不易扯开的地方用刀剥开。牛皮扯下后，扯皮滚筒开始反转，扯皮机复位，通过牛皮自动解扣链将牛皮自动放入牛皮风送罐内。然后气动闸门关闭，往牛皮风送罐内充入压缩空气，将牛皮通过风送管道输送到牛皮暂存间。整个机器扯皮的过程如图1-10所示。

图1-10　扯皮机操作过程

扯皮时注意牛皮肉和牛皮的完整。在扯皮过程中，要控制好扯皮机，防止扯皮机运转过快，将胴体脂肪带下，剥皮工的双手只许接触牛皮，绝不能接触胴体，如果不慎接触到胴体，立即修割掉污染部位，用清水进行冲洗，刀具在使用过程中如受到牛皮污染，要及时用配有消毒液的水冲洗消毒，再由清水冲洗干净，然后继续工作，每剥完一头牛刀具必须放到消毒盒内消毒。

9. 割牛头

用刀在牛脖一侧割开一个手掌宽的孔，将左手伸进孔中抓住牛头。沿放血刀口处割下牛头，挂同步检验轨道。

10. 开胸、结扎食管

先用刀将胸肉划开，然后用开胸锯从胸软骨处下刀，沿胸中线向下贴着气管和食管边缘，锯开胸腔及脖部。开胸时一定要注意把握好开胸锯的下锯角度，避免划破内脏，胸骨一定要锯直，两侧误差不能超过1cm。

用刀剥离气管和食管，将气管与食管分离至食道和胃结合部，将食管顶部结扎牢固，使内容物不流出。

11. 取白内脏

将刀具插入消毒盒中高温消毒，待牛进入工作台后，先割除生殖器官，放入盒中，刀尖向外，刀刃向下，由上向下推刀割开肚皮至胸软骨处。注意刀尖必须朝向自己，以免划破内脏，污染胴体，然后用左手扯出直肠，右手持刀伸入腹腔，从左到右割离腹腔内结缔组织。用力按下牛肚，取出胃肠送入同步检验盘，然后扒净腰油。

12. 取红内脏

左手抓住腹肌一边，右手持刀沿体腔壁从左到右割离横隔肌，割断连接的结缔组织，留下小里脊。取出心、肝、肺，挂到同步检验轨道，并将胸腹腔冲洗干净。然后将刀具插回消毒盒消毒，冲洗手臂、围裙、工作台和地面。如果不慎划破肠胃，污染腹腔，须用高压水将腹腔冲洗干净，转入病牛线并隔离放置，另作处理。

13. 取肾脏、截牛尾

肾脏在牛的腹腔内部，被脂肪包裹，划开脏器膜即可取下。截牛尾时，由于其已在拉皮时一起拉下，只需要在尾部关节处用刀截下即可。摘取内脏时，要注意下刀轻巧，不能划破肠、肛、膀胱、胆囊，以免污染肉体。

（五）劈半、修整

将劈半锯插入牛的两腿之间，从耻骨连接处下锯，从上到下匀速地沿牛的脊柱中线将胴体劈成二分体，要求不得劈斜、断骨，应露出骨髓。然后取出骨髓、腰油放入指定容器内。

整理时，一手拿镊子，一手持刀，用镊子夹住所要修割的部位，修去胴体表面的淤血、淋巴、污物和浮毛等不洁物，注意保持肌膜和胴体的完整。

最后用32℃左右温水，由上到下冲洗整个胴体内侧及锯口、刀口处。

二、家禽屠宰技术

（一）致昏

致昏的方法有很多，目前多采用电麻致昏法。常用方法有以下三种。

1. 电麻钳

电麻钳呈"Y"形，在叉的两边各有一个电极，当电麻钳接触家禽头部时，电流即通过大脑而达到致昏的目的。

2. 电麻板

电麻板的构成是在悬空轨道的一段（该段轨道与前后轨道断离）接有一电板，而在该段轨道的下方，设有一瓦楞状导电板。当家禽倒挂在轨道上传送，其喙或头部触及导电板时，即可形成通路，从而达到致昏目的。

以上两种电麻方法多采用单向交流电，在 $0.65 \sim 1.0A$，$80 \sim 105V$ 的条件下，电麻时间为 $2 \sim 4s$。

3. 电晕槽

水槽中设有一个沉浸式的电棒，屠宰线的脚扣上设有另一个电棒，屠禽上架后当头经过下面的水槽时，电流即通过整只禽体使其昏迷。

电晕条件是电压 $35 \sim 50V$，电流 $0.5A$ 以下，时间（禽只通过电晕槽时间）为：鸡为 $8s$ 以下，鸭为 $10s$ 左右。电晕时间要适当，以在 $60s$ 内能自动苏醒为宜。电晕后马上将禽只从挂钩上取下，若过大的电压、电流会引起锁骨断裂，心肝破坏，心脏停止跳动，放血不良，翅膀血管充血等。

（二）刺杀放血

家禽的刺杀，要求保证放血充分的前提下，尽可能地保持胴体完整，减少放血刀口的污染，以利于保藏。美国农业部建议电晕与宰杀作业之间距，夏天为 $12 \sim 15s$，冬天则需增加到 $18s$。常用的刺杀放血方法有如下几种。

1. 动脉放血

该方法是在家禽左耳垂的后方切断颈动脉颅面分支，其切口鸡约 $1.5cm$，鸭鹅约 $2.5cm$，沥血时间应在 $2min$ 以上。本方法操作简单，放血充分，也便于机械化操作，而且开口较小，能保证胴体较好的完整性，污染面也不大，故目前大多采用这种放血方法。

2. 口腔放血法

用一手打开口腔，另一手持一细长尖刀，在上腭裂后约第二颈椎处，切断任意一侧颈总静脉与桥静脉连接处。抽刀时，顺势将刀刺入上腭裂至延脑，以促使家禽死亡，并可使竖毛肌松弛而有利于脱毛。用本法给鸭放血时，应将鸭舌扭转拉出口腔，夹于口角，以利于血流畅通并避免呛血。沥血时间应在 $3min$ 以上。本法放血效果良好，能保证胴体的完整，但操作较复杂，不易掌握，稍有不慎，易造成放血不良，有时也容易造成口腔及颅腔的污染，不利于禽肉的保藏。

3. 三管切断法

在禽的喉部横切一刀，在切断动、静脉的同时，也切断了气管与食管，即所谓的三管切断法。本法操作简便，放血较快，但因切口较大，不但有碍商品外观，而且容易造成污染。

（三）烫毛

目前机械化屠宰加工肉用仔鸡时，浸烫水温为（60±1）℃，而农民散养的土鸡月龄较大，浸烫水温为 61~63℃，鸭、鹅的浸烫水温为 62~65℃。浸烫水温必须严格控制，水温过高会烫破皮肤，使脂肪溶化，水温过低则羽毛不易脱离。浸烫时间一般控制在 1~2min，主要根据家禽的品种、月龄和季节而定。

（四）脱毛

机械拔毛主要利用橡胶束的拍打与摩擦作用脱除羽毛，因此必须调整好橡胶束与屠体之间的距离。另外应掌握好处理时间。禽只禁食超过 8h，脱毛就会较困难，公禽尤为严重。若禽只宰前经过激烈的挣扎或奔跑，则羽毛根的皮层会将羽毛固定得更紧。此外，禽只宰后 30min 再浸烫或浸烫后 4h 再脱毛，都将影响到脱毛的速度。

（五）去绒毛

禽体烫拔毛后，尚残留有绒毛，其去除方法有三种。一为钳毛，将禽体浮在水面（20~25℃）上，用拔毛钳子（一头为钳，一头为刀片）从颈部开始逆毛倒钳，将绒毛钳净，此法速度较慢。二为浸蜡拔毛，挂在钩上的屠禽浸入溶化的松香甘油酯液中，然后再浸入冷水中（约 3s）使松香甘油酯硬化。待松香甘油酯不发黏时，打碎剥去，绒毛即被粘掉。松香甘油酯拔毛剂配方为：11% 的食用油加 89% 的松香甘油酯，放在锅里加热至 200~230℃，充分搅拌，使其熔成胶状液体，再移入保温锅内，保持温度为 120~150℃备用。进行松香甘油酯拔毛时，要避免松香甘油酯流入鼻腔、口腔，并仔细将松香甘油酯清除干净。三为火焰喷射机烧毛，此法速度较快，但不能将毛根去除。

（六）清洗、去头、切爪

1. 清洗

屠体脱毛后，在去内脏之前须充分清洗。一般采用加压冷水（或加氯水）冲洗。

2. 去头

去头装置是一个"V"形沟槽。倒吊的禽头经过凹槽内，自动从喉头部切割处被拉断而与屠体分离。

3. 切爪

目前大型工厂均采用自动机械从胫部关节切下。如高过胫部关节，称之为"短胫"。"短胫"外观不佳，易受微生物污染，而且影响取内脏时屠体挂钩的正确位置；若是切割位置低于胫部关节，称之为"长胫"，必须再以人工切除残留的胫爪，使关节露出。

（七）取内脏

取内脏前需再挂钩。活禽从挂钩到切除爪为止称为屠宰去毛作业，必须与取内脏区完全隔开。此处原挂钩转回活禽作业区，而将禽只重新悬挂在另一条清洁的挂钩系统上。取内脏可分为4个步骤：切去尾脂腺；切开腹腔，切割长度要适中，以免粪便溢出污染屠体；切除肛门；扒出内脏，有人工抽出法和机械抽出法。

（八）检验、修整、包装

禽胴体掏出内脏后，经检验、修整、包装后入库贮藏。库温 −24℃ 情况下，经 12～24h 使肉温达到 −12℃，即可贮藏。或经 0～4℃ 的冷水冷却至中心温度 10℃ 以下，即可分割。

学习任务四　宰后检验技术 🔍

宰后检验是相对于宰前检验而言的，实际是屠宰过程中的检验。宰前检验漏检的病畜当作健康畜禽屠宰解体后，可经过对肉尸、脏器所呈现的病理变化和异常现象进行综合分析、判断而检出，并做出相应的处理。

宰后检验通常是以感官检验和剖检为主，即在自然光线（室内以日光灯为宜）的条件下，检验人员借助于检验工具，按照规定的检验部位，用视觉、触觉、嗅觉等由表及里地进行检查，以做出正确的判断和处理，在必要时，则应进行实验室诊断。

一、检验方法

1. 视检

视检即观察肉尸的皮肤、肌肉、胸腹膜、脂肪、骨骼、关节、天然孔和各种脏器的色泽、形态、大小、组织状态等。这种观察可为进一步剖检提供线索。如结膜、皮肤、脂肪发黄，表明有黄疸可疑，应仔细检查肝脏和造血器官甚至剖检关节的滑液囊及韧带等组织，注意其色泽变化；如喉颈部肿胀，应考虑检出炭疽和巴氏杆菌病；特别是皮肤的变化，在某些疾病（如猪瘟、猪丹毒、猪肺疫、痘症等）的诊断上具有特征性。

2. 剖检

除了上述暴露部分的观察以外，还可以借助检验器械剖开观察肉尸、组织、器官的隐蔽部分或深层的组织变化。按《肉品卫生检验试行规程》的规定要求，必须剖检若干部位的淋巴腺、脏器组织、肌肉、脂肪等，以观察其组织性状、色泽变化等是否正常，从而做出正确的判断。剖检时，注意淋巴结应进行纵剖，肌肉必须顺纤维方向切开。非必要时不得横切以缩小污染面，并保持商品的完整美观。

3. 触检

肌肉组织或脏器，有时在表面不显任何病变，可借助检验器械或用手触摸，以判定组织器官的弹性和软硬度，以发现软组织深部的结节病灶。

4. 嗅检

嗅检是辅助视检、剖检、触检方法而采取的一种必要方法。如猪生前患有尿毒症，则宰后肉品必有尿酸味。又如肉品腐败后，则有特异的气味。检验时，可以按其异味轻重的程度而做出适当的处理。

5. 实验室诊断

肉品宰后检验过程中，有些疾病往往不能单凭上述各项检验方法所判定，必须借助于实验室诊断，利用微生物学、组织病理学、血清学、理化等检验方法才能正确判断。如猪的局部炭疽等。

二、屠体宰后检验的程序

（一）头部检验

在猪放血后、浸烫前（或剥皮前），必须先行剖检两侧颌下淋巴结，观察有无肿大、浸润、结核、化脓、点状出血等，剖检外咬肌有无寄生虫，视检鼻盘、唇、齿龈、咽喉黏膜和扁桃体是否有干燥、水泡、点状出血、肿胀、溃疡等症状。在猪的头部检验中，经常遇到化脓或钙化的颈部淋巴结，必须及时割除。此外，在落头前，应有专人负责并将附在喉头的甲状腺割除，以免引起误食中毒。牛的头部检验除普通检查口腔及咽喉黏膜外，还应检查舌根纵剖面，并切开检查内外咬肌。

（二）皮肤（体表）检验

肉尸在剖腹前，必须由检验人员仔细检查全身皮肤，发现体表有传染病症状的及时标记处理。可采用视检和抽检，必要时可剖检局部皮肤，观察皮肤深层及皮下组织。皮肤检验应注意观察在四肢、腋下、耳根、后股、腹部等处有无斑点状或弥漫性的发红或出血症状。如猪瘟一般在四肢、腋下等部有点状或斑状的深红色出血，边缘整齐，肉尸悬挂时间越久，则出血点越加醒目；如猪肺疫，一般在腋下、腹部、耳根等处有界限性、弥漫性的出血斑，先红色后变成紫色，边缘不整齐；如败血型丹毒，则周身或大半身皮肤呈现红色，指压能退色；如疹块形丹毒有方形、菱形或不规则形的红色斑块；如黄疸，则体表颜色有不同程度的黄色，与正常皮色显著不同。发现以上皮肤症状，应及时做出标记，结合脏器、肌肉、脂肪等进行综合判断。如有疑难，则应会合数人会诊，再行处理。各种传染病的皮肤症状必须与一般皮肤病如湿疹、虫咬等区别，以免误诊错验。剥皮猪则必须在专设的照皮架上由专人负责照验皮张，以防漏检；也可把猪皮平铺在特制灯箱的毛玻璃上，检查有无丹毒的疹块。

（三）　内脏检查

内脏检查应逐个进行。

（1）肺脏检查　观察外表、色泽、大小，触检被膜及其弹性，必要时切开检查，并剖检支气管淋巴结及纵膈淋巴结。检查牛结核病和传染性胸膜炎，猪的出血性败血病，观察是否有充血、出血、溃烂、硬化等病变；同时切开肺叶，检查是否有住肉孢子虫、肺丝虫等寄生虫。

（2）心脏检查　检验心包、心肌、心内外膜、心实质是否有急性传染性的出血现象，心肌中是否有囊尾蚴，对猪应特别注意二尖瓣，是否有菜花状的猪丹毒症。

（3）肝脏检查　检查颜色、硬度、形状、弹性，并剖检肝门淋巴结，是否有硬化及石灰变性，以及寄生的肝蛭。必要时切开检查，并剖检胆囊。

（4）肠胃检查　切开检查胃淋巴结及肠系膜淋巴结，并观察胃肠浆膜，必要时剖检胃肠黏膜。当牛、马、羊患炭疽时，其肠系膜淋巴结呈急性肿胀，并出血。此外，牛瘟的主要症状是回盲瓣出血溃烂，猪瘟则往往在大肠黏膜上出现扣状溃疡。

（5）脾脏检查　看有无肿胀，弹性如何，必要时切开检查。患炭疽的牛、羊、马，脾脏急性肿大，容易破裂，并呈黑色，猪则在边缘上有梗塞症状。

（6）肾脏检查　观察色泽、大小，并触检弹性是否正常，必要时纵剖检查（须连在肉尸上一同检查）。

（7）必要时检查子宫、睾丸、膀胱等。

（8）乳房检查（牛、羊）　触检并切开检查，看乳房淋巴结有无病变。

（四）　胴体检验

一般应在肉尸劈半后进行，首先判定放血程度。

视检皮肤、皮下组织、脂肪、肌肉、胸腔、关节、筋腱、骨及骨髓、胸膜、腹膜等有无异常。剖检颈浅背（肩前）淋巴结、股前淋巴结、腹股沟浅淋巴结、腹股沟深（或髂内）淋巴结，必要时增检颈深后淋巴结核腘淋巴结，检查有无出血、水肿、脓肿、结核、浆液性和出血性炎症等。剖检乳房淋巴结是否正常，并刮视大小腰肌有否囊虫寄生，再检验肾脏，观察其色泽、大小等是否正常，必要时纵剖检查髓质和肾盂。如在剖检乳房淋巴结和股前淋巴结时发现疑问，应再剖检股后淋巴结、肩胛前淋巴结等。由于检验是在运输轨道上进行，劈半后肉尸已分成两片，所以初验时往往由检验员两人各验一片，发现问题，应及时互相联系对照。

（五） 寄生虫检验

1. 旋毛虫检验

取出腹腔脏器后，在每头猪的左右横膈膜脚肌处各取一小块肉样（每块重约30g），与肉尸编记同一号码，以撕膜与显微镜镜检相结合进行检验。方法是在自然光线十分充足的情况下（或足够的日光灯照明），先撕去肌膜，用肉眼仔细观察肉样，然后在肉样上用医用剪刀剪取24个小片（每片约米粒长，但宽度较小，必须顺纤维剪），放在60~80倍的低倍镜下检查，同时必须注意有否钙化囊虫或住肉孢子虫的寄生。在旋毛虫检验的采样以后，肉尸劈半以前，对每头猪腹腔内的2个肾上腺，必须由专人摘除。

2. 囊尾蚴

囊尾蚴可在所有肌肉组织中寄生，分布在猪胴体各处，因此应引起高度重视，防止出现漏检。主要检查部位猪为咬肌、两侧腰肌和膈肌，其他可检部为心肌、肩胛外侧肌和股部内侧肌等；牛为咬肌、舌肌、深腰肌和膈肌；羊为膈肌、心肌。

3. 住肉孢子虫

猪镜检横膈膜肌脚（与旋毛虫一同检查）；黄牛仔细检视腰肌、腹斜肌及其他肌肉；水牛检视食道、腹斜肌及其他肌肉。

（六） 复验

主要对胴体进行综合的疫病、寄生虫病等方面的检疫检验，防止漏检，评定胴体修整加工质量、监督摘除"三腺"等。当发现骨折、肌肉深部的出血、化脓等病灶时，剔出，另行修割整理。如发现有化脓、结核或严重出血肿胀的病变淋巴结必须割除，并对体表及腹腔再做一次全面的观察。牛、羊主要剖检股前淋巴结、肩胛前淋巴结及肠淋巴结。

三、检验后肉品的处理方法

（一） 气味异常肉品

气味异常肉品是指由于某些原因而引起屠畜产生某些非正常的肉味的肉或肉尸，可分为性臭、尿臭、酸臭、氨臭、微生物原因引起的异样气味、药物臭和饲料臭等。根据气味的性质不同可分别进行处理，如对性臭不是很严重的肉可加工制成食用时不需加热的细碎肉制品（如红肠），尿臭严重的可作工业用，氨臭的可烧煮加工等，保证不会对人的健康和环境造成影响。

（二） 色泽异常肉品

色泽异常肉是指由于某些原因而引起屠畜产生某些非正常颜色的肉或肉尸，主要包括 PSE 肉、DFD 肉、肉色变绿等。对肉色发生轻微异常者，可食用，而对变色严重者，如肉色属于腐败性变绿，则应酌情对胴体予以全部或局部作次品处理。

（三） 病害畜禽及其产品

病害畜禽及其产品是指确认为染疫动物以及其他严重危害人畜健康的病害动物及其产品；病死、毒死或不明死因动物的尸体；从胴体割除下来的病变部分等。这部分畜禽或胴体要采用销毁处理，常用焚毁或掩埋的方法。

焚毁就是将病害动物尸体或病害动物产品投入焚化炉或用其他方式烧毁炭化。掩埋时应远离学校、公共场所、居民住宅区、村庄、动物饲养和屠宰场所、饮用水源地、河流等地区；掩埋前应对需掩埋的病害动物尸体和病害动物产品实施焚烧处理；掩埋坑底铺2cm厚生石灰；掩埋后需将掩埋土夯实，病害动物尸体和病害动物产品上层应距地表1.5m以上；焚烧后的病害动物尸体和病害动物产品表面，以及掩埋后的地表环境应使用有效消毒药喷洒消毒。但掩埋方法不适用于患有炭疽等芽孢杆菌类疫病，以及牛海绵状脑病、痒病的染疫动物及产品、组织的处理。

（四） 条件可食肉品的处理

条件可食肉品指屠宰后的畜禽胴体和内脏，经检验认为畜禽虽患非恶性传染病、轻症寄生虫病或一般性疾病，但其肉质尚好，仅少数内脏有轻的病变，故按有关规定经无害处理后利用。主要有高温处理法、冷冻处理、盐腌处理等处理方法。

1. 冷冻

对患有口蹄疫体温正常的患畜，其剔骨肉及其内脏，经过按规范冷却排酸无害处理后可以出厂销售。利用低温的作用，使病原体细胞的水结成冰，致使病原体死亡，达到无坏化处理的目的。猪和牛在规定检验部位上的$40cm^2$面积内发现囊尾蚴和钙化的虫体在3个以下者（包括3个），整个肉尸经冷冻无害处理后可出厂；羊肌肉的切面上在$40cm^2$面积内发现有9个以上（包括9个）虫体，而肌肉无任何病变者，冷冻处理后出厂。低温对寄生在猪、牛肉中的旋毛虫、囊虫等都有致死作用。旋毛虫在$-17℃$以下时2d死亡；绦虫类在$-18℃$时，3d死亡；囊尾蚴在$-12℃$时即可完全死亡。

2. 腌制

本法常用于轻症囊虫病及布鲁氏杆菌病的肉的无害化处理。将肉切成2.5kg的肉块，表面擦上食盐（用量为肉重的15%），然后盐渍于18°Bé的盐水中，有囊虫的肉盐渍不少于21d，有布鲁氏杆菌病的不少于60d（此法夏天不宜使用）。另外肉尸仅脂肪有明显变色而无其他传染病或异味者，可做腌制处理。

由于盐溶液很难渗入脂肪，位于皮下脂肪层中的不易被杀死，故应先剔除皮下脂肪，炼制食用油。

3. 高温处理

利用某些病原菌、病毒、寄生虫在高温蒸煮下很快灭活的特点，将病害动物及其产品高温蒸煮一段时间，达到无害化并继续利用的目的。一般有两种方法，高压蒸煮法是把肉尸切成不超过2kg、厚不超过8cm的肉块，放在密闭的高压锅内，在112kPa压力下蒸煮1.5~2h。一般煮沸法是把肉尸切成不超过2kg、厚不超过8cm的肉块，放在普通锅内煮沸2~2.5h（从沸腾时算起）。

有如下情况发生者，需进行高温处理。猪患慢性局部炭疽；口蹄疫体温高的患畜的肉尸、内脏及副产品；肉尸有部分淋巴结结核病病变时；骨结核病牲畜；布鲁氏杆菌病的牲畜；破伤风的牲畜；轻微猪瘟、猪丹毒、猪巴氏杆菌病（猪出血性败血病、猪肺疫）和有轻微病变的肉尸及内脏。

4. 加工肉

加工肉即用于"加工肉制品"，但"四部规程"中没有明文规定。猪、牛患有囊尾蚴病，在规定检查部位，40cm²面积内有6~10个虫体，如能将虫体全部清除，可作为肉制品原料。凡是高温处理的原料也可作为加工肉。

5. 炼食用油

炼食用油即用干化机、湿化机化制。凡患有重症旋毛虫病、囊虫病和病情严重但脂肪尚可食用的一般传染病，以及黄脂病畜，其脂肪组织均可炼食用油，炼制时要求温度在100℃以上，时间不少于20min。

【链接与拓展】

异常肉品的鉴定

异常肉品的感官鉴别大多数是一种凭实际工作经验的积累进行的主观性判断，如果要严格定性，必须按照国家相关法律法规、标准采集样品，经行实验室病理学、解剖学、生物学、理化检验等项目进行检测。

发现异常肉品后应按照《GB 16548—2006 畜禽病害肉尸及其产品无害化处理规程》、《肉品检验试行规程》的相关内容严格执行。

（一）黄脂猪肉与黄疸猪肉的鉴别

黄脂猪肉又称黄膘，是指猪胴体脂肪组织的黄染现象。引起猪脂肪黄染的主要原因是机体色素代谢紊乱，喂饲胡萝卜、紫云英、菜籽饼和亚麻籽饼、鱼粉、鱼肝油下脚料等饲料，脂肪组织蓄积了脂溶性色素所致。脂肪组织发黄，稍显浑浊，质地变硬，有腥味，但其他组织不发黄。

黄疸猪肉是由于胆汁排泄发生障碍或机体发生大量溶血现象，致使大量胆红素进入血液中，将全身各种组织（神经与软骨除外）不同程度地染成黄色。其特点是，不仅组织发黄，而且皮肤、黏膜、眼结膜、组织液、血管内膜、筋腱等也都发黄。这一点在感官区分黄疸猪肉与黄脂猪肉时具有重要意义。此外，在进行猪肝脏和胆道的剖检时，会发现绝大多数黄疸病例呈现病理性病变。

（二）注水猪肉的鉴别

1. 感官检验

若瘦肉淡红色带白，有光泽，有水慢慢地从畜肉中渗出，则为注水肉。肉注水过多时，水会从瘦肉上往下滴。未注水的瘦肉颜色比较鲜红。

2. 手摸检验

用手摸瘦肉时不粘手，则怀疑为注水肉，未注水的，用手去摸瘦肉粘手。

3. 纸贴检验

用卫生纸或吸水纸贴在肉的断面上，注水肉吸水速度快，黏着度和拉力均比较小。另外，将纸贴在肉的断面上，用手压紧，片刻后揭下，用火柴点燃，如有明火，说明纸上有油，肉未注水，否则有注水嫌疑。

（三）囊虫（米猪）肉的鉴别

主要是注意瘦肉（肌肉）切开后的横断面，看是否有囊虫包囊存在。猪的腰肌是囊虫包囊寄生最多的地方，囊虫包囊呈石榴籽状，多寄生于肌纤维中。用刀子在肌肉上切割，一般厚度间隔为1cm，连切四五刀后，在切面上仔细观察，如发现肌肉中附有小石榴子或米粒一般大小的水泡状物，即为囊虫包囊，可断定这种肉就是米猪肉。

（四）种公母猪肉的鉴别

1. 看皮肤

淘汰种公母猪的皮肤一般都比较厚且粗糙、松懈而缺乏弹性，多皱襞，且皮肤毛孔粗。

2. 看皮下脂肪

种公母猪的皮下脂肪很少，且含有较多的白色疏松结缔组织；肉脂硬，尤以种公猪的背脂明显。

3. 看乳房

种公猪最后一对乳房多半并在一起；种母猪的乳房有较明显的乳池，乳房及乳头的大小不一，乳头皮肤粗糙，乳孔明显，乳房部乳腺虽然已萎缩，但有丰富的结缔组织充填。

4. 看肌肉特征

一般说，种公母猪的猪肉色泽较深，呈深红色，肌纤维粗糙，肉脂少，老种公猪肩胛上面有一椭圆形的软骨面通常已钙化。

（五）健康猪肉与病死猪肉的鉴别

1. 色泽鉴别

健康猪肉肌肉色泽鲜红，脂肪洁白，有光泽；病死猪肉肌肉色泽暗红，或带有血迹，脂肪呈桃红色。

2. 血管状况鉴别

健康猪肉全身血管中无凝结的血液，胸腹腔内无淤血，浆膜光亮；病死猪肉全身血管充满了凝结的血液，尤其是毛细管中更为明显，胸腹腔呈暗红色、无光泽。

3. 组织状态鉴别

健康猪肉肌肉坚实致密，不易撕开，肌肉有弹性，用手指按压后立即复原；病死猪肉肌肉松弛，肌纤维易撕开，肌肉弹性差。

（六）白肌病猪肉的鉴别

白肌病因饲料中缺乏微量元素硒和维生素 E 所致，以猪出现运动障碍和循环衰竭为特征。主要病变是骨骼肌和心肌的变性坏死，同时伴有间质结缔组织的增生。病变常发生于负重较大的肌肉，主要是后腿的半腱肌、半膜肌和股二头肌，前腿的臂头肌、肩胛下肌、三角肌，其次是背最长肌及颈部肌肉。病猪肌肉组织肿胀，色泽变淡、混浊，呈白色或黄白色条纹或斑块状，严重的整个肌肉群呈弥漫性黄白色条纹病变，切面干燥，似鱼肉样外观，左右两侧肌肉常呈对称性损害。心内外膜下有与肌纤维一致的病变，心包积水，有纤维素沉着，心脏呈球形；肝脏肿大，有大理石样花纹，色泽由淡红转为灰黄或土黄色，猪、牛、羊、马等各种动物均可发病，以幼龄畜多发。

（七）白肌肉（PSE）的鉴别

白肌肉因猪宰前应激引起，与遗传、品种有关。

屠体在未肢解之前，外观一般无异常变化，但在宰后解体剖检中，可见负重较大部位的肌肉，主要是背最长肌、半腱肌、半膜肌等处出现 PSE 肉的变化，变化的肌肉常左右对称。轻者呈淡粉红色，表层苍白，修割后的下层仍是正常色泽，肌肉有轻微水肿，较正常的柔软和湿润。重者呈灰白色，像水煮肉一样，表层较深层严重，病变由浅层向深层发展，肌肉疏松，明显水肿，弹性差，切面突出，纹理粗糙，切面流出很多液体，肌外膜上常有小点出血，肌间疏松结缔组织呈胶样浸润。最严重时，肌肉呈明显的灰白色，晦暗无光泽，切面散装存在大量灰白色小点，有肌浆渗出，甚至从下端滴流渗出液。

（八）放血不良肉品的鉴别

生猪宰前患病、衰弱、过度疲劳，屠宰致昏、放血方法不当均可引起放血不良。肉眼可见肌肉颜色发暗，皮下静脉血液滞留，全身脂肪轻度发红，切开肌肉可见到暗红色区域，挤压切面有少量血滴流出。

（九）红膘肉的鉴别

红膘是脂肪组织充血、出血或红色素浸润的结果，仅见于猪的皮下脂肪，一般认为与感染猪丹毒、猪肺疫和猪副伤寒，或者背部受到冷热空气和机械刺激有关。除皮下脂肪发红外，有时也有皮肤同时发红者。在这种情况下，应仔细检查内脏和主要淋巴结。

（十）中毒猪的鉴别

中毒是生猪因吸入、口服或接触有毒物质而发生动物生理机能失调或病理性反应而引起的病症。

（1）肉眼常见毒物进入、蓄积的病变组织器官如肝、肾、心、脑等部位有充血、出血、水肿、变性、坏死等变化。

（2）有时可见强酸、强碱、重金属盐等具有腐蚀性毒物作用于生猪体表，引起皮肤发炎、溃烂等体表腐蚀现象。

（3）中毒生猪胴体，通常放血不良，肌肉呈暗红色，主要淋巴结肿大、出血、切面呈紫红色。

【实训一】 现代化猪屠宰场实习参观

一、实训目的

通过实训要求掌握机械化肉联厂屠宰加工线及配套车间的生产状况，了解主要产品种类及相应质量检验体系。

二、主要设备

毛猪悬挂输送放血自动线；麻电输送机；活猪吊挂输送机；立式洗猪机；打毛机；桥式劈半锯；同步卫检线；立式洗肚机等。

三、实训步骤

根据畜体屠宰加工顺序，按以下生产环节进行实习参观。

1. 淋浴

畜类（猪）屠宰前进行淋浴，可清洁体表和降低畜体的应激以保证取得良好的放血效果。

2. 致昏

目前在屠宰加工线中广泛采用麻电法。麻电器可分为人工控制麻电器和自动控制麻电器，通常对猪所用的电压为 $65\sim85\mathrm{V}$，电流强度 $0.5\sim1.4\mathrm{A}$，麻电时间 $3\sim5\mathrm{s}$ 可获得较好的麻电效果。

3. 烫毛

对毛猪进行悬挂放血后，利用输送机将毛猪预先准备好的烫池对毛猪进行烫毛浸烫处理，通常烫池的水温为 $60\sim68\mathrm{℃}$，浸烫 $3\sim8\mathrm{min}$ 使毛根软化便于脱毛。

4. 开膛

在烫毛清洗后进行倒悬吊挂，实施开膛处理。开膛处理逐一剖腹取出内脏，如大小肠、膀胱、脾、胃等送内脏间处理。

5. 劈半及去头、蹄

开膛之后将头沿耳根下刀切除，割蹄在关节处下刀。将除去头蹄的胴体利用桥式劈半锯进行劈半，工效较高但骨屑碎渣较多，损失较多。

6. 胴体修整

劈半后的胴体应进行干修和冲洗。干修指去掉乳头、伤痕、斑点、淤血等，修整后立即用冷水冲洗，但不可用抹布擦拭，避免增加微生物污染。

7. 内脏整理及胴体加工

经过检验后的内脏及时处理，妥善保管，分别单独存放并做好防腐措施；将经过检验后的胴体分割，根据加工需要进行处理或直接销售。常见的产品有前后腿肉、去皮精肉、五花肉、猪腰、猪肝、猪爪、肋排等。

8. 质量检验

根据产品要求，由专业的检疫人员对鲜销的产品进行检验检疫，由生产部门根据相关标准对深加工类产品进行质量检验。

四、实习参观报告

不少于 2000 字，详尽阐述各工序的操作要点。

五、注意事项

（1）要求有组织有纪律地实习参观，遵守厂纪厂规，不影响企业正常生产。

（2）通常淋浴多用于猪的屠宰，其他毛发较多的畜体不采用。

（3）毛猪浸烫的水温和时间依品种、个体大小、年龄等因素调节掌握，否则出现毛孔尚未扩大或表皮蛋白胶化而导致毛孔收缩，均不利于煺毛。

（4）割取胃时应将食道和十二指肠留有适当长度，以避免胃内容物流出而造成污染。

【实训二】 鸡的屠宰测定和体内器官的观察

一、实训目的

（1）学习鸡屠宰方法和步骤，掌握屠宰率测定及计算方法。

（2）了解鸡体内各器官的相互关系和解剖结构。

二、材料和用具

公母鸡若干只、解剖刀、手术剪、镊子、解剖台、台秤、电子秤、温度计、瓷盘、骨剪、胸角器、游标卡尺、皮尺、粗天平、吊鸡架等。

三、实训步骤

1. 鸡的屠宰测定

（1）宰前的准备

① 家禽屠宰前必须先禁食 12～24h，只供饮水，其目的既可节省饲料还可使放血完全，保证肉的品质优良和屠体美观。

② 屠宰前为避免药物残留，应按规定程序停止在饲料中添加药物。

③ 称活体重。

（2）放血　采用颈外放血法：左手握鸡两翅，将其颈向背部弯曲，并以左手拇指和食指固定其头，同时左手小指勾住鸡的一脚。右手将鸡耳下颈部宰杀部位的羽毛拔净后用刀切断颈动脉或颈静脉血管，放血致死。血放于血盆中。

待血流尽后立刻称体重求得血重。

（3）拔毛　在血放净后，用（60±1）℃的热水浸烫，让热水渗进毛根，因毛囊周围骨肉的放松而便于拔毛。注意水温和浸烫时间要根据鸡体重的大小、季节差异和鸡的日龄而异，不宜太高温度和浸烫太久。一般以能拔下毛而不伤皮肤为准。拔毛顺序为：尾—翅—颈—胸—背—臀—两腿粗毛—绒毛。拔完羽毛后沥干水称屠体重并求毛重。

（4）屠体外观检查　检查屠体表面是否有病灶、损伤、淤血。如鸡痘、肿瘤、胸囊肿、胸骨弯曲、大小胸、脚趾瘤、外伤、断翅或淤血块等。

（5）基本测量

① 皮下脂肪厚：从尾根部向上线剥离两侧皮肤，用游标卡尺测量此处的皮脂厚。游标卡尺应轻轻卡住，不要用力挤压。

② 肌间脂肪宽：将胸部的皮掀开，在胸骨侧突的部位用游标卡尺测量脂肪带的宽度。

（6）分割、去内脏，割除头、颈、脚　脚从踝关节分割并剥去脚皮、趾壳，头从枕寰关节处割下，颈部从肩胛骨处割下。分别将头、颈、脚称重填入表中。

为防止屠体污染，开腹前先挤压肛门，使粪便排出。在胸骨剑突与泄殖腔之间切一刀，掏出内脏，仅留肺脏和肾脏。

（7）屠宰测定项目

① 活体重：指在屠宰前停饲 12h 后的质量。

② 放血重：禽体放血后的质量。

③ 屠体重：禽体放血、拔毛后的质量（湿拔法需沥干）。

④ 胸肌重：将屠体胸肌剥离下的质量。

⑤ 腿肌重：将禽体腿部去皮，去骨的肌肉质量。

⑥ 半净膛重：屠体重去气管、食管、嗉囊、肠、脾脏、胰腺和生殖器官。留下心脏、肝脏（去胆）、肺脏、肾脏、腺胃、肌胃（去除内容物及角质膜）和腹脂的质量。

⑦ 全净膛重：半净膛重去心脏、肝脏、腺胃、肌胃、腹脂及头、颈、脚。留肺脏、肾脏的质量（鸭、鹅保留头、颈、脚）。

⑧ 腹肌重：包括腹脂（板油）及肌胃外脂肪的质量。

⑨ 翅膀重：从肩关节切下翅膀称重。分割翅分为三节：翅尖（腕关节至翅前端）、翅中（腕关节与肘关节之间）和翅根（肘关节与肩关节之间）。

⑩ 根据实验要求有时要称脚重、肝脏重、心脏重、肌胃垂、头重等。

（8）计算项目

① 屠宰率 = 屠体重/活体重 × 100%

② 半净膛率 = 半净膛重/活体重 × 100%

③ 全净膛率 = 全净膛重/活体重 × 100%

④ 胸肌率 = 胸肌重/全净膛重 × 100%

⑤ 腿肌率 = 腿肌重/全净膛重 × 100%

⑥ 腹脂率 = （腹脂重 + 肌胃外脂肪重）/全净膛重 × 100%

⑦ 瘦肉率 = （胸肌重 + 腿肌重）/全净膛重（或胴体重）× 100%（鸭）

2. 消化系统的观察

（1）准备

① 屠宰方法、屠体外观检查，同前述。

② 切开胸侧壁与大腿间的皮肤，用力掰开髋关节，让其脱臼。这样屠体可稳定地呈仰卧姿势。

③ 在胸剑突下方横切一刀，切口伸向腹部两侧。再从切口下缘沿腹部中线纵向切开腹腔，露出腹腔脏器。

④ 从腹壁两侧，沿椎骨肋与胸骨肋结合的关节处，纵向向前剪开至肩关节处，再用骨剪剪断锁骨和乌喙骨。稍用力向上掀开整个胸壁，露出胸腔脏器。

（2）观察　先总体观察胸腔、腹腔各脏器位置，并观察嗉囊。

① 消化系统：首先摘除母鸡输卵管，然后剪开口腔，露出舌和上颌背侧前部硬腭中央的腭裂（位于相对于两眼位置，为斜刺延脑位置）。从上至下依次观察：口腔（喙、舌、咽）；食管和嗉囊（鸭为纺锤形的食道膨大部）；腺胃（切开露腺胃乳头突起）；肌胃（切开露出角质膜）；小肠（十二指肠、空肠、回肠）以及胰腺、胆囊、肝脏；大肠（盲肠、直肠）以及盲肠扁桃体；泄殖腔。

② 泌尿系统：摘除消化器官，露出紧贴于鸡腰部内侧的泌尿系统，包括肾脏、输尿管和泄殖腔。

③ 其他脏器：观察心脏、肺脏、脾脏、胸腺等。

四、实训结果整理

每小组屠宰 1 ~ 2 只鸡，要求屠体放血完全、无伤痕，并按屠宰测定顺序将结果填入测定表（表 1 - 1）。要求数据准确、完整。另对鸡体各内脏器官进行认真辨认。

表 1 –1　　　　　　　　　肉鸡屠宰测定记录汇总表

测定周龄： _____　　　　　　　　　测定人： _____

品种	编号	性别	活质量/g	血质量/g	毛质量/g	屠体		半净膛		全净膛	
						g	%	g	%	g	%

测定时间：　　　　　　　　　　　　　　　　　　年　月　日

头颈质量/g	脚质量/g	翅质量/g	腿肌		胸肌		腹脂		心、肝、肌胃质量/g	皮下脂肪质量/g	备注
			g	%	g	%	g	%			

五、结果讨论

学习情境二　肉的剔骨分割与冷加工技术

本学习情境主要介绍肉的排酸技术、剔骨分割技术、冷藏技术、冻藏技术以及肉质评定技术等。

学习任务一　　肉的排酸技术 🔍

一、肉的形态学

从食品加工的角度研究构成肉的各个组成部分的基本情况，称为肉的形态学。肉是构成畜禽机体各组织的综合物。广义的肉在形态结构学包含：肌肉组织、骨骼组织、脂肪组织、结缔组织。这些组织的结构、性质直接影响肉品的质量、加工用途及其商品价值。

肌肉组织在组织学上可分为三类，即：骨骼肌、平滑肌和心肌。从数量上讲，骨骼肌占绝大多数，由于附着在骨骼上，所以称作骨骼肌。骨骼肌与心肌在显微镜下观察有明暗相间的条纹，因而又被称为横纹肌。骨骼肌的收缩受中枢神经系统的控制，所以又称作随意肌，而心肌与平滑肌称为非随意肌。与肉品加工有关的主要是骨骼肌。所以本部分将侧重介绍骨骼肌的构造，下面提到的肌肉是就骨骼肌而言的。骨骼肌是构成肉的主要组成部分，占胴体 50%～60%，具有较高的食用价值和商品价值。

构成肌肉组织结构的基本单位是肌纤维（Muscle fiber），肌纤维与肌纤维之间被一层很薄的结缔组织膜围绕隔开，此膜称作肌内膜。每 50～150 根肌纤维聚集成肌束（Muscle bundle），这时的肌束称为初级肌束。初级肌束被一层结缔组织膜所包裹，此膜叫肌束膜。由数十条初始肌束集结在一起并由较厚的结缔组织膜包围就形成次级肌束（又称作二级肌束）。由许多二级肌束集结在一起即形成肌肉块。肌肉块外面包围着一层强韧很厚的结缔组织膜称作肌外膜。肌内、外膜和肌束膜在肌肉两端汇集成束，称为腱，牢固地附着在骨骼上。这些分布在肌肉中的结缔组织膜既起着支架的作用，又起着保护作用，血管、淋巴管及神经通过三层膜穿行其中，伸入到肌纤维表面，以提供营养和传导神经冲动。此外，还有脂肪沉积其中，使肌肉断面呈现大理石样纹理。

1. 肌肉组织的微观结构

（1）肌纤维　肌纤维也称肌细胞，呈长线状。长度一般为 $1 \sim 40mm$，直径 $10 \sim 100\mu m$。在肌纤维内部主要是由大量平行排列成束的肌原纤维（Myofibrils）组成，它在电镜下呈长的圆筒状结构，直径 $1 \sim 2\mu m$。在肌原纤维之间，充满着肌浆。

（2）肌膜　肌纤维作为一种细胞，外面也有一层细胞膜（又称肌膜或肌鞘）包围，肌膜具有很好的弹韧性，能被拉伸原长度的 2.2 倍，可承受肌纤维的伸长和收缩。并对酸、碱具有很强的稳定性。肌膜向内凹陷形成一网状的管，称横小管，通常称为 T－系统或 T－小管。

（3）肌原纤维　肌原纤维是肌纤维的主要成分，约占肌纤维固形成分的 $60\% \sim 70\%$，是肌肉的伸缩装置。在电子显微镜下观察，肌原纤维又是由许多更细微的肌微丝即超原纤维所组成。超原纤维主要有两种：一种是全部由肌球蛋白分子组成的较粗的肌球蛋白微丝，简称粗丝；另一种主要是由肌动蛋白分子组成的较细的肌动蛋白微丝，简称细丝。

（4）肌浆　肌浆是充满于肌原纤维之间的胶体溶液，呈红色，含有大量的肌溶蛋白质和参与糖代谢的多种酶类。是细胞内的胶体物质，含水分 $75\% \sim 80\%$。肌浆内富含肌红蛋白、酶、肌糖原、蛋白质及其代谢产物和无机盐类等。在肌浆中，还分布许多核、线粒体（或称肌粒）、肌浆网（或称肌质网）。

（5）肌细胞核　骨骼肌纤维为多核细胞，细条肌纤维所含核的数目不定，一条几厘米的肌纤维可能有数百个核。核呈椭圆形，位于肌纤维的边缘，紧贴在肌纤维膜下，呈有规则的分布，核长约 $5\mu m$。

2. 脂肪组织

脂肪组织是仅次于肌肉组织的第二个重要组成部分，具有较高的食用价值。对于改善肉质、提高风味均有影响。脂肪在肉中的含量变动较大，决定于动物种类、品种、年龄、性别及肥育程度。

脂肪的构造单位是脂肪细胞，脂肪细胞或单个或成群地借助于疏松结缔组织联在一起。细胞中心充满脂肪滴，细胞核被挤到周遍。脂肪细胞外层有一层膜，膜为胶状的原生质构成，细胞核即位于原生质中。脂肪细胞是动物体内最大的细胞，直径为 $30 \sim 120\mu m$，最大者可达 $250\mu m$，脂肪细胞愈大，里面的脂肪滴愈多，因而出油率也愈高。脂肪细胞的大小与畜禽的肥育程度及不同部位有关。脂肪蓄积在肌束内最为理想，这样的肉呈大理石样，肉质较好。

3. 结缔组织

结缔组织是将动物体内不同部分联结和固定在一起的组织。在动物体内对各器官组织起到支持和连接作用，使肌肉保持一定弹性和硬度。在动物体内分布很广，包括腱、肌膜、韧带、血管、淋巴、神经、毛皮等都由结缔组织组成。结缔组织是肉的次要成分，结缔组织由细胞、纤维和无定形的基质组成。细胞为成纤维细胞，存在于纤维中间；纤维由蛋白质分子聚合而成，可分胶原纤维、弹性纤维和网状纤维三种。

结缔组织为非全价蛋白，不易被消化吸收，能增加肉的硬度，降低肉的食用价值，可以用来加工胶冻类食品。牛肉结缔组织的吸收率为25%，而肌肉的吸收率为69%。由于各部的肌肉结缔组织含量不同，其硬度不同，剪切力值也不同。

4. 骨组织

骨组织是肉的次要部分，食用价值和商品价值较低，在运输和贮藏时要消耗一定能源。成年动物骨骼的含量比较恒定，变动幅度较小。猪骨约占胴体的5%～9%，牛占15%～20%，羊占8%～17%，兔占12%～15%，鸡占8%～17%。

二、屠宰后肉的变化

动物经过屠宰放血后由于机体的死亡引起了呼吸与血液循环的停止、氧气供应的中断，使肌肉组织内的各种需氧性生物化学反应停止、转变成厌氧性活动。因此，肌肉在死后所发生的各种反应与活体肌肉完全处于不同状态、进行着不同性质的反应。

活体肌肉处于静止状态时，由于 Mg^{2+} 和 ATP 形成复合体的存在，妨碍了肌动蛋白与肌球蛋白粗丝突起端的结合。肌原纤维周围糖原的无氧酵解和线粒体内进行的三羧酸循环，使 ATP 不断产生，以供应肌肉收缩之用。肌球蛋白头是一种 ATP 酶，这种酶的激活需要 Ca^{2+}。

活体肌肉收缩时来自大脑的信息经神经纤维传到肌原纤维膜产生去极化作用，神经冲动沿着 T 小管进入肌原纤维，可促使肌质网将 Ca^{2+} 释放到肌浆中。钙离子可以使 ATP 从其惰性的 Mg – ATP 复合物中游离出来，并刺激肌球蛋白的 ATP 酶，使其活化。肌球蛋白 ATP 酶被活化后，将 ATP 分解为 ADP、无机磷和能量，同时肌球蛋白纤丝的突起端点与肌动蛋白纤丝结合，形成收缩状态的肌动球蛋白。

当神经冲动产生的动作电位消失，通过肌质网钙泵作用，肌浆中的钙离子被收回。ATP 与 Mg 离子形成复合物，且与肌球蛋白头部结合。而细丝上的原肌球蛋白分子又从肌动蛋白螺旋沟中移出，挡住了肌动蛋白和肌球蛋白结合的位点，形成肌肉的松弛状态。

（一）宰后僵直

由于无氧呼吸，ATP 水平下降和乳酸浓度提高（pH 降低），肌浆网钙泵的功能丧失，使肌浆网中 Ca^{2+} 逐渐释放而得不到回收，致使 Ca^{2+} 浓度升高，引起肌动蛋白沿着肌球蛋白的滑动收缩；另一方面引起肌球蛋白头部的 ATP 酶活化，加快 ATP 的分解并减少，同时由于 ATP 的丧失又促使肌动蛋白细丝和肌球蛋白细丝之间交联的结合形成不可逆性的肌动球蛋白，从而引起肌肉的连续且不可逆的收缩，收缩达到最大程度时即形成了肌肉的宰后僵直，也称尸僵。宰后僵直所需要的时间因动物的种类、肌肉的种类、性质以及宰前状态等都有一定的关系。因此，在现代法医学上僵尸的时间也常做判断尸体死亡的时间证据。达到宰后僵直时期的肌肉在进行加热等成熟时肉会变硬、肉的保水性小、加热损失多、肉的风味差，也不适合于肉制品加工。

（二）　解僵与成熟

解僵指肌肉在宰后僵直达到最大程度并维持一段时间后，其僵直缓慢解除、肉的质地变软的过程。解僵所需要的时间因动物、肌肉、温度以及其他条件不同而异。在 0~4℃ 的环境温度下鸡需要 3~4h，猪需要 2~3d、牛则需要 7~10d。

成熟是指尸僵完全的肉在冰点以上温度条件下放置一定时间，使其僵直解除、肌肉变软、系水力和风味得到很大改善的过程。肉的成熟过程实际上包括肉的解僵过程，二者所发生的许多变化是一致的。

尸僵持续一段时间后，即开始缓解，肉的硬度降低、保水性能恢复，使肉体变得柔软多汁，具有良好的风味，最适宜加工食用，这个过程即为肉的成熟。关于肉的成熟机制主要有两种学说：① 钙离子学说：这种学说认为肉的熟化过程主要发生三种变化：一是死后僵直肌原纤维产生收缩张力，使 z 线在持续的张力作用下发生断裂，张力的作用越大，肌原纤维的肌节断裂成小片状的程度就越大；死后肌质网功能的破坏，Ca^{2+} 从肌质网中释去，使肌浆中的 Ca^{2+} 浓度急剧增高，高浓度的 Ca^{2+} 长时间作用，使 z 线蛋白质变性而断裂；二是僵直时生成的肌动球蛋白复合体的肌球蛋白和肌动蛋白之间的结合力在熟化过程中会逐渐变弱；再者肌肉中结构弹性网状蛋白质由不可溶性变为可溶性。② 酶蛋白学说：肌肉在成熟过程中肌原纤维在蛋白酶——即肽链内切酶的作用下引起分解。在肌肉中，肽链内切酶有许多种，如胃促激酶、氢化酶等。

（三）　肉的腐败变质

肉类完成成熟后，应及时终止，若成熟继续进行，肌肉中的蛋白质在组织酶的作用下，蛋白质进一步水解，生成胺、氨、硫化氢、酚、吲哚、粪臭素、硫化醇，则发生蛋白质的腐败。同时发生脂肪的酸败和糖的酵解，产生对人体有害的物质，称为肉的腐败变质。

健康动物的血液和肌肉通常是无菌的，造成肉品腐败变质的微生物主要来自外部环境。在屠宰和贮藏过程中，环境中的微生物首先污染肉品表面，再沿血管进入肉的内层，并进而伸入到肌肉组织。然而，即使在腐败程度较深时，微生物的繁殖仍局限于细胞与细胞之间的间隙内，只有到深度腐败时才到肌纤维部分。

微生物繁殖和传播速度非常快，在 1 ~ 2 昼夜内可深入肉层 2 ~ 14cm。在适宜条件下，浸入肉中的微生物大量繁殖，以各种各样的方式对肉分解作用，产生许多对人体有害、甚至使人中毒的代谢产物，导致肉品腐败变质。

三、肉的排酸技术

（一）排酸的概念

肉作为原料，不论是烹调还是加工，成熟期的要比僵直期的品质优良。常温下肉的成熟要比低温下速度快，但常温下微生物容易生长繁殖，酶也有较高的活性，容易造成原料肉的腐败变质。特别是牲畜刚屠宰完毕时，体内热量还没有散去，肉体温度一般为 38 ~ 39℃。屠宰后其体内新陈代谢作用大部分仍在进行，所以体内温度略有升高，如宰后 1h 的肉体温度较刚宰杀时体温高 1.5 ~ 2℃，肉体较高的温度和湿润的表面最适宜微生物生长和繁殖。因此，应该在较低的（但不能冻结）的温度下，使肉完成成熟，这实际是一个冷却的过程，在这个过程中，pH 缓慢上升，行业中形象地把该过程称为排酸。

通过冷却，可以抑制微生物生长繁殖；同时使肉体表面形成一层完整而紧密的干燥膜，既可以阻止微生物的入侵，又可以减缓肉体内的水分蒸发，延长了肉的贮存时间，一般可以保存 1 ~ 2 周时间；肉的冷却排酸过程也基本完成了肉的成熟，使肉由僵硬变得柔软，持水性增强，肉的风味得到了改善，具有香味和鲜味；此外，冷却也是冻结的准备过程，整胴体或半胴体的冻结，由于肉层厚度较厚，若用一次冻结（即不经过冷却，直接冻结），常是表面迅速冻结，而内层的热量不易散发，从而使肉的深层产生"变黑"等不良现象，影响成品质量；通过冷却排酸，可延缓脂肪和肌红蛋白的氧化，使肉保持鲜红色泽。

排酸肉的加工是发达国家针对畜类的屠宰提出的强制性的加工方法，它通过严格的质量控制（如卫生整修技术、大肠杆菌检验管理、HACCP 的实施以及同步检疫等），确保了肉的安全、营养、卫生，可使加工前原料的微生物污染处于较低水平，而质量品质达到较高水准。20 世纪末，冷却排酸肉开始引入我国。

（二）排酸温度

排酸冷却是指将肉的温度降低到冻结点以上的温度（肉的冻结点大约在 -1.7℃）。冷却作用将使环境温度降到微生物生长繁殖的最适温度范围以下，影响微生物的酶活性，减缓微生物生长速度，防止肉的腐败。排酸温度的确定主要就是从抑制微生物的生长繁殖考虑。将胴体保存在 0 ~ 4℃范围，可以抑制病原菌的生长，保证肉品的质量与安全，若超过 7℃，病原菌和腐败菌的增殖机会大大增加。

综上所述，排酸的温度确定在 0 ~ 4℃范围。近十年来，鉴于肉类工业逐步现代化，质量卫生意识加强，和一系列管理系统的执行，肉品的卫生状况日益改善，并从节能角度考虑，国际上已将冷却肉的上限度从4℃提高到7℃。

（三）排酸方法

肉的排酸工艺有一次冷却工艺、二阶段冷却工艺。

1. 一次冷却工艺

我国的肉类加工企业普遍采用一次冷却工艺。表2-1是肉类一次冷却工艺技术参数。

表2-1　　　　　　　　　肉类一次冷却工艺技术参数

冷却过程	半片猪胴体		1/4牛胴体内		羊腔	
	库温/℃	相对湿度/%	库温/℃	相对湿度/%	库温/℃	相对湿度/%
冷却间进货之前	-4~-3	90~92	-1	90~92	-1	90~92
冷却间进货结束后	0~3	95~98	0~3	95~98	0~4	95~98
冷却10h后	1~2	90~92	-1~0	90~92	-1~0	90~92
冷却20h后	-3~0	90~92	-1~0	90~92	-1~0	90~92

为了缩短冷却时间，在装鲜肉之前，应将冷却间内空气温度预先降到-3~-1℃。在大批鲜肉入库的同时，开启干式冷风机，进行供液降温。但由于肉体中热量的散发，使冷却间的空气温度急剧上升，但最高不超过4℃，最好上升到不低于0℃。在经过10h后，室内温度应稳定在0~1℃，不能有较大幅度地波动。

在冷却开始时，相对湿度一般在95%~98%，随着肉温下降和肉体中水分蒸发强度的减弱，相对湿度逐渐降低至90%~92%。库内相对湿度的高低对肉的冷加工质量有直接的影响，如过高，会造成微生物繁殖；过低，会使肉体水分过多蒸发而引起质量损失。

空气的温度和流速影响着冷却速度和冷却期的食品干耗。在冷却间内肉片之间的空气流速一般为0.5~1.5m/s，其干耗量平均为1.3%。如果将热肉送入-3~-5℃、风速1~2m/s的冷却间内进行冷却，则肉的冷却干耗比在-1℃的冷却间冷却24h要减少15%。

在一定的空气温度和流速下，肉的冷却时间主要取决于肉体的肥瘦、肉块的厚薄以及肉体的表面积大小。猪1/2胴体肉排酸时间一般为24h，牛1/2胴体肉排酸时间一般为48~72h，羊整腔为10~12h，肉体最厚部位（一般指后腿）中心温度降至0~4℃即可结束冷却过程。当胴体最厚部位中心温度冷却到低于7℃时，即认为排酸完成。

2. 二阶段冷却工艺

在国际上，随着冷却肉的消费量的不断增大，各国对肉类的冷却工艺方法加强了研究，其重点围绕着加快冷却速度、提高冷却肉质量等方面来进行。其中较为广泛采用的是丹麦和欧洲其他一些国家提出的二阶段快速冷却工艺方法，其特点是采用较低的温度和较高的风速进行冷却。第一阶段是在快速冷却隧道或在冷却间内进行，空气温度降得较低，一般为 $-10 \sim -15℃$，空气速度一般为 $1.5 \sim 2.5 m/s$，经过 $2 \sim 4h$ 后，胴体表面在较短的时间内降到接近冰点，迅速形成干膜，而后腿中心温度还在 $16 \sim 25℃$；然后再用一般的冷却方法进行第二次冷却，在冷却的第二阶段，冷却间温度逐步升高至 $0 \sim 2℃$，以防止肉体表面冻结，直到肉体表面温度与中心温度达到平衡，一般为 $2 \sim 4℃$，冷却间内空气循环同时随着温度的升高而慢下来。

采用二阶段冷却工艺方法的设备有两种形式：一种是全部冷却过程在同一冷却间中完成，一种是在分开的冷却间内进行。

（四）排酸间管理

我国对肉类的排酸方法主要采用冷风机进行冷却，即在排酸间（冷却间）内装设落地式冷风机或吊顶式冷风机。将经过屠宰加工修整分级后的胴体由轨道分别送入排酸间。肉在排酸间冷却时，要求符合以下条件。

（1）肉体与肉体之间要有 $3 \sim 5 cm$ 间距，不能贴紧，以便使肉体受到良好的吹风，散热快，空气速度保持适当、均匀。

（2）最大限度地利用冷却间的有效容积。

（3）在肉的最厚部位——大腿处附近要适当提高空气运动速度。

（4）尽可能使每一片肉在同一时间内达到同一温度。

（5）保证肉在冷却过程中的质量。冷却终了时，在大腿肌肉深处的温度如达到 $0 \sim 4℃$ 时，即达到了冷却质量要求。

四、肉类在排酸过程中的变化

（一）成熟作用

在冷却过程中，由于肉类在僵直后的变化过程中，其本身的分解作用是在低温下缓慢进行的，因此，肉体开始进行着成熟作用，再经过冷藏过程，肉体的成熟作用就完成了。肉经过成熟过程的变化，将使肉质软化，味道变佳。

（二）水分蒸发引发的干耗

肉在冷却过程中，最初由于肉体内较高的热量和水分，致使水分蒸发得较多、干耗较大。随着温度的降低，肉体表面产生一层干膜后，水分蒸发也就相应减少。肉体的水分蒸发量取决于肉体表面积、肥度、冷却间的空气温度、风速、相对湿度、冷却时间等。

（三） 寒冷收缩现象

采用二阶段快速冷却工艺易造成肉体产生寒冷收缩现象。当屠宰的肉进行二阶段快速冷却、肌肉的温度下降太快时，即肉的 pH 降为 6.2 以前、冷却间温度在 −10℃ 以下时，肌肉会发生强烈的冷收缩现象，致使肌肉变得老硬。这样的肉在进一步成熟时也不能充分地软化，即使加热处理后也是硬的。这主要是由于肌肉组织细胞中的酶的活性在一定范围内是随着温度的下降而逐渐加强的，当温度在 −10℃ 以下快速冷却时，由于酶的作用，将加速 ATP 的水解，从而加大肌肉的收缩。这对于牛肉和羊肉尤为重要，肉的柔性被破坏很大，是一个不好的现象。为此，可采用电击方法来防止牛、羊肉的寒冷收缩。而对于猪肉来说，由于脂肪层较厚、导热性差，其 pH 比牛、羊肉下降快，不会发生寒冷收缩现象。

（四） 肉的色泽变化

肉在冷却过程中，其表面切开的颜色由原来的紫红色变为亮红色，然后呈褐色。这主要是由于肉体表面水分蒸发，使肉汁浓度加大，由肌红蛋白所形成的紫红色经轻微地冻结后生成亮红色的氧合肌红蛋白所致。但是，当肌红蛋白或氧合肌红蛋白发生强烈的氧化时，生成氧化肌红蛋白，当这种氧化肌红蛋白的数量超过 50% 时，肉就变成了不良的褐色。

学习任务二　　猪肉的剔骨分割技术　🔍

由于受生猪不同品种、年龄、肥瘦程度及部位等因素的影响，肉的质量差异很大。由于肉的质量不同，其加工用途、实用价值和商品价值也不尽相同。因此无论从食用角度、肉品加工角度，还是商业角度，都应对猪肉进行分级，并分割使用。

一、猪胴体的分级

猪肉在零售时，根据其质量差异可划分为不同等级，按质论价。猪胴体的分级标准各国不一，但基本上都是以肥膘厚度结合每片胴体的质量进行分级定等的。肥膘厚度以每片猪肉的第六、第七肋骨中间平行至第六胸椎棘突前下方脂肪层的厚度为依据。

根据《SB/T 10656—2012 猪肉分级》规定，我国对猪肉的分级是按照猪胴体形态结构和肌肉组织分布进行分割的。将感官指标、胴体质量、瘦肉率、背膘厚度作为猪肉分级的评定指标，将胴体等级从高到低分为 1、2、3、4、5、6 六个级别，见表 2 - 2。

表 2 - 2　　　　　　　　　　　　　猪胴体的等级分级

级别	感官	带皮胴体质量（m）[去皮胴体质量（m）下调5kg]	瘦肉率（P）	背膘厚度（H）
1级	体表修割整齐，无连带碎肉、碎膘、肌肉颜色光泽好，无白肌肉。带皮白条表面无修割破皮肤现象，体表无明显鞭伤、无炎症。去皮白条要求体面修割平整，无伤斑、无修透肥膘现象。体型匀称，后腿肌肉丰满	60kg≤m≤85kg	P≥53%	H≤2.8cm
2级		60kg≤m≤85kg	51%≤P≤53%	2.8cm≤H≤3.5cm
3级	体表修割整齐，无连带碎肉、碎膘，肌肉颜色光泽好，无白肌肉。带皮白条表面无修割破皮肤现象，体表无明显鞭伤、无炎症。去皮白条要求体面修割平整，无伤斑、无修透肥膘现象。体型较匀称	55kg≤m≤90kg	48%≤P<51%	3.5cm<H≤4cm
4级		45kg≤m≤90kg	44%≤P<48%	4cm<H≤5cm
5级	体表修割整齐，无连带碎肉、碎膘，肌肉颜色光泽好。带皮白条表面无明显修割破皮肤现象，体表无明显鞭伤、无炎症。去皮白条要求体面修割平整，无伤斑、无修透肥膘现象	m>90kg 或 m<45kg	42%≤P<44%	5cm<H≤7cm
6级		m>100kg 或 m<45kg	P≤42%	H>7cm

二、猪肉的剔骨分割技术

加工分割肉的生猪应来自于非疫区，并持有产地动物防疫监督机构出具的检疫证明。生产分割肉的鲜、冻片猪肉不得用公、母种猪及晚阉猪加工。

剔骨与分割是同时进行的，目前常用的剔骨方法是冷剔骨法，即经过冷却排酸以后进行剔骨分割。该法的优点是微生物污染程度低，产品质量好等；缺点是干耗大，剔骨和肥膘分离困难，肌膜易破裂等。国内也曾经用过热剔骨法，即热胴体先经晾肉间降温至20℃左右，再进行剔骨分割。此工艺操作简单，猪肉干耗少，肌膜完整，易于剔骨和肥膘分离。但产品温度较高，容易受到微生物的污染，出现表面发黏、色泽恶化等腐败现象。

（一）零售猪肉的剔骨分割技术

我国将供市场零售的猪胴体分成六大部分：肩颈部、臀腿部、背腰部、肋腹部、前臂和小腿部、前颈部，具体分割示意图如图 2-1 所示。

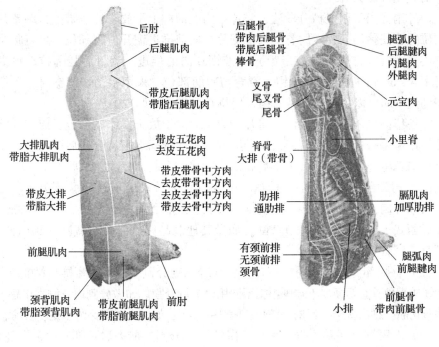

后肘
后腿肌肉

带皮后腿肌肉
带脂后腿肌肉

大排肌肉
带脂大排肌肉

带皮大排
带脂大排

前腿肌肉

颈背肌肉
带脂颈背肌肉

带皮前腿肌肉
带脂前腿肌肉

前肘

带皮五花肉
去皮五花肉

带皮带骨中方肉
去皮带骨中方肉
去皮去骨中方肉
带皮去骨中方肉

后腿骨
带肉后腿骨
带展后腿骨
棒骨

叉骨
尾叉骨
尾骨

脊骨
大排（带骨）

肋排
通肋排

有颈前排
无颈前排
颈骨

小排

腿弧肉
后腿腱肉
内腿肉
外腿肉

元宝肉

小里脊

膈肌肉
加厚肋排

腿弧肉
前腿腱肉

前腿骨
带肉前腿骨

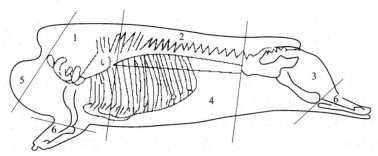

图 2-1　零售猪肉猪胴体的分割

1—肩颈肉　2—背腰肉　3—臀腿肉　4—肋腹肉　5—前颈肉　6—肘子肉（前臂肉和小腿肉）

（二）内、外销猪肉的剔骨分割技术

我国常将供内、外销的半片猪胴体分割为颈背肌肉、前腿肌肉、大排肌肉、后腿肌肉四大部分，这是《GB/T 9959.2—2008 分割鲜、冻猪瘦肉》中规定的按不同部位分割加工的四块去皮、去骨、去皮下脂肪猪瘦肉的简称，常作为工业原料使用，其中：

Ⅰ号分割肉：即颈背肌肉，是指从第五、六肋骨中间斩下的颈背部位肌肉；

Ⅱ号分割肉：即前腿肌肉，是指从第五、六肋骨中间斩下的前腿部位肌肉；

Ⅲ号分割肉：即大排肌肉，是指在脊椎骨下 4～6cm 肋骨处平行斩下的脊背部位肌肉；

Ⅳ号分割肉：即后腿肌肉，是指从腰椎与荐椎连接处（允许带腰椎一节半）斩下的后腿部位肌肉。

内外销猪肉采用机械分段法，将片猪肉腔面向上平放于传送带上，调整片猪肉的位置，使猪的五、六肋骨间对准锯片，向前推进锯开肩胛部位；再将腰椎与荐椎连接处（允许带腰椎一节半）对准锯片向前推进，锯下后腿部位。再沿脊椎骨下 4～6cm 的肋骨处平行锯下脊背与腹肋部位。采用手动切割锯时，下锯深度不超过 1cm，以免伤及大排肌肉，保持脊背皮和腹肋皮的完整性。

零售猪肉采用手工分段法，将片猪肉腔面向上放于操作案台上，或将片猪肉吊挂。用左手扶猪，右手持刀沿猪的第五、六肋骨间下刀，分开肩胛部位；然后从腰椎与荐椎连接处下刀，去下后腿部位，将整个胴体分成前、后、中三段。

（1）肩颈部（俗称脾心、前槽、前臀肩）的分割　前端从胴体第一、二颈椎切去颈脖肉，后端从第四、五胸椎间或五、六肋骨中间与背线成直角切断。下端如做西式火腿，则从腕关节截断，如做其他制品则从肘关节截断并剔出椎骨、肩胛骨、臂骨、胸骨和肋骨。

（2）臀腿部（俗称后腿、后丘、后臀肩）的分割　从最后腰椎与荐椎结合部和背线成直角垂直切断，下端则根据不同用途进行分割。如做分割肉、鲜肉出售，从膝关节切断，剔出腰椎、荐椎、髋骨、股骨并去尾；如做火腿则保留小腿、后蹄。

（3）背腰部（俗称通脊、大排、横排）的分割　前去肩颈部，后去臀腿部，取胴体中段下端从脊椎骨下方 4～6cm 处平行切断，上部为背腰部。

（4）肋腹部（俗称软肋、五花、腰排）的分割　与背腰部分离，切去奶脯即是。

（5）前臂和小腿部（前后肘子、蹄髈）的分割　前臂为上端从肘关节，下端从腕关节切断；小腿为上端从膝关节，下端从跗关节切断。

（6）前颈部（俗称脖头、血脖）分割方式　从寰椎前或第一、二颈椎处切断，肌肉群有头前斜肌、头后斜肌、小直肌等。该部肌肉少，结缔组织及脂肪多，一般利用制馅及做灌肠充填料。

1. 后腿部位的剔骨分割

（1）去腿圈　摆顺猪胴体后腿，对准跗关节上方 2～3cm 处平行锯下腿圈。

（2）剔叉骨、尾骨　左手按Ⅳ号肉，右手握刀沿尾骨边缘剥离尾骨，沿尾骨与叉骨结合处剔下尾骨，要求尾骨带肉量适中；沿叉骨走向剥离附着的肌肉和边缘肌肉，斩断叉骨与股骨的结合部（髋关节），取下叉骨，叉骨不能带明显红肉，肌肉不能出现刀伤，不能将不同用途的尾骨、叉骨放入相同的盒子内。

（3）扒膘　一手抓住肥膘的边缘，一手持刀，刀走肌肉与肥膘结合处去掉肥膘，保持肌膜的完整性，不得划破肌膜。

（4）修面　一手拿捏子，一手持刀，平刀修去表面残留的大块脂肪，割掉外露的淋巴结、筋腱和皮块等。

（5）剔后腿骨　自胫骨下刀，沿肌肉的走向剥离后腿腱肉，然后自内腿肉与和尚头之间划开暴露的股骨，刀沿骨肉结合部贴紧骨头剔下后腿骨。

2．前腿部位的剔骨分割

（1）摘修槽头　沿臂头肌弧状中间肌膜平行线割下槽头，修去浮毛、皮块和腺体等，摘除槽头碎肉。

（2）分面　紧贴肩胛骨板向前推割，分开Ⅰ、Ⅱ号肉，在第一节颈椎骨处下刀剔下颈背肌肉，避免刀伤。

（3）扒肥膘　一手抓住肥膘，一手持刀，刀顺着肥膘与肌肉的结合处扒掉肥膘，保持肌膜完整。

（4）修面　一手拿捏子，一手持刀，平刀修去Ⅰ、Ⅱ号肉上的大块脂肪、淤血、软骨和骨茬等，注意保持外形及肌膜的完整。

（5）剔前腿骨、肩胛骨　沿肩胛骨边缘划开，用刀背面贴板骨面刮开肌肉与板骨的结合部，割断板骨与臂骨结合处的筋腱，右手按推前腿部，用左手食指扳下板骨，割掉肩胛软骨，然后持刀沿臂骨向下剔割至前臂骨，再反方向剔割下前腿骨。

3．腹背部位的剔骨分割

（1）肋排锯　对准脊椎骨下4～6cm的肋骨处平行锯开，分别推出肉大排与肋排，或用气动切割锯对准脊椎骨下4～6cm的肋骨处平行切断肋骨，锯口深度在0.5cm以内，不能伤及Ⅲ号肉，保持脊背皮与腹肋皮的完整性。

（2）扒大排　一手握住大排，一手持刀沿Ⅲ号肉肌膜与脊膘的结合处扒下大排，摘去膈肌脚和周围组织，顺大排方向轻轻摘下小里脊。

（3）剔Ⅲ号肉　脊骨平面朝下，一手抓住大排前端，刀锋顺着肋骨边向下划开，然后翻过来，从脊骨边缘持刀割掉Ⅲ号肉。

（4）修Ⅲ号肉　肉块肌膜向上，平行削去表面脂肪，尽量保持肌膜完整，成形良好。

（5）扒肋排　用刀割去横隔肌，持刀在肋软骨边缘1～3cm处划弧，从肥膘边缘割入，然后用手抓住肋排边缘，刀贴肋骨取下肋排。

（6）修膘　刀从肥膘边缘入手，平刀将膘修割为脊膘、碎膘、五花肉、精碎肉四部分，各部分都应符合产品加工标准。

分割肉在修整时力求刀法平直整齐，保持肌膜完整。必须修割净伤斑、出血点、血污、碎骨软骨、脓疱、淋巴结、浮毛和杂质。严重苍白的肌肉及其周围有浆液浸润的组织应当剔除。

分割冻猪瘦肉分为三级、即一级、二级、三级。冻猪瘦肉的分级规格见表2－3。

表 2-3　　　　　　　　　　分割冻猪瘦肉的分级标准

指标	一级	二级	三级
质量/kg	颈背肌肉≥0.80 前腿肌肉≥1.35 大排肌肉≥0.55 后腿肌肉≥2.20	每块肉的块形应保持基本完整。不带碎肉。质量不限	每块肉质量不限
修整要求	肌肉应保持完整，表层脂肪修净，肌膜尽量不破。Ⅱ、Ⅲ号肌肉允许保留腱膜。每块肉内部的筋、腱和脂肪不修		肌肉表层允许带脂肪，但厚度不超过0.5cm。每块肉内部的筋、腱和脂肪不修

三、分割肉的包装

冷却肉的包装一般采用不透氧包装材料或真空包装、气调包装。

1. 真空包装

真空包装阻止了肉表面因脱水而造成的质量损失，由于降低了包装内的氧含量，抑制了好氧细菌的生长繁殖，减少了蛋白质的降解和脂肪的氧化酸败，保持了肉中的肌红蛋白处于还原状态的淡紫色，相对延长了肉的货架期，并且保持了外观的整洁。

采用真空包装的冷却肉在 $0\sim4℃$ 条件下可贮存 $20\sim28d$。目前国内外的真空包装主要有三种：第一种是收缩包装，将分割肉用收缩膜的包装袋包装，抽掉空气并加热封口，接着放入热水中使包装袋受热收缩（82℃左右的热水或蒸汽中浸烫 $1\sim3s$，并立即在冰水中冷却），紧贴于肉面。这样不但使薄膜收缩，外观美好，而且能将鲜肉表面的微生物部分杀死，$0\sim4℃$ 下保质期可达45d。第二种是热成型滚动包装，将分割好的肉块放入热成型的塑料盒内，然后加盖膜抽真空热封。第三种是真空紧缩包装，将单块分割肉制成所需要的形状，放在柔韧而牢固的地板上，然后热封顶盖，使包装材料紧贴在制品上，使其呈制品本身的形状。研究表明，用真空包装与保鲜剂复合使用，能充分发挥各自优势，使其保鲜效果更好。

2. 气调包装技术

气调包装是指在密封性能好的材料中注入特殊的气体或气体混合物，以此来抑制肉品本身的生理生化作用和抑制微生物的作用，从而达到延长货架期的目的。气调包装和真空包装相比，并不会延长肉品的货架期，但会减少肉品受压和血水渗出的情况，并能使肉品保持良好的色泽。肉类保鲜中常用的气体是 O_2、CO_2 和 N_2 等。

CO_2 是气调包装的抑制剂，是气调保鲜中最关键的一种气体。它对大多数需氧菌和霉菌的繁殖有较强的抑制能力，可以延长细菌生长的滞后期和降低其对数增长期的速率，但对厌氧菌无抑制作用。用纯 CO_2 保鲜时间长，可达 15d，但是由于没有与 O_2 接触，使冷却肉的色泽暗淡，因此一般采用混合气体保鲜。但是 CO_2 可溶于水和油脂中，导致包装盒塌陷，影响外观。

O_2 在冷却肉的保鲜中有两方面的作用，一是抑制冷却肉贮存时厌氧菌的生长繁殖；二是在短期内使肉色呈现红色，容易被消费者接受。但是它有其固有的缺点，O_2 过多易引起需氧菌的迅速繁殖，使腐败加快。

N_2 是惰性气体，性质稳定，价格便宜，对包装物一般不起作用，也不会被肉所吸收，对包装材料的透气率很低，可利用它来排除氧气，制造缺氧的环境，从而减缓肉品氧化，抑制需氧微生物的生长繁殖。

CO 是一种有毒气体，但是它具有抑制细菌生长和抗氧化的作用，因此在气调包装中可以采用低浓度 CO，有研究表明，低浓度的 CO 可与肌红蛋白结合形成比氧合肌红蛋白更稳定的一氧化碳肌红蛋白，有助于保持冷却肉鲜红的颜色，提高其感官效果。

生鲜猪肉气调包装的保护气体由 O_2 和 CO_2 组成，当 O_2 的浓度超过 60% 才能保持肉的鲜红色泽；CO_2 的最低浓度不低于 25% 才能有效地抑制细菌的繁殖。由于各类红肉的肌红蛋白含量不同，肉的红色程度不尽相同，如牛肉比猪肉的颜色深，因此，气调包装时氧的浓度需要根据肉品的种类进行调整，以取得最佳的保持色泽和防腐效果。生鲜猪肉的气调包装气体通常由 60% ~ 70% O_2 和 30% ~ 40% CO_2 组成，一般来说，气调包装的冷鲜肉在 0 ~ 4℃ 下的货架期可比真空包装延长 7 ~ 10d。

学习任务三　　牛肉的剔骨分割技术　🔍

牛肉的分割剔骨是一项技术性较高的工作，分割前要掌握牛胴体的结构，如图 2 - 2 所示。分割车间温度应控制在 12℃ 左右，进入车间的工人穿戴的工作服、口罩、雨靴等应充分清洗消毒；工器具和传输带应每隔 2h 清洗消毒一次。

一、四分胴体

牛肉的分割首先要四分胴体。具体的分割方法是：在第十二肋骨和第十三肋骨之间，将半胴体分成前 1/4 胴体和后 1/4 胴体。第十三肋骨连带在后 1/4 胴体上，以保持腰肉的整体形状。在分割的时候，要使切面整齐匀称。

在四分胴体之后，要对胴体进一步分割。常用的分割方法有带骨分割法、割肉剔骨法、吊架剔骨法等。

二、牛肉剔骨分割技术

活牛屠宰后，制成标准二分体，首先要排酸，然后分割成臀腿肉、腰部

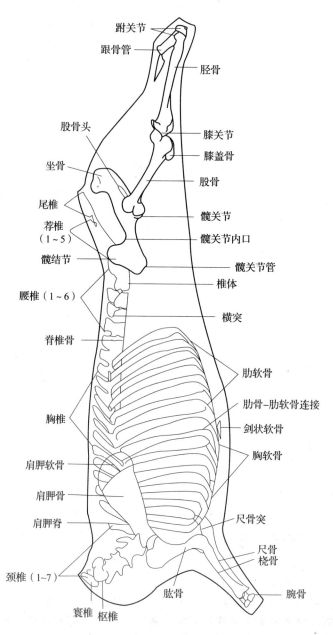

跗关节

跟骨管

胫骨

股骨头

膝关节

膝盖骨

坐骨

股骨

尾椎

髋关节

荐椎
（1~5）

髋关节内口

髋结节

髋关节管

椎体

腰椎（1~6）

横突

脊椎骨

肋软骨

肋骨-肋软骨连接

胸椎

剑状软骨

胸软骨

肩胛软骨

肩胛骨

尺骨突

肩胛脊

尺骨
桡骨

颈椎（1~7）

腕骨

寰椎 枢椎

肱骨

图2-2　牛胴体结构图

肉（里脊和外脊）、腹部肉、胸部肉、肋部肉、肩颈肉、前腿肉7个部分
（图2-3），在此基础上最终进行12~17部分的分割。主要包括牛柳、西冷、眼
肉、前胸肉、腰肉、颈肉、部分上脑、肩肉、膝圆、臀肉、大米龙、小米龙，如
图2-4所示。

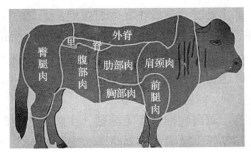

图 2 - 3　牛肉分割部位图

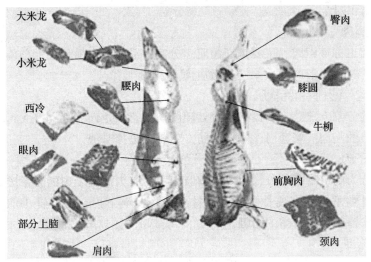

图 2 - 4　分割牛肉部位及名称

1. 牛柳 （腰大肌）

牛柳也称里脊，就是腰大肌。分割时先剥去肾脂肪，然后沿耻骨前下方把里脊剔下，最后由里脊头向里脊尾，逐个剥离腰椎骨横突，取下完整的里脊。然后并进行修整分类，修整时必须修净肌膜等疏松结缔组织和脂肪，保持里脊头完整无损。质量在 1.8kg 以上的为 S 里脊；1.5 ~ 1.8kg 为 A 里脊；1.5kg 以下的为 B 里脊。

2. 西冷 （背最长肌）

西冷也称外肌、外脊，主要是背最长肌。分割时先沿最后一节腰椎向下切，再沿眼肌的腹壁一侧（离眼肌 5 ~ 8cm）向下切，然后在第 9 ~ 10 胸肋之间切断胸椎，最后逐个把胸、腰椎骨剥离。修整时，必须去掉筋膜、腱膜和全部肌膜。长度 50 ~ 60cm，宽以边唇为准，要求为油面清洁、无伤，可由牛的大小定型。分 A、B、F 级别。A 级大理石花纹要达到 80% 以上，油面平、无伤、无脏物；B 级基本同 A 级，油面略差；F 级无油面，但要修净肉筋。

3. 眼肉 （背阔肌、肋最长肌、肋间肌等）

眼肉主要包括纵向肌肉，眼肉的一端与外脊相连，另一端在第 5 ~ 6 胸椎处。

分割时先剥离胸椎，抽出筋腱，然后在眼肉的腹侧，8～10cm宽的地方切下。修整时，必须去掉筋膜、腱膜和全部肌膜。同时，保证正上面有一定量的脂肪覆盖。长26～30cm，宽度以外边唇的2～3cm处，级别以边部花纹为准，分A、B级，A级大理石花纹要达到80%以上，表面油面平、白。

4. 上脑 （背最长肌、斜方肌等）

上脑的分割方法是，剥离胸椎，去除筋腱，在眼肌腹侧距离为6～8cm处切下。修整时，必须去掉筋膜、腱膜和全部肌膜。肉块长18～20cm，修掉表面油、血、筋，宽以牛肉大小制作，级别以边部花纹为准分A、B级，A级大理石花纹要达到80%以上。

5. 嫩肩肉

嫩肩肉也称辣椒肉，主要是三角肌。分割时沿着眼肉横切面的前端继续向前分割，可得一圆锥形的肉块，便是嫩肩肉。

6. 胸肉 （升肌和胸横肌）

胸肉的分割方法是，在剑状软骨处随胸肉的自然走向剥离，修去部分脂肪即成一块完整的胸肉。修整时，修掉脂肪、软骨、去掉骨渣。

7. 腱子肉

腱子分为前、后两部分，主要是前肢肉和后肢肉。腱子肉的分割方法是，前牛腱从尺骨端下刀，剥离骨头，后牛腱从胫骨上端下刀，剥离骨头取下。修整时，必须去掉脂肪和暴露的筋腱。

8. 小米龙

小米龙主要是半腱肌。位于臀部，当牛后腱子取下后，小米龙肉块处于最明显的位置。分割时可按小米龙肉块的自然走向剥离。修整时必须去掉脂肪和疏松结缔组织。

9. 大米龙

大米龙与小米龙一起，也称针扒。大米龙主要是臀股二头肌，与小米龙紧密相连，故剥离小米龙后大米龙就完全暴露，顺着该肉块自然走向剁离，便可得到一块完整的四方形肉块。修整时必须去掉脂肪和疏松结缔组织。

10. 臀肉

臀肉也称尾龙扒，主要包括半膜肌、内收肌、股薄肌等。分割时把大米龙、小米龙剥离后便可见到一块肉，沿其边缘分割即可得到臀肉。也可沿着被切开的盆骨外缘，再沿本肉块边缘分割。修整时，去净脂肪、肌膜和疏松结缔组织。

11. 膝圆

膝圆也称牛霖或和尚头，主要是臀股四头肌，膝圆的分割方法是，大米龙、小米龙、臀肉取下后，沿膝圆肉块周边（自然走向）分割，即可得到。修整时，修掉膝盖骨、去掉脂肪及外露的筋腱、筋头、保持肌膜完整无损。

12. 腰肉

腰肉主要包括臀中肌、臀深肌、股阔筋膜张肌。在臀肉、大米龙、小米龙、膝圆取出后，剩下的一块肉便是腰肉。

13. 腹肉

腹肉即肋条肉，主要包括肋间内肌、肋间外肌等。也是肋排，分无骨肋排和带骨肋排。一般包括4～7根肋排。修整时，去净脂肪、骨渣。

14. 黄瓜条

黄瓜条也称烩扒，分割时沿半腱肌上端至髋骨结节处与脊椎平直切断的下部精肉。修整时，去掉脂肪、肌膜、疏松结缔组织和肉夹层筋腱，不得将肉块分解而去除筋腱。

牛柳、西冷、眼肉、上脑是传统的高档部位肉，质量占屠宰活体质量的5.3%～6.0%，这四块肉目前国内卖价较高，产值可占一头牛总产值的50%左右。臀肉、大米龙、小米龙、膝圆、腰肉的质量占屠宰活体质量的8.80%～10.90%，这五块肉的产值占一头牛总产值的15%～17%。

三、肥牛及其他产品的生产

牛胴体进行剔骨分割时，产生大量的碎肉、肥油和骨头等，为了提高其利用价值和商业价值，往往加工成肥牛产品、肉馅、棒骨段等产品。其中肥牛包括肥牛一号、肥牛二号、肥牛三号、肥牛四号，约占胴体质量的28%。肥牛产品生产时，要装盒、速冻，以冻品的形式销售，主要供应饭店，经刨片后涮锅食用。

1. 肥牛一号

主要取于腹肉（大、小扇）剔好后，去除宫后边的牛腩筋及胸腹肉。生产时将大扇（即大片牛肉）平均按裁板裁八块，小扇一块（胸肉），模具（肉盒）内先铺上一层塑料，然后装入大扇前三块及胸肉做花纹面，其他上面及中间部分可放入碎肉。每块净重3.55kg，液压机压制，速冻24h后，用塑料袋包装。

2. 肥牛二号

主要用前腿肉制作（每头牛2块），取掉前腿上面的辣椒肉，选好油面，在制作中要在两层中间加一层油，油面要白、干净，油厚1cm。大二号每块净重4.17kg，小二号每块净重为3.55kg。瘦肉也可以采用其他部位的碎肉，肥膘可预先压制形成。

3. 肥牛三号

主要是做高档肉后剩余肉不能做二号的前腿及胸肉等大块肉，修掉表面筋、软骨、血渍、血管，装盒按一层肉一层油制作，标准为三层肉两层油，油厚1cm，净重为3.55kg。

4. 肥牛四号

主要利用生产肥牛一号、二号、三号剩下的碎肉和油，按一层肉一层油装入盒子，净重为 3.55kg。

5. 棒骨段

包括普通棒骨、家庭套装中用棒骨。普通棒骨取剔骨后牛前腿棒骨，用锯骨机从棒骨大节开始，锯成 5cm 长小段和棒骨大节，均匀搭配，按每袋 5kg 装抽真空冻库冷藏；家庭套装中用的棒骨为剔骨后是牛后腿棒骨，选取棒骨中间骨干部分，锯成 3cm 厚小段（棒骨大节归入牛杂头），按每袋 1kg 摆放整齐，抽真空后冻库冷藏。

学习任务四　　肉类冷藏与冻藏技术　🔍

微生物的生长繁殖和肉中固有酶的活动常是导致肉类腐败的主要原因。低温可以抑制微生物的生命活动和酶的活性，从而达到贮藏保鲜的目的。

一、肉的冷藏

肉分割以后，不能立即销售的，要么冷藏，要么冻藏。冷藏要在冷藏间进行，同时也可继续完成肉的成熟。冷藏间基本都是采取风冷的形式，分割肉按照不同部位进行真空小包装后放入托盘，然后放入冷藏间的货架进行冷藏。也有不经包装，用肉钩吊挂在货架上进行冷藏的，当然也有其他的包装形式。

肉的冷却贮藏是使肉深处的温度降低至 $0 \sim 1℃$ 左右，然后在 $0℃$ 左右贮藏的方法。此种方法不能使肉中的水分冻结（肉的冰点为 $-1.2 \sim -0.8℃$）。经过冷却的胴体肉可以在安装有轨道的冷藏间中进行短期的贮藏。冷却肉在冷藏时，库内温度以 $-1 \sim 1℃$ 为宜，相对湿度应保持在 $85\% \sim 90\%$。相对湿度过高，对微生物（特别是霉菌）繁殖有利，而不利于保证冷却肉贮存时的质量。如果采用较低冷藏库温时其湿度可大些。

为了保证肉在冷藏期间的质量，冷藏间的温度应保持稳定，尽量减少开门次数，不允许在贮存有已经冷却好的肉胴体的冷藏间内再进热货。冷藏间的空气循环应当均匀，速度应采用微风速。一般冷藏间内空气流速为 $0.05 \sim 0.1 m/s$，接近自然循环状态，以维持冷藏间内温度均匀即可，减少冷藏期间的干耗损失。

冷藏时间按肉体温度和冷藏条件来定。一般来说，在库温 $0℃$ 左右、相对湿度 90% 左右的条件下，猪胴体肉冷藏时间为 $10d$ 左右。表 $2 - 4$ 为国际制冷学会推荐的冷却肉冷藏期限，但在实际应用时应将此表列时间缩短 25% 左右为好。

表2-4   国际制冷学会推荐的冷却肉冷藏期限

肉别	温度/℃	贮藏期
牛肉	-1.5~0	4~5周
仔牛肉	-1~0	1~3周
羊肉	-1~1	1~2周
猪肉	-1.5~0	1~2周
兔肉	-1~0	5d
副产品（内脏）	-1~0	3d

由于是在0℃条件下贮藏，在这种温度条件下，嗜冷微生物仍能继续生长，肉中酶的作用仍在继续进行，故肉的质量将发生变化。与冷却过程一样，冷藏时会发生干耗、成熟与色泽的变化。

二、肉类的冻结技术

由于冻藏温度在肉的冰点以上，微生物和酶的活动只受到部分地抑制，冷藏期短。当肉在0℃以下冷藏时，随着冻藏温度的降低，肌肉中冻结水的含量逐渐增加，肉的 A_w 逐渐下降，使细菌的活动受到抑制，所以冻藏能有效地延长肉的保藏期。

把肉的温度降低到-18℃以下，使肉中绝大部分水分变成冰晶，在-21~-18℃的环境下贮藏的方法叫冻藏。要想使鲜肉能够进行冻藏，必先对鲜肉进行冻结。鲜肉内水分不是纯水而是含有机物及无机物的溶液。这些物质包括盐类、糖类、酸类及更复杂的有机分子如蛋白质，还有微量气体，要降到0℃以下才产生冰晶，随着温度继续下降，由于肉汁中可溶性物质浓度增加，使冰点不断下降。对于大部分食品，在-5~-1℃温度范围内几乎80%水分结成冰，此温度范围称为最大冰晶生成带。对保证冻肉的品质来说，这是最重要的温度区间。

冻结速度对肉品的质量有着显著的影响，一般冰结晶的大小与其形成的速度有关。在快速冻结时形成的冰结晶颗粒小，数量多，在组织中分布均匀，对肉组织破坏性小，解冻后汁液又可渗入组织中，几乎可以恢复原有的品质及营养价值。但对于分割肉来讲，从质量和能耗两个方面考虑，一般-23℃冻结24h即可。但牛羊肉容易产生寒冷收缩，不宜采用一次冻结工艺。

（一）胴体的冻结

胴体的冻结加工和胴体的冷却十分相似，直接推入吹风式冻结间吊挂在轨道上进行冻结。胴体冻结间的温度一般要求在-28℃以下，经过48h的冻结后，后腿中心温度可达到国标要求的-15℃以下。为了减少水分的损失可以在胴体进入冻结间之前，用特制的聚乙烯方体袋将胴体包裹起来。

胴体肉的冻结可以采用一次冻结工艺，也可以采用二次冻结工艺。

一次冻结是指宰后鲜肉不经冷却，直接进入冻结间冻结。冻结温度为-25℃，风速为1~2m/s，冻结时间为16~18h，肉深层温度达到-15℃，即完成冻结过程，出库进入冷藏间贮藏。二次冻结是指宰后鲜肉现送入冷却间，在 0～4℃温度下冷却 8～12h，然后转入冻结间，在 -25℃条件下进行冻结，一般 12～16h 完成冻结。

（二）分割肉的冻结

分割肉的冻结可以采用一次冻结工艺，也可以采用二次冻结工艺，目前绝大多数都是采用二次冻结工艺。分割产品的冻结多数采用铁盘冻结，极少数采取将产品包装好后直接装入纸箱进入冻结库进行冻结。铁盘可以放在冻结架上，也可以在冻结间将肉码成"品"字形的花垛，纸箱包装产品必须放在冻结架上进行冻结，不能直接码成"品"字形的花垛。采用铁盒冻结时，产品冻结完成后，还要将产品从铁盒中取出，然后用纸箱或编织袋包装，可以采用不分块的大包装，即将产品直接放在铺有塑料方体袋的铁盒或纸箱中入库冻结；也可以采用分自然块的小包装，即用聚乙烯膜将分割肉缠裹成圆柱形，然后再放入铁盘或纸箱中入库冻结。无论是大包装还是小包装，一般均调整到 25kg/件的标准件。

分割产品的冻结多数在专门速冻库内进行，也可以在平板冻结器和速冻隧道中进行。速冻库一般采用吹风冻结装置，冻结间内装设吊顶式冷风机或落地式冷风机，目前我国速冻库的温度一般蒸发温度取 -38℃、库房温度取 -28℃，风速 4～6m/s 或 7～8m/s；平板冻间装置和速冻隧道冻结温度可达 -35℃。按照我国关于食品冻结的一般规定，食品冻结结束时产品中心温度不得高于 -15℃，一般 20～24h 即冻结完毕。

三、冻藏技术

肉类冻结以后，就要进行冻藏。冻藏间的温度应保持稳定，其波动范围要求不超过 ±1℃。如果温差过大，会造成肉体组织内冻晶体融化和再结晶，增加干耗损失和加速脂肪酸败。冻藏间的空气相对湿度要求越高越好，并且要求稳定，以尽量减少水分蒸发。一般要求空气相对湿度保持在 95%～98%，其变动范围不能超过 ±5%。冻藏间的空气只允许有微弱的自然循环。如采用微风速冷风机，其风速亦应控制在 0.25m/s 以下，不能采用强烈吹风循环，以免增大冻结肉的干耗。表 2-5 为冻结肉类冻藏温度与时间。

表 2-5   冻结肉类冻藏温度和时间

食肉种类	温度/℃	冷藏时间/月	食肉种类	温度/℃	冷藏时间/月
牛肉	-12	5～8	羊肉	-12	3～6
牛肉	-15	6～9	羊肉	-18	8～10
牛肉	-18	8～12	羊肉	-23	6～10
小牛肉	-18	6～8	猪肉	-12	2～3
肉酱	-12	5～8	猪肉	-18	4～6
肉酱	-18	8～12	猪肉	-23	8～12

四、肉类冻藏过程中的变化规律

（1）颜色　冻结的肉在冻藏过程中，随着时间的延长表面颜色逐渐变暗褐色，这主要是由于肌肉组织中的肌红蛋白被氧化和表面水分蒸发而使色素物质浓度增加所致。同时，由于氧化作用，冻结肉中的脂肪由原来的白色逐渐变成黄色。

（2）干耗　干耗初期仅在冻结食品的表面层发生冰晶升华，长时间后逐渐向里推进，达到深部冰晶升华。这样不仅使冻结肉脱水减重，而且由于冰晶升华后的地方成为细微空穴，大大增加了冻结肉与空气的接触面积。肉中的脂肪氧化酸败，表面黄褐变色，使肉的外观损坏，食味、风味、营养价值都变差，这种现象称为冻结烧。冻结烧部分的肉含水率非常低，为 2% ~ 3%，断面呈海绵状，蛋白质脱水变性，肉的质量严重下降。

（3）脂肪酸败　肉品的脂肪在氧的作用下，发生氧化水解，称为脂肪酸败。冻结肉在冻放过程中最不稳定的成分是脂肪。脂肪易受空气中的氧及微生物酶的作用而变酸。

（4）组织变化　组织变化主要表现为冰结晶的变化——再结晶，使晶体体积增大。冷藏库内空气温度的波动是引起再结晶的主要原因。由于大型冰晶体具有挤压作用，从而使分子的空间结构歪斜造成肌肉纤维被破坏。当解冻时，冰结晶所融化成的水又不能被肉体组织吸收，造成肉的汁液流失。

> ### 学习任务五　　肉质的评定技术　🔍

肉品品质涉及的范围很广，但在不同的产业部门对肉品品质又各有不相同的含义和要求或侧重面。如肉品的销售部门最为关心的是肉品品质性状包括肉品的外观（肉的颜色、大理石纹）、贮藏稳定性和肌肉的渗水率等物理学特性；肉品加工部门则要把肌肉的紧实性、肉品的色泽和肌肉的系水率等直接关系到产品率高低的性状视为重要品质；消费者对肉品品质的初步评价也主要侧重于肌肉的颜色、新鲜度、紧实性、渗水性等物理学特性，进一步评价时才是肉品的嫩度、风味等特性。

一、肉的营养成分

各种畜（禽）肉的主要化学成分包括：水分、蛋白质、脂肪、维生素、无机盐和少量碳水化合物。这些营养素的含量因家畜（禽）种类、性别、体重、年龄、畜（禽）体部位及营养状况而存在着很大差异。不同部位肉的化学组成见表 2 - 6。

表 2-6   不同部位肉的化学组成   单位:%

种类	部位	水分	粗脂肪	粗蛋白质	灰分
牛肉	颈部	64.5	16	18.6	0.9
	软肋	61.2	18	19.9	0.9
	背部	57.5	25	16.7	0.8
	肋部	58.6	23	17.6	0.8
	后腿部	68.5	11	19.5	1.0
	臀部	55	28	16.2	0.8
小牛肉	背部	74.7	5	19.0	1.3
	后腿部	67.9	12	19.1	1.0
	肩部	69.6	10	19.4	1.0
猪肉	背部	57.7	25	16.4	0.9
	后腿部	53	31	15.2	0.8
	臀部	48.8	37	13.5	0.7
	肋部	52.6	32	14.6	0.8
羊肉	背部	65.4	16	18.6	—
	后腿部	63.1	18	18.0	0.9
	肩部	58.6	25	15.6	0.8
	肋部	52.3	32	14.9	0.8
	胸部	50.2	37	12.8	—
鸡肉	胸部	66.5	12	20.6	0.9
	双腿	66.8	15	17.3	0.9

（一）水分

水是肉中含量最多的成分，不同组织水分含量差异很大，其中肌肉含水量70%~80%。畜禽愈肥，水分的含量愈少，老年动物比幼年动物含量少。肉中的水分含量、存在状态及其保水性能直接影响到肉的组织状态、品质，甚至风味，也影响到原料肉的加工性能和贮藏性。

肉中水分存在形式大致可分为结合水、不易流动水、自由水三种。

1. 结合水

肉中结合水的含量，大约占水分总量的5%。通常在蛋白质等分子周围，借助分子表面分布的极性基团与水分子之间的静电引力而形成的一薄层水分。结合水与自由水的性质不同，它的蒸汽压极度低，冰点约为-40℃，不能作为其他物质的溶剂，不易受肌肉蛋白质结构或电荷的影响，甚至在施加外力条件下，也不能改变其与蛋白质分子紧密结合的状态。通常这部分水分分布在肌肉的细胞内部。

2. 不易流动水

约占总水分的80%。指存在于纤丝、肌原纤维及膜之间的一部分水分。这些水分能溶解盐及溶质，并可在 -1.5 ~ 0℃以下结冰。不易流动水易受蛋白质结构和电荷变化的影响，肉的保水性能主要取决于此类水的保持能力。肉类在冻结时，通过最大冰晶形成带（ -5 ~ -1℃）时，冻结的水分，也主要是这部分水分。

3. 自由水

自由水是指能自由流动的水，存在于细胞外间隙中能够自由流动的水，约占水分总量的15%。它们不依电荷基团而定位排序，仅靠毛细管作用力而保持，在加工过程中，容易流失。

（二）蛋白质

肌肉的蛋白质含量约为20%，肌肉除去水分后的干物质中4/5为蛋白质。蛋白质的组成，依其构成位置和在盐溶液中的溶解度可分为3种蛋白质：构成肌原纤维与肌肉收缩松弛有关的蛋白质约占55%；存在于肌原纤维之间溶解在肌浆中的蛋白质约占35%；构成肌鞘、毛细血管等结缔组织的基质蛋白约占10%。

1. 肌原纤维中的蛋白质

肌原纤维中的蛋白质为结构蛋白质，由丝状的蛋白质凝胶所构成。主要包括肌球蛋白和肌动蛋白。

（1）肌球蛋白　肌球蛋白是构成肌原纤维粗丝的主要成分，微溶于水，易溶于中性盐溶液、其溶液具有极高的黏性，是肌肉持水性、黏结性中起决定作用的物质，具有三磷酸腺苷酶（ATP 酶）活性，能分解三磷酸腺苷为二磷酸腺苷（ADP），放出能量供给肌肉收缩。

肌球蛋白对热不稳定，受热易发生变性，变性后的肌球蛋白失去三磷酸腺苷酶活性、溶解性也降低，其等电点为 pH5.4，通常在44 ~ 50℃时凝固。

肌球蛋白在有盐存在时，开始变性的温度很低。所以，用盐溶液萃取肌球蛋白时，温度以3℃最为适宜。

（2）肌动蛋白　肌动蛋白是构成肌原纤维细丝的主要成分，能溶于水，不具有酶的性质，易生成凝胶，等电点为 pH4.7。肌动蛋白具有较低的凝固温度，一般在30 ~ 35℃。

肌原纤维中除上述两种主要蛋白质外，还含有原肌球蛋白、肌原蛋白和少量功能不明的调节性结构蛋白质。

肌原纤维蛋白质含量越高，食用时口感越韧。

2. 肌浆中的蛋白质

将新鲜的肌肉磨碎后压榨出含有水溶性蛋白质的液体，称为肌浆。肌浆中蛋白质分为肌溶蛋白和肌红蛋白。

（1）肌溶蛋白　肌溶蛋白属清蛋白类蛋白质，可溶于水，性质不稳定，在其等电点（pH6.3）时极易变性，加热到52℃时发生凝固。具有酶的性质，主要是与糖类代谢有关的酶，是营养完全的蛋白质。

（2）肌红蛋白　肌红蛋白是血红素与球蛋白结合的色素蛋白，是肌肉呈现红色的主要成分。肌红蛋白有多种衍生物，如呈现红色的氧合肌红蛋白，暗红色的还原肌红蛋白，褐色的氧化肌红蛋白（高铁肌红蛋白），鲜亮红色的一氧化氮肌红蛋白等。这些衍生物与肉及肉制品的色泽有关。球蛋白有保护血红素的作用。但当肉制品加热处理时，球蛋白受热变性，失去抗氧化功能，血红素则迅速氧化，导致肉制品由红色变为灰白色。

3. 基质蛋白质

基质蛋白质也称间质蛋白质。它是指肉经过高浓度盐溶液提取后剩余的残渣，包括胶原蛋白、弹性硬蛋白及网状硬蛋白。这些蛋白质含有大量的甘氨酸和脯氨酸等，但甲硫氨酸、色氨酸含量很少，所以是不完全蛋白质。

胶原蛋白在70~100℃温度下水煮，可生成明胶。弹性硬蛋白和网状硬蛋白在沸水中长期煮则不易软化，不能形成明胶，也不被消化酶所消化。

上述情况表明，肌肉中不仅含有全价蛋白，同时也含有非全价蛋白。蛋白质含量的高低，直接影响肉的营养价值。如牛肉蛋白质含量为20%，其中结缔组织占4%，而同等肥度的猪肉含蛋白质为16%，其中结缔组织占5%。所以，一般认为牛肉营养价值比猪肉要高。

（三）脂肪

肌肉中的脂肪大部分附着于肌膜上，其中生长在肌束间或肌纤维间的脂肪称为肌内脂肪。肌内脂肪可使鲜肉外观呈现大理石样花纹，是肉类品质好坏的重要标志。

动物脂肪是混合甘油酯，含饱和脂肪酸多则熔点高，含不饱和脂肪酸多则熔点和凝固点低。从饱和脂肪酸含量上来讲，以山羊脂含量最高，牛脂次之，绵羊脂、猪脂、马脂依次递减。通常公畜脂比母畜脂饱和程度高，成畜脂比幼畜脂饱和程度高。脂肪熔点越接近人的体温，其消化率就越高，熔点高于50℃的脂肪，一般不易被吸收。从品种来看，猪脂的消化率较高（97%），牛脂次之（93%），羊脂较差（88%）。

脂肪对改善肉的适口性和味道至关重要，脂肪过多则腻而无味，若无脂肪则柴而粗糙，肌肉中脂肪的多少直接影响肉的多汁性和嫩度。吃肉时，由于咀嚼，肌膜被破坏，液化的油脂会流出，在咀嚼和吞咽时将成为一种润滑剂，可提高肉的细微感。同时，肉内脂肪还含有许多成味物质，能够增加肉的风味。因此，在肉肠（灌肠）制作工艺上，很重视肉馅中脂肪比例。

另外，脂肪酸形成的特殊风味也和某些特定的脂肪酸有关。羊肉的特殊香气的形成正是来自羊肉中支链饱和脂肪酸氧化后得到的醛类的重要贡献，这类脂肪酸是羊肉香气中最重要的风味前体物质。

（四）　碳水化合物及有机酸

肉类中含有少量无氮有机化合物，主要为碳水化合物及有机酸，此外还存有微量的肌醇。

碳水化合物中以糖原与葡萄糖为主，糖原含 0.1% ~ 3.0%，葡萄糖约含 0.01%，此外还含有微量的果糖等。肝脏内所含糖原要比肉内多。由于肌肉中的糖原分解使葡萄糖增加，并生成乳酸。

动物屠宰刚结束时，肌肉的 pH 为 7（6.8 ~ 6.9），由于乳酸的增加 pH 降低到 5.5 左右。然后又因蛋白质的分解，pH 又逐渐上升。如果 pH 升到 6 以上时，则无疑是陈旧的肉。此肉加盖煮沸后有异味，肉汤混浊，汤的表面油滴细小，骨髓比新鲜的软，无光泽，带暗白或灰黄，腱柔软，颜色灰白，关节表面有混浊黏液。除了乳酸之外，肉中还含有微量的磷酸、醋酸等。

（五）　含氮浸出物和无氮浸出物

肌肉中含有少量能用沸水从磨碎肌肉中提取的物质，统称为浸出物。其中含氮的有机物约占 1.5%，主要是各种游离氨基酸、肌酸、磷酸肌酸、核苷酸及维生素等，它们是肉汤鲜味的主要来源。这些物质左右肉的风味、为香气的主要来源，如 ATP 除供给肌肉收缩的能量外，逐级降解为肌苷酸是肉香的主要成分；磷酸肌酸分解成肌酸，肌酸在酸性条件下加热则为肌酐，可增强熟肉的风味。此外，还含有少量不含氮的有机物，如动物淀粉、麦芽糖、葡萄糖、肌糖等。这些物质在肉的成熟和贮藏过程中起着许多有益的作用。

（六）　无机盐类

肉类中无机盐的含量一般为 0.8% ~ 1.2%，肉类为铁和磷的良好来源，镁、锌、铜等元素含量也较高，但肉类含钙量较低，每 100g 畜肉中为 4.0mg。畜肉中铁的含量与屠宰过程中放血的程度有关，平均每 100g 畜肉中为 2.7mg。肉类中的铁不仅含量高，吸收利用率也高。

（七）　维生素

肌肉中脂溶性维生素很少，水溶性维生素（除维生素 C 之外）非常丰富。食肉是 B 族维生素的最佳供给源，特别是猪肉中维生素 B_1 含量最高，这已成为猪肉的特点之一。猪肉中 B 族维生素的含量受饲料中 B 族维生素含量的影响。但牛、羊等反刍动物的 B 族维生素，是在瘤胃中由微生物合成的，所以变化较少。通常肝脏中含有大量的维生素 A、维生素 C、维生素 B_6、维生素 B_{12}。

二、肉的颜色

肉中肌红蛋白的含量，决定了肉的颜色，虽然血红蛋白对肉的颜色影响也很大。肉的色泽越暗，肌红蛋白含量越多。肌红蛋白在肌肉中的数量随动物组织活动的状况、动物的种类、年龄等不同而有很大差异。

　　肉类的颜色由于放置在空气中经过一定时间的氧化，也会发生色泽变化。刚屠宰的肉其颜色为紫红色，随着氧化的进行呈鲜红色，进一步氧化则变为褐色。冷却或冻结、并经过长时间保藏的肉类，同样会因肌红蛋白受空气中氧的作用或作用程度不同而影响颜色变化。

　　肌红蛋白本身为紫红色，与氧结合可生成氧合肌红蛋白，为鲜红色，是新鲜肉的象征；肌红蛋白和氧合肌红蛋白均可以被氧化生成高铁肌红蛋白，呈褐色，使肉色变暗（图2-5）。

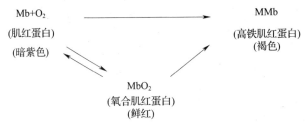

图2-5　肌红蛋白、氧合肌红蛋白和高铁肌红蛋白之间的转化

　　如将鲜肉加硝（亚硝酸钠、硝酸钠或硝酸钾）腌制，肌红蛋白与硝经过复杂的反应，生成亚硝基肌红蛋白，肉则具有鲜亮棕红色的色泽。再加热时，尽管蛋白质发生变性，但一氧化氮与血红素结合牢固，难以解离，故肉色仍维持棕红色。

　　常见的肉色异常的有PSE肉、DFD肉和牛肉中的黑切牛肉。

　　PSE肉俗称白肌肉，即受到应激反应的猪屠宰后产生色泽苍白、灰白或粉红、质地软和肉汁渗出的肉。在宰前，动物受短时间、高强度的刺激，引起机体应激反应，促使糖原酵解过程加强和加快，产生大量乳酸和磷酸，使宰后pH迅速下降，水分由血液向肌纤维大量渗入，肉质地柔软，表面渗水。该种肉常发生在猪肉中，肉色苍白，保水性下降，风味不良，结着性低，商品价值和利用价值降低。利用这种肉加工的肉制品，蒸煮损失很大，虽能做鲜肉食用，风味也受到影响。PSE肉不但与应激有关，而且与遗传有关。

　　DFD肉即受到应激反应的猪屠宰后产生色暗、坚硬和发干的肉。由于宰前低强度长时间的应激，导致代谢增加，能量（糖原）消耗殆尽，宰后没有能源被利用，酸度不大，pH高，使肌肉保留了大部分电荷和结合水，肌肉中含水分高，使肌纤维膨胀，从而吸收了大部分射到肉表面的光线，使肉呈现黑色，也称作"黑硬干肉"。由于pH较高，富含水分，微生物容易生长，生产的肉制品保质期也不长。这种肉不能做火腿，只能做火腿肠、烤肉、煎肉等。

　　黑切牛肉可以说是专指牛肉中DFD肉，其发生机制与DFD肉相似。黑切牛肉除了肉色发黑外，还有pH高、质地硬、系水力低、氧的穿透力差等特点。应激是产生黑切牛肉的主要原因，任何使牛应激的因素都在不同程度上影响黑切牛肉的发生。黑切牛肉容易发生于公牛，一般防范措施是减少应激，如屠宰前给予较好的饲养，尽量减少运输时间，长途运输后要及时补充饲料，充分饮水，注意分群，避免打斗、爬跨等现象。

三、肉的风味

肉的风味是肉的化学性质所决定，往往在口腔内是一种复合感觉，就是人们通称滋味和气味。风味是由一系列芳香性的挥发性物质起作用。新鲜肉类在加热时，有强烈的香气和滋味主要由丁酮、乙醛和谷氨酸等化合物形成。决定肉的风味的物质都是能引起复杂的生物化学反应的有机化合物。这些物质在肉品中是微量的，但即使在极低的浓度下也能察觉。

一般生鲜肉都有各自的特有气味，猪肉没有特殊的气味，羊肉有膻味，性成熟的公畜有特殊的气味，在发情期宰杀的动物，肉散发出令人厌恶的气味。

肉的鲜味成分来源于核苷酸、氨基酸、酰胺、肽、有机酸、糖类、脂肪等前体物质。

贮藏与加工过程中，肉的风味产生途径如下。

1. 美拉德反应

氨基酸和还原糖反应生成香味物质。此反应较复杂，步骤很多。

2. 脂质氧化

脂质氧化是产生风味物质的主要途径，不同种类风味的差异也主要是由于脂质氧化产物不同所致。常温氧化产生酸败味，而加热氧化产生风味物质。

3. 硫胺素降解

肉在烹调过程中有大量的物质发生降解，其中硫胺素（维生素 B_1）降解所产生的 H_2S（硫化氢）对肉的风味，尤其是牛肉味的生成至关重要。H_2S 本身是一种呈味物质，更重要的是它可以与呋喃酮等杂环化合物反应生成含硫杂环化合物，赋予肉强烈的香味。

4. 腌肉风味

亚硝酸盐是腌肉的主要特色成分，它除了有发色作用外，对腌肉的风味也有重要影响。亚硝酸盐（抗氧化剂）抑制了脂肪的氧化，所以腌肉体现了肉的基本滋味和香味，减少了脂肪氧化所产生的具有种类特色的风味以及过热味。

5. 加入辅料产生的风味

在肉制品加工过程中，为了改善其感官性状及风味，延长其贮藏性，常添加一些辅料，包括调味料、香辛料。

四、肉的保水性

肉的保水性即持水性、系水性，指肉在压榨、加热、切碎搅拌等外界因素的作用下，保持原有水分和添加水分的能力。肉的保水性是一项重要的肉质性状，这种特性对肉品加工的质量和产品的数量都有很大影响。

度量肌肉的保水性主要指的是不易流动水，它取决于肌原纤维蛋白质的网状结构及蛋白质所带的静电荷的多少。蛋白质处于膨胀胶体状态时，网状空间大，保水性就高。

pH 对保水性的影响实质是蛋白质分子的静电荷效应。蛋白质分子所带的净电荷对蛋白质的保水性具有两方面的意义：其一，净电荷是蛋白质分子吸引水的强有力的中心；其二，由于净电荷使蛋白质分子间具有静电斥力，因而可以使其结构松弛，增加保水效果。对肉来讲，净电荷如果增加，保水性就得以提高，净电荷减少，则保水性降低。保水性最低时的 pH 几乎与肌动球蛋白的等电点一致。在肉制品加工中常用添加磷酸盐的方法来调节 pH 至 5.8 以上，以提高肉的保水性。

肉加热时保水能力明显降低，加热程度越高，保水力下降越明显。这是由于蛋白质的热变性作用，使肌原纤维紧缩，空间变小，不易流动水被挤出。

五、肉的嫩度

嫩度是消费者评判肉质优劣的常用指标之一。肉的嫩度是指肉在食用时口感的老嫩，由肌肉中各种蛋白质结构特性所决定。

影响肉嫩度的宰前因素很多，有物种、品种、年龄和性别以及解剖部位等因素；宰后因素包括温度、成熟程度、加工或烹调方法等。

嫩度评定分为主观评定和客观评定两种方法。主观评定是依靠咀嚼和舌与颊对肌肉的软、硬与咀嚼的难易程度等方法进行综合评定。客观评定是用肌肉嫩度计（LM - 嫩度计）测定剪切力的大小来客观表示肌肉的嫩度。

六、肉的 pH

畜禽宰杀后，肌肉中聚积乳酸和磷酸等酸性物质，使肉 pH 降低。这种变化可改变肉的保水性能、嫩度、组织状态和颜色等性状。

用普通酸度计直接测定时，在切开的肌肉面用金属棒从切面中心刺一个小孔，然后插入酸度计电极，使肉紧贴电极球端后读数；捣碎测定时，将肉样加入组织捣碎机中捣 3min 左右，取出装在小烧杯中，插入酸度计电极测定。目前，已有肉品酸度测定专用电极，可直接插入肉中进行测定。

评判标准：鲜肉，pH 为 5.8 ~ 6.2；次鲜肉，pH 为 6.3 ~ 6.7；腐败肉，pH 在 6.7 以上。

七、肉的多汁性

肉的多汁性是影响肉制品食用品质的一个重要因素，尤其对肉的质地影响最大。据测算，10% ~ 40% 肉质地的差异是由多汁性好坏决定的。多汁性与系水力的大小、脂肪含量紧密相关。通常系水力愈大，多汁性就愈好。因为水分虽不是肉品的营养物质，但肉品中的水分含量直接关系到肉及肉制品的组织状态、品质、甚至风味。在一定范围内，肉中脂肪含量越多，肉品的多汁性也越好。因为脂肪除本身产生润滑作用外，还刺激口腔释放唾液。

八、肉的新鲜度检验技术

肉类食品贮藏保鲜目的在于尽可能长久地保持产品的新鲜度。肉类新鲜程度反映的是某一类动物性食品特有的标准风味、滋味、色泽、质地、口感和微生物合格卫生标准的综合状况。肉品新鲜度可以综合地指向产品营养性、安全性和嗜好性的可靠程度。快速准确的肉类新鲜度检测技术对肉类的运输、仓贮及加工过程有着非常重要的意义。

肉品新鲜度的检测方法主要有感官检验、物理检验、化学检验和微生物检验。随着人们对检测方法精确度，快速性，无损方便的追求，现在关于猪肉新鲜度的检测方法主要集中在多信息的智能检测技术结合数学统计分析方法的研究上。

1. 感官检验

感官检验主要是利用人的嗅觉、视觉、触觉和味觉来辨别肉品气味、色泽、黏度及弹性的改变，从而鉴定肉的卫生质量，不需借助仪器，不需要固定检验场所，简便易行，具有快速性、综合性、全面性、现场性等特点，成本低，实效性好。国内外肉类产品行业管理部门，至今仍然采用感官检测方法为主，配合各种理化检验、微生物检验、仪器分析等快速检测方法来综合判断其新鲜度的认定。但是感官检验对检验人员专业素质要求高；感官检验的结果不易量化，存在主观性和片面性，需要具有足够的经验。

2. 理化检验

肉品的理化检验指标主要有肉品的颜色、持水性、弹性、嫩度、导电率、黏度、保水量、pH 等物理性的指标以及通过定性定量测定某类能代表肉品品质变化规律的物质的变化来衡量肉品品质，如氨、胺类、TVB－N（挥发性盐基氮）、三甲胺（TMA）、吲哚等。其中 TVB－N 是我国检测肉类新鲜度的国家标准。

3. 微生物检验

微生物检验是从肉品中微生物数量的角度说明其污染状况及腐败变质程度，常用的方法有细菌总数和大肠菌群近似数 MPN（Most Probable Number）的测定。许多国家从细菌菌落总数的角度制定了肉类新鲜度标准，可以较为准确地检测肉类新鲜度。

【链接与拓展】

冷却肉生产技术

一、冷却肉及其优越性

冷却肉的问世被称为"肉类消费的革命"。冷却肉又称冷鲜肉、冰鲜肉，在欧美发达国家几乎不吃冻肉或热鲜肉，全部是消费冷却肉，并且已有好几十年的历史了。冷却肉安全卫生、肉嫩味美、便于切割等优点很能赢得消费者特别是较高收入阶层的认同，如今逐渐进入寻常百姓家。

冷却肉是指严格执行检疫、检验制度屠宰后的生猪（牛）胴体，经锯（劈）半后迅速进行冷却处理，使胴体深层肉温（一般为后腿中心温度）在24h内迅速降为−1~7℃，并在后续分割加工、流通、贮藏和销售过程中始终保持在冷链条件下的新鲜猪（牛）肉。

冷却肉吸收了热鲜肉和冷冻肉的优点，又排除了两者的缺陷。由于冷却肉始终处于冷却温度控制之下，酶的活性和大多数微生物的生长繁殖受到抑制，肉毒杆菌和金黄色葡萄球菌等病原菌不分泌毒素，避免了肉质腐败，确保了冷却肉的安全卫生。一般热鲜肉的保质期只有1~2d，而冷却肉的保质期可达一周以上，同时冷却肉在冷却环境下表面形成一层干油膜，能够减少水分蒸发，防止微生物的侵入和在肉的表面繁殖，加之冷却肉经过成熟，所以又具备质地柔软多汁，滋味鲜美的优点，便于切割、烹制。与在−18℃以下冻结保存的冷冻肉相比，冷却肉不会发生汁液流失，水溶性维生素和水溶性蛋白质极少随水流出，保存住了肉的营养价值。冷却肉生产的环境温度和工作场所卫生条件要求非常严格，屠宰加工企业需要达到HACCP即危害分析与关键控制点的管理水平。胴体冷却后细菌数必须控制在10^3~10^4个/cm^2，如超过10^4个/cm^2，细菌在以后分割、运输、贮藏环节中就会繁殖很快，分割需要在10~12℃的温度下进行。屠宰放血时要求一头猪一把刀，以免交叉感染，烫毛水要求60℃左右，并且要勤换，有条件的最好用蒸汽烫毛等。

食用热鲜肉是不科学的，这是因为健康活猪的体温一般在38~39℃，在刺杀放血后，马上开始一个死后僵直过程，在僵直时会产生热量，称为"僵直热"，因而屠体的温度会进一步升高。在放血后1h内，在猪的前肩和后腿中心部位的肉温会高达41℃，然后才慢慢地冷下来。刚屠宰后的热鲜肉，正适于细菌等微生物生长和繁殖。如果在炎热的夏季上午9点前还未卖出去的肉，或在不卫生条件下屠宰的肉，那样就会产生大量细菌，如果在常温下放到下午，细菌就会达到不计其数的地步，不慎食用会有很大的危险。

冷冻肉的优缺点十分明显，从细菌学角度看，冷冻肉要比热鲜肉好，因为冷冻过程中细菌就会被冻死或抑制其生长繁殖，卫生且比较安全。但肌肉中的水分在冷冻时体积会增加9%，细菌膜将被冻裂，然后在解冻时细胞中的汁液会渗透出来，造成汁液流失。在这种汁液中含有营养物质，所以随着汁液的流失，营养物质也随着流失。假如解冻后没有及时食用，而再次冻结和解冻，则营养物质的流失就会更严重，风味也会大大地下降。所以，冷冻肉虽有较长的保存期，但并不是保存肉的最好方法。

二、冷却肉的生产要求

生猪应来自非疫区，并持有产地动物防疫监督机构出具的检疫证明，公母猪及晚阉猪不应用于加工冷却猪肉。用于加工分割肉的片猪肉原料，应符合GB 9959.1—2001的要求，且原料表面菌落总数应小于 $5 \times 10^4 \mathrm{cfu/cm^2}$，在生猪屠宰、冷却后，后腿中心温度降到7℃以下时方可出冷却间分割。严禁PSE片猪肉、DFD皮猪肉作为加工冷却猪肉的原料。

宰前要求、致晕、刺杀放血、清洗、剥皮、浸烫脱毛、预干燥、燎毛、清洗抛光、开膛、净腔、割头蹄尾、劈半（锯半）等工序应按照GB/T 17236—2008规定操作。修整冷却片猪肉的加工要求应符合GB 9959.1—2001规定。要用有机酸溶液（如压力为 $0.3 \times 10^6 \sim 0.5 \times 10^6 \mathrm{Pa}$，浓度为1.5%～2.0%的乳酸）对加工后的胴体进行喷淋减菌。

片猪肉应使用吊挂方式冷却，采用一段式冷却法或二段式冷却法工艺。副产品冷却间设计温度为 $-3 \sim 0$℃。一段式冷却法要求片猪肉冷却间相对湿度为75%～95%，温度为 $-1 \sim 4$℃，胴体间距3～5cm，冷却时间16～24h。二段式冷却法要求在快速冷却时，修整合格的分割片猪肉进入环境温度 -15℃以下的快速冷却间1.5～2h，然后进入预冷间预冷。预冷时预冷间温度为 $-1 \sim 4$℃，胴体间距3～5cm，预冷时间14～20h。

用于分割加工的片猪肉，应采用冷剔骨工艺，按GB 9959.2—2008的要求分段、分割、修整。分割或包装后的产品，应及时送入环境温度 $-1 \sim 4$℃的预冷间冷却贮存。

用于冷却猪肉加工的原料应由兽医人员按《GB 17996—1999 肉品卫生检验试行规程》进行宰前宰后检疫和处理；病害肉尸按GB 16548—2006进行生物安全处理。如在胴体、头部、内脏发现一、二类疫病，应立即会同兽医人员挑出同一头猪的其他部位肉，做相应的生物安全处理。感官指标、理化指标、微生物指标均符合NY/T 632—2002要求。

生产加工过程温度要求比较严格，冷却片猪肉专用加工间、冷却肉加工间应不高于12℃；包装间应不高于10℃。快速冷却间在 -15℃以下；预冷间应为 $-1 \sim 4$℃。用于加工冷却分割猪肉的片猪肉，后腿中心温度应不高于7℃；分割、包装环节加工合格的分割猪肉产品中心温度应不高于10℃；冷却猪肉装车配货时中心温度应在0～4℃。

对于生产加工过程周转时间也有严格的要求，从片猪肉出库、分割到产品入-1~4℃库的时间应控制在1.5h内；产品在分割生产线上积压时间不得超过10min；包装好的产品应及时入库存放，在包装现场存放时间不得超过30min。

各阶段卫生（仅限于清洁区，以消毒后数据为准）也有详尽的要求，清洁区空气菌落总数不高于30cfu/（皿·5min）（φ90mm平皿静置5min），工器具、机器设备、操作台面、操作手等表面微生物菌落总数不高于100cfu/cm²，经82℃热水冲淋后，胴体体表微生物菌落总数应不高于1×10^4 cfu/cm²，经有机酸溶液冲淋后，胴体体表微生物菌落总数应不高于1×10^3 cfu/cm²。其他卫生要求应符合GB/T 20575—2006要求。

冷却肉宜采用真空包装、气调包装和其他包装形式。允许有定量或不定量包装规格。包装材料要符合国家规定。真空包装时，产品应按工艺要求抽真空封口，热收缩包装宜包装后立即浸入82~84℃的热水中1~2s进行热收缩或其他工艺处理，然后再浸入0~4℃冰水中冷却不低于2min。气调包装时，包装袋应采用空气透过率低的薄膜，允许使用氧气、二氧化碳、氮气等气体。

冷却肉贮存时应按标示要求，置于-1~4℃贮存库中，产品中心温度应保持在0~4℃。冷藏库应保持清洁、整齐、通风，应防霉、除霉、定期除霜，并符合国家有关卫生要求，库内有防霉、防鼠、防虫设施，定期消毒。贮存库不应放有碍卫生的物品；同一库内不得存放可能造成相互污染或者串味的食品。贮存库内肉品码垛与墙壁距离不少于30cm，与地面距离应不少于10cm，与天花板应保持一定距离，分类、分批、分垛存放，标识清楚。

【实训一】 原料肉品质评定

一、实训目的

通过实训要求掌握肉质评定的方法和标准。

二、仪器和材料

猪的背最长肌，猪的腰大肌，剥皮刀一把，切肉板一块，肉色评分标准图一张，天平（感应量0.01g），定性中速滤纸，改装的允许土壤膨胀压缩仪，蒸锅，大理石纹评分图等。

三、评定方法

（一）肉色

猪宰后2~3h内取最后一个胸椎处背最长肌的新鲜切面，在一般室内正常光度下用目测评分法评定，避免在阳光直射或室内阴暗处评定肉色。其评定方法见表2-7。

表 2 - 7	肉色评分表	
肉色	评分	结果
灰白色	1	劣质肉
微红色	2	不正常
正常鲜红色	3	正常
微暗红色	4	正常
暗红色	5	不正常

注：此为美国的《肉色评分标准表》，因我国部分地方猪种的肉色较深，故评为 3~4 分者均为正常。

PSE 肉肌肉呈现灰白色，肉质松软而缺乏弹性和表面汁液渗出，肉色评分为 1 分。

DFD 肉就是色深、质硬和干燥。由于 DFD 肉具有外观不佳、香味不浓、加工成品货架寿命不长等缺点，在市场上缺乏竞争力，故售价低于正常肉，肉色评分为 5 分。

（二）保水性

测定保水性使用最普遍的方法是压力法，即施加一定的重量或压力，测定被压出的水量与肉重之比。我国目前现行的方法是用 343N（35kgf）压力法度量肉样的失水率。

1. 取样

在第 1~2 腰椎处背最长肌，切取肉样厚度为 1.0cm 的薄片，平置于干净橡皮片上，再用直径为 2.523cm 的圆形取样器（面积为 5.0cm²）切去中心部位肉样。

2. 测定

切取肉样，用感应量为 0.01g 的天平称量肉样质量。然后将肉样置于两层医用纱布之间，上下各垫 18 层滤纸，滤纸外层各放一块硬质塑料垫板，然后放置钢环允许膨胀压缩仪器平台上，匀速摇动摇把，加压至 35kg，并保持 5min，撤除压力后立即称量压后肉样重。

3. 计算

$$失水率 = \frac{压前肉样质量 - 压后肉样质量}{压前肉样质量} \times 100\%$$

计算系水力时，在测定失水率的基础上，在同一部位另类采肉样 50g 按食品分析常规测定其含水量的百分率，然后按下列公式计算：

$$系水力 = \frac{肌肉总水分量 - 肉样失水量}{肌肉总水分量} \times 100\%$$

$$其中肉样失水量 = 压前肉样质量 - 压后肉样质量$$

（三）大理石纹评分

肌肉大理石纹是指一块肌肉内可见的脂肪分布情况。取最末胸椎与第一腰椎结合处的背最长肌横断面，用目测评分法，参照大理石蚊标准评分图进行评定。1分为脂肪呈痕（迹）量；2分为脂肪呈微量分布；3分为脂肪呈少量分布（理想分布）；4分为脂肪呈适量分布（理想分布）；5分为脂肪呈过量分布。两级之间只允许评0.5分。如果评定鲜肉时脂肪不清楚，可将肉样置于0～4℃冰箱中存放24h再评定。

（四）嫩度测定

背最长肌腰段在0～4℃存4～7d（如果当时不测则放入－20℃冷藏，测定时在4℃条件下解冻24h），取2.5cm厚肉样片密封在塑料袋中，70℃水浴70min或163～190℃烤11min，当肉样中心温度到（70±2）℃时，取出冷却到室温或25℃。用快力垂直于肌纤维将肉切成薄片，进行主观评定，可以从以下三个方面进行：咬断肌纤维的难易程度、咬碎肌纤维的难易程度或达到正常吞咽程度时的咀嚼次数和剩余残渣量。评分标准如下：

1分：极度粗老

2分：非常粗老

3分：中度粗老

4分：轻微粗老

5分：轻微稚嫩

6分：中等稚嫩

7分：非常稚嫩

8分：极度稚嫩

四、注意事项

以感官评定的项目需在专业人员的指导下，熟悉感官评定的具体细则，避免主观因素对实训结果带来较大影响。

五、作业

根据实训结果，对原料肉品质做出综合评定，写出实训报告。

【实训二】 猪肉的剔骨分割

一、实训目的

通过实训，熟悉猪胴体上各骨骼的结构，掌握猪肉剔骨分割的操作技能，能够熟练、独立完成猪肉的剔骨分割工作。

二、材料用具

分割用刀具，猪胴体。

三、方法步骤

（一）去膘

去掉肉表面脂肪和前、后腿大块肥膘，有两种方法：一是从上到下去膘，操作者抓住脊膘（背脊脂肪）从上挖一个洞，一手抓脊膘，一手执刀操作；二是从上到下去膘，操作者一手抓腹部软肉，撕开边口（俗称撕边），一手持刀剥下。两种方法只是一种习惯操作，效果是一致的。去膘时要求做到刀刃不切入肌肉层，保证肌肉的完整性，还要使肌膜不受破损，做到肥膘不带红。

（二）剔骨

剔骨技术性较强，既要求动作要快，又要求剔好的骨头不带肉或少带肉，即在骨体上"白不带肉"。关节部位允许带少量零星碎肉。剔骨用的刀具一般是小尖刀（剔骨刀），也有使用方刀的。

1. 剔前腿

剔除颈排、肩胛骨、肱骨、与前臂骨（桡骨与尺骨）上的肉。

（1）剔颈排　露骨面朝上，先将刀平插入颈椎棘，剥离肌肉，一手抓住背脊部分，一手将刀刃平插刺入，形成一定角度，逐渐将刀沿颈椎紧贴骨骼，向前移动，当推至第一寰椎时，该关节略粗大，易带肉，故须将椎骨与前肋所形成的角度拉大，使刀口易插入关节窝处，沿其突出部分割开肌肉。在剔前肋时，刀口沿颈部肌肉（即Ⅰ号肉）肌膜下刀，力求减少将肌肉带入前肋排。如果肉已带入前肋排，则容易破损肌肉，影响肉品品质。当前肢开脊呈软边而无脊棘时，则先将刀口插入胸骨硬肋部分，剥离肌肉。操作者一手抓住胸硬肋部，一手持刀逐步沿颈椎与前肋推进。刀口保持15°角，沿肌膜推进，到寰椎关节时，其割开肌肉的方法与上述相同。然后，用电锯将颈椎骨、硬胸骨切开，形成A字形肋骨，即称"A排"。

（2）剔肩胛骨　首先将肩胛软骨与肩胛骨平面上的薄肌用刀剥离，然后用刀刃将肩胛骨四周边缘切开切口，将肩胛关节切开。操作时，一手压住前腿，一手抓住肩胛颈用力向人的怀内部位拉动。当肩胛骨与脊肌剥离时，再用力拉，即可撕开肩胛骨。注意不可用刀硬性切开，否则肩胛骨带肉。

（3）剔肱骨与前臂骨　此两块骨头俗称筒子骨。肱骨左右偏离，近端有肱骨头，内外侧有粗隆起和二头肌肉，远端则有肘窝。窝的两侧有两个上髁，背侧有滑车状的内外髁，中间为肱骨体。前臂骨包括桡骨与尺骨，两骨紧靠，桡骨在前，尺骨在后。桡骨近端与肱骨成关节，远端有腕关节面。尺骨近端有肘突，肘突前下方为半月状切迹。剔骨时，一手握住前臂骨远端，一手持刀沿着骨膜向前切开，遇到肘突时，刀口顺半月状关节面，用"V"形方法切开骨面肌肉。最后，一手抓住前臂骨远端，用刀背将背侧肌肉做钝性剥开。剥开时，使骨体上不带红（即不带肌肉）。取下前臂骨后，顺势将肱骨体用刀刃顺骨膜向前推或向后切开背侧肌肉。操作者一手抓住下端关节，将其提起，用刀背或用手用力拉开肌肉，即可取下肱骨。

2. 剔后腿

猪的后腿骨较多，一般分为腰椎、荐椎与尾椎为一体；髋骨（包括骨盆联合截面）、髂骨、坐骨、趾骨为一体；股股与髂骨为一体。开始剔尾骨（腰椎、荐椎）时，使后腿皮面朝下，骨露面朝上，尾椎置于外侧。操作者站立于腰椎顶侧，一手按住后腿部分，一手持刀（尖刀）向尾椎内侧刺入，剥离精（肌）肉，然后一手抓住腰椎一端，使刀与腰椎刚拉开一定角度，一手操刀向尾端割离取下肌肉。如用方刀时，操作者可用方刀用力向尾骨内侧倾斜地斩下尾骨。

3. 剔乌叉骨 （髋骨）

此骨包括髂骨、趾骨与坐骨。剔骨时，将骨面朝上，后腿呈斜横卧，首先将髂骨翼和髂骨体外侧臀薄肌，前后各砍一刀，切下贴于骨面上的臀薄肌，然后一手抓住坐骨棘，一手持刀将髋骨内侧肌肉切开。向前方用推刀，向后方用拉刀的方法操作，力求刀刃沿骨膜推进，不可离骨体太远。当内侧肌肉拉开后，操作者一手拇指卡住闭锁孔，一手用力将髋关节切开，此时再用力将深层肌肉切开，抓住髋骨脊一端，向后用刀背做钝性剥离，直至坐骨结节，即可取出乌叉骨。剥离乌叉骨时，一定要求所使用的刀具刀刃锋利，下刀要沿着骨体，遇骨嵴、关节、结节处要注意刀刃顺势而下，不可远离，以避免上述骨面带肉太多。

4. 剔股骨、 髌骨

此骨俗称筒子骨，骨粗大而圆滑。下刀时，运用锋利刀刃沿着骨体前推后拉，剥离肌肉。遇关节时，用一手拎住股骨的下关节头，将其抬高，使与上关节呈45°倾斜，刀从关节下伸入，用刀口在骨颈处割开骨膜，并将刀的外侧面压牢骨膜与肌肉。刀口与骨平行，稍用力向下刮，骨膜连同肌肉剥离骨面。刮至股骨的上关节时，用尖刮离上关节的骨膜和肌肉，取出股骨，同时剔出髌骨及其韧带。

5. 剔小腿骨

包括股骨膝盖骨和胫骨腓骨。剔骨时，首先将后腿跗关节上端切开，左手抓住胫骨和腓骨末端，右手持刀沿腓骨膜下刀然后转向，将刀沿胫骨粗隆骨体割离肌肉，再将膝关节提起，露出关节腔，割开关节，再用左手抓住胫骨下端，提起后腿，用刀背剥离肌肉，即可取下小腿骨。

取下小腿骨后，将后腿干放于操作台，左手握住肉块，右手持刀沿股骨下关节头端划入，刀口偏向右方紧贴骨面，一路向右划离骨面肌肉，再继续向股骨上关节划一两刀，将股骨内侧肌肉也划离骨面，腿倒转斜放，左手抓住股骨下关节外的膝盖骨，刀沿关节背面伸入，割开骨颈上的骨膜与肌肉，左手再拎住下关节头，抬起约45°角，并移动腿内，使蹄端在右上角，右手刀头仍在原处，刀面压住骨膜，左手用刀将下关节头向左扳去，即可使下关节头扳离骨膜，并使股骨大部分脱离，最后尚余上关节还在腿上，用刀背将其四周骨膜划开，即可将骨取下。

剔骨操作技术在于熟练掌握骨骼所处位置及其特点，操作下刀时应沿骨体骨膜下刀，遇关节与髁窝时要顺势下刀，切勿远离肌肉层。从背侧取骨时宜用钝性剥离法剥离，如果能掌握以上要诀，剔骨时就会省时省力，而且达到剔骨带肉少与商品质地美观的要求。

（三）修整

尤其是外销产品，要求修整美观而整齐，其肌膜不被破坏，各种肉块保持完整性，因此肌肉剔骨后要进行修整。在修整过程中，要全部修净精肉表层脂肪团块，露于肌肉表面的筋腱以及神经、血管和淋巴。在修整过程中要注意肌肉表层与内层的暗伤、淤血、炎症、出血点、水肿等病灶以及白肌肉部分，并将其修掉。

颈背肌肉（Ⅰ号肉）的油膜多，肌肉短小而多，肌间结缔组织也多。操作时肌肉正面附着的条形脂肪要尽量修净。表层脂肪块修整的方法是：沿着肌层分界线的边缘，圆形划下切口，再提着脂肪块修割，这样就可以保持肌膜完整。

前腿肌肉（Ⅱ号肉）块大肉薄，去脂肪时，使用的刀具刀口要锋利，手腕要灵活，用刀要轻巧。操作时，刀口略倾斜，要顺着肌纤维方向修整。修整重点应放在肌膜表层腱膜上附着的脂肪。肌肉附着的网状结缔组织也必须细致地修割，要保持肌块的完整性。

大块肌肉（Ⅲ号肉）是一块完整的背最长肌，肌膜厚，修整时要顺着肌膜修，切忌将中间修破。

后腿肌肉（Ⅳ号肉）肉块大、结缔组织多、易修碎，尤其是肌块之间的结缔组织，既要修得平整又不得将肌块间结缔组织修得过多而修"散"。

Ⅱ号肉与Ⅳ号肉修整宜放在剔骨前带骨修整，因为此时肌块挺而坚（硬），便于修割。

四、实训结果分析

根据剔骨的程度和剔骨后肉块的完整性，分析评判是否达到了实训的目的。

五、注意事项

（1）注意安全，分割用道具一般非常锋利，小心操作，不可伤到自己和他人。

（2）剔骨时不可使用蛮力，要讲究技巧，否则易使刀具受损，还有可能将肌肉碰破，达不到实训的目的和要求。

（3）要注意保持各分割肉块的完整性，既要修掉多余的脂肪团块、肌肉表面的筋腱以及神经、血管和淋巴，又要保持肌膜的完整。

学习情境三　**干制肉制品加工技术**

　　干制肉制品是指将原料肉先经熟加工，再经晾晒、煮炒、成型、干燥或先成型再经熟加工制成的易于在常温下保藏的干熟类肉制品。这类肉制品一般可以直接食用，成品形状有片状、条状、粒状、团粒状和絮状等。现代干制肉制品加工的主要目的不仅是为了提高贮藏性，更多的是为了满足消费者的各种需要。肉品经过干制后，水分含量降低，产品耐贮藏性提高；干制肉制品质量轻、体积小、便于运输和携带，非常适合作为休闲食品。干制肉制品也存在一定的缺点。例如，在干制过程中，某些芳香物质和挥发性成分常随着水分蒸发而散发到空气中；同时，肉制品在干燥时（非真空条件）易发生氧化作用，尤其在高温下变化更大。

　　我国的干制肉制品主要包括肉干、肉松和肉脯三大类。肉干（图3-1）、肉松（图3-2）和肉脯（图3-3）具有加工方法相对简单、易于贮藏和运输、食用方便、风味独特等特点，因而深受消费者的喜爱。

图3-1　肉干

图3-2　肉松

图3-3　肉脯

学习任务一　　**肉干的加工技术**　🔍

　　新鲜的肉类食品不仅含有丰富的营养物质，而且水分含量通常在60%以上，如保管贮藏不当极易引起腐败变质。肉类食品的脱水干制是一种有效的加工和贮藏肉制品的手段，经过脱水干制后，肉干制品的水分含量可降低到 20% 以下，大大延长了贮藏期。

一、干制的基本原理

1. 干制对微生物的影响

在微生物的生命活动中，水是不可缺少的物质，微生物的正常代谢需要相当数量的水来维持。如果细胞内没有适当的水分，微生物则不能吸收必需的营养物质以进行新陈代谢，从而停止生长。但是，对微生物生命活动起决定作用的是自由水，而不是食品的总含水量，因为只有自由水才能被微生物、酶和化学反应所利用，可用水分活度（Wateractivity，A_w）进行估量。水分活度（A_w）是指溶液的水蒸气分压 p 和同温度纯水的饱和蒸汽压 p_0 之比。即：

$$A_w = \frac{p}{p_0} \times 100\%$$

水分活度表示食品中水分被束缚的程度，反映了食品材料中能影响微生物、酶及化学反应的那部分水。食品中结合水的含量越高，水分活度就越低。因而，两个水分含量相同的食品会因水与食品中其他成分结合的程度不同而具有不同的水分活度。

研究表明，微生物的生长发育在不同的水分活度下存在明显差异。细菌生长发育的最低水分活度为 0.90，酵母菌和真菌分别为 0.88 和 0.80。

在干制过程中，肉类食品随着水分的丧失，水分活度降低，可被微生物利用的水分减少，抑制了微生物的生长和新陈代谢，因而可以达到长期贮藏的目的。降低水分活度可以有效地抑制微生物的生长，但也会使微生物的耐热性增大。因此，肉干制品的加工虽然是加热过程，但并不能代替杀菌过程，即干制并不能达到绝对无菌的状态，它只能抑制微生物的活动，这是受微生物的生物特性、食品的性质、干制程度和干制后贮藏条件等因素所影响的。环境条件一旦适宜，微生物又会重新恢复活力，如遇温暖潮湿气候就易腐败变质。

2. 干制对酶活力的影响

肉类组织中含有多种酶类，如蛋白酶和脂肪酶等，它们对肉的品质影响较大。酶的活力与肉中的水分含量关系密切。由于鲜肉的水分含量较高，在室温下放置时，容易受到酶的作用而发生分解，使肉的品质发生变化。在脱水干制肉类过程中，由于水分含量逐渐减少，部分酶会变性失活或活力降低；当干制品的水分含量降低到一定程度时，酶的活力被完全抑制，酶对肉类品质的影响则完全消失。

3. 干制过程的特性

肉类干制过程的特性可以用干燥曲线、干燥速率曲线和食品温度曲线来进行分析和描述（图 3 - 4）。干燥曲线是说明食品含水量随干燥时间变化的关系曲线。干燥速率曲线是表示干燥过程中的干燥速率随时间变化的关系曲线。食品温度曲线则表示干燥过程中肉块温度随时间变化的关系曲线。从图 3 - 4 可以清楚地看出，在整个干燥过程中，干燥速率、肉块含水量及肉块温度都呈现出规律性的变化，可以将整个干制过程分为3个阶段。

（1）升速干燥阶段（AB、A′B′、A″B″）　此阶段为肉块干制的开始阶段。肉类表面温度由初温逐步提高，由于此时肉块表面的蒸汽压达到饱和，所以肉块温度很快达到湿球温度；肉块水分开始蒸发，含水量稍有下降；干燥速率由零增到最高值。这段曲线的持续时间和速率取决于肉类的厚度与受热情况。

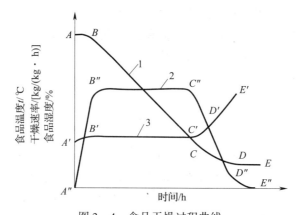

图3-4　食品干燥过程曲线

1—干燥曲线　2—干燥速率曲线　3—食品温度曲线

（2）恒速干燥阶段（BC、B′C′、B″C″）　肉块的含水量呈直线下降趋势，干燥速率稳定不变，因此称为恒速干燥阶段。在这一阶段，向肉块提供的热量全部用于水分蒸发，因此肉块表面温度基本不变。若肉块较薄，其内部水分将以液体状态扩散转移，肉块的温度和液体蒸发温度相等（即湿球温度）；若肉块较厚，部分水分也会在肉块内部蒸发，则此时肉块表面温度等于湿球温度，而它的中心温度低于湿球温度。因此，在恒速干燥阶段，肉块内部也会存在温度梯度。在干燥过程中，肉块内部的水分扩散速度大于表面水分的蒸发速度或外部水分扩散速度，则恒速干燥阶段可以延长。若内部水分的扩散速度小于表面水分的扩散速度，那么恒速干燥阶段会很短，甚至不存在恒速干燥阶段。

（3）降速干燥阶段（CE、C′E′、C″E″）　当肉块内部的水分扩散满足不了表面水分保持饱和状态时，干燥速率就会逐渐下降。此时，肉块的温度超过湿球温度并逐渐升高，水分含量进一步降低，但下降的速度逐渐放缓。当肉块表面的蒸汽压逐渐与热空气中的水汽压力相等时，肉块不再失水，达到平衡水分，干燥速率降为零。肉块的温度上升至空气的干球温度，干燥过程结束。

4. 干制工艺条件的选择

肉类干制品的质量在很大程度上取决于所用的干制工艺条件。因此，如何选择干制工艺条件也就成了肉类干制的最重要问题之一。干制工艺条件因干制方法而异，如用空气干燥时主要取决于空气温度、相对湿度、空气流速和肉块的温度等；用真空干燥时则主要取决于干燥温度和真空度等；用冷冻干燥时需要考虑冷冻温度、真空度和蒸发温度等因素对干制效果的影响。

不论使用哪种干燥方法，其工艺条件的选择都应尽可能满足这样的要求：干制时间最短、能量消耗最少、工艺条件最容易控制以及干制品的质量最好。选择干燥工艺条件时，应遵循以下原则。

（1）所选择的工艺条件应尽可能使食品表面的水分蒸发速度与其内部的水分扩散速度相等，同时避免在食品内部形成与湿度梯度方向相反的温度梯度，以免降低干燥速度，出现表面硬化现象。特别是当肉块的导热性较差和体积较大时，尤其需要注意。此时，应适当降低空气温度和流速，提高空气的相对湿度，这样就能控制肉块表面的水分蒸发速度，降低肉块内部的温度梯度，提高肉块表面的导湿性。

（2）在恒速干燥阶段，由于肉块吸收的热量全部用于水分蒸发，因此肉块内部不会建立起温度梯度。在此阶段，在保证肉块表面水分的蒸发速度不超过内部水分的扩散速度的前提下，应尽可能提高空气温度，以加快干燥过程。由于此时肉块的温度不会超过湿球温度，因而也不会对干制品的质量造成不良影响。在肉干加工过程中，采用各种措施提高肉块的内扩散速度，使恒速干燥阶段得以延长，有着重要的意义。

（3）在降速干燥阶段，由于肉块表面的水分蒸发速度大于内部的水分扩散速度，因此肉块的表面温度将逐渐升高，并达到干球温度。此时，应降低空气温度和流速，以控制食品表面的水分蒸发速度，使肉块的水分含量逐步下降，避免因肉块表面过热，导致品质下降。

（4）在干燥后期，应根据干制品预期的含水量对空气的相对湿度进行调整。如果干制品预期的含水量低于平衡含水量时，就应设法降低空气的相对湿度，否则将达不到预期的干制要求。

二、干制的方法

干制的方法可分为自然干制和人工干制两大类。

自然干制是利用自然条件干制食品，如晒干、风干和阴干等。这类方法不需要特殊的加工设备，不受场地限制，操作简单，成本低廉，但干制的时间和程度受环境条件限制，无法对干制过程进行严格控制，很难用于大规模的生产，只是作为某些产品的辅助工序，例如，风干香肠的干制。

人工干制是利用特殊的装置调节干制的工艺条件去除食品中水分的方法。人工干制的方法有很多种，不同的方法都有其各自的特性和适应性。在选择干制方法时，应根据待干食品的种类、状态、干制品品质的要求及干制成本综合考虑。下面介绍几种常用的人工干制方法。

（一）烘炒干制

烘炒干制属于热传导干制，物料不与载热体直接接触，借助于容器间壁的导热将热量传递给与壁面接触的物料，使物料中的水分蒸发，达到干制的目的。热源可以是蒸汽、热水、燃料、电热等；物料可以在常压下干燥，也可在真空下进行。肉松的干制就采用这种方法。

（二）烘房干制

烘房干制是以热空气作为干燥介质，通过对流方式与物料进行热量与水分的交换，使食品得到干燥。该法一般在常压条件下进行，热空气既是热载体又是湿载体，且干燥室的气温容易控制，物料不会出现过热现象。但是，当热空气离开干燥室时，带有相当多的热量，因此，该法热能利用率较低。

1. 箱式干燥法

箱式干燥器是一种外壁绝热、外形像箱子的干燥器，也称为盘式干燥器、烘房，是最古老的干燥器之一。箱式干燥器一般用盘架盛放物料，大多为间歇操作，具有制造和维修方便，使用灵活性大，物料损失小，易装卸，设备投资少的优点。图 3 – 5 和图 3 – 6 是最常见的两种箱式干燥设备，它们的工作过程是：把肉块放在托盘中，再放置于多层框架上，空气加热后在风机的作用下流过肉块，将热量传给肉块的同时带走肉块产生的水蒸气，从而使肉块得到干燥。该法的缺点是物料得不到分散，干燥不均匀，生产效率低，不适合大规模生产。

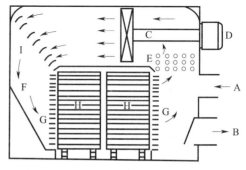

图 3 – 5　平行箱式干燥器

A—空气进口　B—废气出口及调节阀　C—风扇
D—风扇马达　E—空气加热器　F—通风道
G—可调控喷嘴　H—料盘及小车　I—整流板

2. 带式干燥法

带式干燥装置是将待干燥的肉块放在输送带上进行干燥，调节输送带速率进行输送。热空气自下而上或平行吹过肉块，进行湿热交换而使物料干燥。输送带可以是一根环带，也可以布置成上下多层。输送带多采用钢丝网带，也可以是帆布带、橡胶带和钢带，以便干燥介质顺利流通。图 3 – 7 为带式干燥装置的工作原理示意图。带式干燥法的优点是生产效率高，干燥速率快，能实现连续生产，特别适合块片状物料的干燥。

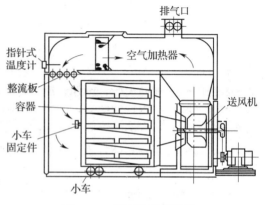

图 3 – 6　穿流箱式干燥器

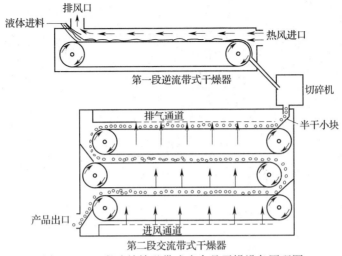

图3-7 二段连续输送带式小食品干燥设备原理图

3. 隧道式干燥法

隧道式干燥装置是将箱式干燥设备的箱体扩展为长方形通道，其他结构基本不变。其长度可达10~15m，可容纳5~15辆装料车，大大增加了物料处理量，降低了生产成本，可连续或半连续生产。隧道式干燥设备容量较大，适应于较大规模的生产，可通过料车在隧道内的停留时间控制干燥处理时间，干燥比较均匀，适应范围较广。

装料车与热空气的相对流动方向决定了隧道式干燥法的干燥特性与干燥效果。按照气流运动与物料的方向，可将隧道式干燥装置分为顺流、逆流和横流干燥三种，如图3-8~图3-10所示。顺流干燥是指料车与热空气的流动方向一致，特点是前期干燥强烈，后期干燥缓慢，制品的最终水分含量较高。逆流干燥是指料车与热空气的流动方向恰好相反，前期干燥缓慢，后期干燥强烈，制品的最终水分含量较低。横流干燥是指热空气的流动方向与料车的运动方向垂直，即热空气往复横向穿过料车，也叫错流干燥，其特点是热空气与物料进行热湿交换后，及时加热以保证空气温度，干燥速度快，但设备较为复杂。也可将顺流干燥和逆流干燥两者组合构成混流干燥，一般是先用顺流干燥去除大部分水分，之后采用逆流干燥缓慢干燥至终点。混流干燥兼顾了顺流干燥和逆流干燥的优点，干燥过程均匀一致，传热传质速率稳定，生产效率高，产品质量高。

图3-8 顺流式隧道干燥示意图

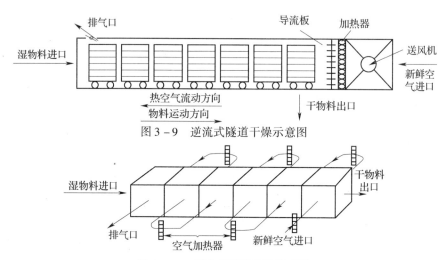

图 3 - 9　逆流式隧道干燥示意图

图 3 - 10　横流式隧道干燥示意图

（三）真空干燥

真空干燥是指将肉块放置于低气压条件下进行的干燥。由于环境气压降低，水的沸点也随之下降，因此，能在较低的温度下完成干燥，有利于减少热对肉块成分的破坏和物理化学反应的发生，产品品质优良，但成本较高。

在真空干燥过程中，肉块的温度和干燥温度取决于真空度、物料状态及受热程度等。根据真空干燥的连续性分为间歇式真空干燥和连续式真空干燥。干燥肉块主要是间歇式真空干燥。间歇式真空干燥一般采用箱式真空干燥设备。将盛装有肉块的料盘放入密闭的干燥箱中，降低压力（抽真空），真空度一般为 533 ~ 6666Pa，然后加热干燥。真空干燥的品温通常在常温至 70℃ 以下。真空干燥虽然能够使水分在低温下蒸发干燥，但也会因蒸发造成部分芳香成分的损失以及轻微的热变性现象。

（四）冷冻干燥

冷冻干燥是指将肉品冻结后，在真空状态下使肉块中的水分升华而进行干燥的方法。这种干燥方法对肉品的色泽、风味、香气和形状等几乎无任何不良影响，是现代最理想的干燥方法。具体方法是将肉块迅速冷冻至 -40 ~ -30℃，然后放置于真空度为 13 ~ 133Pa 的干燥室中，冰发生升华而干燥。冰的升华速率，受干燥室的真空度及升华所需要的热量影响。另外，肉块的大小、薄厚也会影响干燥速率。

（五）辐射干燥

辐射干燥是以电磁波作为热源使肉块干制脱水的方法。根据电磁波的频率不同，辐射干燥法可分为红外线干燥法和微波干燥两种方法。

1. 红外线干燥法

红外线干燥法是利用物料吸收有一定穿透性的远红外线使自身发热、湿度升高导致水分蒸发而获得干燥的方法。红外线的波长范围介于可见光与微波之间。红外线干燥法的主要特点是干燥速率快，干燥时间仅为热风干燥的10%～20%；由于食品的表层和内部同时吸收红外线而发热，因此干燥较均匀，干制品的质量较好；设备结构简单，体积小，成本较低；远红外线一般只产生热而不会造成物质的变化，可减少对肉块的破坏作用，应用更为广泛。图3－11是远红外干燥装置的示意图。待干燥的肉块依次通过预热装置、第一干燥室和第二十燥室，不断地吸收红外线而获得干燥。

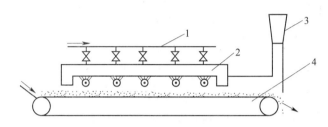

图3－11　远红外线干燥装置

1—预热装置　2—第一干燥室　3—第二干燥室　4—红外加热元件

2. 微波干燥法

用蒸汽、电热、红外线等干制肉制品时，耗能较大，易造成外焦里湿的现象。利用新型的微波技术可以有效地解决以上问题。

（1）微波干燥的原理　微波是一种频率在300～3000MHz的电磁波，目前工业上只有915MHz和2450MHz两个频率被广泛应用。微波发生器产生电磁波，从而形成电场。肉品中含有大量的带正负电荷的分子（如水、盐、糖等），在电场的作用下，带负电荷的分子向电场的正极方向运动，带正电荷的分子向电场的负极方向运动。由于微波形成的电场呈波浪形变化，使分子随着电场方向的变化而产生不同方向的运动。分子间经常发生阻碍、摩擦而产生热量，使肉块得以干燥，而且这种效应会在肉块的内外同时产生，无需热传导、辐射或对流，使肉块在短时间内即可达到干燥的目的。

（2）微波干燥的特点　微波干燥的优点是干燥速度快，食品加热均匀，产品品质高；具有自动的热平衡特性；热效率高，容易调节和控制，自动化程度高。缺点是耗电量大，干燥成本较高，生产上一般采用热风干燥和微波干燥相结合的方式降低生产成本。

（六）油炸干燥

油炸作为食品熟制和干制的一种加工方法由来已久，是最古老的烹调方法之一。油炸可以杀灭食品中的细菌，延长食品保存期，改善食品风味，增强食品中营养成分的消化吸收性。

1. 油炸干燥的原理

将肉块置于热油中，食品表面温度迅速升高，水分汽化，当肉块表层出现硬化干燥层后，水分汽化层便向内部迁移。传热的速率取决于油温与肉块内部间的温度差以及肉块的导热系数。水分的迁出通过油膜界面，油膜界面层的厚度与油的黏度和流动速度有关，它控制着传热和传质的进行。与热空气干燥相似，脱水的推动力是肉块内部水分的蒸汽压差。

2. 常用的油炸干燥方法

油炸的方法主要有浅层油炸和深层油炸，也有纯油油炸和水油混合式油炸。浅层油炸适合于表面积大的肉制品，如肉片等。深层油炸是常见的油炸方式，它适合于不同形状的食品的加工。

三、影响干制的因素

1. 肉块的比表面积

肉块的比表面积是指单位质量肉块所具有的总表面积，单位可用 m^2/kg 表示。肉块的比表面积对肉块的干制速度有一定的影响。肉块水分的蒸发量与肉块的比表面积成正比。肉块的比表面积越大，其传热与传湿的速度也随之增加。因此，在工艺条件允许的情况下，为提高干制效率，肉块一般被分割成薄片或小块后再进行脱水干制。肉块分割成薄片或小块后，缩短了热量向肉块中心传递和水分从肉块中心外移的距离，增加了肉块与加热介质的接触面积，从而加速了水分蒸发和肉块的脱水干制速度。肉块的比表面积越大，干制速度越快，干制效果越好。

2. 肉块的组成与结构

肉块的结构、化学组成、溶质浓度、肉块中的水分存在状态等都会影响物料在干制过程中的湿热传递，影响干制速率和产品质量。

（1）肥膘位置及其含量　肉块中肥膘的位置及其含量，对热量的传递及水分的扩散和蒸发会产生很大的影响。例如，肥瘦组成不同的肉块在同样的干制条件下具有不同的干制速率，特别是水分的迁移需要通过脂肪层时，对速率的影响更大。因此，干制肉块时，肉层与热源应相对平行，避免水分透过脂肪层，就可获得较快的干制速率。

（2）溶质浓度　肉块中溶质如蛋白质、碳水化合物、盐、糖等与水相互作用，结合力大，水分活度低，抑制水分子迁移，干燥慢；尤其在高浓度溶质（低水分含量）时还会增加食品的黏度；溶质的存在提高了水的沸点，影响了水的汽化。因此，肉块溶质浓度越高，维持水分的能力就越强，相同条件下干燥速率下降。

（3）水分存在状态　不同结合形式的水分具有不同的结合力度，去除的难易程度也不一样。与肉块结合力较低的自由水最易去除，以不易流动水吸附在肉块固形物中的水分相对较难去除，最难去除的是由化学键形成结合水。

3. 空气温度

在肉品干制过程中，从湿物料中除去水分通常采用热空气作为干燥介质。供给的热空气都是干空气（即绝对干空气）与水蒸气的混合物，常称为湿空气。湿空气的温度可用干球温度和湿球温度表示。用普通温度计测得的湿空气的实际温度即为干球温度。在普通温度计的感温部位包以湿纱布，湿纱布的一部分浸入水中，使它保持湿润状态就构成了湿球温度计，将湿球温度计置于一定温度和湿度的湿空气流中，达到平衡或稳定时的温度称为该空气的湿球温度。

热空气与物料间的温差越大，热量向食品传递的速度也就越快，物料中水分外逸的速率因而增加。同时，空气温度越高，它在饱和前能容纳的蒸汽量也越多，即携湿能力强，有利于干燥。值得注意的是，空气温度的变化将使空气的相对湿度也随之改变，从而改变其相应的平衡湿度和平衡水分，因而影响肉块最终的水分含量，这在干燥工艺的控制中十分重要。

4. 空气流速

加快空气流速，能及时带走聚集在肉块表面的饱和湿空气，提高水分蒸发速度。同时，由于与肉块表面接触的热空气量增加，有利于传热，也可以加快肉块内部水分的蒸发速度。因此，空气流速越快，肉块的干制时间越短。

5. 空气相对湿度

在一定的总压下，湿空气中水蒸气分压与同温度下纯水的饱和蒸汽压之比，称为相对湿度。空气的相对湿度也是影响湿热传递的因素。在干制肉块时，如果用空气作为干制介质，空气的相对湿度越低，则肉块的干制速度也越快。近于饱和的湿空气进一步吸收蒸发水分的能力远比干制空气差。

6. 大气压力和真空度

在 $1.01 \times 10^5 \mathrm{Pa}$（1atm）条件下，水的沸点为100℃。如果大气压降低，水的沸点也随之下降。因此，在相同的加热条件下，大气压越低，水分的蒸发速度越快，这就是真空干燥的主要依据。在一定的真空度下，肉品可以在较低的温度下干燥，从而保持肉品的更多营养价值。

四、肉制品生产常用辅料

在肉制品加工过程中，除原料肉以外添加的其他可食性物料统称为辅料。辅料的作用主要是：① 优化工艺，改善肉制品的质量，延长保质期；② 赋予制品特殊的风味，抑制或矫正不良风味，增进食欲，促进消化；③ 增加制品的花色品种。辅料的种类很多，在实际生产中，应根据加工要求科学选择，合理搭配，以取得最佳的作用效果，避免因辅料选择不当造成制品质量不佳。

常用的辅料为香辛料，香辛料来自于植物的种子、花蕾、叶茎、根块等，具有刺激性香味，赋予食品以风味，增进食欲，帮助消化和吸收的作用。在肉制品加工中，香辛料不仅赋予肉制品特定的色、香、味，而且还能遮蔽腥膻，增进食欲，促进消化吸收。许多香辛料还具有抑菌防腐、防止氧化和某些特殊生理药理的功效。

五、肉干生产技术

（一）肉干的概念和种类

1. 肉干的概念和特点

肉干是指用猪肉、牛肉等肉类为原料，经修割、预煮、切丁（片、条）、调味、复煮、收汤、烘烤而成的肉制品。

肉干制品水分含量低，保质期长；体积小、质量轻，便于运输和携带；与等质量的鲜肉相比，肉干具有更高的营养价值。此外，传统的肉干制品卤汁紧裹、入口鲜香、肉香浓郁、瘦不塞牙，是深受大众喜爱的休闲方便食品，在全国各地均有生产。

2. 肉干的种类

肉干的加工方法虽然大致相同，但由于采用的原、辅料不同，干制工艺等差别、各有不同的风味。因此，肉干有很多种分类方法。

GB/T 23969—2009 规定肉干制品可分为肉干和肉糜干两大类。肉糜干是以畜禽瘦肉为主要原料，经修割、预煮、切丁（或片、条）、调味、复煮、收汤、干燥、斩碎、拌料、成型、烘干制成的熟肉制品。

在实际生产中，通常根据原料、风味特点、产品形状和产地等将肉干进行分类。根据原料不同，分为牛肉干、猪肉干、羊肉干、鸡肉干、鱼肉干等；根据风味特点不同，分为五香肉干、麻辣肉干、咖喱肉干、果汁肉干、蚝油肉干等；根据产地不同，有靖江牛肉干、上海猪肉干、四川麻辣牛肉干、武汉猪肉干、天津五香猪肉干、哈尔滨五香牛肉干等。

（二）肉干的传统加工工艺

1. 产品配方

（1）麻辣肉干配方（四川麻辣猪肉干）　鲜肉 100kg、菜籽油 5kg、酱油 4kg、精盐 3.5kg、白糖 2kg、海椒粉 1.5kg、花椒粉 0.8kg、老姜 0.5kg、白酒 0.5kg、胡椒粉 0.2kg、味精 0.1kg。

（2）五香肉干配方（新疆马肉干）　鲜肉 100kg、酱油 4.75kg、白糖 4.5kg、食盐 2.85kg、黄酒 0.75kg、陈皮 0.75kg、姜 0.5kg、桂皮 0.3kg、八角 0.2kg、花椒 0.15kg、甘草 0.1kg、丁香 0.05kg。

（3）咖喱肉干配方（上海咖喱牛肉干）　鲜牛肉 100kg、白糖 12kg、酱油 3.1kg、精盐 3kg、白酒 2kg、咖喱粉 0.5kg。

2. 工艺流程

原料肉选择→预处理→预煮→切坯→复煮、收汁→干制→冷却、包装→成品。

3. 操作要点

（1）原料肉选择　传统肉干大多选用新鲜、经检疫合格的健康猪肉或牛肉为原料，一般以前、后腿瘦肉为最佳。现代肉干加工的原料还有鱼肉、羊肉、兔肉、鸡肉等。无论以哪种原料肉进行加工，都必须符合相应的食品卫生标准。

（2）预处理　将原料肉剔骨，去皮、筋腱、脂肪、血管等不宜加工的部分。然后顺着肌纤维方向将肉切成 500g 左右的肉块，用清水浸泡 0.5～1h 以除去肉中的血水和污物，再用清水漂洗干净，沥干备用。

（3）预煮　预煮也称清煮，就是用清水煮制肉块，目的是通过煮制进一步挤出肉中的血水，使肉块变硬以便切坯。预煮时以水浸过肉面为原则，一般不加任何辅料，但对于质量稍次或有特殊气味的原料（如羊肉有膻味），可加原料肉质量 1%～2% 的鲜姜或其他香辛料以除去异味。煮肉的方法有两种：一种方法是将肉放入蒸煮锅后，加清水以淹没全部肉块为度，烧煮至沸腾；另一种方法是将清水煮沸后再投入肉块，原料肉入沸水锅，能使产品表面的蛋白质立即凝固，形成保护层，减少营养成分的损失。

预煮时间与肉的嫩度及肉块大小有关，以肉块切面呈粉红色、无血水为宜，一般为 1h 左右。切不可煮制时间过长，否则会使肉块失水过多，收缩紧密，造成后续汤料不易被肉块吸收而影响入味，降低出品率。在预煮过程中，应及时撇去肉汤中的污物和油沫。肉煮好后及时捞出冷凉，汤汁过滤待用。

（4）切坯　肉块冷凉后，根据需要人工或在切坯机中切成片状、条状或丁状。一般肉片、肉条以长 3～5cm、厚 0.3～0.5cm 为宜，肉丁大小控制在 1cm³ 左右。无论什么形状，都要求规格尽可能均匀，厚薄一致，这对于保证干制的一致性至关重要。

（5）复煮、收汁　复煮的目的是使肉品进一步熟化和入味。具体操作是：取肉坯质量 20%～40% 的过滤预煮肉汤入锅，按照配方称好配料，将复煮汤料配方中白糖、食盐、酱油等可溶性辅料直接加入，不溶解的辅料（如香辛料）经适度破碎后，装入纱布袋加入锅内大火熬煮，待汤汁变稠后，将肉坯倒入锅内，大火煮制 30min 左右，再用小火煨 1～2h，并轻轻翻动，防止黏锅，待汤汁完全干后出锅。

（6）干制　肉干干制的方法主要有三种：烘干法、炒干法和油炸法。

① 烘干法：将复煮沥干后的肉坯平铺在竹筛或不锈钢筛网上，放入烘箱或烘房烘烤。烘烤温度控制在 50～60℃，烘烤 4～8h。烘烤开始 1～2h 内，每 20～30min 翻动一次肉坯，之后每隔 1～2h 调换一次网盘的位置，并翻动一次肉坯。烘至肉坯发硬变干，含水量在 18% 左右即可结束烘干。烘干法的关键要素在于控制适宜的温度，温度过低使干制时间延长，降低生产效率；温度过高则易导致肉坯表面焦化，内部水分难以去除，降低产品质量。此外，勤翻肉坯也是保证干制均匀的重要因素。

② 炒干法：肉坯收汁结束后，在原锅中文火加温，用锅铲不停地贴锅翻炒，炒到肉坯表面微微出现绒毛蓬飞时，即可出锅，冷却后即为成品。炒干法劳动强度大、生产效率低，容易造成肉坯破碎，产生过多碎屑，不适合大规模的工业化生产。

③ 油炸法：用此法干制肉品时，其处理步骤与烘干法和炒干法有很大差异。其加工过程是：先将肉切坯，用2/3的辅料（其中料酒、白糖、味精后放）与肉坯拌匀，腌渍10~20min后，投入已加热到135~150℃的植物油（如菜籽油）中炸制，至肉坯表面成微黄色时捞出，滤净余油，再将料酒、白糖、味精和剩余的1/3的辅料加入，拌匀即可。油炸过程同时完成了肉坯的熟化和脱水干制。产品具有独特的色泽和油炸风味，在某些特定的肉干产品（如一种四川麻辣牛肉干）的制作中使用广泛。油炸的关键要素是掌握好油炸温度和时间。在某些肉干产品加工中，也有先烘干再用油炸的，此时油炸的主要目的是使肉干酥化，所以炸制时间往往很短。我国内蒙古一些肉干常采用此方法。

（7）冷却、包装　肉干干制后应及时冷却。冷却宜在清洁室内摊晾、以自然冷却较为常用，必要时可采用机械排风。肉干冷却至室温后进行包装，然后贮存在常温或0~5℃冷库中。要求成品库清洁、卫生、通风、干燥，不得兼贮有毒、有害、有气味的其他物品，并防止阳光直接照射。可采用袋装、真空包装、拉伸包装、糖果包装等形式。

（三）肉干的新型加工工艺

1. 肉干的新型腌制工艺

随着人民生活水平的提高和肉类加工产业的发展，消费者要求肉干制品向着组织较软、颜色淡、低甜度方向发展。因此，需要对传统的中式肉干加工工艺进行改进，生产出质轻、方便和富于地方风味的传统干制品，是传统加工工艺的重大突破。

（1）产品配方　原料肉100kg、五香浸出液9kg、食盐3kg、蔗糖2kg、酱油2kg、黄酒1.5kg、姜汁1kg、味精0.2kg、异抗坏血酸钠0.05kg、亚硝酸钠0.01kg。

（2）工艺流程　原料肉修整→切块→腌制→熟化→切条→脱水→包装。

（3）操作要点　选用新鲜、健康的检疫合格的牛肉、猪肉、羊肉或其他畜禽肉，剔除脂肪和结缔组织后，切成4cm³左右的小块，按配方要求加入辅料，在4~8℃条件下腌制48~56h，然后在100℃蒸汽条件下加热40~60min，至中心温度达到80~85℃，冷却至室温后切成厚度约为3cm的肉条，然后将其置于85~95℃烘箱中脱水至肉表面成褐色，含水量低于30%，成品的A_w低于0.79（通常为0.74~0.76）。最后进行真空包装，即为成品。

2. 肉糜干加工技术

肉糜干是采用猪肉、牛肉等经绞碎，添加淀粉等辅料后干制而成。由于肉糜干产品中含有淀粉等辅料，吃上去肉感较差，质量不如肉干好，价格相对肉干便宜。产品配料中如含有淀粉或是面粉，则产品为肉糜干，也可从产品的外观形态上判断，肉干产品表面有明显的肌肉纹路，肉糜干表面较光滑。

（1）工艺流程　原料肉修整→切块→斩拌→腌制→烘烤→包装。

（2）操作要点　原料可用牛、猪、禽等，原料肉经过剔骨、去净肥膘、皮、粗大的结缔组织，再切成小方块。将小肉块倒入斩拌机内进行斩碎、乳化，使肌肉细胞被破坏释放出最多的蛋白质，达到最好的黏结性，同时与加入的辅料混合，斩拌成非常黏的糊状为止。在斩拌过程中，需要加入适量的冰水，一方面可以降低肉馅的黏度，增加肉馅的黏着性；另一方面可以降低肉馅的温度，防止肉馅由于高温而发生变质。斩拌结束后，将肉糜倒入烘烤盘内，要求厚度为 1 ~ 2cm，送入烘房烘烤。烘烤分两个阶段：第一次烘烤时，烘房温度为 65℃，时间为 5 ~ 6h，取出自然冷却。第二次烘烤温度为 200 ~ 250℃，时间约为 30min，至肉块收缩出油，呈棕红色为止。将肉块切成 1cm×1cm 的方块。最后进行真空包装或糖果包装，即为成品。

六、著名肉干的生产工艺

（一）四川麻辣牛肉干

麻辣牛肉干是四川省驰名中外的特产。产品麻辣香脆，绵软适口，清香四溢，深受消费者的喜爱，是居家旅游的佳品。

1. 工艺流程

原料选择与处理→预煮→切坯→复煮→干制→包装→成品。

2. 产品配方

牛肉 100kg、菜籽油 8kg、精盐 3kg、豆油 2kg、辣椒粉 2kg、白糖 2kg、曲酒 1kg、麻油 1kg、芝麻 0.5kg、大葱 0.5kg、生姜 0.3kg、花椒粉 0.3kg、胡椒 0.1kg、味精 0.1kg、五香粉 0.1kg、硝酸钠 0.05kg、八角 0.03kg、小茴香 0.03kg。

3. 操作要点

（1）原料选择与处理　选择新鲜的符合国家卫生标准的牛前、后腿瘦肉，以黄牛肉为最佳。剔去牛肉的骨、皮、筋膜、脂肪等非肌肉部分，切成 0.5kg 的条块，然后放入清水中浸泡 1h，去除血水和污物，漂洗干净后沥干待用。

（2）预煮　将肉块放入锅内，加清水使肉块完全浸没在水中，大火煮制 20 ~ 40min 至肉块变红、发硬，捞起沥水，原汤待用。煮制过程中要随时撇去肉汤表面的油沫。

（3）切坯　待肉块冷凉后，按片、条、块、丁等规格切成牛肉坯，大小尽量均匀一致。

（4）复煮　取适量的预煮汤加入锅中，加入葱、姜等调味料，香辛料经适当破碎装入纱布袋放于锅内，大火熬煮至汤稍稠，投入切好的牛肉坯，大火煮沸后改用小火煨煮。待汤汁快干时用文火收汤，直到汁干液净。煮制期间要不停地翻动肉坯，特别是汤汁快干时，翻动要勤，以防止黏锅或焦化。

（5）干制　根据实际情况选择合适的干制方法。常见的干制方法有三种。

① 原锅炒干：在煮肉锅中用锅铲不停地贴锅翻铲肉坯，待肉坯表面微微出现绒毛蓬飞时，炒制完成，冷透后即为成品。

② 烘箱干制：待锅内汤汁收尽后，将肉条捞起摊入烘盘，放入 60～80℃ 干燥箱烘干 6～8h。烘干时要求翻盘 2～3 次，待肉坯干爽质硬时即可出炉。

③ 油炸干制：将整理好的原料肉切条后加入 2/3 的辅料（白酒、白糖、味精后放），拌匀腌制 10～20min，然后放入油温为 135～150℃ 的植物油中炸制。如果油温高，火力猛，应倒入较多湿坯；反之倒入少量湿坯。否则，油温过高易造成肉干有焦煳味，过低则脱水不彻底，影响产品色泽。此外，应掌握好肉条油炸脱水的时间。待肉条炸至颜色变黄时捞起，滤去残油，加入白糖、酒、味精和剩余的 1/3 辅料，拌和均匀即为成品。油炸脱水的产品外酥内韧，油香浓郁，但肉色较暗，质地坚硬。

（6）包装　肉干制品的包装多采用塑料袋和马口铁罐包装。要求包装材料具有良好的阻隔性能，能防止氧气和水蒸气的进入，同时具有优良的化学稳定性和加工适应性。肉干的贮藏条件以凉爽干燥、清洁卫生为宜。

4. 肉干的出品率

肉干的出品率是指单位重量的动物性原料（如禽、畜的肉等，不包括淀粉、蛋白粉、香辛料、冰水等辅料），制成的最终成品的质量与原料质量的比值。肉干的出品率因脱水方法不同而分别进行控制。一般采用烘烤脱水的肉干，出品率为 30%～35%；原锅脱水的约为 32%；油炸脱水的为 38%～40%。

（二）大豆蛋白牛肉干

大豆蛋白是优质的植物蛋白，其营养构成符合当代人们的饮食消费需求。大豆蛋白具有良好的乳化性、凝胶性和保水性等特点，添加到肉干产品中能改善产品的组织结构，赋予产品良好的成型效果，具有独特的风味特点。

1. 工艺流程

大豆→浸泡、磨浆→混合→加料、腌制→成型、切坯→干燥→包装→成品。

　　　　　　　　　　↑

　　　　　　牛肉→绞碎

2. 操作要点

（1）原料预处理　选择新鲜的牛前、后腿精肉作为原料，剔除骨、皮、脂肪、筋膜等，将牛肉切成小块，用清水浸泡 30min 后，去除血污并洗净，然后用绞肉机绞成肉馅。

大豆洗净后浸泡 3h 左右，浸泡时间以使大豆最终的含水量在 50% 而定。将泡好的大豆用磨浆机磨成豆糊，然后在常压100℃的条件下将豆糊蒸煮1~2min，蒸煮的目的是除去豆腥味。

（2）混合及腌制

① 产品配方（按100kg牛肉计）：大豆糊40kg、白砂糖6kg、精盐3.5kg、牛肉精粉0.3~0.5kg、酱油2kg、黄酒1kg、五香粉0.5kg、咖喱粉0.5kg、味精0.4kg、洋葱粉0.25kg、姜粉0.2kg、辣椒粉0.2kg、白胡椒粉0.1kg、蛋清粉0.1kg。

② 混合及腌制：将牛肉馅、豆糊、各种调味料和香辛料产品按配方准确称量，添加到搅拌机中充分搅拌均匀，倒入腌制缸腌制2h左右，使混合料充分入味。产品配方中添加蛋清粉的目的是使制品具有良好的黏结性，如果没有蛋清粉，也可用其他黏结剂替代蛋清粉。

（3）成型、切坯　将腌制好的牛肉馅注入方形模具中，挤压严密，以防肉馅中间出现较大的空隙。接着将牛肉馅送入冷库，冷冻至−10~−5℃成型。成型完成后取出脱模，再切成1cm³左右的肉粒。

（4）干燥　大豆蛋白牛肉干的干燥采用二步干燥法。即将肉粒放入烘盘中，先用35~45℃烘烤3h，然后再升温至60~80℃，继续烘烤3~4h。干燥初期由于肉粒较为湿软，不宜翻动，利用低温使肉粒中的水分逐渐排除，形状固定且发生较为均匀的收缩，保持肉粒的外形不受损。待肉粒稍硬后，翻动肉粒3~4次，以便干燥均匀，产品的最终水分含量控制在10%~15%即可。

（5）包装　烘干后的产品应及时冷却，再按要求包装即为成品。

七、肉干的质量标准

根据GB/T 23969—2009的规定，肉干质量要求如下。

1. 感官指标

肉干的感官指标应符合表3-1的规定。

表3-1　　　　　　　　　　　肉干的感官指标

项目	指标	
	肉干	肉糜干
形态	呈片、条、粒状，同一品种大小基本均匀，表面可带有细小纤维或香辛料	呈片、粒状或其他规则形状，同一品种大小基本均匀
色泽	呈棕黄色、褐色或黄褐色，色泽基本均匀	呈棕黄色、棕红色或黄褐色，色泽基本均匀
滋味与气味	具有该品种特有的香气和滋味，甜咸适中	
杂质	无肉眼可见杂质	

2. 理化指标

肉干的理化指标应符合表 3 - 2 的规定。

表 3 - 2   **肉干的理化指标**

项目		指标					
			肉干			肉糜干	
		牛肉干	猪肉干	其他肉干	牛肉糜干	猪肉糜干	其他肉糜干
水分/（g/100g）	≤				20		
脂肪含量/（g/100g）	≤	10	12	12	10	10	
蛋白质含量/（g/100g）	≥	30	28	26	23	20	
氯化物（以 NaCl 计）含量/（g/100g）	≤				5		
总糖（以蔗糖计）含量/（g/100g）	≤				35		
铅（Pb）含量/（mg/kg）							
无机砷含量/（mg/kg）				符合 GB 2726—2005 的规定			
镉（Cd）含量/（mg/kg）							
总汞（以 Hg 计）含量/（mg/kg）							

3. 微生物指标

肉干的微生物指标应符合表 3 - 3 的规定。

表 3 - 3   **肉干的微生物指标**

项目	指标
细菌总数/（cfu/g）	
大肠菌群/（MPN/100g）	符合 GB 2726—2005 的规定
致病菌（沙门菌、金黄色葡萄球菌、志贺菌）	

学习任务二　　肉松的加工技术　🔍

一、肉松的特点

肉松是以精瘦肉为原料，经煮制、撇油、调味、收汤、炒松、干燥等工艺或加入植物油或谷物粉炒制而成的肌肉纤维蓬松成絮状或团粒状的干熟肉制品。依据分类标准不同，肉松可以分为不同的种类。

1. **根据原料不同分类**

有猪肉松、牛肉松、鸡肉松和羊肉松等。

2. **根据成品形态不同分类**

可分为肉绒和油松两类。肉松习惯上称为肉绒，肉绒呈金黄色或淡黄色，细软蓬松如棉絮；油松色泽红润，呈团粒状。

3. **根据产地不同分类**

我国著名的传统肉松产品有太仓肉松和福建肉松等。

4. **根据加工工艺不同分类**

根据 SB/T 10281—2007 规定，我国肉松按照其加工工艺及产品形态的差异可分为肉松、油酥肉松和肉粉松三类。

（1）肉松　是指以禽、畜瘦肉为主要原料，经过煮制、切块、撇油、配料、收汤、炒松、搓松制成的肌肉纤维蓬松成絮状的肉制品。

（2）油酥肉松　是指以禽、畜瘦肉为主要原料，经煮制、切丁、撇油、压松、配料、收汤、炒松再加入食用油脂炒制成颗粒状或短纤维的肉制品。

（3）肉粉松　是指以禽、畜瘦肉为主要原料，经煮制、切丁、撇油、压松、配料、收汤、炒松再加入食用油脂和适量豆粉炒制成的絮状或颗粒状的肉制品。

二、肉松加工技术

（一）传统肉松的加工工艺

1. **产品配方**

根据原料肉的种类和产地不同，配料的成分和比例也有所差异。现举例如下。

（1）猪肉松配方　猪瘦肉 100kg、酱油 22kg、黄酒 4kg、糖 3kg、姜 1kg、八角 0.12kg。

（2）牛肉松配方　牛肉 100kg、食盐 2.5kg、白糖 2.5kg、葱末 2kg、八角 1kg、黄酒 1kg、味精 0.2kg、姜末 0.12kg、丁香 0.1kg。

（3）鸡肉松配方　带骨鸡 100kg、酱油 8.5kg、白砂糖 3kg、精盐 1.5kg、50°高粱酒 0.5kg、生姜 0.25kg、味精 0.15kg。

2. **工艺流程**

原料的选择与整理→配料→煮制→炒压→炒松→搓松→跳松→拣松→包装→成品。

3. **操作要点**

（1）原料的选择与整理　传统的肉松是由猪瘦肉加工而成的。首先去除原料肉中的皮、筋膜、脂肪、损伤肉和血斑等，只留下肌肉组织。一定要彻底剔除结缔组织，否则在加热过程中胶原蛋白水解后，会导致成品黏结成团块，不能呈现良好的蓬松状。然后将修整好的原料肉切成 1.0～1.5kg 的肉块。切块时尽可能避免切断肌纤维，以免造成成品中短绒过多。

（2）煮制 用纱布包好香辛料后和肉一起入夹层锅，加与肉等量的水，用常压蒸汽加热煮制，煮沸后撇去上层油沫。煮制结束后起锅前务必将残渣和浮油撇净，这对保证产品的质量至关重要。若不除净浮油，肉松不易炒干，炒松时易焦锅，成品颜色发黑。煮制时间和加水量应根据肉质的老嫩决定。肉不能煮得过烂，否则成品的绒丝短碎。以筷子稍用力夹肉块时，肌肉纤维能分散为宜。煮肉时间一般为 2~3h。

（3）炒压 炒压又称打坯。肉块煮烂后，改用中火煨炖，加入酱油和酒，一边炒一边压碎肉块。然后加入白糖和味精，减小火力以收干肉汤，并用小火炒压肉丝直到肌纤维松散时即可进行炒松。

（4）炒松 由于肉松中的糖分较多，容易塌底起焦，要注意掌握炒松时的火力。炒松的方法有人工炒松和机械炒松两种。在实际生产中，可以采用人工炒松和机械炒松相结合的方式。当汤汁全部收干后，用小火炒至肉略干，再转入炒松机内继续炒至水分含量低于 20%，颜色由灰棕色变为金黄色，具有特殊的香味时即可结束炒松。在炒松过程中，如有塌底起焦的现象应及时起锅，清洗锅巴后方可继续炒松。

（5）搓松 为了使炒好的肉松更加蓬松，可利用滚筒式搓松机搓松，使肌纤维成绒丝松软状。在传统加工中，则使用人工搓松的方法。

（6）跳松 利用机器跳动可使肉松从跳松机上跳出，而肉粒则从下面落出，使肉松与肉粒分开。

（7）拣松 跳松后送入包装车间的木架上晾松，待肉松凉透后便可拣松。将肉松中的焦块、肉块和粉粒等拣出，提高成品质量。

（8）包装 传统肉松在包装前需要经过大约两天的晾松时间。在晾松过程中，易增加二次污染的机会，且肉松的含水量会提高 3% 左右。肉松的吸水性很强，不宜散装。短期贮藏可选用复合膜包装，贮藏时间为 3 个月左右；长期贮藏则多选用玻璃瓶或马口铁罐，可贮藏 6 个月左右。

（二）油酥肉松的加工工艺

1. 工艺流程

原料选择与预处理→煮制→炒松→油酥→包装与贮藏→成品。

2. 操作要点

（1）原料选择与预处理 与肉松相同，传统的油酥肉松原料要求新鲜，以猪后腿瘦肉为宜。肉块清洗、修割后，切成 0.5~1kg 的肉块。

（2）煮制 按照配方称取调味料，香辛料适当破碎后用纱布包裹。锅内加入与肉等量的水，投入香料包，将水烧开后放入肉块，保持沸腾将肉煮烂，撇尽浮油。最后加入食盐、酱油、白糖、料酒等混匀。

（3）炒松 待汤汁剩余不多时，边加热边用铁勺压散肉块翻炒，炒至汤汁快干时，改用小火炒成半成品。

（4）油酥　用小火将半成品炒至80%的肉纤维成酥脆粉状时，用筛除去小颗粒，按比例加入熔化猪油，用铁铲翻拌使其结成球形颗粒，即为成品。猪油的添加量随季节而异，通常为肉松质量的40%~60%，冬季稍多，夏季酌减。成品率一般为32%~35%。

（5）包装与贮藏　油酥肉松用塑料袋包装可贮存3~6个月，普通罐装可贮存半年，真空铁罐装可贮存1年。贮藏时间过长，产品易发生变质，产生哈喇味。

（三）肉粉松的加工工艺

肉粉松的加工工艺与油酥肉松基本相同，主要区别是肉粉松中添加了较多的谷物粉（不超过成品质量的20%）。在肉粉松的加工过程中，通常先将谷物粉用一定量的食用动物油或植物油炒好后再与炒好的肉松半成品混合炒制而成。有时也将煮熟的肉绞碎后，再与炒制好的谷物粉混合炒制而成。

三、著名肉松的生产工艺

（一）太仓肉松

太仓肉松创始于江苏省太仓县，距今已有一百多年的历史，是江苏省的著名产品。1915年，太仓肉松在巴拿马展览会上获奖，1984年又获得我国部级优质产品称号。太仓也被认为是中国肉松的发源地。

1. 产品配方

配料煮制太仓肉松的配方种类很多，现列举三种。

配方一：猪瘦肉100kg、酱油3.5kg、食盐3kg、黄酒2kg、白糖2kg、鲜姜1kg、八角0.5kg、味精0.2~0.4kg。

配方二：猪瘦肉100kg、白糖11.1kg、酱油7kg、食盐1.67kg、50°白酒1kg、八角0.38kg、生姜0.28kg、味精0.17kg。

配方三：猪瘦肉100kg、有色酱油2.5kg、白糖或冰糖2.5kg、黄酒1.5kg、生姜1.5kg、小茴香0.12kg。

2. 工艺流程

原料肉选择和预处理→配料煮制→炒松→搓松→包装→成品。

3. 操作要点

（1）原料肉选择和预处理　选用检验合格的新鲜猪后腿瘦肉为原料，先剔去皮、骨、脂肪、筋膜和结缔组织等，再顺着肌肉纹络切成0.5kg左右的肉块。用冷水浸泡30~60min后，洗去淤血和污物，清洗后沥干水分。

按配方称取配料，将切好的瘦肉块和生姜、香料（用纱布包扎成香料包）放入锅中，加入与肉等质量的水（水浸过肉面），大火煮制，汤汁减少需要及时加水补充。煮制期间要不断翻动，使肉受热均匀，并撇去上浮的油沫。油沫的主要成分是肉中渗出的油脂，必须撇除干净，否则肉松不易炒干，容易焦锅，成品颜色发黑。煮制 2h 左右时，放入料酒，继续煮到肉块自行散开时，加入白糖，并用锅铲轻轻搅拌。煮制 30min 后，加入酱油和味精，继续煮到汤料快干时，改用中等火力，用锅铲一边压散肉块，一边翻炒，防止焦块。经过几次翻动后，肌肉纤维完全松散，即可炒松。煮制时间共需 4h 左右。

（2）炒松　取出香辛料包，采用中火，勤炒勤翻。炒压操作的关键是轻且均匀，注意掌握时间。因为过早的炒压难以将肉块炒散；炒压过迟则因肉太烂而容易造成黏锅、焦煳等问题。当肉块全部炒至松散时，改用小火翻炒。直至炒干时，肉松具有特殊香味，颜色由灰棕色变为金黄色时可结束炒松。肉松产品的含水量为 20% 左右。

（3）搓松　为使肉松更加蓬松，可用滚筒式搓松机将肌纤维搓开，再用振动筛将长短不齐的纤维分开，使产品规格一致。

（4）包装　肉松含水量低，吸水性很强，短期贮藏可用塑料袋真空包装，长期贮藏可用玻璃瓶或马口铁罐装，贮藏于阴凉干燥处。

4. 产品特点

成品色泽呈金黄色或淡黄色，有光泽，呈絮状，纤维疏松，鲜香可口，无杂质，无焦煳现象。水分含量 ≤ 20%，脂肪含量为 8% ~ 9%。细菌总数 ≤3000 个/g，大肠菌群 ≤40 个/100g，致病菌不得检出。

（二）福建肉松

福建肉松是福建省的著名产品，创始者是福州人。福建肉松历史悠久，据传在清朝已有生产。福建肉松特色鲜明，是我国传统肉松的典型代表之一，其加工工艺与太仓肉松基本相同，只是在配料上有所区别。另外，加工工艺上增加了油炒工序，将肉松制成颗粒状，属于油酥肉松，产品因含油量高，容易氧化而不耐贮藏。

1. 产品配方

福建肉松的配方是：猪瘦肉 100kg、猪油 15kg、白糖 10kg、面粉 8kg、白酱油 6kg、黄酒 2kg、生姜 1kg、大葱 1kg、桂皮 0.2kg、味精 0.15kg、红曲米适量。

2. 工艺流程

原料肉选择与预处理→配料煮制→炒松→油酥→包装→成品。

3. 操作要点

（1）原料肉选择与预处理　挑选新鲜的经检疫合格的猪前、后腿精瘦肉为原料，剔除皮、骨、肥膘、淋巴和结缔组织等，用水清洗干净，顺着肌纤维方向切成 0.1kg 左右的肉块，再用清水洗净，沥干备用。

（2）配料煮制　将洗净的肉块投入锅内，放入桂皮、生姜、大葱等香料，加入清水大火煮制（水浸过肉面），不断翻动，随时舀出肉汤表面的浮油和泡沫。当煮至用铁铲稍压即可使肉块纤维散开时，加入白糖、白酱油和红曲米等调料。根据肉块的大小和肉质情况调整煮制时间，一般需要煮 4～6h。待锅内肉汤收干后出锅，肉块用其他容器盛装晾透。

（3）炒松　晾透的肉块放在锅内小火慢炒，不停翻动，让水分慢慢蒸发，防止焦煳。炒到肉纤维不成团时，再改用小火烘烤，进一步去除肉块中的水分，即成肉松坯。

（4）油酥　肉松坯中加入黄酒、味精和面粉等辅料，搅拌均匀后，放到小锅中用小火烘焙，不断翻动，待大部分肉松坯都成为酥脆的粒状时，过筛将小颗粒筛出，将剩下的大颗粒肉松坯倒入 200℃ 左右的猪油中，不断搅拌，使肉松坯与猪油均匀结成球形圆粒，即为成品。熟猪油的加入量一般为肉松坯质量的 40%～60%，夏季少些，冬季可多些。

（5）包装　福建肉松脂肪含量高，贮藏期间容易因脂肪氧化而变质，因而保质期较短。采用真空包装或充气（氮气）包装能有效延长肉松的保质期。

4. 产品特点

成品为红褐色，呈均匀的团粒，无纤维状，不含硬粒，油润酥软，味美香甜，香气浓郁，无异味，水分含量在 20% 以下。

（三）牛肉松

1. 产品配方

牛肉 100kg、食盐 2.5kg、白糖 2.5kg、葱末 2kg、黄酒 1kg、八角 1kg、味精 0.2kg、姜末 0.12kg、丁香 0.1kg。

2. 工艺流程

原料肉的选择和修整→配料煮制→炒制→烘制→预冷→包装→成品。

3. 操作要点

（1）原料肉的选择和修整　选用新鲜、检验合格的牛后腿肉为原料。若为冷冻牛肉，在水中解冻后应具有光泽，呈现出均匀的红色或深红色，肉质结实、紧密，无异味或臭味。剔去原料肉中的皮、骨和肥膘等不可用部分，然后依据肉的纹理将肉块切成 0.5kg 左右的小块，保证块型一致，即同一锅内煮制的肉块大小应保证基本一致。

（2）配料煮制　将切好的肉块和香料袋（生姜、八角等）加入锅中，加水使肉块全部浸没，大火加热，使水沸腾。煮制过程中要经常翻动肉块，除去表面浮油。煮制 2h 左右时加入黄酒，煮至肉块成熟，中心无血水，肉内部纤维松散开来为止。煮制时间一般需要 3～4h。

（3）炒制　将煮制好的肉块放到锅中翻炒，翻炒时依次加入白糖、酱油和味精等调味料。炒制的目的：一是使料液完全溶解，肉丝充分吸收料液，不结团、无结块、无焦板、无焦味、无汤汁流出；二是减少肉中的水分，使肉坯变色。炒制45min后，半成品肉松中的水分减少，捏在手掌里没有汤汁流下来，就可以起锅。

（4）烘制　半成品肉松纤维较嫩，为了不使其破坏，第一次要用文火烘制，烘松机内的肉松中心温度以55℃为宜，烘制4min左右。然后将肉松倒出，清除机内锅巴后，再将肉松倒回烘松机进行第二次烘制，烘制15min即可。分次烘制的目的是减少成品中的锅巴和焦味，提高成品品质。烘制过程应确保产品无结块、无结团、无异物，且每锅产品的含水量应基本一致。经过烘制后的半成品肉松干燥、蓬松而轻柔，产品的水分含量不超过10%。

（5）预冷　将烘制好的肉松倒在不锈钢匾上，每隔10min翻动肉松散热一次，并拣出异物。预冷间的温度控制在5～10℃，空气相对湿度为50%以下。

（6）包装　冷却后的肉松应在30min内及时包装，以保证其松脆，防止产品吸水回潮。及时包装即。

四、肉松质量标准

根据SB/T 10281—2007的规定，肉松质量要求如下。

1. 感官指标

肉松的感官指标应符合表3－4的规定。

表3－4　　　　　　　　　　　肉松的感官指标

项目	指标		
	肉松	油酥肉松	肉粉松
形态	呈絮状，纤维柔软蓬松，允许有少量结头，无焦头	呈疏松颗粒状或短纤维状，无焦头	呈疏松颗粒状，颗粒细微均匀，无焦头
色泽	呈肉的天然色泽或浅黄色，色泽均匀，稍有光泽	呈棕褐色或黄褐色，色泽均匀，稍有光泽	呈金黄色或棕褐色，色泽均匀，稍有光泽
滋味与气味	味浓郁鲜美，甜咸适中，香味纯正，无其他异味	具有酥香、甜特色，味浓郁鲜美，甜咸适中，油而不腻，香味纯正，无其他不良气味	具有肉香特色，味鲜美，甜咸适中，油而不腻，香味纯正，无其他不良气味
杂质	无肉眼可见的杂质	无肉眼可见的杂质	无肉眼可见的杂质

2. 理化指标

肉松的理化指标应符合表3－5的规定。

表 3 – 5　　　　　　　　　　　　　　肉松的理化指标

项目		指标		
		肉松	油酥肉松	肉粉松
水分/（g/100g）	≤	20	6	18
脂肪含量/（g/100g）	≤	10	30	20
蛋白质含量/（g/100g）	≥	28	25	20
氯化物（以 NaCl 计）含量/（g/100g）	≤	7	7	7
总糖（以蔗糖计）含量/（g/100g）	≤	30	35	35
淀粉含量/（g/100g）	≤	—	—	30
铅（以 Pb 计）含量/（mg/kg）	≤	0.5	0.5	0.5
无机砷含量/（mg/kg）	≤	0.05	0.05	0.05
镉（以 Cd 计）含量/（mg/kg）	≤	0.1	0.1	0.1
总汞（以 Hg 计）含量/（mg/kg）	≤	0.05	0.05	0.05

3. 微生物指标

肉松的微生物指标应符合表 3 – 6 的规定。

表 3 – 6　　　　　　　　　　　　　　肉松的微生物指标

项目		指标		
		肉松	油酥肉松	肉粉松
细菌总数/（cfu/g）	≤	30000	30000	30000
大肠菌群/（MPN/100g）	≤	40	40	40
致病菌（沙门菌、志贺菌、金黄色葡萄球菌）		不得检出	不得检出	不得检出

学习任务三　　肉脯的加工技术　🔍

一、肉脯的特点

　　我国加工肉脯已经有六十多年的历史。肉脯是指瘦肉经切片（或绞碎）、调味、摊筛、烘干、烤制等工艺制作而成的干熟薄片型的肉制品。肉脯是一种制作考究，美味可口，贮藏期长，便于运输携带的休闲熟肉制品。肉脯与肉干的加工方法类似，主要不同点在于肉脯不经清煮和复煮调味，而是采用调味料腌制后直接烘干而成。

　　我国 SB/T 10283—2007 规定肉脯产品分为肉脯和肉糜脯两大类。肉脯是指瘦肉经切片（或绞碎）、调味、腌制、摊筛、烘干、烤制等工艺制成的干熟薄片型的肉制品。肉糜脯是用猪肉、牛肉为原料，经绞碎、调味、摊筛、烘干、烤制等工艺制成的干熟薄片型的肉制品。

根据肉脯的风味特点，还可以将肉脯分为五香肉脯、麻辣肉脯和怪味肉脯等；根据原料不同，可分为猪肉脯、牛肉脯、羊肉脯和鸡肉脯等；根据产地不同，可分为靖江肉脯、上海肉脯、四川肉脯等。

二、肉脯的加工技术

（一）肉脯的传统加工工艺

1. 产品配方

（1）猪肉脯（以100kg原料猪肉计）　食盐2.5kg、高粱酒2.5kg、白酱油1kg、白糖1kg、味精0.3kg、硝酸钠0.05kg、小苏打0.01kg。

（2）牛肉脯（以100kg原料牛肉计）　白砂糖12kg、酱油4kg、食盐2kg、味精2kg、五香粉0.3kg、山梨酸钾0.02kg、抗坏血酸0.02kg。

2. 工艺流程

原料选择与预处理→冷冻→切片→腌制→摊筛→烘烤→高温烘烤→压平成型→包装→成品。

3. 操作要点

（1）原料选择与预处理　传统肉脯一般由猪肉、牛肉加工而成，现在也有选用其他畜禽肉及水产品为原料进行加工。选用新鲜的猪、牛后腿肉，去掉骨骼、脂肪、结缔组织等非肌肉成分，顺着肌纤维切成1kg大小的肉块。要求肉块形状规则，边缘整齐，无碎肉，淤血及其他污物。

（2）冷冻　由于新鲜肉的肉质柔软，难以切成整齐划一的薄片，因此需要将肉进行冻结硬化，以便成型切片。具体操作是：将修割整齐的肉块放入-20~-10℃的冷库中速冻，冷冻时间以肉块深层温度达-5~-3℃为宜。冻结温度不宜过低，否则肉块过硬，难以下刀；温度过高肉质硬度不够，无法达到切片的要求。

（3）切片　将冻结好的肉块放入切片机切片或手工切片。切片时注意顺着肌肉纤维切片，以保证成品不破碎。切片厚度一般控制在1~3mm。目前，国外的肉脯产品向着超薄型的趋势发展，肉脯厚度一般在0.2mm左右，最薄的只有0.05~0.08mm。超薄型肉脯的透明度、柔软性和贮藏性都很好，但加工技术难度较大，对原料肉和加工设备要求较高。

（4）腌制　将各种辅料混匀后，与切好的肉片拌匀，在10℃以下的冷库中腌制2h左右。腌制的目的之一是入味，二是使肉中盐溶性蛋白尽量溶出，便于摊筛时肉片之间发生粘连。腌制一定要在低温下进行，否则容易造成微生物的繁殖，使产品微生物含量超标，甚至引起肉块腐败。不同地方的肉脯配料不尽相同，因而形成了不同风味、口感的产品。

（5）摊筛　在竹筛或不锈钢筛网上均匀涂刷食用植物油，将腌好的肉片整齐地平铺在竹筛或筛网上，肉片之间依靠溶出的蛋白粘连成片。

（6）烘烤　烘烤的目的是促进发色和脱水熟化。将摊放在竹筛上的肉片晾干水分后，送入烘箱或烘房中脱水、熟化。烘烤温度控制在 55～75℃，前期温度可稍高。肉片厚度为 2～3mm 时，烘烤 2～3h 即可。适当的温度和烘烤时间是保证肉脯产品质量的关键，需要结合肉片的厚度及原料肉的特性加以控制。

（7）高温烘烤　高温烘烤是将肉脯半成品放在高温下进一步熟化并使其质地柔软，产生良好的烧烤味和油润的光泽。高温烘烤时，把半成品放在远红外空心烘炉的转动铁网上，以 200℃左右温度烧烤 1～2min 至表面油润、色泽深红为止。成品含水量低于 20%，一般以 13%～16% 为宜。

（8）压平成型　烘烤结束后，由于肉片在高温下发生了不均匀收缩，致使肉片出现变形、卷边和翘角等变化，因此需要用压平机压平。然后按规格要求切成一定的形状。

（9）包装　成型后的肉脯冷却后应及时包装。通常采用塑料袋或复合袋真空包装，如采用马口铁听装，加盖后需要锡焊封口。

（二）肉脯的新型加工工艺

传统的肉脯加工工艺存在着切片和摊筛困难，难以利用小块肉、碎肉等问题，产品品种单一，无法进行机械化生产。近几年，逐渐提出了肉脯加工新工艺，并在生产实践中广泛推广应用。肉脯的新型加工工艺是原料肉经绞碎斩拌，成型和干制而成的，其产品也称肉糜脯或重组肉脯。肉糜脯的原料来源十分广泛，可充分利用个体较小的动物肉及边角碎肉进行加工，也能充分发挥将各种原料肉或其他原料（如水果、蔬菜等）组合的优势，生产出的产品品种多，营养丰富，风味独特，品质优良，生产成本低。肉脯的新型加工工艺实现了连续化生产，是现代肉脯生产的发展趋势。

1. 产品配方

以鸡肉脯为例（按 100kg 鸡肉计）：糖 10kg、白酱油 5kg、食盐 2kg、白酒 1kg、姜粉 0.3kg、白胡椒粉 0.3kg、味精 0.2kg、硝酸钠 0.05kg、抗坏血酸 0.05kg。

2. 工艺流程

原料肉修整→斩拌→腌制→抹片→烘干→压平→高温烤制→包装→成品。

3. 操作要点

（1）原料肉修整　原料肉经去骨、皮、脂肪、筋膜、血污等处理后，切成小块。

（2）斩拌　原料肉与辅料拌和后送入斩拌机中斩成肉糜。斩拌的程度对肉脯的质地和口感影响很大。肉糜斩得越细，腌制剂渗透的越充分，盐溶性蛋白质的溶出量越多；肌纤维蛋白质也越容易充分延伸为纤维状，形成高黏度网状结构，有利于其他成分充填其中而使成品具有良好的韧性和弹性。因此，在一定程度上，肉糜越细，肉脯的质地和口感越好。

（3）腌制　将斩拌好的肉糜在10℃以下腌制，常用的设备有盐水注射机、拌和机、滚揉机、真空滚揉机和腌制室（池）等。真空滚揉机特别适用于肉块状原料的处理，它在真空条件下，将经盐水注射后的原料进行均匀滚动、按摩，使盐水、辅料与肉中的蛋白质相互浸透，以达到肉块嫩化的效果。

肉糜的腌制时间对产品质地和口感影响很大。腌制时间不足或机械搅拌不充分，肌动球蛋白转变不完全，加热后不能形成网状凝聚体，导致产品口感粗糙，缺乏弹性和韧性。因此，一般腌制时间以1.5～2h为宜。

（4）抹片　将腌制好的肉糜均匀摊涂在事先涂刷植物油的竹筛上，涂抹厚度不宜过大，否则会降低肉脯的柔性和弹性，质脆易碎，厚度以1.5～2mm为宜。

（5）烘干　传统的烘烤方法是用烘烤房及烘架，以木材或煤炭作为热源，直接对肉品进行烘烤，现代多选用烘烤箱。烘干温度过低，不仅费时耗能，且肉脯色浅、香味不足、质地松软；温度过高，则肉脯易卷曲，边缘焦煳，质脆易碎，且颜色开始变褐。因此，烘干温度以70～75℃为宜，时间一般为2h。

（6）压平　压平的目的是使肉脯表面平整，增加光泽，减少风味损失和延长货架期。具体操作是在高温烤制前用50%的全蛋液涂抹肉脯表面，再用压平机压平。由于烤制前肉脯的水分含量高于烤制后的，因此压平宜在烤制之前进行，容易压平。

（7）高温烤制　将压平后的肉脯再于120～150℃条件下烤制2～5min。烤制温度不得超过在高于120℃温度下烤制肉脯，可使肉脯具有特殊的烤肉风味，并能改善肉脯的质地和口感。但是，高于150℃，则会造成肉脯表面起泡现象加剧，边缘焦煳、质地干脆。

（8）包装　肉脯晾凉后及时包装。通常采用塑料袋或复合袋真空包装，如采用马口铁听装，加盖后需要锡焊封口。

三、著名肉脯的生产工艺

（一）上海猪肉脯

上海猪肉脯引用西式火腿加工技术和烘烤技术，弥补了传统肉脯生产周期长，难以大规模生产，产品品质低的缺点，有效地提高了肉脯嫩度，改善了产品色泽，且肉脯厚度一般在0.5mm左右，实现了工业化生产。

1. 工艺流程

原料肉的选择与处理→盐水注射→滚揉腌制→速冻成型→切片→挂浆→烘烤→

熟化→修整→包装→成品。

2. 操作要点

（1）原料肉的选择与处理　选择经检疫合格的猪前后腿瘦肉为原料。为了提高产品档次，以猪通脊为最佳。剔除骨、皮、筋膜及脂肪等，修整后切成便于切片的条状。

（2）盐水注射　传统猪肉脯都以干腌法进行腌制，腌制时间较长。本工艺采用盐水注射机，将配制好的腌制液注射到肌肉中，可以加速腌制液的扩散速度，缩短腌制时间，改善产品的嫩度。

腌制液的配方（以占原料肉的质量比例计）：盐4%、腌制剂（主要是磷酸盐和硝酸盐）2%、酱油2%、大豆蛋白1%、抗坏血酸0.5%、单硬脂酸甘油酯0.5%、卡拉胶0.2%、味精0.2%。

（3）滚揉腌制　将注射后的肉条送入滚揉机中滚揉，以加速腌制液在肉中的扩散速度，使蛋白质溶出，形成乳化作用，利于肉条黏结成型，有利于提高肉的保水性和嫩度，使产品质地均匀而有弹性。滚揉后再于4℃条件下腌制5h。

（4）速冻成型　将腌制好的肉条放入事先准备好的方形模具中，模具一般用木板或不锈钢制作，规格尺寸根据需要设计，也可直接使用西式火腿成型模具，加工更为便利。装模时应使肌肉方向保持一致，从而确保干制品的良好形态。肉条装满后，在模具表面加盖加压，再送入低温速冻间（温度在−18℃以下）进行速冻处理，尽快使肉中心温度降低到−18℃以下。

（5）切片　切片前先将肉置于−4℃条件下解冻3～4h。待肉的内外温度一致后，用切片机顺着肉丝的方向把肉切成厚度为0.6mm的肉片。

（6）挂浆　浆液的组成是（以100kg猪肉计）：色拉油10kg、蜂蜜8kg、酱油6kg、马铃薯淀粉4kg、玉米淀粉3kg、水20kg。按照配方称量各种辅料，马铃薯淀粉和玉米淀粉分别用适量水拌和均匀后再加入其他辅料和剩余的水，搅匀成浆。将切好的肉片快速均匀地蘸上浆液，然后平铺在刷有植物油的不锈钢烤盘中，片与片之间要留一定间隙，防止相互黏结。

（7）烘烤　将烤盘送入远红外干燥箱，在温度55℃条件下烘烤干制。烘烤期间注意调换烘盘在烤箱中的位置，并翻片2～3次。待肉片形成了较干的坯后从烘房中取出。烘烤时间大约为1h。

（8）熟化　将半成品肉脯送入烤箱，在温度110℃条件下烘烤熟化，维持25min左右，当肉脯颜色呈现红棕色时结束。

（9）修整　将熟化后的肉脯冷凉，拣除破碎、变形和焦煳的肉片，修整外形使产品外观整齐一致，规格基本统一。

（10）包装　修整后的肉脯可以用玻璃瓶、金属罐或复合塑料袋包装，如果用塑料袋最好采用抽真空包装以延长保质期。

（二）靖江猪肉脯

江苏靖江素有肉脯之乡的美称，靖江猪肉脯加工历史悠久，品质上乘。猪肉脯源于新加坡，1928年传入我国广东，1936年传到江苏靖江。当时靖江猪源丰富，产品主要销往上海。经过近一个世纪的不断发展壮大，靖江猪肉脯的国内市场占有率达60%，远销俄罗斯、日本、东南亚等国家和地区。

1. 产品配方

猪瘦肉100kg、白糖13.4kg、特级酱油8.4kg、鸡蛋3kg、味精0.5kg、胡椒0.1kg。

2. 工艺流程

原料肉的选择与整理→配料腌制→摊筛→烘干→烘烤→压片→包装→成品。

3. 操作要点

（1）原料肉的选择与整理　选用新鲜，经检疫合格的猪后腿瘦肉为原料，剔去皮、骨头、肥膘、筋膜等不适合加工的部分。取肌肉切成小块，洗去油腻，装入成型方模，压紧后送入冷库速冻，冻至中心温度为 -2℃时取出，用切片机将肉切成长12cm，宽8cm，厚1cm的薄片。

（2）配料腌制　将调味料充分混匀溶解后，拌入肉片，腌制30min，使调味料吸收到肉片中。

（3）摊筛　将肉片平铺在事先刷有植物油的筛网上，以防止肉片粘连。肉片排列要求方向一致，肉片之间要稍有间距。

（4）烘干　将铺有肉片的筛网放入烘房，温度65℃烘烤5~6h。干肉坯经自然冷却后出筛即成半成品。目前，烘干肉脯多采用电热烘箱，温度更易控制，便于管理。烘干期间要翻动肉片2~3次，有利于肉脯彻底脱水。

（5）烘烤　将半成品肉脯再次铺在筛网上，放入150℃的高温烘炉内烤至出油，呈酱红色或棕红色时即可出箱。也可将温度控制在200~250℃，烘烤1min左右至肉片出油，呈棕红色时出炉。

（6）压片　肉脯烘熟后用压平机压平，再按规格切成长为12cm，宽为8cm的长方块即为成品。

（7）包装　出口的猪肉脯一般用马口铁罐装，每罐净重3.5kg，4罐装一箱，计重14kg，箱外用塑料带紧固。内销的猪肉脯有箱装和袋装等规格。若为塑料袋装，需要进行真空包装，对延长产品保质期更为有利。

4. 产品特点

靖江猪肉脯成品色泽鲜艳，薄如纸、形方正；开封鲜香扑鼻，令人食欲大增；入口甜咸适中，细而不腻，酥而略脆，越嚼越香，回味无穷。在灯光下照一照，肉脯鲜红透明。

（三）安庆五香牛肉脯

安庆五香牛肉脯是安徽安庆的著名特产，产品色泽鲜艳，光亮油润，肉质细嫩，微咸适口，五香味浓，酥爽不腻，是深受消费者喜爱的休闲美食佳品。

1. 产品配方

牛肉 100kg、盐 6kg、酱油 5kg、姜 0.3kg、味精 0.2kg、八角 0.2kg、五香粉 0.2kg、亚硝酸钠适量。

2. 工艺流程

原料肉选择与预处理→腌制→煮制→切片→干制→包装→成品。

3. 操作要点

（1）原料肉选择与预处理　选用检验合格的新鲜牛肉，以黄牛肉最好。水牛肉因肌肉纤维粗而松弛，肉不易煮烂，肉质不如黄牛肉，所以很少采用。牛肉经剔骨、皮、筋膜、脂肪等部分后，用清水浸泡 30min 左右，以除去血水和污物。牛肉浸泡后漂洗干净，切成质量为 300～400g 的长方块，沥干水分。

（2）腌制　首先准备好腌肉缸，清洗干净备用。将精盐均匀地擦涂在肉块表面，放入腌肉缸中腌制。冬、秋季节腌制 24h，春、夏季节腌制 12h 即可。春、夏季节由于气温较高，容易造成肉在腌制过程中腐败变质。除了要保持腌制过程中的卫生条件外，腌制间最好设置在地下室等阴凉的地方，可在一定程度上控制腌制过程在低温下进行。如有条件，可在冷却间腌制。在腌制过程中，要将肉块上下翻动 2～3 次，以便肉块腌制均匀而彻底。

（3）煮制　将腌好的牛肉块和酱油、鲜姜、八角，亚硝酸钠等辅料放入锅中，加清水浸没牛肉，旺火烧沸后改用文火煨焖。煮制 3h 左右，待牛肉块熟透即可出锅，沥去水分。

（4）切片　煮好的牛肉沥干水分后，顺着肌纤维方向将牛肉块切成厚度为 0.5mm 的薄片。

（5）干制　将切好的牛肉片平铺在事先刷好植物油的烤盘上，送入 55～60℃干燥箱烘烤 3～4h 出箱。

（6）包装　冷却后的牛肉脯应及时包装。可以用玻璃瓶、金属罐或复合塑料袋包装，如果用塑料袋最好采用抽真空包装以延长保质期。

（四）灯影牛肉

灯影牛肉是四川省著名的传统美食，主要产地是四川达州市和重庆，距今已有 100 多年的历史。灯影牛肉的选料和做工非常讲究，一头牛被宰杀后，只能取其腿腱肉和里脊肉，总共只有十几千克。

灯影牛肉的肉片薄如纸，颜色红亮，味道麻辣鲜脆，细细咀嚼，回味无穷。因为肉片可以透过灯影，有民间皮影戏的效果而得名。有专家称灯影牛肉既是一种别有风味的美食，又堪称是一种奇妙的工艺品。

1. 产品配方

各地有关灯影牛肉的配方略有不同。

配方一（按 100kg 牛肉计）：生姜水 20kg（老姜 4kg、水 16kg）、食盐 2 ~ 3kg、麻油 2kg（烤熟以后用）、白糖 1kg、白酒 1kg、胡椒粉 0.3kg、花椒粉 0.3kg、混合香料 0.2kg［山柰（桂皮）25%、丁香 35%、荜拨 8%、八角 14%、甘草 2%、桂子 10%、山柰 6%，磨成粉状］。

配方二（按 100kg 牛肉计）：熟菜油 50kg（约耗油 20kg）、黄酒 10kg、鲜姜 4kg、食盐 1kg、白糖 1kg、香油 1kg、辣椒粉 1kg、花椒粉 0.6kg、五香粉 0.4kg、味精 0.2kg。以上配方中的固体香料均预先碾成粉末待用。

2. 工艺流程

原料选择及整理→排酸→切片→配料→腌制→干制→冷却、包装→成品。

3. 操作要点

（1）原料选择及整理　选取牛的里脊肉和腿心肉，约占整头牛总质量的 20%。腿心肉以后腿肉质最佳，以肉色深红、有光泽，脂肪、筋膜较少，纤维较长，有弹性，外表微干而不黏手的牛肉为原料。选好的牛肉经过剔除筋膜和脂肪，洗净血水沥干后，切成质量约为 250g 的肉块。原料肉的质量直接影响到最终产品的质量，因此选择时必须严格。由于有内筋的肉不能开片，过肥或过瘦的牛肉也不适合加工。过肥的肉出油多，原料肉损耗大；过瘦的肉则会黏刀，烘烤时体积缩小严重。

（2）发酵排酸　发酵排酸俗称"发汗"，常用的发酵容器是：冬天气温低时用缸，夏天气温高时用盆。不论选择哪种容器都必须清洗干净。首先将肉块按照从大到小、纤维从粗到细的顺序，从容器底部堆码到容器上部。码放完成后用纱布盖好，等肉"发汗"时开始切片。"发汗"是指容器上面一层肉块略有酸味，用手触摸有黏手的感觉。发酵时间根据不同略有不同，一般春季 12 ~ 14h，夏季 6 ~ 7h，秋季 16 ~ 18h，冬季 22 ~ 26h。如果冬季气温过低，可用人工升温，促进发酵过程。发酵排酸的最佳温度为 10 ~ 12℃。

（3）切片　发酵后的肉质很软，弹性好，没有血腥味，便于切片。切片的注意事项有：先用清水把案板和肉块稍稍湿润，避免切肉时肉块在案板上滑动影响操作；切片要均匀，肉片厚度不超过 2cm，不能有破洞，也不要留脂肪和筋膜。如果肉片切得太薄，不便于后续烘烤，肉片容易从筲箕上滑落；肉片太厚则烘烤时生熟不一，浸料也不均匀，影响产品质量。

（4）腌制　把除菜油以外的其它辅料与肉片拌匀，每次拌肉时以肉片 5kg 为宜，以免香料拌和不匀或肉片被拌烂。拌匀后腌制 10 ~ 20min。

（5）干制　灯影牛肉的传统烘烤是把肉片平铺在筲箕上，入烘房烘烤。筲箕是当地的一种用毛竹篾编制的家用器具。具体操作是：先在筲箕上刷一层菜油，以便湿肉片烤干后脱落。然后按照肉的纹路把肉片横着铺在筲箕上，注意不要叠交太多，每片肉要贴紧。烘房内的铁架子分成上下两层，铺好肉的筲箕先放在下一层（温度较高）进行烘烤，一般以 60～70℃ 为宜。火力过猛容易造成肉片焦煳，火力过小则烘烤温度过低，肉片难以变色。将肉片烘烤到水汽散尽，肉片由白色变成黑色，又变成棕黄色时，将筲箕转到上层烘烤，整个烘烤过程一般需要 3～4h。在烘烤过程中，如果发现肉片颜色和味道异常，应及时对备料过程进行检查。

现在的灯影牛肉普遍采用烘箱烘烤。实施方法是：将腌制好的肉片平铺在钢丝网或竹筛上，钢丝网或竹筛上要先抹一层熟菜油。时应顺着肌纤维方向铺肉片，肉片与肉片之间相互连接，但不要重叠太多。根据肉片的厚薄施以大小不同的压力，以使烤出的肉片厚薄均匀。然后送入烤箱内，在 60～70℃ 条件下烘烤3～4h 即可。

（6）冷却、包装　肉片冷却 2～3min 后，淋上麻油，即可从筲箕或钢丝网上取下。灯影牛肉传统的保藏方法是将成品贮于小口缸内，内衬防潮纸，缸口密封。现在多采用马口铁罐或塑料袋内封口包装。

四、肉脯的质量标准

根据 SB/T 10283—2007 的规定，肉脯质量要求如下。

1. 感官指标

肉脯的感官指标应符合表 3－7 的规定。

表 3－7　　　　　　　　　　　　肉脯的感官指标

项目	指标	
	肉脯	肉糜脯
形态	片形规格整齐、厚薄基本均匀，厚度不超过2mm，可见肌纹，允许有少量脂肪析出及微小空洞，无焦片、生片	片形规格整齐、厚薄基本均匀，厚度不超过2mm，可见肌纹，允许有少量脂肪析出，无焦片、生片
色泽	呈棕红、深红、暗红色，色泽均匀，油润有光泽及透明感	呈棕红、深红、暗红色，色泽均匀，油润有光泽及透明感
滋味与气味	滋味鲜美、醇厚、甜咸适中，香味纯正，具有肉脯特有的香味	滋味鲜美、醇厚、甜咸适中，香味纯正，具有肉脯特有的香味
杂质	无杂质	无杂质

2. 理化指标

肉脯的理化指标应符合表 3－8 的规定。

表 3-8　　　　　　　　　　　　肉脯的理化指标

项目		指标	
		肉脯	肉糜脯
水分/（g/100g）	≤	16	16
脂肪含量/（g/100g）	≤	14	18
蛋白质含量/（g/100g）	≥	40	28
氯化物（以 NaCl 计）含量/（g/100g）	≤	7	7
总糖（以蔗糖计）含量/（g/100g）	≤	30	40
亚硝酸盐含量/（mg/kg）	≤	30	30
铅（以 Pb 计）含量/（mg/kg）	≤	0.5	0.5
无机砷含量/（mg/kg）	≤	0.05	0.05
镉（以 Cd 计）含量/（mg/kg）	≤	0.1	0.1
总汞（以 Hg 计）含量/（mg/kg）	≤	0.05	0.05

3. 微生物指标

肉脯的微生物指标应符合表 3-9 的规定。

表 3-9　　　　　　　　　　　　肉脯的微生物指标

项目		指标	
		肉脯	肉糜脯
细菌总数/（cfu/g）	≤	30000	30000
大肠菌群/（MPN/100g）	≤	40	40
致病菌（沙门菌、志贺菌、金黄色葡萄球菌）		不得检出	不得检出

【链接与拓展】

肉干加工过程质量控制技术

一、干制对肉干性质的影响

肉类及其制品经过干制会发生一系列的变化，其组织结构和化学成分等都会发生改变，这些变化直接关系到产品的最终质量。由于干制的方法不同，其变化的程度也有一定的差别。

（一）物理变化

在干制过程中，肉类因受加热和脱水的双重作用影响，将发生显著的物理变化，例如质量减少、干缩、表面硬化和质地改变等。

1. 干缩和干裂

在干制时，由于水分的去除而导致肉类质量减轻、体积缩小、肌肉组织细胞的弹性部分或全部丧失的现象称为干缩。干缩的程度与肉的种类、干制方法和干制条件等因素有关。干制品质量的减轻应等于其水分减少量，但常常是前者略小于后者。肉块体积的缩小也应等于水分减少的容积，但实际上也是前者小于后者。这是由于肉块的组成都有其各自不同的物理性质。在肉块的水分蒸发后，组织内会形成一定的孔隙，则体积的减少自然要小。特别是在真空条件下干制，干制后肉块的容积变化不大。

由于肉块体积的减小而导致的干缩有均匀干缩（线性收缩）和非均匀干缩（非线性收缩）两种情形。弹性良好的细胞组织在均匀而缓慢地失水过程中产生了均匀干缩，即肉块大小（长度、面积和容积）均匀地按比例缩小，否则就会发生非均匀干缩。在实际生产中，肉块的均匀干缩极为少见。干缩之后细胞组织的弹性都会或多或少地降低，非均匀干缩还容易使干制品变得奇形怪状，影响产品外观。

一般情况下，含水量多、组织脆嫩者干缩程度严重；而含水量少、纤维质物料的干缩程度较轻。与常规干制品相比，真空干燥和冷冻干燥的产品几乎不会发生干缩。在热风干燥时，高温干制比低温干制所引起的干缩更严重，缓慢干制比快速干制引起的干缩更严重。

2. 表面硬化

表面硬化是指干制品外表干燥而内部仍然湿软的现象，它是物料表面收缩和封闭的一种特殊现象。主要有两种情况会造成表面硬化。

（1）当物料中含有较多的糖、盐或其他可溶性物质干燥时，其内部溶质随着水分不断地向表面迁移和积累，水分逐渐排除，而溶质则滞留在物料表面形成结晶，致使表面硬化。

（2）当干制温度较高，物料表面的干制过于强烈时，内部水分向表面迁移的速度滞后于表面水分的汽化速度，从而使表层形成一层干硬膜，阻止水分进一步向表面扩散，大量残留的水分保留在物料内部，水分排除不彻底。这种情况的发生与干制条件有关，可以通过降低干制温度和提高空气相对湿度或减小风速来控制物料表面水分的蒸发速度，使其与内部水分的扩散速度尽量一致。

物料发生表面硬化之后，表层的透气性会变差，大大降低了干制速度，延长了干制时间。另外，在表面水分蒸发后，其温度也会大大升高，这将严重影响干制品的外观质量。

3. 溶质迁移

物料在干制过程中，除了内部水分会向表层迁移外，溶解在水中的溶质也会随之迁移。溶质的迁移有两种趋势。

（1）由于物料干制时表层收缩，使内层受到压缩，导致物料组织中的溶液穿过孔穴、裂缝和毛细管向外流动，迁移到表层的溶液蒸发后，浓度将逐渐增大。

（2）由于物料外层的水分蒸发后溶质浓度增大，致使表层与内层溶液之间出现浓度差，在浓度差的推动下溶质由表层向内层迁移。

上述两种方向相反的溶质迁移结果是不同的，前者使物料内部的溶质分布不均匀，后者则使溶质分布趋于均匀。干制品内部溶质的分布是否均匀，最终取决于干制速度，即取决于干制的工艺条件。只要采用适当的干制工艺，就可以使干制品内部溶质的分布基本均匀。

4. 物料多孔性的形成

当快速干制物料时，由于物料表面的干制速度比内部水分的迁移速度快得多，因而迅速干燥硬化，而内部的水分部分汽化形成蒸汽压，成型后的干制品中就会出现大量的裂缝和孔隙，形成所谓的多孔性结构。添加发泡剂或经搅打发泡有利于物料多孔性的形成。真空干燥也可形成良好的多孔性结构。多孔性结构的形成有利于减小干制品的松密度，但是，容易加快产品氧化速度，不利于干制品的贮藏。

（二）化学变化

物料在干制过程中，除物理变化外，还会出现一系列的化学变化，这些变化对干制品的品质（如色泽、质地、风味、营养价值）和贮藏期都会产生一定的影响。化学变化主要受物料的性质、干制方法和干制工艺条件等因素的影响。

1. 蛋白质和氨基酸的变性

在干制过程中，蛋白质的变性机理有两个方面：① 热变性。维持蛋白质空间结构稳定的氢键、二硫键等在热的作用下被破坏，改变了蛋白质分子的空间结构而导致变性；② 脱水作用造成组织中溶液的盐浓度增大，蛋白质因盐析作用变性。

在干制过程中，氨基酸的损失也有两种机制：① 氨基酸与脂肪自动氧化的产物发生反应而损失；② 氨基酸参与美拉德反应而损失。

蛋白质在干制过程中的变化程度主要取决于干制方法、干制温度、干制时间、含水量和脂肪含量等因素。

（1）干制方法　干制容易造成蛋白质的变性，不同的干制方法对蛋白质的影响也有差异。与普通干制方法相比，真空干燥和冷冻干燥引起的蛋白质变性要轻微得多。

（2）干制温度　在干制过程中，温度对蛋白质的变化影响较大。一般情况下，干制温度越高，蛋白质的变性速度越快。有实验证明，干制温度升高，氨基酸的损失也会增加。

（3）干制时间　干制时间也是影响蛋白质变性的主要因素。在其他条件相同的情况下，干制时间越长，蛋白质的变性程度越大。一般情况下，干制初期蛋白质的变性速度较慢，而后期很快。但是，在冻结干制过程中，蛋白质的变性与此相反，呈现初期快后期慢的特点。

（4）含水量 大量实验表明，在干制过程中，蛋白质的变化与物料的水分含量密切相关。

（5）脂质 通常认为脂质对蛋白质的稳定具有一定的保护作用，但脂质氧化的产物将促进蛋白质的变性。

2. 脂质氧化

虽然干制品的水分活度较低，脂酶和脂氧化酶的活性受到抑制，但是由于缺乏水分的保护作用，极易发生脂质的自动氧化，导致肉干制品的变质。

脂质的氧化速度受到多种因素的影响，如肉干制品的种类、脂质的不饱和度、温度、空气相对湿度、氧的分压、紫外线和金属离子等。

脂质氧化不仅会影响干制品的色泽和风味，还会促进蛋白质的变性，使干制品的营养价值和食用价值降低甚至完全丧失，因此应采取适当的措施予以防止。这些措施包括降低贮藏温度、采用适当的相对湿度、使用脂溶性抗氧化剂和真空包装等。

3. 变色

肉块干制后会因所含色素物质如肌红素的变化而出现各种颜色的变化，例如变褐和变黑现象等。其中最常见的变色是褐变。

引起褐变的原因主要有两种：酶促褐变和非酶褐变。在肉干制品中引起褐变的主要原因是非酶褐变，它包括两种情形：一种是由还原糖和氨基酸反应引起的褐变即美拉德反应；另一种是由脂质氧化产物与蛋白质反应引起的褐变。非酶褐变将引起肉干制品中有效赖氨酸的降低，影响蛋白质和脂质在体内和体外的消化率，从而降低其生物学价值。如果非酶褐变非常严重，就会产生毒性产物（如类黑精等）。因此，非酶褐变是肉干制品加工和贮藏中不希望出现的变化。降低贮藏温度、维持肉干较低的水分活度、使用亚硫酸盐和抗氧化剂、真空包装等，都是防止或减缓非酶褐变的有效手段。

（三）营养成分的变化

由于干制品脱水后质量会减轻，其营养成分的含量则会增高。因此，单位质量的干制品所含蛋白质、脂肪和糖分等营养成分大于新鲜原料中的含量（表3-10）。

表3-10　　　　　　　　牛肉干制前后主要营养成分含量　　　　　　单位:%

项目	水分	蛋白质	脂肪	碳水化合物	灰分
新鲜牛肉	68	20	10	1	1
干制牛肉	10	55	30	1	4

由于干制过程中的各种损耗，干制品中营养成分的绝对量低于新鲜原料。干制中营养成分的损失主要与温度有关，由于真空干燥和冷冻干燥的干制温度低，对营养成分的破坏较少。

1. 碳水化合物的变化

碳水化合物会因加热等条件分解，或者与其他物质发生化学反应等而消耗。由于肉类本身含碳水化合物较低，其变化不至于成为干制中的主要问题。

2. 脂肪的变化

肉类经高温干制造成的脂肪氧化不仅会导致其量的减少，还会引起风味、色泽等一系列不良的品质变化。

3. 维生素的变化

在干制肉类时，经常出现维生素损失的现象，特别是水溶性维生素容易被氧化而损耗。例如，肉中的硫胺素损失较大，干制温度较高时尤为严重；核黄素和烟酸损耗量较少。

（四）风味的变化

物料脱水干制时由于水分蒸发而损失风味成分是一种常见的现象。要防止风味成分的丢失是比较困难的，有效的解决办法是从干制设备回收或冷凝外逸出去的蒸汽，再加回到干制食品中；也可添加香精或风味剂加以弥补。另外，利用微胶囊等技术将风味成分包埋也可以防止或减少风味的损失。

二、肉干制品的后期处理

肉干制品一般都是即食食品，食用前不需要复水，后期处理较为简单，主要是拣选和包装贮藏。

1. 干燥比的测定

干燥比是指干制前的原料质量和干制品质量的比值，即生产 1kg 干制品需要的新鲜原料的质量（kg）。干燥比是干制品加工中的一个常用参数，它反映了干制品的生产得率，对于物料恒算和产品成本核算具有重要的参考意义。

2. 拣选

为了使干制品合乎规定标准，便于包装，遵循产品优质优价的原则，对干制后的产品都要进行拣选。拣选的目的是剔除变色、变形、破碎、焦煳和发硬等不符合规格要求的次品，也包括去除其他杂质。

3. 水分平衡

水分平衡也称均湿或回软。无论是自然干制还是人工干制的产品，由于水分排除的不均匀性及干制条件的差异，各产品之间的水分含量难以完全一致，而且同一产品内部的水分也并非均匀分布，经常需要水分平衡处理。目的就是使产品之间和产品内部的水分均匀一致。水分平衡的方法是将干制品堆积在密闭的容器或密闭室内进行短暂贮藏，以使水分在干制品之间和内部进行扩散和重新分布，最终达到均匀一致的要求。肉干制品的水分分布不均匀，就会造成产品口感的差异，特别是当制品表面脱水严重时，常使口感发硬，通过水分平衡能有效地改善这一不良状况。

4. 包装

肉干制品的水分含量很低，如果直接暴露在空气中，很容易从环境中吸收水分而造成回潮，这是引起产品变质的主要因素。为了维持产品的品质，延长货架期，需要使用隔绝材料将其包装加以保护。包装也有利于产品的贮运和销售，提高商品价值。肉干制品的处理和包装条件要求低温、干燥、清洁、通风良好和空气相对湿度在30%以下的环境中进行。包装室还应安装防止室外灰尘和害虫侵入的装置，如防蝇网等。

（1）包装的要求　肉干制品的货架期受包装的影响极大。包装应能达到下列要求：

① 能防止肉干制品吸湿回潮。一般要求包装材料在空气相对湿度为90%的环境中，年水分增加量不超过2%；

② 能防止外界灰尘、蚊虫、鼠害、微生物以及气味等的入侵；

③ 能阻止紫外线的透过；

④ 贮藏、搬运和销售过程中具有耐久牢固的特点。包装容器在30~100cm高处落下120~200次不会破损；在高温、高湿或浸水和雨淋的情况下也不会破烂；

⑤ 包装容器的大小、形状和外观应有利于商品的销售；

⑥ 与肉干制品相接触的包装材料应符合食品卫生要求，不会导致肉干的变性、变质；

⑦ 包装费用应尽量低廉或合理。

（2）包装材料　肉干制品常用的包装材料和容器有金属罐、木箱、纸箱、聚乙烯袋和复合薄膜袋等。一般内包装多用具有防潮作用的材料，如聚乙烯、聚丙烯、防潮纸和复合薄膜等；外包装多用起支撑保护及遮光作用的金属罐、纸箱和木箱等。

金属罐是包装干制品较为理想的容器，它具有密封、防潮、防虫以及牢固耐久的特点，并能避免在真空状态下发生破裂。肉干制品采用真空包装有利于防止肉干的氧化变质、消灭害虫或阻止其生长。

目前，塑料薄膜袋和复合薄膜袋在肉干制品的包装上应用的越来越广泛。塑料袋如聚乙烯袋和聚丙烯袋包装的使用最为普遍，也常采用玻璃纸－聚乙烯－铝箔－聚乙烯组合的复合薄膜，或采用纸－聚乙烯－铝箔－聚乙烯组合的复合薄膜材料。聚烯烃－铝箔－聚酯组合的三层复合薄膜袋价格相对较高，常用于价值较高的冷冻干燥制品的包装。复合薄膜材料具有阻隔水分、光线和空气的特点，可进行真空包装或气调包装，并具有质量轻、体积小、封口简单、携带和开启方便等优点。

5. 肉干制品的贮藏

肉干制品由于水分含量较低，对微生物和酶的作用具有一定的抑制能力，因而具有良好的耐贮藏性。肉干耐贮藏能力的强弱与水分含量密切相关。在不损害产品质量的前提下，一般含水量越低的肉干制品保藏效果越好。由于肉干制品多可直接食用，为保证良好的质地和口感，水分含量相对较高，因此本身的耐贮藏期有限，对环境相对湿度的要求更为严格。合理包装的干制品受环境因素影响较小，未经特殊包装或密封包装的干制品在不良的环境条件下容易变质。良好的贮藏环境是保证肉干制品耐藏性的重要因素，因而低温、干燥、避光的环境条件对干制品的贮藏是十分必要的。

【实训一】　牛肉干的加工

一、实训目的

（1）了解肉干的种类和特点。
（2）掌握牛肉干的加工工艺和操作要点。

二、实训材料与用具

1. 原料
新鲜牛肉。

2. 辅料
食盐、白糖、酱油、葱、生姜、五香粉、味精、茴香、八角、陈皮、桂皮。

3. 用具
剔骨刀、切肉刀、煮锅、锅铲、砧板、烘箱、真空封口机等。

三、实训步骤

1. 原料肉的选择与处理
选用新鲜的牛后腿肉，除去筋腱、肌膜、肥脂等，切成500g左右的肉块，洗去血污，沥干备用。

2. 水煮
将肉块放入锅中，用清水煮开后撇去肉汤上的浮沫，大火煮20～30min后捞出，切成1.5cm³的肉丁或切成0.5cm×2.0cm×4.0cm的肉片（按需要而定）。

3. 配料（以10kg牛肉计）
白糖1.5kg、食盐400g、酱油300g、曲酒100g、味精30g、五香粉25g、辣椒粉25g、茴香粉10g。

4. 复煮
取一部分预煮汤，加入配料，用大火烧开。当汤有香味时，改用小火，并将肉丁或肉片放入锅内，用锅铲轻轻翻动，直到汤汁快干时，将肉取出。将半成品肉丁或肉片放置在不锈钢筛网上自然冷却（夏天放于冷风库）。

5. 烘烤

将肉丁或肉片铺在铁丝网上，用 60～80℃进行烘烤，要经常翻动，以防烤焦，烘烤 4～6h，肉发硬变干，具有芳香味时即成肉干。牛肉干的成品率为 50%左右，猪肉干的成品率约为 45%。

6. 包装

用铝箔袋盛装等质量的肉干，用真空封口机封口，可以防止发霉变质，延长保存期。如果用玻璃瓶或马口铁罐保存，可保藏约 3～5 个月。

四、思考题

（1）总结牛肉干的加工要点，分析产品出现质量问题的原因。
（2）在使用烘箱和真空封口机时，有哪些注意事项?

【实训二】 猪肉松的加工

一、实训目的

（1）了解肉松的种类和特点。
（2）掌握猪肉松的加工工艺和操作要点。

二、实训材料与用具

1. 原料
新鲜猪肉。

2. 辅料
食盐、白砂糖、酱油、高粱酒、葱、生姜、五香粉、味精、茴香、八角、陈皮、桂皮。

3. 用具
剔骨刀、切肉刀、煮锅、锅铲、砧板、烘箱、炒松机、真空封口机等。

三、实训步骤

1. 原料肉的选择与处理
选用猪后腿瘦肉为原料，剔去骨、皮、肥肉和结缔组织后，切成 1.0～1.5kg 的肉块。

2. 配料 （以10kg 猪瘦肉计）
白砂糖 1.1kg、红酱油 0.7kg、白酱油 0.7kg、食盐 0.17kg、50°高粱酒 0.028kg、味精 0.017kg。

3. 煮制

锅内加入与肉等质量的水，将香辛料适当破碎后装入纱布袋投入锅中，加入肉块，大火烧煮 2.5h，撇去浮油，加入酱油、高粱酒。煮至汤清快干时，加入白砂糖、味精，改用小火收汁。煮制时间一般为 3h 左右。

4. 炒松

肉块收汁后，移入炒松机中炒松至肌纤维松散，色泽金黄，含水量小于 20% 即可。再经擦松、跳松、拣松后即可包装。

5. 包装

炒松结束后趁热将肉松装入铝箔袋，用真空封口机封口。

四、思考题

（1）总结肉松的加工要点，分析产品出现质量问题的原因。

（2）在使用炒松机时应注意什么？

学习情境四　腌腊肉制品加工技术

　　腌腊原来是为调节常年食肉需要而采用的一种简单的储存方法，在古代多为民间家庭制作。所谓"腌腊"，原本是指畜禽肉类通过加盐（或盐卤）和香料进行腌制，又经过了一个寒冬腊月，使其在较低的气温下，自然风干成熟，形成独特风味，由于多在腊月开工，因此通称为腌腊制品。目前腌腊制品已经失去"腊月"的时间含义，且不都采用干腌法。随着社会的不断发展，腌腊制品的制作方法从单纯的家庭食用，逐步演变为满足市场需要为目的的商品生产。腌腊制品以其悠久的历史和独特的风味而成为中国传统肉制品的典型代表。

　　腌腊肉制品是指用原料肉经预处理、腌制、晾晒或烘焙、保藏成熟加工而成的一类肉制品，不能直接入口，需经烹饪熟制之后才能食用。腌腊肉制品的特点是：肉质细致紧密、色泽红白分明，滋味咸鲜可口，风味独特，便于携带和贮藏，至今依然很受广大群众所喜爱。今天，腌腊早已不单是保藏防腐的一种方法，而成了肉制品加工的一种独特工艺。

　　腌腊肉制品的品种繁多，主要包括腊肉、咸肉、板鸭、腊肠、中式火腿、西式火腿等，培根（Bacon）是属于西式的腌腊肉制品，即烟熏咸猪肉，因为大多是用猪的肋条肉制成，所以也称烟熏肋肉，是将猪的肋条肉整形、盐渍、再经熏干而成的西式肉制品。培根为半成品，相当于我国的咸肉，但有烟熏味，咸味较咸肉轻，有皮无骨，培根外皮油润呈金黄色，皮质坚硬，瘦肉呈深棕色，切开后肉色鲜艳，是西餐菜肴的原料，食用时需再加工。可分为大培根（也称丹麦式培根）、奶培根、排培根、肩培根、胴肉培根、肘肉培根和牛肉培根等。

学习任务一　原料肉解冻的常用方法 🔍

　　目前在肉类深加工中，除了极少一部分原料采用冷却肉外，绝大多数都采用冻藏原料肉，这就需要在使用前进行原料的解冻。解冻过程实质上是冻结肉中形成的冰结晶还原融解成水的过程，从热量交换的角度来说，解冻是冻结的逆过程。

工厂常用的冻藏肉解冻方法有流动空气解冻法和水解冻法。

一、流动空气解冻法

此方法是在 15~18℃、相对湿度 95%~98%、风速 1~1.5m/s 的流动空气中解冻。解冻间用暖气片、电热管或蒸汽进行加热，冻肉去包装后放在托盘中置于货架，约 24h 肉块中心温度达到 -2℃ 即可。

该法工艺简单，能保持较好的原料颜色，但由于冻结甚至冻藏对肌肉组织的破坏作用，解冻过程中冰晶融化后，水分不能被肌肉组织全部吸收，造成汁液流失。一般猪肉在解冻过程中汁液流失率达到 5%~8% 的水平，这不但造成经济损失，也造成营养损失。同时由于肉块表面首先解冻，再加上汁液从表面流失滴下，在解冻的温度下，必然造成微生物的生长繁殖。

二、水解冻法

由于水比空气传热性能好，因此水解冻具有解冻速度快的特点。由于肉块直接与水接触，避免了质量损失，但存在解冻水中的微生物污染、可溶性物质流失以及颜色变浅等问题。水解冻一般用自来水即可，有喷淋法和流动水浸泡法两种。

利用喷淋法时，将肉块放置解冻架上，解冻架上端安置的喷淋头进行喷淋即可。但由于近年来成本的提高，该法已很少使用。

使用流动水浸泡时，是将分割肉块去掉纸箱包装或编织袋后，放入不锈钢解冻池或土建池中，池子上部设置进水管，下部设置出水管，即自来水上进下出。夏天水温超过 20℃ 时，可适当放置冰块。此方法，4h 就可解冻到中心温度 -2℃。国外也有在水池底部，加装搅拌器的解冻池，效果更好。

> ### 学习任务二　　腌制剂的作用原理及用量 🔍

肉的腌制是肉品贮藏的一种传统手段，也是肉品生产常用的加工方法。肉的腌制通常用食盐或以食盐为主并添加硝酸盐（或亚硝酸盐）、蔗糖和香辛料等辅料对原料肉进行浸渍的过程。近年来，随着食品科学的发展，在腌制时常加入品质改良剂如磷酸盐、异抗坏血酸以提高肉的保水性，获得较高的成品率。同时腌制的目的已从单纯的防腐保藏发展到主要为了改善风味和色泽，提高肉制品的质量，从而使腌制成为许多肉类制品加工过程中一个重要的工艺环节。

常用的腌制剂包含硝酸盐（亚硝酸盐）、食盐、复合磷酸盐、糖、发色助剂等，腌制时根据其不同特性，按次序添加。味精虽然起不到腌制的作用，但一同添加使用方便，因此，也常常包含在腌制剂中。

一、食盐的作用及用量

对于腌腊肉制品来说食盐也是其中的主要配料，也是唯一不可缺少的腌制材料。其主要作用如下。

（1）产生咸味　除安全因素外，食品加工中保持良好的滋味也相当重要。在肉制品中食盐的用量（按成品计算）一般为 1.8% ~2.5% 即可。

（2）产生鲜味　肉制品中含有大量的蛋白质、脂肪等成分，但其鲜味要在一定浓度的咸味下才能表现出来。同时，食盐是味精的助鲜剂，食盐中添加少量味精就有明显的鲜味，一般 1g 食盐加入 0.1 ~0.15g 味精，鲜味效果最佳。

（3）溶解盐溶蛋白　肌肉组织中含量最多的肌球蛋白是盐溶性的，在 4.5% ~5.0% 的盐浓度下溶解性最佳。肌球蛋白的溶出，对肉制品的结构、保水性、保油性及嫩度、口感都具有十分重要的意义。

（4）防腐作用　主要表现在① 脱水作用：食盐溶液有较高的渗透压，能引起微生物细胞质膜分离，导致微生物细胞的脱水、变形，同时破坏水的代谢。② 影响细菌的酶活力：食盐与膜蛋白质的肽键结合，导致细菌酶活力下降或丧失。③ 对微生物细胞的毒性作用：Cl^- 和 Na^+ 均对微生物有毒害作用。食盐不能灭菌，但钠离子的迁移率小，钠离子与微生物细胞中的阴离子结合破坏微生物细胞的正常代谢。氯离子比其他阴离子（如溴离子）更具有抑制微生物活动的作用。④ 离子水化作用：食盐溶解于水后即发生解离，减少了游离水分，破坏水的代谢，导致微生物难以生长。⑤ 缺氧的影响：食盐的防腐作用还在于氧气不容易溶于食盐溶液中，溶液中缺氧，可以防止好氧菌的繁殖。食盐不能灭菌，但一定浓度的食盐（10% ~15%）能抑制许多腐败微生物的繁殖，因而对腌腊制品具有防腐作用。

另外，食盐可促使硝酸盐、亚硝酸盐、糖向肌肉深层渗透。单独使用食盐，会使腌制的肉色泽发暗，质地发硬，仅有咸味，影响产品的可接受性，因此常用复合的腌制剂进行腌制。

食盐溶解的盐溶蛋白，拥有较强凝胶特性，影响肉制品的流变学特性，对肉制品质构有重要影响，与风味及其产品率也密切相关。研究表明盐溶蛋白凝胶特性受离子强度、磷酸盐种类、二价金属离子、pH、加热方法与温度等因素影响。盐溶性蛋白质凝胶的形成可以认为是由于变性分子通过作用力聚集的过程，但吸引力与排斥力平衡时，所形成一种有序的蛋白质三维空间网络结构。蛋白质的胶凝作用在食品生产中具有非常重要的功能，它不仅可以用来形成固态、弹性的凝胶，而且可以用来提高保水力、增稠性、黏着性、乳化性和泡沫稳定性。

腌制时，食盐的用量以占产品质量 1.8% ~2.5% 为宜，因在这些作用中，首先要考虑的是产品的滋味。实际上，在加工肠类制品时，由于出品率的关系，这个用量与提取盐溶蛋白的最佳比例基本一致。

二、硝酸盐和亚硝酸盐的作用及用量

在腌制时使用硝酸盐已经有几千年的历史，硝酸盐是通过还原性细菌或还原性物质生成亚硝酸盐而起作用的。

1. 防腐作用

硝酸盐和亚硝酸盐在 pH 4.5～6.0 的范围内可以抑制肉毒梭状芽孢杆菌的生长，也可以抑制金黄色葡萄球菌等其他类型腐败菌的生长。硝酸盐浓度为 0.1% 和亚硝酸盐浓度为 0.01% 左右时最为明显。其主要作用机理在于 NO_2^- 与蛋白质生成一种复合物，从而阻止丙酮降解生成 ATP，抑制了细菌的生长繁殖；而且硝酸盐及亚硝酸盐在肉制品中形成 HNO_2 后，分解产生 NO_2，再继续分解成 NO^- 和 O_2，氧可抑制深层肉中严格厌氧的肉毒梭菌的繁殖，从而防止肉毒梭菌产生肉毒毒素而引起的食物中毒，起到了抑菌防腐的作用。

亚硝酸盐的防腐作用受 pH 的影响很大，腌肉的 pH 越低，食盐含量越高，硝酸盐和亚硝酸盐对肉毒梭菌的抑制作用就越大。在 pH 为 6 时，对细菌有明显的抑制作用，当 pH 为 6.5 时，抑菌能力有所降低，在 pH 为 7 时，则不起作用，但其机理尚不清楚。

2. 发色作用

肉在腌制时食盐会加速血红蛋白（Hb）和肌红蛋白（Mb）氧化，形成高铁血红蛋白（MHb）和高铁肌红蛋白（MMb），使肌肉丧失天然色泽，变成淡灰色。为避免颜色变化，在腌制时常使用发色剂即硝酸盐和亚硝酸盐，使肌肉中色素蛋白质和亚硝酸钠发生化学反应形成鲜艳的一氧化氮肌红蛋白，这种化合物在烧煮时变成稳定粉红色，使肉呈现鲜艳的色泽。其作用机理是：首先硝酸盐在肉中脱氮菌（或还原物质）的作用下，还原成亚硝酸盐；然后与肉中的乳酸产生复分解作用而形成亚硝酸；亚硝酸再分解产生一氧化氮；一氧化氮与肌肉纤维细胞中的肌红蛋白（或血红蛋白）结合而产生鲜红色的亚硝基（NO）肌红蛋白（或亚硝基血红蛋白），使肉具有鲜艳的玫瑰红色。

$$NaNO_3 \xrightarrow[+2H]{\text{细菌还原作用}} NaNO_2 + H_2O$$

$$NaNO_2 + CH_3CH(OH)COOH \longrightarrow HNO_2 + CH_3CH(OH)COONa$$

亚硝酸很不稳定，即使在常温下也可分解产生亚硝基（NO）。

$$3HNO_2 \xrightarrow{\text{还原物质}} NO + 2NO_2 + H_2O$$

分解产生的亚硝基会很快地与肌红蛋白反应生成鲜艳的、亮红色的亚硝基肌红蛋白（MbNO，也称一氧化氮肌红蛋白）。

$$NO + 肌红蛋白（血红蛋白）\xrightarrow{\text{适宜条件}} NO - Met - Mb$$

一氧化氮高铁肌红蛋白

$$NO - Met - Mb \xrightarrow{\text{适宜条件}} NO - 肌红蛋白（血红蛋白）$$

一氧化氮肌红蛋白

亚硝基肌红蛋白遇热后，释放出巯基（—SH）变成具有鲜红色的亚硝基血色原。

NO – 肌红蛋白（血红蛋白）＋热＋烟熏——→NO – 血色原（Fe^{2+}）

一氧化氮亚铁血色原（稳定粉红色）

肌红蛋白（Mb）呈球状，由一个球蛋白和一个血红素辅基组成。血红素的中心部位是一个铁原子，铁原子的氧化状态决定肉的颜色。

亚硝酸是提供一氧化氮的最主要来源。实际上获得色素的程度，与亚硝酸盐参与反应的量有关。亚硝酸盐能使肉发色迅速，但呈色作用不稳定，适用于生产过程短而不需要长期贮藏的制品，对那些生产周期长和需长期保藏的制品，最好使用硝酸盐。

3. 改善风味作用

使用亚硝酸盐腌制的肉制品可以明显改善产品的风味。有人实验证明，不加亚硝酸盐的西式腌制火腿其风味和盐咸肉没有太大区别。亚硝酸盐能够改善风味的作用机理可能与其具有抗氧化作用有关。

4. 亚硝酸盐的毒害作用及用量

硝酸盐和亚硝酸盐对人体具有毒性作用，人类亚硝酸盐的中毒量为 $0.3 \sim 0.5g$，致死量 $3g$。当人体大量摄取亚硝酸盐（一次性摄入 $0.3g$ 以上）进入血液后，可使正常的血红蛋白 Fe^{2+} 变成高铁血红蛋白（Fe^{3+}），致使血红蛋白失去携氧的功能，导致组织缺氧，在 $0.5 \sim 1h$ 内，产生头晕、呕吐、全身乏力、心悸、皮肤发紫、严重时呼吸困难、血压下降甚至昏迷、抽搐而衰竭死亡。硝酸盐或者亚硝酸盐的代谢产物在肉中可以与二甲胺类物质作用产生亚硝胺，具有致癌作用。由于其对保持腌制肉制品的色、香、味有特殊作用，迄今未发现理想的替代物质。更重要的原因是亚硝酸盐对肉毒梭状芽孢杆菌的抑制作用至今无可替代，但对其使用量和残留量有严格要求。

经过腌制作用后残留的硝酸盐和亚硝酸盐大约不到 10%，大部分都发生了变化，转变成其他物质。所以，只要正常使用，不必过分担心其毒性问题。《GB 2760—2014 食品安全国家标准　食品添加剂使用标准》规定，肉类罐头及制品的硝酸钠和亚硝酸钠最大使用量分别为 $0.50g/kg$ 和 $0.15g/kg$。最大残留量（以亚硝酸钠计），肉类罐头 $\leqslant 0.05g/kg$，肉制品（肉类罐头和盐水火腿以外的肉制品）$\leqslant 0.03g/kg$，精肉制盐水火腿 $\leqslant 0.07g/kg$。

三、糖的作用及用量

在腌制肉时要添加一定量的糖，主要有葡萄糖、蔗糖和乳糖。糖的主要作用如下。

（1）增加风味　可一定程度地缓和腌肉的咸味；另外，在加热肉制品时，糖和含硫氨基酸之间发生美拉德反应，产生醛类等羰基化合物以及硫化物，增加肉的风味。

（2）促进发色　还原糖（葡萄糖）能吸收氧防止肉脱色；糖为硝酸盐还原菌提供碳源，使硝酸盐转变为亚硝酸盐，加速 NO 的形成，使发色效果更佳。在短期腌制时建议使用具有还原性的葡萄糖，长时间腌制时可加蔗糖，它可以在微生物和酶的作用下转化为葡萄糖和果糖。

（3）增加持水性、增加嫩度、提高出品率　糖类的羟基位于环状结构的外围，具有亲水性，提高肉的保水性和出品率；另外，极易氧化成酸，利于胶原膨润和松软，增加肉的嫩度。

（4）促进发酵　糖可以降低介质的水分或提高肉的渗透压，所以可在一定程度上抑制微生物的生长，但一般的使用量达不到抑菌作用，还能给微生物提供营养。在发酵肉制品中添加糖，可促进发酵。

一般在肉类腌制时，按原料肉计算，可添加 1% 左右的糖。

四、磷酸盐的作用及用量

磷酸盐在肉制品加工中的作用，主要是提高肉的保水性，增加黏着力。常用的是焦磷酸盐、三聚磷酸盐和六偏磷酸盐，一般是它们的钠盐。

（1）提高 pH　磷酸盐呈碱性反应，加人肉中可以提高肉的 pH，从而能增加肉的持水性。

（2）增加离子强度　多聚磷酸盐是多价阴离子化合物，即使在较低的浓度下也具有较高的离子强度，使处于凝胶状态的球状蛋白的溶解度显著增加（盐溶现象）而达到溶胶状态，提高了肉的持水性。

（3）与金属离子发生螯合作用　多聚磷酸盐与多价金属离子结合的性质。使其能结合肌肉蛋白质中的 Ca^{2+}、Mg^{2+}，使蛋白质的—COOH 解离出来，同性电荷的相斥作用减弱，使蛋白质结构松弛，可提高肉的持水性。

（4）解离肌动球蛋白　焦磷酸盐和三聚磷酸盐有解离肌动球蛋白的功能，可将肌动球蛋白离解成肌球蛋白和肌动蛋白。肌球蛋白的增加也可使肉的持水性提高。

（5）抑制肌球蛋白的热变性　肌球蛋白对热不稳定，焦磷酸盐对肌球蛋白的变性有一定的抑制作用，可以使肌肉蛋白质的持水能力更稳定。

由于各种磷酸盐的性质和作用不同，生产中常使用几种磷酸盐的混合物（复合磷酸盐），复合磷酸盐的添加量（按原料）一般在 0.1% ~ 0.3% 范围，最多不超过 5g/kg，过量会影响肉的色泽，并且有损风味（口感发涩）。

磷酸盐在冷水中溶解性较差，因此在腌制特别是注射配制腌制液时，要先将磷酸盐在温水中充分溶解后再加入冰水降温，然后加入原料肉中，但如果在斩拌乳化时使用，可直接添加。

五、发色助剂的作用及用量

由发色原理可知，NO 的量越多，则呈红色的物质越多，肉色则越红。

从亚硝酸分解的过程看，亚硝酸经自身氧化反应，只有一部分转化成 NO，而另一部分则转化成了硝酸。硝酸具有很强氧化性，使红色素中的还原型铁离子（Fe^{2+}）被氧化成氧化型铁离子（Fe^{3+}），而使肉的色泽变褐。同时，生成的 NO 可以被空气中的氧氧化成亚硝基（NO_2），进而与水生成硝酸和亚硝酸：

$$2NO + O_2 \longrightarrow 2NO_2$$
$$2NO_2 + H_2O \longrightarrow HNO_3 + HNO_2$$

反应结果不仅减少了 NO 的量，而且又生成了氧化性很强的硝酸。

少量的硝酸，不仅可使亚硝基氧化，抑制了亚硝基肌红蛋白的生成，同时由于硝酸具有很强的氧化作用，即使肉类中含有类似于巯基（—SH）的还原件物质。也无法阻止部分肌红蛋白被氧化成高铁肌红蛋白。因而在使用硝酸盐与亚硝酸盐类的同时常使用 L – 抗坏血酸、L – 抗坏血酸钠、异抗坏血酸等还原性物质来防止肌红蛋白的氧化，同时它们还可以把氧化性的褐色高铁肌红蛋白还原为红色的还原型肌红蛋白，进而再与亚硝基结合以助发色，并能使亚硝酸生成 NO 的速度加快。这就是助色剂或护色剂。

腌制液中复合磷酸盐会改变盐水的 pH，会影响抗坏血酸的助色效果，因此往往加抗坏血酸的同时加入助色剂烟酰胺。烟酰胺也能形成稳定的烟酰胺肌红蛋白，使肉呈红色，且烟酰胺对 pH 的变化不敏感。据研究，同时使用抗坏血酸和烟酰胺助色效果好，且成品的颜色对光的稳定性要好得多。

由于抗坏血酸不易保存，所以常用异抗坏血酸钠，其使用量（按原料）为 0.1% 即可。

六、味精的作用及用量

谷氨酸钠即味精是含有一个结晶水分子的 L – 谷氨酸钠盐，是最常用的增鲜剂，阈值0.03%，烹饪或食品中的常用添加量为 0.2% ~ 0.5%。也可以配合 I + G 使用。

七、腌制的作用

通过腌制，能起到如下作用。

（1）发色作用　生成稳定的、玫瑰红色的一氧化氮肌红蛋白（一氧化氮血红蛋白）。

（2）防腐作用　抑制肉毒梭状芽孢杆菌及其他腐败微生物的生长。

（3）赋予肉制品一定的香味　产生风味物质，抑制蒸煮味产生。

（4）改善产品组织结构，提高保油性和保水性，提高出品率，使产品具有良好的弹性、脆性、切片性。

学习任务三　　原料肉的静态腌制技术　🔍

肉的腌制方法很多，大致可分为干腌法、湿腌法、混合腌制法、滚揉腌制法等。不同原料、不同产品对腌制方法有不同的要求，有的产品采用一种腌制法即可，有的产品则需要采用两种甚至两种以上的腌制法。

一、腌制方法

（一）干腌法

用食盐或盐－硝混合物涂擦肉块，然后层层堆叠在腌制容器里，各层之间再均匀地撒上盐，压实，通过肉中的水分将其溶解、渗透而进行腌制的方法，整个腌制期间没有加水，故称干腌法。在食盐的渗透压和吸湿性的作用下，肉的内部渗出部分水分、可溶性蛋白质、矿物质等，形成了盐溶液，使盐分向肉内渗透至浓度平衡为至。在腌制过程中，需要定期将上、下层肉品翻转，以保证腌制均匀，这个过程也称"翻缸"。翻缸的同时，还要加盐复腌，复腌的次数视产品的种类而定，一般2~4次。在腌制时由于渗透扩散作用，肉内分泌出一部分水分和可溶性蛋白质与矿物质等形成盐水，逐渐完成其腌制过程。干腌法生产的产品有独特的风味和质地，适合于大块原料肉的腌制。我国传统的金华火腿、咸肉、风干肉等都采用这种方法。一般腌制温度3~5℃，食盐用量一般是10%以上。国外采用干腌法生产的比例很少，主要是一些带骨火腿。干腌的优点是操作简便，制品较干，营养成分流失少，风味较好。其缺点是盐分向肉品内部渗透较慢，腌制时间长，肉品易变质；腌制不均匀，失重大，色泽较差。干腌时产品总是失水的，失去水分的程度取决于腌制的时间和用盐量。腌制周期越长，用盐量越高，原料肉越瘦，腌制温度越高，产品失水越严重。由于操作和设备简单，在小规模肉制品厂和农村多采用此法。

（二）湿腌法

湿腌法即盐水腌制法。就是将盐及其他配料配成一定浓度的盐水卤，盐溶液一般是15.3~17.7°Bé，硝石不低于1%，也有用饱和溶液的，然后将肉浸泡在盐水中，通过扩散和水分转移，让腌制剂渗入肉品内部，以获得比较均匀的分布，直至它的浓度最后和盐液浓度相同的腌制方法。腌制液可以重复利用，再次使用时需煮沸并添加一定量的食盐。湿腌法腌制肉类时，需腌制3~5d，常用于腌制分割肉、肋部肉等。

肉类在腌制时，腌制品内的盐分取决于腌制的盐液的浓度。首先是食盐向肉内渗入而水分则向外扩散，扩散速度决定于盐液的温度和浓度。盐水的浓度是根据产品的种类、肉的肥度、温度、产品保藏的条件和腌制时间而定的。高浓度热盐液的扩散率大于低浓度冷盐液。硝酸盐也向肉内扩散，但速度比食盐要慢。瘦肉中可溶性物质则逐渐向盐液中扩散，这些物质包括可溶性蛋白质和各种无机盐类。为减少营养物质及风味的损失，一般采用老卤腌制。即老卤水中添混食盐和硝酸盐，调整好浓度后再用于腌制新鲜肉，每次腌制肉时总有蛋白质和其他物质扩散出来，最后老卤水内的浓度增加，因此再次重复应用时，腌制肉的蛋白质和其他物质损耗量要比用新盐液时的损耗少得多。卤水愈来愈陈，会出现各种变化，并有微生物生长，糖液和水给酵母的生长提供了适宜的环境，可导致卤水变稠并使产品产生异味。

湿腌法的优点是渗透速度快，腌制均匀，盐水可重复使用，肉质较为柔软，湿腌法的时间基本上和干腌法相近，它主要决定于盐液浓度和腌制温度。不足之处是色泽和风味不及干腌制品，腌制时间长，所需劳动力比干腌法大，蛋白质流失 0.8% ~0.9% ，因含水分多不易保藏。

目前，生产灌肠制品所使用的肉糜，它的腌制方法也属于湿腌法。将解冻好的瘦肉用绞肉机绞碎后（或者加入绞碎的肥膘），先将肉放入搅拌机，边搅拌边依次加入用冷水溶解的亚硝酸盐、糖盐味精、热水溶化后加冷水冷却的复合磷酸盐，然后加 20kg/100kg 原料的冰水，最后加入异维生素 C－Na，充分搅拌均匀后，放入标准肉车，上盖塑料薄膜，在 0~4℃的腌制间腌制 24h 即可。

（三）混合腌制法

采用干腌法和湿腌法相结合的一种方法。可先进行干腌放入容器中后，再放入盐水中腌制或在注射盐水后，用干的硝盐混合物涂擦在肉制品上，放在容器内腌制。干腌和湿腌相结合可增加制品贮藏时的稳定性，防止产品过度脱水，免于营养物质过度损失。不足之处是操作较复杂。而干腌和湿腌相结合可以避免湿腌法因食品水分外渗而降低腌制液浓度；同时腌制时不像干腌那样促进食品表面发生脱水现象；另外，内部发酵或腐败也能被有效阻止。

无论是何种腌制方法在某种程度上都需要一定的时间，要求有干净卫生的环境，需保持低温（0~4℃）。盐腌时一般采用不锈钢容器。肉腌制时，肉块重量要大致相同，在干腌法中较大块的放最低层并脂肪面朝下，第二层的瘦肉面朝下，第三层又将脂肪面朝下，依此类推，但最上面一层要求脂肪面朝上，形成脂肪与脂肪、瘦肉与瘦肉相接触的腌渍形式。腌制液的量要没过肉表面，通常为肉量的 50% ~60% 。腌制过程中，每隔一段时间要将所腌肉块的位置上下交换，以使腌渍均匀，其要领是先将肉块移至空槽内，然后倒入腌制液，腌制液损耗后要及时补充。

需要提到的是水浸：它是一道腌制的后处理过程，一般用于干腌或较高浓度的湿腌工序之后，为防止盐分过量附着以及污物附着，需将大块的原料肉再放入水中浸泡，通过浸泡，不仅除掉过量的盐分，还可起到调节肉内吸收的盐分。浸泡时应使用卫生、低温的水，一般浸泡在约等于肉块十倍量的静水或流动水中，所需时间及水温因盐分的浸透程度、肉块大小及浸泡方法而异。

以上腌制方法，原料肉基本保持静止不动，相对于滚揉腌制来说，是一种静态腌制的方法。

二、影响腌制效果的因素及其控制技术

肉类腌制的目的主要是防止其腐败变质，同时也改善了组织结构、增加了风味。为了达到腌制的目的，就应该对腌制过程进行合理的控制，以保证腌制质量。

1. 食盐的纯度

食盐中除含 NaCl 外，尚含有 $CaCl_2$、$MgCl_2$、Na_2SO_4 等杂质，这些杂质在腌制过程中会影响食盐向食品内部渗透的速度，如果过量，还可能带苦涩的味道。食盐中不应有微量的铜、铁、铬存在，它们对腌肉制品中脂肪氧化酸败会产生严重影响。为此，腌制时要使用精制盐，要求 NaCl 含量在98%以上。

2. 食盐用量或盐水浓度

食盐的用量是根据腌制目的、环境条件、腌制品种类和消费者口味而添加的。扩散渗透理论也表明，扩散渗透速度随盐分浓度而异。干腌时用盐量越多或湿腌时盐水浓度越大，则渗透速度越快，食品中食盐的内渗透量越大。为达到完全防腐，要求肉中盐分浓度最少在7%以上，这就要求盐水浓度最少在25%以上；腌制时温度低，用盐量可降低。提取盐溶性蛋白的最佳食盐浓度是5%左右，但消费者能接受的最佳食盐浓度为1.8%～2.5%，这也是用盐量参考的标准。

3. 温度

温度越高，扩散渗透速度越迅速，反应的速度也越快，但微生物生长活动也就越迅速，易引起腐败菌大量生长造成原料变质。为防止在食盐渗入肉内之前就出现腐败变质现象，腌制应在低温环境条件下（0～4℃）进行。目前，肉制品加工企业基本都具有这样温度的腌制间。

4. 腌制方法

腌制过程要考虑盐水的渗透速度和分布的均匀性，对于现代肉制品加工企业来说，灌肠类的肉糜由于比表面积大，常采用静止的湿腌法；对于盐水火腿的肉块状原料，常采用滚揉腌制的动态腌制法。

5. 氧化

肉类腌制时，保持缺氧环境有利于稳定色泽，避免肉制品褪色。有时制品在避光的条件下贮藏也会褪色，这是由于 NO-肌红蛋白单纯氧化所造成。当肉内缺少还原性物质时，肉中的色素氧合肌红蛋白和肌红蛋白就会被氧化成氧化肌红蛋白，从而导致暴露于空气中的肉表面的色素氧化，并出现褪色现象，从而影响产品的质量。所以滚揉腌制时，常采用真空滚揉机；肉糜静态腌制时，在腌制料上覆盖一层塑料薄膜，既能防止灰尘，又能使原料肉表面与空气隔断。

6. 腌制时间

在 0 ~ 4℃条件下，充足的时间才能保证盐水渗透与生化反应的充分进行，因此，必须有一定的时间才能原料肉被腌透。不同的原料其腌制时间的长短都不一样，传统酱牛肉采取湿腌法，一般 5 ~ 7d 可以腌透；灌肠用的肉糜一般 24h 即可；盐水火腿滚揉腌制需要滚揉桶的周长运行 12000m 即可。

学习任务四　原料肉的滚揉腌制技术

肉糜类采用静态的腌制，由于比表面积大，盐水容易渗透，容易达到腌制效果，但火腿类的肉块原料，如果采取静态腌制，必然造成渗透速度和腌制剂分布梯度问题，即腌制速度与效果问题。动态的滚揉腌制能加快腌制速度，而腌制前的盐水注射技术则解决了渗透速度和分布不均的问题。

一、盐水注射技术

盐水注射就是将一定浓度的盐水（广泛含义的盐水，包括腌制剂、调味料、黏着剂、填充剂、色素等）通过特制的针头直接注入原料内，使盐水能够快速、均匀地分布在肉块中，提高腌制效率和出品率。再经过滚揉，使肌肉组织松软，大量盐溶性蛋白渗出，提高了产品的嫩度，增加了保水性，颜色、层次、纹理（填充剂与肉结合地更好）等产品结构得到了极大的改善。注射腌制肌肉要比一般盐腌缩短时间 1/3 以上的时间。

盐水注射常用盐水注射机，其外形和工作过程如图 4 – 1 所示。注射时，先把腌制剂及其他辅料按设计的配方，添加一定的冰水在制浆机中制成冰水，过滤后转移到注射机的盐水槽中，原料肉经修整后放入注射机的传动带上，传送带步进，将肉块传送到注射针板下停止，随即注射针板下降，注射针刺入肉中，在盐水泵的作用下将盐水注入肉块后，针板抬起，传送带前行，将注射好的肉块移出，未注射的到达针板下方注射，循环进行。

图 4 – 1　盐水注射机及其工作过程

盐水注射时要注意以下工艺要求。

1. 腌制液的配制

腌制液（盐水）在配制时一要根据肉制品加工的原则和国标规定的食品添加剂在最终产品中的最大允许量及产品的种类进行合理的认真计算并称重。二要确保各种添加剂的充分溶解：配制盐水时先将香辛料熬煮后过滤，冷却到4℃以下，加入亚硝酸盐后，再加入难溶的磷酸盐、糖、味精，最后再溶入其他的添加剂。注意维生素 C 类的添加须在盐水制备将结束时，才允许加入，否则它先和盐水中的亚硝酸盐反应，减少 NO^- 在盐水中的浓度，造成产品发色不好。

2. 控制盐水和原料肉的温度

配制盐水时一般加入冰屑，使盐水温度控制在 −1~1℃，最高不能超过5℃。原料肉的温度控制在6℃以下。

3. 注射压力和注射量的正确调整

注射压力的调整是根据产品的种类、肉块大小、出品率的高低来决定，在欧洲火腿类和培根类产品的注射一般采用小于0.3MPa的低注射量的低压注射，因为注射压力过高会造成肉块组织结构的破坏，影响产品的质量。在我国因没有一定的产品标准，加工企业各自执行自己的企业标准，因此注射量也各不相同。出品率高时，就要注射压力大，有时甚至注射两遍。

4. 合理的嫩化

利用嫩化机尖锐的齿片刀、针、锥或带有尖刺的拼辊，对注射盐水后的大块肉，进行穿刺、切割、挤压，对肌肉组织进行一定程度的破坏，打开肌肉束腱，以破坏结缔组织的完整性；增加肉块表面积，从而加速盐水的扩散和渗透，也有利于产品的结构。常用的嫩化机有两种，如图4-2所示。

图4-2　嫩化机

二、滚揉腌制技术

由于肉块比表面积小，虽经注射甚至嫩化，仍不能达到快速腌制的目的，从20世纪80年代以后，我国开始引进并消化吸收外国的滚揉腌制技术，它主要是通过真空滚揉机（图4-3）来实现的。

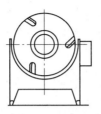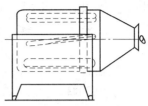

图 4 - 3　滚揉机

滚揉机的外形是一个卧式的滚筒，滚筒内部有螺旋状桨叶，经注射后的肉块在滚筒内随着滚筒的转动，桨叶把肉块带到上端，随即一部分肉块在重力的作用下摔下，与低处的肉互相撞击，同时，一部分沿着桨叶向位置低的一端滑去，就这样，肉块在滚揉机内与腌制液一起相互摩擦、挤压、摔打（立式按摩机只是在搅拌桨叶的作用下，肉块相互摩擦、挤压、按摩），将纤维结缔组织打开。加速了盐水的渗透速度，提高了腌制效果。

通过滚揉腌制，可加速肉中腌制液渗透和吸收，缩短腌制时间；使肌肉松弛、膨胀，提高了原料的保水性能和出品率；促进了液体介质（盐水）的分布，改善了肉的嫩度，改善结构，确保切片美观。

操作时，将注射好的肉块用真空吸料管吸入滚揉桶，或者通过提升机用肉车把原料直接倒入桶内，盖好盖子，启动真空泵，使桶内真空度达到 0.08MPa 即可，设定好滚揉程序开始滚揉。可以连续滚揉，也可以正转、停止、反转、停止、正转，循环进行（俗称间歇滚揉），有的设备还可以在转动时保持真空状态，在静止时释放真空保持常压或者冲入 N_2 加压（呼吸式滚揉）。呼吸式滚揉的效果要好于间歇滚揉，连续滚揉效果最差。一般 0.5kg 大小的肉块在 0 ~ 4℃下滚揉 8 ~ 10h 即可。滚揉结束，释放真空，打开盖子，放出原料。

三、影响滚揉效果的因素

1. 适当的装载量

如果装载太多，肉块的下落和运动受到限制，肉块在滚揉桶内将形成"游泳状态"，起不到挤压、摔打的作用。装载太少，则肉块下落过多会被撕裂，导致滚揉过度，导致肉块太软和蛋白质变性，从而影响成品的质量。一般按容量计装载 70% 即可。

2. 转速的影响

转速越大，蛋白质溶解和抽提越快，但对肌肉的破坏程度也越大，滚揉速率控制肉块在滚揉机内的下落能力，一般设备出厂时，已设置为 8 ~ 12r/min。

3. 滚揉时间

滚揉时间短，肉块还没完全松弛，盐水未完全吸收，蛋白质的萃取少，会出现色泽不均匀，结构不一致，黏合力和保水性都差，出品率也可能降低。滚揉时间过长，则可能导致萃出的可溶性蛋白质过多，肉块过于软化，并可能出现渗水现象，不利于后续加工。但不同的滚揉机，外径和转动速率不同，因此用小时来衡量滚揉时间是不科学的。滚揉时间可用下式表示：

$$L = UNt$$

式中　U——滚揉机的内周长（将内径乘以圆周率）；

　　　 N——滚揉机的转速，r/min；

　　　 t——滚揉机转动的总时间（间歇滚揉的时间不包括在内），s；

　　　 L——滚揉机转动的总距离。

滚揉时间一般控制在周长转动 12000m 为宜。

4. 滚揉方式

静置目的是使滚揉作用抽提的蛋白质充分吸收水分，若静置时间不充分，抽提的蛋白质还没来得及吸收水分就被挤回肌纤维内部，甚至阻止肌纤维内部的蛋白质向外渗出。因此间歇滚揉（运转 30min，停止 10min）效果要好于连续滚揉，呼吸式滚揉好于间歇滚揉。

5. 真空度

目前的滚揉机基本都是真空滚揉，通过对滚揉桶抽真空，能够排出肉品原料及其渗出物间的空气，有助于改善腌肉制品的外观颜色，在以后的热加工中也不致产生热膨现象破坏产品的结构；真空可以加速盐水向肉块中渗透的速率，加速腌制速率，提高腌制效果；真空还能使肉块膨胀从而提高了嫩度；真空还能抑制需氧微生物的生长和繁殖。所以，使用真空滚揉机的效果要好于常压滚揉。

6. 温度

滚揉产生的机械作用可使肉温升高，促进了微生物的繁殖，同时肌纤维蛋白的最佳溶解和抽提温度 2～4℃，也要求温度不能过高。一般滚揉间温度控制在 0～4℃，滚揉后原料温度 6～8℃。

学习任务五　　中式腌腊肉制品的加工技术　🔍

一、金华火腿的加工技术

中式火腿是选用整条带皮、带骨、带爪的鲜猪肉后腿为原料经修割、腌制、洗晒（或晾挂风干）、发酵、整修等工序加工而成的。

金华火腿产于浙江省金华地区，最早在金华、东阳、义乌、兰溪、浦江、永康、武义、汤溪等地加工，这 8 个县属当时金华府管辖，故而得名。金华火腿又称南腿、贡腿，素以造型美观，做工精细，肉质细嫩，味淡清香而著称于世。金华火腿历史悠久，驰名中外。相传起源于宋朝，早在公元 1100 年间，距今 900 多年前民间已有生产，它是一种具有独特风味的传统肉制品。

产品特点：脂香浓郁，皮色黄亮，肉色似火，红艳夺目，咸度适中，组织致密，鲜香扑鼻。以色、香、味、形"四绝"为消费者称誉。它的优良品质是与浙江金华地区的自然条件、经济特点、猪的品种以及腌制技术分不开的。

1. 材料与配方

鲜猪后腿 100kg，食盐 9 ~ 10kg，硝酸钠 50g。

2. 工艺流程

原料选择→修割腿坯→腌制→浸腿→洗腿→晒腿→整形→发酵→修整→落架堆叠→成品。

3. 操作要点

（1）原料选择　金华火腿所选用的猪种为金华猪，尤以"两头乌"为代表。它是我国最名贵的猪种之一，这种猪生长快、头小、脚细、皮薄肉嫩、瘦肉多脂肪沉积少，适于腌制选择金华"两头乌"猪的鲜后腿。腿坯重 5 ~ 7.5kg，平均 6.25kg 左右的鲜腿最为适宜。过大不易腌透或腌制不均匀；过小肉质太嫩，腌制时失水量大，不易发酵，肉质咸硬，滋味欠佳。

（2）修割腿坯　修整前，先用刮毛刀刮去皮面上的残毛和污物，使皮面光滑整洁。然后用削骨刀削平耻骨，修整坐骨，除去尾椎，斩去脊骨，使肌肉外露，再把过多的脂肪和附在肌肉上的浮油割去，将腿边修成弧形，腿面平整。再用手挤出大动脉内的淤血，最后使猪腿成为整齐的竹叶形。

（3）腌制　腌制是加工火腿的主要工艺环节，也是决定火腿质量的重要过程。根据不同气温，恰当地控制时间、加盐数量、翻倒次数，是加工火腿的技术关键。金华腌制系采用干腌堆叠法，用食盐和硝石进行腌制，腌制时需擦盐和倒堆 6 ~ 7 次，根据不同气温，适当控制加盐次数、腌制时间、翻码次数，是加工金华火腿的技术关键。腌制火腿的最佳温度在 0 ~ 10℃ 之间。以 5kg 鲜腿为例，说明其具体加工步骤。

根据金华地区的气候，在 11 月至次年 2 月间是加工火腿的最适宜的季节。温度通常在 3 ~ 8℃，腌制的肉温在 4 ~ 5℃。上盐主要是前三次，其余四次是根据火腿大小、气温差异和不同部位而控制盐量。在上盐的同时进行翻倒。每次上盐的数量与间隔时间视当时气温而定。总用盐量为腿重的 9% ~ 10%，需腌制 30 ~ 40d。

每次用盐的数量是：第一次用盐量占总用盐量的 15% ~ 20%，第二次用盐量占总用盐量的 50% ~ 60%，第三次用盐量变动较大，根据第二次加盐量和温度灵活掌握，一般在 15% 左右。

① 第一次上盐（上小盐，俗称出血水盐）：目的是使肉中的水分、淤血排出。将鲜腿肉面上敷一薄层盐，并在敷盐之际在腰椎骨节、耻骨节以及肌肉厚处敷少许硝酸钠。然后以肉面朝上重复依次堆叠，并在每层之间隔以竹条。在一般

气温下可堆叠 12～14 层，气温高时少堆叠几层或经 12h 再敷盐一次。这次用盐以少而均匀为准，因为这时腿肉含水分较多，盐撒多了，难停留，会被水分冲流而落盐，起不到深入渗透的作用。

② 第二次用盐（上大盐）：在上小盐的 24h 后进行第二次翻腿上盐，此次加盐的数量最多。在上盐前用手压出血管中的淤血，并在三签头上略放些硝酸钾。把盐从腿头撒至腿心，在腿的下部凹陷处用手指沾盐轻抹，用盐后仍按顺序整齐堆叠。

③ 第三次用盐（复三盐）：在第二次上盐后 3d 进行第三次上盐，根据鲜腿大小及三签处余盐情况控制用盐量。火腿较大、脂肪层较厚、三签处余盐少者适当增加盐量；火腿较小时只需稍加补盐。上盐后重新倒堆，上、下层互相调换。

④ 第四次用盐（复四盐）：第三次上盐后 7d 左右进行第四次用盐。目的是经上下翻堆后，借此检查腿质、温度及三签头盐溶化程度，如大部分已溶化需再补盐，并抹去黏附在腿皮上的盐，以防腿的皮色不光亮。

⑤ 第五次用盐（复五盐）：又经过 7d 左右，检查三签头上是否有盐，如无盐再补一些，通常 6kg 以下的腿可不再补盐。目的主要是检查火腿盐水是否用得适当，盐分是否全部渗透。大型腿（6kg 以上）如三签头上无盐时，应适当补加，小型腿则不必再补。

⑥ 第六次用盐（复六盐）：与复五盐完全相同。主要是检查腿上盐分是否适当，盐分是否全部渗透。

经过第六次上盐后，腌制时间已近 30d，小只鲜腿已可进行下一步的浸腿工序，大只鲜腿进地第七次腌制。

从腌制的方法上看，金华火腿的腌制口诀可总结为："头盐上滚盐，大盐雪花盐，三盐靠骨头，四盐守签头，五盐六盐保签头"。

在整个腌制过程中注意以下问题：

① 鲜腿腌制应根据先后顺序，依次按顺序堆叠，标明日期、只数。每批次按大、中、小三等，分别排列、堆叠，便于在翻堆用盐时不致错乱、遗漏，严防乱堆乱放。

② 4kg 以下的小火腿应当单独腌制堆叠，从开始腌制到成熟期，须另行堆叠，避免和大、中火腿混杂，以便控制盐量，保证质量。

③ 腿上擦盐时要有力而均匀，腿皮上切忌擦盐，避免火腿制成后皮上无光彩。

④ 每次翻堆，注意轻拿轻放，堆叠应上下整齐，不可随意挪动，避免脱盐。

⑤ 上述翻堆用盐次数和间隔天数，是指在 0～10℃气温下，如温度过高、过低等情况，则应及时调整翻堆和用盐的次数。

（4）浸腿和洗腿　将腌好的火腿放入清水中浸泡一定的时间，其目的是减少肉表面过多的盐分和污物，使火腿的食盐量适宜。浸泡的时间视火腿的大小和咸淡而异。如气温在 10℃ 左右，约 10h。浸泡时肉面向下，全部浸没，不得露出水面。

浸泡后进行洗刷。洗刷按一定顺序进行，先洗脚爪，然后依次为皮面、肉面。将盐污和油污洗净，使肌肉表面露出红色。

经过初次洗刷的腿，可在水中再进行第二次浸泡，时间 3h 左右，然后再进行第二次洗刷。

（5）晒腿和整形　浸泡洗刷完毕后，把火腿用绳吊起送往晒场进行晾晒。将腿挂在晒架上，用刀刮去剩余细毛和污物，约经 4h，待肉面无水微干后打印商标，再经 3~4h，腿皮微干时肉面尚软开始整形。

整形是在晾晒过程中将火腿逐渐校成一定的形状。将小腿骨校直，脚不弯曲，皮面压平，腿心丰满，使火腿外形美观，而且使肌肉经排压后更加紧缩，有利于贮藏发酵。

整形后继续晾晒，晒腿时间长短根据气候决定，一般冬季晒 5~6d，春季晒 4~5d，以晒至皮紧而红亮，并开始出油为度。

（6）发酵　火腿经腌制、洗晒和整形等工序后，在外形、质地、气味和颜色等方面还没有达到应有的要求，特别是没有产生火腿特有的风味。因此，必须经过发酵过程，一方面使水分继续蒸发，另一方面使肌肉中蛋白质、脂肪等发酵分解，使肉的色、香、味更好。

将晾晒好的火腿分层吊挂在库房中，彼此相隔 5~7cm，高度离地 2m，一般发酵期为 2~3 个月，到肉面上逐渐长出绿、白、黑、黄色霉菌时即完成发酵。发酵过程中，这些霉菌分泌的酶，使腿中蛋白质、脂肪发生分解作用，从而使火腿产生香气和鲜味。

金华火腿产区的气候和地理条件十分适合火腿的发酵，这些也是其他地区难以具备的。

（7）修整、落架堆叠　发酵完成后，腿部肌肉干燥而收缩，腿骨外露。为使腿形美观，要进一步修整。修整工序包括修平耻骨、修正股骨、修平坐骨，并从腿脚向上割去腿皮，达到腿正直，两旁均匀，腿身呈竹叶形。

经发酵修整后的火腿，根据干燥程度，分批落架，再按腿的大小分别堆叠。堆高不超过 15 只，采用肉面向上，皮面向下逐层堆放的方法，并根据气温不同每隔 10d 左右翻倒一次。

我国传统的火腿加工要经过 6~7 道工序，历时 7~10 个月。在火腿行业中通常称为"一个月的床头，五六天的日头，一百二十天的钉头，二'九'一'八'的折头"。即是说鲜腿堆叠在"腿床"上腌制 1 个月的时间才能成熟，腌制后要在太阳下晾晒 5~6d，再经过 120d 左右的时间进行发酵，腌制后的腿其质量是鲜腿的九折，晒好的腿又是腌腿质量的九折，发酵后的腿是晒好的腿重的八折，这样成品率约占鲜腿质量的 64%。

4. 产品质量

火腿的颜色可以鉴别加工季节，冬腿皮呈黄色，肉面酱红色、骨髓呈红色，脂肪黏性小；春腿呈淡黄色，骨髓呈黄色，脂肪黏性大。气味是鉴别火腿品质的主要指标，火腿的气味和咸味可用插签法鉴别，在图4-4所示部位插入三签。火腿的质量主要从色泽、气味、咸度、组织状态、质量、外形等方面来衡量。金华火腿质量规格标准见表4-1。

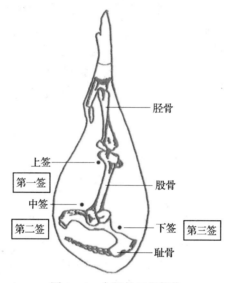

图4-4　火腿的三签部位

表4-1　　　　　　　　　　　　金华火腿质量标准

等级	香味	肉质	质量/ (kg/只)	外形
特级	三签香	瘦肉多，肥肉少，腿心饱满	2.5~5.0	竹叶形、细皮，爪弯，腿直，皮色黄亮，无红疤，无损伤，无虫蛀、鼠咬，油头小，无裂缝，刀工光洁，皮面印章端正、清楚
一级	二签香，一签好	瘦肉较少腿心饱满	2.0以上	出口腿无伤疤，内销腿无大红疤，其他要求同特级腿
二级	一签香，二签好	腿心稍偏薄，腿头部分稍咸	2.0以上	竹叶形，爪弯，腿直，稍粗，无虫蛀、鼠咬，刀工细致，无毛，皮面印章端正、清楚
三级	三签中，一签有异味（但无臭味）	腿质较咸	2.0以上	无鼠咬伤，刀工略粗，印章端正、清楚

中式火腿属于传统腌腊制品，加工季节性较强，冬季腌制、自然发酵是中式火腿的传统生产模式。采用传统加工技术，火腿生产就很难实现规模化、工业化、常态化。在传统技术的基础上，开展科技创新是改变中式火腿传统生产模式的必由之路，将腌制、发酵新技术、新工艺作为中式火腿技术创新的主要方向。

二、咸肉的加工

咸肉是以鲜猪肉或冻猪肉为原料，用食盐和其他调料腌制不加烘烤脱水工序而成的生肉制品。食用时需加热。咸肉的特点是用盐量多，它既是一种简单的贮藏保鲜方法，又是一种传统的大众化肉制品，在我国各地都有生产，其品种繁多，式样各异，著名的咸肉如浙江咸肉（也称家乡南肉）、江苏如皋咸肉（又称北肉）、四川咸肉、上海咸肉等。咸肉可分为带骨和不带骨两大类。

1. 材料与配方
猪肋条肉 100kg，精盐 15～18kg，花椒微量，硝酸钠 50～75g。

2. 咸肉的一般加工工艺
（1）工艺流程　原料选择→修整→开刀门→腌制→成品。

（2）操作要点

① 原料选择：鲜猪肉或冻猪肉都可以作为原料，肋条肉、五花肉、腿肉均可，但需肉色好，放血充分，且必须经过卫生检验部门检疫合格，若为新鲜肉，必须摊开凉透；若是冻肉，必须解冻微软后再行分割处理。带骨加工的腌肉，按原料肉的部位不同，分别以连片、小块、蹄腿取料。连片指去头、尾和腿后的片体；小块指每块 2.5kg 左右的长方形肉块（腿脚指带爪的猪腿）。

② 修整：先削去血脖部位污血，再割除血管、淋巴、碎油及横膈膜等。

③ 开刀门：为了加速腌制，可在肉上割出刀口，俗称"开刀门"。肉块上每隔 2～6cm 划一刀，浓度一般为肉质的 1/3。刀口大小、深浅、多少，根据气温和肌肉厚薄而定，如气温在 15℃ 以上，刀口要开大些、多些，以加快腌制速率；15℃ 以下则可小些、少些。

④ 腌制：在 3～4℃ 条件下腌制。干腌时，用盐量为肉重的 14%～20%，硝石 0.05%～0.75%，以盐、硝混合涂抹于肉表面，肉厚处多擦些，擦好盐的肉块堆垛腌制。第一层皮面朝下，每层间再撒一层盐，依次压实，最上一层皮面向上，于表面多撒些盐，每隔 5～6d，上下互相调换一次，同时补撒食盐，经 25～30d 即成。若用湿腌法腌制时，用开水配成 22%～35% 的食盐液，再加 0.7%～1.2% 的硝石，2%～7% 食糖（也可不加）。将肉成排地堆放在缸或木桶内，加入配好冷却的澄清盐液，以浸没肉块为度。盐液重约为肉重的 30%～40%，肉面压以木板或石块。每隔 4～5d 上下层翻转一次，15～20d 即成。

⑤ 腌肉清洗：用清水漂洗腌肉并不能达到退盐的目的，如果用盐水来漂洗

（只是所用盐水浓度要低于腌肉中所含盐分的浓度），漂洗几次，则腌肉中所含的盐分就会逐渐溶解在盐水中，最后用淡盐水清洗即可。

3. 成品的规格和检验指标

咸肉的规格首先是外观、色泽和气味应符合质量要求。外观要求完整清洁，刀工整齐，肌肉紧实，表面无杂物、无霉菌、无黏液。

色泽要求肉红、膘白，如肉色发暗、脂肪发红，即为腐败变质现象。咸肉的检验指标见表4-2和表4-3。

表4-2　　　　　　　　　　咸肉感官指标

项目	一级鲜度	二级鲜度
外观	外表干燥清洁	外表稍湿润，发黏，有时有霉点
色泽	有光泽，肌肉呈红色或暗红色，脂肪切片白色或微红色	光泽较差，肌肉呈咖啡色或暗红色，脂肪微带黄色
组织形态	肉质紧密而坚实，切面平整	肉质稍软，切面尚平整
气味	具有鲜肉固有的风味	脂肪有轻微酸败味，骨周围组织稍具酸味

表4-3　　　　　　　　　　咸肉理化指标

项目		一级鲜度	二级鲜度
挥发性盐基氮含量/（mg/100g）	≤	20	45
亚硝酸盐（以NaNO$_2$计）含量/（mg/kg）	≤	70	70

三、腊肉的加工

腊肉是我国古老的腌腊肉制品之一，是以鲜肉为原料，经腌制、烘烤而成的肉制品。我国生产腊肉有着悠久的历史，品种繁多，风味各异。选用鲜肉的不同部位都可以制成各种不同品种的腊肉，即使同一品种也因产地不同，其风味、形状等各具特点。以产地可分为广式腊肉（广东）、川味腊肉（四川）和三湘腊肉（湖南）等。广式腊肉以色、香、味、形俱佳而享誉中外，其特点是选料严格、制作精细、色泽美观、香味浓郁、肉质细嫩、芬芳醇厚、甘甜爽口；四川腊肉的特点是色泽鲜明，皮肉红黄，肥膘透明或乳白，腊香带咸、咸度适中。湖南腊肉肉质透明，皮呈酱紫色、肥肉亮黄、瘦肉棕红、味香浓郁食而不腻、风味独特。腊肉的品种不同，但生产过程大同小异，原理基本相同。

1. 材料与配方

猪肋条肉100kg、白糖3.7kg、亚硝酸钠5~15g、精盐1.9g、60°大曲酒1.6kg、酱油6.3kg、香油1.5kg。

2. 一般工艺

选料修整→配制调料→腌制→风干、烘烤或熏烤→成品→包装。

（1）选料修整　最好采用皮薄肉嫩、肥膘在1.5cm以上的新鲜猪肋条肉为原料，也可选用冰冻肉或其他部位的肉。根据品种不同和腌制时间长短，猪肉修割大小也不同，广式腊肉切成长38～50cm，每条重180～200g的薄肉条；四川腊肉则切成每块长27～36cm，宽33～50cm的腊肉块。家庭制作的腊肉肉条，大都超过上述标准，而且多是带骨的，肉条切好后，用尖刀在肉条上端3～4cm处穿一小孔，便于腌制后穿绳吊挂。

（2）配制调料　不同品种所用的配料不同，同一种品种在不同季节生产配料也有所不同。消费者可根据自行喜好的口味进行配料选择。

（3）腌制　一般采用干腌法、湿腌法和混合腌制法。

① 干腌：取肉条和混合均匀的配料在案上擦抹，或将肉条放在盛配料的盆内搓揉均可，搓擦要求均匀擦遍，对肉条皮面适当多擦，擦好后按皮面向下，肉面向上的顺序，一层层放叠在腌制缸内，最上一层肉面向下，皮面向上。剩余的配料可撒布在肉条的上层，掩制中期应翻缸一次，即把缸内的肉条从上到下，依次转到另一个缸内，翻缸后再继续进行腌制。

② 湿腌：腌制去骨腊肉常用的方法，取切好的肉条逐条放入配制好的腌制液中，湿腌时应使肉条完全浸泡在腌制液中，腌制时间为15～18h，中间翻缸两次。

③ 混合腌制：即干腌后的肉条，再浸泡腌制液中进行湿腌，使腌制时间缩短，肉条腌制更加均匀。混合腌制时食盐用量不得超过6%，使用陈的腌制液时，应先清除杂质，并在80℃温度下煮30min，过滤后冷却备用。

腌制时间视腌制方法、肉条大小、室温等因素而有所不同，腌制时间最短腌3～4h即可，腌制周期长的也可达7d左右，以腌好腌透为标准。

腌制腊肉无论采用哪种方法，都应充分搓擦，仔细翻缸，腌制室温度保持在0～10℃。

有的腊肉品种，像带骨腊肉，腌制完成后还要洗肉坯。目的是使肉皮内外盐度尽量均匀，防止在制品表面产生白斑（盐霜）和一些有碍美观的色泽。洗肉坯时用铁钩把肉皮吊起，或穿上线绳后，在清洁的冷水中摆荡漂洗。

肉坯经过洗涤后，表层附有水滴，在烘烤、熏烤前需把水晾干，可将漂洗干净的肉坯连钩或绳挂在晾肉间的晾架上，没有专设晾肉间的可挂在空气流通而清洁的地方晾干。晾干的时间应视温度和空气流通情况适当掌握，温度高、空气流通，晾干时间可短一些，反之则长一些。有的地方制作的腊肉不进行漂洗，它的晾干时间根据用盐量来决定，一般为带骨腊肉不超过0.5d，去骨腊肉在1d以上。

（4）风干、烘烤或熏烤　在冬季家庭自制的腊肉常放在通风阴凉处自然风干。工业化生产腊肉常年均可进行，就需进行烘烤，使肉坯水分快速脱去而又不能使腊肉变质发酸。腊肉因肥膘肉较多，烘烤时温度一般控制在45~55℃，烘烤时间因肉条大小而异，一般24~72h不等。烘烤过程中温度不能过高以免烤焦、肥膘变黄；也不能太低，以免水分蒸发不足，使腊肉发酸。烤房内的温度要求恒定，不能忽高忽低，影响产品质量。经过一定时间烘烤，表面干燥并有出油现象，即可出烤房。

烘烤后的肉条，送入干燥通风的晾挂室中晾挂冷却，等肉温降到室温即可。如果遇雨天应关闭门窗，以免受潮。

熏烤是腊肉加工的最后一道工序，有的品种不经过熏烤。烘烤的同时可以进行熏烤，也可以先烘干完成烘烤工序后再进行熏制，采用哪一种方式可根据生产厂家的实际情况而定。

（5）成品　烘烤后的肉坯悬挂在空气流通处，散尽热气后即为成品。成品率为70%左右。

（6）包装　现多采用真空包装，250g和500g不同规格包装较多，腊肉烘烤或熏烤后待肉温降至室温即可包装。真空包装腊肉保质期可达6个月以上。

四、板鸭的加工

板鸭是我国传统禽肉腌腊制品，始创于明末清初，至今有三百多年的历史，著名的产品有南京板鸭和南安板鸭，前者始创于江苏南京，后者始创于江西大余县（古时称南安）。两者加工过程各有特点，下面分别介绍两种板鸭的加工工艺。

1. 南京板鸭

南京板鸭又称"贡鸭"，可分为腊板鸭和春板鸭两类。腊板鸭是从小雪到立春，即农历十月到十二月底加工的板鸭，这种板鸭品质最好，肉质细嫩，可以保存三个月时间；而春板鸭是用从立春到清明，即由农历一月至二月底加工的板鸭，这种板鸭保存时间较短，一般一个月左右。

南京板鸭的特点是外观体肥、皮白、肉红骨绿（板鸭的骨并不是绿色的，只是一种形容的习惯语）；食用时具有香、酥、板（板的意义是指鸭肉细嫩紧密，南京俗称发板）、嫩的特色，余味回甜。

（1）材料与配方

① 主料：150kg新鲜光鸭（约70~80只）。

② 干腌辅料：食盐9.375kg（光鸭重的1/16）、八角46.875g（食盐重的0.5%）。

炒盐制备：按干腌辅料配方将食盐放入锅内，加入八角，用火炒熟，并磨细即制成炒盐。

③ 湿腌辅料：洗鸭血水150kg、食盐50kg、生姜100g、八角50g、葱150g。

盐卤的配制：按湿腌辅料配方将洗鸭血水中加入食盐，放锅中煮沸，使食盐溶解成为饱和溶液，撇去血污，澄清，用纱布滤去杂质，再加入打扁大片生姜，整形的八角，整根的葱，冷却后即成新卤。新卤经过腌鸭后多次使用和长期贮藏即成老卤，每200kg老卤可腌制板鸭70～80只。盐卤腌鸭4～5次后，必须煮沸一次，撇去上浮血污，并澄清。可适当补充食盐，使卤水保持一定咸度。

（2）工艺流程　原料选择→宰杀→浸烫褪毛→开膛取出内脏→清洗→腌制→成品。

（3）操作要点

① 原料选择：选择健康、无损伤的肉用性活鸭，以两翅下有"核桃肉"，尾部四方肥为佳，活重在1.5kg以上。活鸭在宰杀前要用稻谷（或糠）饲养一个时期（15～20d）催肥，使膘肥、肉嫩、皮肤洁白，这种鸭脂肪熔点高，在温度高的情况下也不容易滴油，变哈喇；若以糠麸、玉米为饲料则体皮肤淡黄，肉质虽嫩但较松软，制成板鸭后易收缩和滴油变味，影响气味。所以，以稻谷（或糠）催肥的鸭品质最好。

② 宰杀。

③ 腌制。

a 腌制前的准备工作：食盐必须炒熟、磨细，炒盐时每100kg食盐加200～300g茴香。

b 干腌：滤干水分，将鸭体人字骨压扁，使鸭体呈扁长方形。擦盐要遍及体内外。一般用盐量为鸭重的1/15。擦腌后叠放在缸中进行腌制。

c 制备盐卤：盐卤出食盐水和调料配制而成。因使用次数多少和时间长短的不同而有新卤和老卤之分。

新卤的配制：采用浸泡鸭体的血水，加盐配制，每100kg血水，加食盐75kg，放大锅内煮成饱和溶液，撇去血污与泥污，用纱布滤去杂质，再加辅料，每200kg卤水放入大片生姜100～150g，八角50g，葱150g，使卤具有香味，冷却后成新卤。

老卤：新卤经过腌鸭后多次使用和长期贮藏即成老卤，盐卤越陈旧腌制出的板鸭风味更佳，这是因为腌鸭后一部分营养物质渗进卤水，每烧煮一次，卤水中营养成分浓厚一些，越是老卤，其中营养成分越浓厚，而鸭在卤中互相渗透、吸收，使鸭味道更佳。盐卤腌制4～5次后需要重新煮沸，煮沸时可适当补充食盐，使卤水保持咸度，通常为22～25°Bé。

④ 抠卤：擦腌后的鸭体逐只叠入缸中，经过12h后，把体腔内盐水排出，这一工序称抠卤。抠卤后再叠大缸内，经过8h，进行第二次抠卤，目的是腌透并浸出血水，使皮肤肌肉洁白美观。

⑤ 复卤：抠卤后进行湿腌，从开口处灌入老卤，再浸没老卤缸内，使鸭体全部腌入老卤中即为复卤，经24h出缸，从泄殖腔处排出卤水，挂起滴净卤水。

⑥ 叠坯：鸭体出缸后，倒尽卤水，放在案板上用手掌压成扁型，再叠入缸内2～4d，这一工序称"叠坯"，存放时，必须头向缸中心，再把四肢排开盘入缸中，以免刀口渗出血水污染鸭体。

⑦ 排坯晾挂：排坯的目的是使鸭肥大好看，同时也使鸭子内部通气。将鸭取出，用清水净体，挂在木档钉上，用手将颈拉开，胸部拍平，挑起腹肌，以达到外形美观，置于通风处风干，至鸭子皮干水净后，再收后复排，在胸部加盖印章，转到仓库晾挂通风保存，2周后即成板鸭。排坯后的鸭体不要挤压，防止变形。晾挂时若遇阴雨天，则时间要适当延长。

⑧ 成品：成品板鸭体表光洁，黄白色或乳白色，肌肉切面平而紧密，呈玫瑰色，周身干燥，皮面光滑无皱纹，胸部凸起，颈椎露出，颈部发硬，具有板鸭固有的气味。保存中不要受潮或污染，在气候干燥时，可将腌制3周左右的鸭坯在缸内木板上盘叠堆起。

2. 南安板鸭

在明代南安府（今江西省赣州市大余县）南安镇方屋塘一带，就有板鸭生产。当时是一家一户加工，以其工艺取名曰："泡腌"。为了提高加工质量和出口价值，后对"泡腌"在色、香、味、形上不断摸索，总结经验，重视对毛鸭的育肥，改革生产工艺，并用辅板造型使鸭身成为桃圆形，平整干爽，因而得名"板鸭"。

南安板鸭加工季节是从每年秋分至大寒，其中立冬至大寒是制作板鸭的最好时期。可分早期板鸭（9月中旬至10月下旬）、中期板鸭（11月上旬至12月上旬）、晚期板鸭（12月中旬至翌年元月中旬），以晚期板鸭质量最佳。

南安板鸭的特点是：鸭体扁平、外形桃圆、肋骨八方形、尾部半圆形。尾油丰满不外露，肥瘦肉分明，具有狮子口、双龙珠、双挂勾、关刀形，枧槽能容一指、白边一指宽、皮色乳白、瘦肉酱色，食味特点是皮酥、骨脆、肉嫩、咸淡适中、肥肉不腻。其背部盖有长圆形"南安板鸭"珠红印章四枚，与翅骨及腿骨平行，呈倒八字形。

（1）工艺流程　鸭的选择→宰杀→脱毛→割外五件→开膛→去内脏→修整→烤制→造型晾晒→成品。

（2）操作要点

① 鸭的选择：制作南安板鸭选用麻鸭，该品种肉质细嫩、皮薄、毛孔小，是制作南安板鸭的最好原料。或者选用一般麻鸭。原料鸭饲养期为90~100d，体重1.25~1.75kg，然后以稻谷进行育肥28~30d，以鸭子头部全部换新毛为标准。

② 宰杀、脱毛。

③ 割外五件：外五件指两翅、两脚和一带舌的下颌。割外五件时，将鸭体仰卧，左手抓住下颌骨。右手持刀从口腔内割破两嘴角，右手用刀压住上颌，左手将舌及下颌骨撕掉；用左手抓住左翅前臂骨，右手持刀对准肘关节，割断内外韧带，前臂骨即可割下；再用左手抓住脚掌，用同样方法割去右翅和右脚。

④ 开膛、去内脏。

⑤ 修整：先割去睾丸或卵巢及残留内脏，将鸭皮肤朝下，尾朝前，放在操作台上，右手持刀放在右侧肋骨上，刀刃前部紧贴胸椎，刀刃后部偏开胸椎1cm

左右，左手拍刀背，将肋骨斩断，同时，将与皮肤相连的肌肉割断，并推向两边肋骨下，使皮肤上部黏有瘦肉。用同样的方法斩断另一侧肋骨。两侧肋骨斩断，刀口呈八字形，俗称劈八字。劈八字时母鸭留最后两根肋骨，公鸭全部斩断，最后割去直肠断端、生殖器及肛门，割肛门时只割去三分之一，使肛门在造型时呈半圆形。

⑥ 腌制。

a 盐的标准：将盐放入铁锅内用大火炒，炒至无水气，凉后使用。早水鸭（立冬前的板鸭）每只用盐 150～200g，晚水鸭（立冬后的板鸭）每只用盐 125g 左右。

b 擦盐：将待腌鸭子放在擦盐板上，将鸭颈椎拉出 3～4cm，撒上盐再放回揉搓 5～10 次，再向头部刀口撒些盐，将头颈弯向胸腹腔，平放在盐上，将鸭皮肤朝上，两手抓盐在背部来回擦，擦至手有点发黏。

c 装缸腌制：擦好盐后，将头颈弯向胸腹，皮肤朝下，放在缸内，一只压住另一只的三分之二，呈螺旋式上升，使鸭体有一定的倾斜度，盐水集中尾部，便于尾部等肌肉厚的部位腌透。腌制时间 8～12h。

⑦ 造型晾晒。

a 洗鸭：将腌制好的鸭子从缸中取出，先在 40℃ 左右的温水中冲洗一下，以除去未溶解的结晶盐，然后将鸭放在 40～50℃ 的温水中浸泡冲洗 3 次，浸泡时要不断翻动鸭子，同时将残留内脏去掉，洗净污物，挤出尾脂腺，当僵硬的鸭体变软时即可造型。

b 造型：将鸭子放在长 2m、宽 0.63m 吸水性强的木板上，先从倒数第四、第五颈椎处拧脱臼（旱水鸭不用），然后将鸭皮肤朝上尾部向前放在木板上，将鸭子左右两腿的股关节拧脱臼，并将股四头肌前推，便鸭体显得肌肉丰满，外形美观，最后将鸭子在板上铺开，四周皮肤拉平，头向右弯，使整个鸭子呈桃圆形。

c 晾晒：造型晾晒 4～6h 后，板鸭形状已固定，在板鸭的大边上用细绳穿上，然后用竹竿挂起，放在晒架上日晒夜露，一般经过 5～7d 的露晒，小边肌肉呈玫瑰红色，明显可见 5～7 个较硬的颈椎骨，说明板鸭已干，可贮藏包装。若遇天气不好，应及时送入烘房烘干。板鸭烘烤时应先将烘房温度调整至 30℃，再将板鸭挂进烘房，烘房温度维持在 50℃ 左右，烘 2h 左右将板鸭从烘房中取出冷却，待皮肤出现乳白色时，再放入烘房内烘干直至符合要求取出。

⑧ 成品包装：传统包装采用木桶和纸箱的大包装。现在结合各种保存技术进行单个真空包装。

【链接与拓展】

原料肉的其他解冻方法

原料肉除常用流动空气解冻和水解冻地方法外，还有如下方法。

（一）电解冻

电解冻主要包括低频电解冻、微波解冻和高压静电解冻。

1. 低频电解冻

低频电解冻（电阻型）是将冻结肉视为电阻，利用电流通过电阻时产的热使冰融化，该解冻方法采用交流电源，频率为50Hz或60Hz的低频。电阻型比空气型和水解冻的速度快2～3倍，设备费用较少、耗电少，运转费低，缺点是只能解冻表面平滑的块状冻结肉，肉块内部解冻不均匀，此外，在上下极板不完全贴紧时，只有贴紧部分才能通过电流，从而易产生过热冻品，有时还会出现煮过的状态。所以将低频解冻与传统热空气或水解冻相结合处理解冻肉能较好克服这一问题（首先利用空气解冻或水解冻，使冻结肉表面温度升高到 -10℃左右，然后利用低频解冻），可以改善电极板与肉的接触状态，同时还可以减少随后解冻中的微生物繁殖，解冻后肉的汁液流失率低，持水能力也得以改善。

2. 微波解冻

微波解冻是在交变电场作用下，采用频率为915MHz的微波源，直接作用于冻肉上，利用物质本身的电性质来发热使冻结品解冻。肉在微波的作用下，极性分子以每秒915MHz的交变振动摩擦而产生热量，以达到解冻目的。加热时微波穿透物料内外同时加热，不需要热传导，可带包装进行解冻，速度快、能耗低、环保卫生，温度均匀可控。

微波解冻应用于冻结肉的解冻工艺可分为调温和融化两种。调温一般是将解冻肉从较低温度调到正好略微低于水的冰点，即 -4 ～ -2℃，此时肉尚且处于坚硬状，更易于切片或进行其它加工；融化是将冻肉进行微波快速解冻，原料只需放在输送带上，直接用微波照射。微波解冻设备的最终温度一般选择在 -4 ～ -2℃为宜，此时冻品无水滴，也能用刀切割加工。

利用微波照射最大的优点是，速度快，效率高。同时能减少肉汁损失，改善卫生条件，提高产品质量。微波工艺为肉制品工业带来了极大的方便和经济效益。此外，微波解冻还可以防止由于传统方法在长时间解冻过程中造成的表层污染与败坏，提高了场地与设备的利用率，肉营养物质的损失也降低到最小。

微波解冻也有缺点。如：因为微波解冻对水和冰的穿透和吸收有差别（微波在冰中的穿透深度比水大，但是水吸收微波的速度比冰快），因此，已融化的区域吸收的能量多，容易在已融化的区域造成过热效应。现代微波解冻工艺中常从冷库中引出低于0℃的循环空气从冻肉表面吸收以免过热，但是这增加了工艺的难度，而且肉食品中蛋白质、脂肪、水分含量不同，吸收的热量也不相同。

微波解冻调温设备在国外食品企业的应用已十分普遍，在我国发展较快的食品企业也正在逐步使用，随着我国经济的高速发展、人们生活水平的日益提高，食品质量要求作为食品安全性的保障成为人民普遍关注的焦点。同时环境及资源的要求也不允许粗放的加工方式存在，因此传统的解冻方式已远远不能适应现代食品加工企业的发展要求。为了满足我国食品加工企业的需求，目前我国已经研制出国内领先水平的微波解冻回温设备，微波工作频率为915MHz或2450MHz，功率输出为20~200kW以上，完全能够满足不同产品质量、产量的要求。与国外微波设备相比具有投资少，操作维护方便的优点；与传统的解冻方式相比具有投资省、效率高、运营成本低、产品质量高，控制操作方便等优点。微波解冻是未来食品加工企业的解冻首选，也是我国食品解冻工艺的发展方向。

3. 高压静电解冻

高压静电（电压5~10kV，功率30~40W）解冻是一种有开发应用前景的解冻新技术。最早主要应用于蔬菜（如马铃薯）的解冻，日本最早已将高压静电技术应用于肉类解冻上，据报道，该技术在解冻质量和解冻时间上远优于空气解冻和水解冻。解冻后肉的温度较低（约-3℃），在解冻控制和解冻生产量上都优于微波解冻。

（二）蒸汽解冻法

蒸汽解冻法将冻肉悬挂在解冻间，向室内通入水蒸气，当蒸汽凝结于肉表面时，将解冻室的温度由5℃降低至1℃，并停止通入水蒸气。这种方法的优点在于解冻的速度快，肉的质量由于水汽的冷凝会增加0.5%~4.0%。一般约经过16h，即可使胴体的冻肉完全解冻。

（三）真空解冻

真空解冻法是利用水在真空状态下的低沸点所形成的水蒸气的热量使冻结的食品解冻的方法。真空解冻法的主要优点是解冻过程均匀和没有干耗。

（四）高压静水解冻法（HHP）

高压静水（50~1000MPa）解冻的原理是当压力上升到210MPa时水的凝固点下降，此时冰发生相转变，凝固点又上升，因此高压下水的未冻结区是潜在的解冻区域。在日本高压已用于解冻鱼肉，高压静水解冻肉品比传统方法快得多。例如，2kg冻牛肉在加压至200MPa时解冻只需8min，在常压下50℃解冻需7h，解冻后牛肉的风味和持水性保持较好。在HHP过程中影响解冻效果的因素主要是压力的大小和处理时间的长短，施加的压力越高，冻牛肉中心部位温度越低。但当温度低于-24℃或-25℃时，不管压力多高，冻牛肉也不能解冻。从能量有效利用的角度考虑，在HHP过程中，合适的加热处理是必要的，用于冰的融化和防止减压时发生重结晶。由于高压静水解冻时间短，解冻过程中，压力大小和处理时间影响解冻速率和产品品质，因此在最低有效温度下解冻大量肉制品时，采用HHP是最有利的方法。

综上所述，冻结肉的不同解冻方法各有利弊，在肉制品加工业中，要针对不同的解冻对象选择合适的解冻方法，同时还要考虑到产量，设备等多方面的因素。就发展前景而言，微波解冻，高压静水解冻及高压静电解冻是肉质制品加工较为理想的解冻方法。

【实训一】　肉糜的静态腌制

一、实训目的

通过实训使学生掌握肉糜的腌制的基本原理和方法，掌握腌制的操作要点。

二、材料与工具

1. 原辅材料

猪瘦肉 100kg、食盐 2.5kg、三聚磷酸盐 0.2kg、六偏磷酸盐 0.2kg、焦磷酸盐 0.1kg、白砂糖 1.0kg、亚硝酸钠 10g、味精 0.2kg、异维生素 C–Na 0.2kg、冰水 20kg。

2. 主要仪器与设备

台秤、天平、绞肉机、搅拌机等。

三、方法步骤

1. 原料选择

采用经兽医宰前宰后检验合格、来自非疫区的新鲜猪肉或冻猪肉，冻猪肉采用自然解冻，15~18℃、24h 完成解冻。解冻后的肉色鲜红，富有弹性，无肉汁析出，无冰晶体，气味正常。新鲜猪肉中心温度不高于 7℃。原料肥瘦比控制在 2∶8~3∶7。

2. 绞制

瘦肉用 $\phi8$ 孔板的绞肉机绞碎，小块肥膘随瘦肉一同用 $\phi8$ 孔板绞碎，大块肥膘用 $\phi6$ 孔板的绞肉机绞碎。

3. 搅拌

准确称量各种腌制剂和所需冰水，将绞碎后的原料倒入搅拌机，开始搅拌。取少许冰水将亚硝酸钠溶化，并均匀加入搅拌机中，搅拌 1~2min 后，将糖、盐、味精均匀加入，并将一半的冰水加入继续搅拌，然后均匀加入各种磷酸盐和所剩冰水，继续搅拌 2~3min 后，将异维生素 C–Na 均匀加入，搅拌 1~2min 均匀后停止搅拌，将原料卸出。

4. 腌制

在搅拌均匀的原料上面铺上一层干净的塑料布，将原料放入 0~4℃ 腌制间静止腌制。

四、结论

经过 24h 的腌制，徒手将原料扒开，容器中间部位的原料变为玫瑰红色，表明已经腌透。

五、注意事项

（1）严格控制腌制间温度。

（2）所有与原辅材料接触的工具、设备用前用后必须冲洗干净。

【实训二】 牛排的加工

一、实训目的

通过制作牛排，熟悉滚揉肉腌制技术，掌握普通牛排的加工技术和关键操作点。

二、材料与设备

1. 原辅材料与配方

牛里脊肉 100kg、食盐 2.5kg、亚硝酸钠 10g、白砂糖 1.5kg、复合磷酸盐 0.3kg、异维生素 C – Na 0.1kg、味精 0.2kg、木瓜蛋白酶制剂 0.5kg、鲜鸡蛋 8 枚、冰水 20kg。

2. 主要设备

切肉机、真空滚揉机、真空包装机等。

三、方法与步骤

1. 原料处理

将冻藏的里脊略微解冻或将鲜里脊略微速冻，以切片机能够顺利切片为准。用切片机将里脊切为厚 1.0mm 左右的肉片，并修掉边角，质量控制在每块 150g 左右。

2. 解冻

将原料肉利用空气解冻至 0℃ 左右。

3. 滚揉腌制

将原料肉倒入滚揉桶，各种辅料准确称重，依次加入用少量冰水溶解的亚硝酸钠、糖、盐、味精、复合磷酸盐、去壳的蛋液、蛋白酶、冰水和异维生素 C – Na，启动滚揉机，在 0 ~ 4℃ 滚揉间真空滚揉，采用滚揉 30min、静止 30min 的间歇滚揉方法，共滚揉 3h。

4. 静止腌制

停止滚揉后，仍在滚揉桶中静止腌制 20h 左右。

5. 真空包装

将原料卸出，装入真空袋，控制每块质量 180g 左右，真空包装。

6. 速冻

在 -39 ~ -37℃的速冻间，冻结 2h，使中心温度达到 -15℃以下。

7. 冻藏

在 -18℃冻藏，可保存 6 个月。

四、品评

将速冻后的牛排解冻，用平底煎锅，加黄油在 170℃左右煎成五成熟、七成熟，蘸取番茄酱，鉴别其嫩度、鲜度、多汁性、咸淡程度等。

五、注意事项

（1）滚揉时间、静止腌制时间、蛋白酶使用量等要以腌制适度为标准，切忌腌制过度。

（2）煎制时切忌熟透，失去牛排的西式风味。

（3）所有与原辅材料接触的工具、用具、设备用前用后要清洗干净。

学习情境五

灌制类产品加工技术

灌制类产品包括灌肠和灌制火腿两大类，灌肠制品（sausage products）是我国肉类制品中品种最多的一大类制品，是以畜禽肉为原料，经腌制（或不腌制）、斩拌或绞碎而使肉成为块状、丁状或肉糜状，再配上其他辅料，经搅拌或滚揉后而灌入天然肠衣或人造肠衣内经烘烤、熟制和熏烟等工艺而制成的熟制制品或不经腌制和熟制而加工成的需冷藏的生鲜制品。其具体名称多与产地有关，如意大利肠、法兰克福肠、维也纳肠、波兰肠、哈尔滨红肠等。习惯上把我国原有的加工方法生产的产品称之为香肠或腊肠，或中式香肠。把国外传入的方法加工的产品称之为灌肠或西式灌肠。

这类产品的特点是可以根据消费者的爱好，加入各种调味料，加工成不同风味的灌肠类制品，因而品种繁多，口味不一。据报道维也纳香肠就有 2000 多种不同的风味，我国各地生产的香肠制品最少也有数百种。目前，对灌肠类肉制品还没有一个统一的分类方法。

按制作情况，分非加热制品和加热制品；按生熟情况，分生香肠（鲜香肠）和熟香肠；按烟熏情况，分烟熏肠和非烟熏肠；按发酵情况，分发酵肠和不发酵肠；按脱水程度，分干香肠（失水 > 30%，$A_w \leqslant 0.90$）、半干香肠（失水 > 20%，$A_w = 0.93$）、非干香肠（失水 > 10%）；按原料肉切碎的程度，可分为绞肉型肠和肉糜型肠；按原料肉腌制程度，可分为鲜肉型肠和腌肉型肠；按添加填充料，可分为纯肉肠和非纯肉肠；按所用原料肉，可分为猪肉肠、牛肉肠、兔肉肠、混合肉肠等。

根据我国各生产厂家的灌肠肉制品加工工艺特点，大体可分为以下几种类型。

1. 生鲜灌肠制品

用新鲜肉，不经腌制，不加发色剂，只经绞碎，加入调味料，搅拌均匀后灌入肠衣内，冷冻贮藏。食用前需煮制。如新鲜猪肉香肠。

2. 烟熏生灌肠制品

用腌制或不腌制的原料肉，切碎，加入调味料后搅拌均匀灌入肠衣，然后烟熏，而不熟制食用前熟制即可。如色拉米香肠、广东香肠等。

3. 熟灌制制品

用腌制或不腌制的肉类，绞碎或斩拌，加入调味料，搅拌均匀后灌入肠衣，熟制而成。有时候稍微烟熏，一般无烟熏味。如泥肠、茶肠、法兰克福肠等。

4. 烟熏熟灌肠制品

肉经腌制、绞碎或斩拌，加入调味料后灌入肠衣，然后熟制和烟熏。如哈尔滨红肠、香雪肠。

5. 发酵灌肠制品

肉经绞碎、腌制，加入调味料后灌入肠衣，可烟熏或不烟熏，然后干燥、发酵，除去大部分水分。如色拉米香肠。

6. 粉肚灌肠制品

原料肉取自边角料、腌制、绞切呈丁，加入大量的淀粉和水，充填入肠衣或猪膀胱内，再熟制和烟熏。如北京粉肠、小肚等。

7. 特殊制品

用一些特殊原料，如肉皮、麦片、肝、淀粉等，经搅拌，加入调味料后制成产品。

8. 混合制品

以畜肉为主要原料，再加上鱼肉、禽肉或其他动物肉等制成的产品。

中式香肠与西式灌肠加工的主要区别见表 5 – 1。

表 5 – 1　　　　　　　　　国内外灌制品加工的主要区别

	中式香肠	西式灌肠
原料肉	以猪肉为主	除了猪肉以外，可用猪肉与其他肉混合（牛肉）
原料肉的处理	瘦肉肥肉都切成丁	瘦肉成馅，肥肉成丁或瘦肥肉都要成肉馅
调味料	加酱油不加淀粉	加淀粉不加酱油，草果、胡椒、洋葱及大蒜
日晒烟熏	长时间日晒挂晾	烘烤烟熏
包装容器	猪、羊的小肠进行灌制，体积小	牛盲肠或猪、牛的大肠进行灌制，体积大
含水量	≤20% 可长期保存	40%，保藏性差

学习任务一　　肠衣的加工及选用技术　🔍

肠衣（casting）是灌肠制品的特殊包装物，主要分为两大类，即天然肠衣和人造肠衣。

一、天然肠衣

天然肠衣是用猪、牛、马、羊等动物的大肠、小肠、盲肠、食管和膀胱等消化系统或泌尿系统的脏器，经自然发酵或冲洗，去除黏膜后盐渍或干制而成。有些脏器，如胃、大肠等也可在新鲜时使用。天然肠衣可食用，弹性好，可以防止突然失水，具有安全性、水汽透过性、烟熏味渗入性、热收缩性和对肉馅的黏着性，还有良好的韧性和坚实性，是灌肠中传统的理想肠衣。

天然肠衣因加工方法不同，分干制和盐渍两类。干制肠衣的商品形式成捆成扎的；盐渍肠衣用橄榄形的桶装，以"把"为单位，每把根数固定。如图 5-1 所示。

图 5-1　干制和盐渍猪肠衣

天然肠衣的直径不尽相同，厚度也有区别，有的甚至弯曲不齐。对灌制品的规格和形状有一定影响，特别是对于定量包装产品受到一定的限制，同时它取自畜体，数量有限。天然肠衣由于加工关系，常有某些缺点。例如：猪肠衣经盐蚀后会部分失去韧性，无拉力，加工时灌肠不净，容易带有杂质和异味，与金属器具接触会产生黑斑等。此外，加工和保管过程中，容易遭到虫蛀，出现孔洞（沙眼）和异味、哈味、变黑等。

（一）盐渍猪肠衣的加工技术

1. 取肠

猪宰后，先从大肠与小肠的连接处割断，随即一只手抓住小肠，另一只手抓住肠网油，轻轻地拉扯，使肠与油层分开，直到胃幽门处割下。

2. 捋肠

将小肠内的粪便尽量捋尽，然后灌水冲洗，此肠称为原肠。

3. 浸泡

从肠大头灌入少量清水，浸泡在清水木桶或缸内。一般夏天 2~6h，冬天 12~24h。冬天的水温过低，应用温水进行调节提高水温。要求浸泡的用水要清洁，不能含有矾、硝、碱等物质。将肠泡软，易于刮制，又不损害肠衣品质。

4. 刮肠

把浸泡好的肠放在平整光滑的木板（刮板）上，逐根刮制。刮制时，一手捏牢小肠，一手持刮刀，慢慢地刮，持刀须平稳，用力应均匀。既要刮净，又不损伤肠衣。

5. 盐腌

每把肠（91.5m）的用盐量为 0.7~0.9kg。要轻轻涂擦，到处擦到，力求均匀。一次腌足。腌好后的肠衣再打好结，放在竹筛上，盖上白布，沥干生水。夏天沥水 24h，冬天沥水 2d。沥干水后将多余盐抖下，无盐处再用盐补上。

6. 浸漂拆把

将半成品肠衣放入水中浸泡、折把、洗涤、反复换水。浸漂时间夏季不超过2h，冬季可适当延长。漂至肠衣散开、无血色、洁白即可。

7. 灌水分路

将漂洗净的肠衣放在灌水台上灌水分路。肠衣灌水后，两手紧握肠衣，双手持肠距离 30~40cm，中间以肠自然弯曲成弓形，对准分路卡，测量肠衣口径的大小，满卡而不碰卡为本路肠衣。测量时要勤抄水，多上卡，不得偏斜测量。盐渍猪小肠衣分路标准见表 5-2。

表 5-2　　　　　　　　　　　　猪小肠衣分路标准

路别	口径/mm	路别	口径/mm
4	30~32	7	36~38
5	32~34	8	38~40
6	34~36	9	40 以上

注：每把长度 91.5m，节数 18 节，起用长度 1.37m。

8. 配码

将同一路的肠衣，在配码台上进行量码和搭配。在量码时先将短的理出，然后将长的倒在槽头，肠衣的节头合在一起，以两手拉着肠衣在量码尺上比量尺寸。量好的肠衣配成把。配把要求：要求每把长 91.5m，节头不超过 18 节，每节不短于 1.37m。

9. 盐腌

每把肠衣用精盐（又称肠盐）1kg。腌时将肠衣的结拆散，然后均匀上盐，再重新打好把结，置于筛盘中，放置 2~3d，沥去水分。

10. 扎把

将肠衣从筛内取出，一根根理开，去其经衣，然后扎成大把。

11. 装桶包装

扎成把的肠衣，装在木制的"腰鼓形"的木桶内，桶内用塑料袋再衬白布袋，将肠衣在白布袋里由桶底逐层整齐地排列，每一层压实，撒上一层精盐。每桶 150 把，装足后注入清洁热盐卤 24°Bé。最后加盖密封，并注明肠衣种类、口径、把数、长度、生产日期等。

12. 贮藏

肠衣装在木桶内，木桶应横放贮藏，每周滚动一次，使桶内卤水活动，防止肠衣变质。贮藏的仓库须清洁卫生、通风。温度要求在 0~10℃，相对湿度85%~90%。还要经常检查和防止漏卤等。

在行业中，将每把肠衣规格一致的，称为"清路"或"清把"，将不同口径的缠为一把的称为"混路"或"混把"，将众多1～2m的肠衣缠为一把的称为"短把"。

（二）干制肠衣的加工技术

1. 泡肠

刮制前的原肠，冬天可用缸以清水泡1d以上（春夏秋泡1d），但不要超过3d，并要每天换水。

2. 刮制

将肠放在刮板上摆顺，以左手按住原肠，右手持刮刀由左向右均匀地刮动，刮去肠中的黏膜与肠皮。在刮制时，要用水冲、灌、漂，把色素排尽。遇有破眼，即在该部位割断，同时将弯头、披头割去。在冬季加工需用热水刮肠。

3. 食用碱处理

将翻转洗净的原肠，以10根为1套，放入缸或木盆里，每70～80根用5%食用碱碱溶液2500mL，倒入缸或盆中，迅速用竹棒搅拌肠子便可洗去肠上油脂，如此漂洗15～20min，就能使肠子洁净，色质变好。

4. 漂洗

将去脂后的肠子放入盛有清水的缸中浸漂（夏季3h，冬季24h），常换水，漂成白色。

5. 腌肠

腌肠可使肠子收缩，制成干肠衣后不会随意扩大。腌制方法：将肠子放入缸中，加盐，9m长用盐0.75～1kg。腌渍12～24h，夏天可缩短，冬天可稍长。

6. 水洗

用水把盐渍漂洗干净。

7. 吹气

洗净后的肠衣，用气枪吹气，检查有无漏洞。

8. 干燥

吹气后的肠衣，可挂在通风处晾干，或放在干燥室内（室温29～35℃），让其快干。

9. 压平

将干燥后的肠衣一头用针刺孔，以便空气排出，然后均匀地喷上水，用压肠机将肠衣压扁，然后包扎成把，即可装箱待销。

干制肠衣的保管过程中应注意一定要放在通风干燥场所，防止虫蛀。

（三）常用天然肠衣合格品的要求

1. 盐渍猪大肠合格品的要求

清洁，新鲜，去杂质，气味正常，毛圈完整，呈白色或乳白色。按长度分为3个规格，1路，60mm以上；2路，50～60mm；3路，45～50mm。

2. 盐渍羊小肠合格品的要求

肠壁坚韧，无痘疔，新鲜，无异味，呈白色或青白色、灰白色、青褐色。按长度分为 6 个规格：1 路，22mm 以上；2 路，20～22mm；3 路，18～20mm；4 路，16～18mm；5 路，14～16mm；6 路，12～14mm。

3. 盐渍牛小肠合格品的要求

新鲜，无痘疔、破洞，气味正常，呈粉白色或乳白色、灰白色。按长度分为 4 个规格：1 路，45mm 以上；2 路，40～45mm；3 路，35～40mm；4 路，30～35mm。

4. 盐渍牛大肠合格品要求

清洁，无破洞，气味正常，呈粉白色或乳白色、白色、灰白色、黄白色。按长度分为 4 个规格：1 路，55mm 以上；2 路，45～55mm；3 路，35～45mm；4 路，30～35mm。

5. 干腌猪膀胱合格品要求

清洁，无破洞，带有尿管，无臊味，呈黄白色或黄色、银白色。按折叠后的长度分为 5 个规格：1 路，35mm 以上；2 路，30～35mm；3 路，25～30mm；4 路，20～25mm；5 路，15～20mm。

（四）天然肠衣的贮存与使用前的准备

肠衣如果管理不善，就会变质，尤其在炎热的夏季，更应该特别注意。目前我国肠衣主要贮存在冷库、地下室、山洞、地窖仓库。在贮存中，仓库必须保持清洁、通风，温度控制在 0～10℃，相对湿度控制在 85%～90%。肠衣桶应横倒在木架上，每周滚动 1 次，使桶内卤水活动，保证常以质量。

干制肠衣应以防虫蛀、鼠咬、受潮、发霉为主，仓库必须保持干燥、通风，温度最好控制在 20℃ 以下，相对湿度 50%～60%，要专库专用，避免风吹、暴晒、雨淋，不要放在高温处，不要与有特殊气味的物品放在一起。

在使用肠衣前，应根据各种灌制品的规格，合理选用肠衣的品种和规格。一般以口径为标准，在同一批次生产中务求肠衣规格一致，大小、粗细相同，否则影响灌制品的外观、形状和质量。

干肠衣、盐渍肠衣均需在使用前用温水冲洗，特别是盐渍肠衣，需充分水冲至发白、无异味、无杂质为准，并检出有孔洞和规格不一的肠衣。干肠衣质干易破裂，浸泡后变成柔软状态方可使用，不必内外翻转冲洗。

凡使用牛大肠制成的直形灌肠，需将制品肠衣按成品规定长短剪断，并用线绳结扎其中一端，以便逐根灌制。灌制品经烘烤、煮制、烟熏后长度缩短 10%～15%，因此每根肠衣长度需相应放长。用猪、牛、羊小肠灌制的产品，大多呈弯曲状，一般采用整根，用扭转方法分段，不必剪断。但所有灌制品为了保证外观整齐，都需在加工过程中把多余的结扎肠衣剪断。

二、人造肠衣

人造肠衣使用方便，易于灌制，可以做到商品规格化，装潢美观，对商品规格化和新工艺的采用具有一定意义。同时人造肠衣用作包装材料的薄膜一般具有透明、柔软、化学性质稳定、强度大、防潮、防火、耐腐蚀、耐油、耐热、耐寒、可热黏合、质量轻、耐污染、卫生、适应气温变化性强等特点，特别是塑料肠衣能够印刷标示图案等。如果某种单层薄膜性能达不到使用要求时，就需要有选择的把几种薄膜复合在一起。

用作肉制品包装的薄膜，应具有如下特性：气密性好、防潮、热合性好、无味、无臭、无毒、耐热、耐蒸煮、防止紫外线透过、耐油、耐腐蚀、耐寒、适应机械操作等特性。如果选择的薄膜难以适应内容物的特点，就会引起变质腐烂，并会产生机械操作中诸如黏合不好、阻塞、起皱破裂、穿孔、发霉、虫害等现象。因此，人造肠衣因原料不同，可分为三类：纤维素肠衣、胶原蛋白肠衣、塑料肠衣。

（一）纤维素肠衣

用天然纤维素如棉绒、木屑、亚麻和其他植物纤维制成，其大小、规格不同，又能经受高温快速加工，充填方便，抗裂性强，在湿润情况下也能进行熏烤。根据纤维素的加工技术不同，这种肠衣分为小直径纤维素肠衣、大直径纤维素肠衣和纤维状肠衣。纤维素肠衣不能食用，不能随肉馅收缩，在制成成品后要剥去。

1. 小直径纤维素肠衣

这种肠衣主要应用在制作熏烤成串的无肠衣灌制品和小灌制品中。肠衣全长为 2.13 ~ 4.86m，充填直径（折径）为 1.5 ~ 5cm。长度太长不便套挂，操作麻烦费事。因此，制成后还需经过抽褶，把肠衣按一定长度进行压制（如 1.5m 的肠衣压缩到几厘米长）。这样不仅可以节省套挂时间，并可使充填机的速率加快到 79 ~ 90m/min。

为了增大肠衣的柔韧性，充填时不破裂，套挂前必须用水把肠衣喷湿，经过充填结扎后的产制品就可挂在熏杆上进行熏烤。

烟熏过的灌制品要用冷水喷淋，随后送到 0 ~ 4℃的冷库中过夜，或急冷 5 ~ 10min，或使用盐水冷却剂冷却干燥后去掉肠衣，再进行包装。

纤维素肠衣中，还有一种经化学处理的肠衣，该肠衣在制成灌制品后很容易剥掉，所以又称易剥纤维素小肠衣。

2. 大直径纤维素肠衣

按照肠衣类型有可分为普通肠衣、高收缩性肠衣和轻质肠衣。

（1）普通肠衣 应用比较广泛，可制成不同规格的灌制品，充填直径（折径）5 ~ 12cm，并且有透明、琥珀、淡黄色等色泽。这类肠衣使用前需浸泡在水中，基本上可当作腌肉和熏肉的包装来固定成型。该肠衣计较坚实，不宜在加工中破裂。

（2）高收缩性肠衣 这种肠衣适用范围也较广泛，在制作时经过特殊处理，因此，收缩柔韧性很高，特别适合生产大型蒸煮肠和火腿，充填直径可达 7.6 ~ 20cm，成品外观比较好。

（3）轻质肠衣 肠衣很薄，透明、有色，充填直径有 8 ~ 24cm，适合包装火腿及面包式的肉制品，但不适合蒸煮。

使用以上肠衣时，要注意以下几点。

（1）浸泡　充填前将肠衣浸泡在冷水或 10～40℃的温水中 30min，对于油印标示的肠衣浸泡时间还要更长，以保证印色浸透清楚，用剩的肠衣脆裂后不能继续使用。

（2）充填　使用大直径的纤维素肠衣和小直径的充填方法不同。因为每一根肠衣就是一根产品，因此，每充填一根都要用线结扎或铅丝打卡封口，并在风干时吊挂，充填后的灌制品如果不能立即进行蒸煮，可先浸泡在冷水中。这种肠衣不需要针刺排气。

（3）冷却　经蒸煮后的灌制品一定要用冷水冷却，使灌制品内部温度降至 37℃以下，这样可防止产品移入冷却间前发生收缩，也有利于内容物的充分冷却，切忌将产品在空气中自然干燥。

3. 纤维状肠衣

纤维状肠衣是一种最为粗糙的肠衣，只适合生产烟熏产品，按其性质可分为以下四类。

（1）普通纤维状肠衣　具有透明、琥珀、淡黄、浅红等色泽，充填直径 5～20cm。生产时，为了排除肠内气泡，需人工扎孔。一些切割产品、带骨卷筒火腿、加拿大火腿等均使用这种肠衣。

（2）易剥皮肠衣　这种肠衣涂有特殊而又容易脱掉的涂料，灌制品脱掉皮后，不影响外观。该肠衣有红、棕、琥珀、黑等色泽。

（3）不透水肠衣　性能基本与普通肠衣相同，不同的是它的外面涂有聚偏二氯乙烯，以阻止水分和脂肪渗透，使用这种肠衣一般都是只蒸煮不烟熏的灌肠或面包肉肠。

（4）纤维状干肠衣　主要用于充填干香肠，干燥时肠衣黏附在香肠上，外观较好。

使用以上肠衣，要注意以下几点。

（1）贮存　要存放在阴凉、干燥的地方，特别要远离蒸汽管道，贮藏中要保持一定的温度和湿度，温度最好控制在 15～26℃，相对湿度对小型肠衣来说，不低于65%。

（2）浸泡　使用前要用 38～40℃的温水浸泡 30min 以上，一次不能浸泡太多，以免浪费。对于不透水肠衣和内涂聚偏二氯乙烯的肠衣，浸泡的时间不应低于 2h。

（3）充填　这种肠衣有 10% 的收缩率，灌肠时要充填饱满，且灌肠嘴的直径要与肠衣折径相吻合。

（4）热加工　除不透水肠衣和聚偏二氯乙烯肠衣外，所有肠衣都可以进行烟熏，不宜烟熏的肠衣只能进行蒸煮。

（二）胶原蛋白肠衣

胶原蛋白肠衣是一种由动物皮胶制成的肠衣，虽然比较厚，但有较好的物理性能。分为可食和不可食两种。

1. 可食胶原蛋白肠衣

外观如图 5 - 2 所示，适合生产鲜肉灌肠及其他小灌肠，目前市场上的台湾烤肠都是用这种肠衣生产的。其特点是肠衣本身可以吸收少量水分，比较软嫩，规格一致，有利于定重。

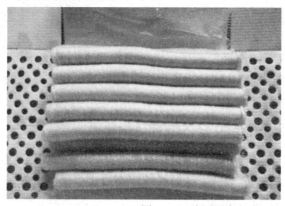

图 5 - 2　胶原蛋白肠衣

2. 不可食胶原蛋白肠衣

这种肠衣比较厚，大小规格不一，性状也不尽相同，主要用于生产干香肠。

3. 使用胶原蛋白肠衣注意事项

灌肠时，必须保持湿度在 40% ~50%，否则肠衣会因干燥而破裂，但湿度过大又会引起潮解而化为凝胶，并使产品软坠。灌肠时还要注意松饱适度，否则烘烤时容易造成破裂，蒸煮时会使肠衣软化。在灌肠时，还要用自来水浸泡，剩余肠衣晾干后，塑料袋包装即可。

胶原蛋白肠衣应放在 10℃ 以下贮存活在肠衣箱中进行冷却，否则在温度、湿度适宜的情况下易发生霉变。

（三）塑料肠衣

塑料肠衣是用聚偏二氯乙烯（PVDC）和聚乙烯薄膜制成的。火腿肠使用的是 PVDC 薄膜的片材，需要的灌制时自动热合与打卡，这种肠衣采用四层共挤技术，薄膜具有一定的热收缩性，因此产品外观光洁，没有褶皱，它的耐高温性能决定了经常被用来生产高温肉制品，这种薄膜还具有一定的强度和高阻断性，水分、空气的透过率极低，有利于肉制品长期存放，还能在这种肠衣上印制、打印各种标示。

市场上常见的三明治火腿或盐水火腿常用的是三层共挤或五层共挤的热收缩膜，它除了不耐高温（也有耐高温的产品）、是筒材以外，其他特性与 PVDC 无异。

早年生产低档次灌肠使用的尼龙肠衣现在市场已不多见，尼龙肠衣虽然有足够的强度，但不能高温，不能烟熏，而且不能阻隔水分和空气的透过，因此产品久放，外观发皱。

（四）玻璃纸肠衣

玻璃纸又称透明纸，是一种纤维素薄膜，常用无色的，也有有色的，市场上的圆火腿常用玻璃纸肠衣。这种肠衣柔软而有伸缩性，由于它的纤维素晶体呈纵向平型排列，故纵向强度大，横向强度小。玻璃纸因塑化处理而含有甘油，因而吸水性大，在潮湿时发生皱纹，甚至相互黏结，遇热时因水分蒸发而使纸质发脆，特别是这种纸具有不透过油脂、干燥时不透过气体，在潮湿时蒸汽透过率高，因而灌肠后可以烟熏。玻璃纸肠衣可印制标示，可层合，强度高，性能优于天然肠衣，成本比天然肠衣低，在生产过程中，只要操作得当，几乎不出现破裂现象。

学习任务二 灌肠产品生产的加工技术

一般低温灌肠类产品的工艺流程为：原料肉选择→解冻→绞制→腌制（→混合）→斩拌→灌装→干燥→蒸煮→烟熏→冷却→真空包装→二次杀菌→冷却吹干→贴标→入库。在高温火腿肠的生产中，不需要干燥、真空包装和二次杀菌，而是采取高温杀菌的方法。

一、原料绞制技术

绞肉系指用绞肉机将肉或脂肪切碎称为绞肉。是将大块的原料肉切割、研磨和破碎为细小的颗粒（一般为 2～10mm），便于在后道工序如斩拌、混合、乳化中，将各种不同的原料肉按配方的要求，准确均匀地搭配使用。绞肉机是加工各种香肠或乳化型火腿必备的设备，其结构原理见图 5-3。

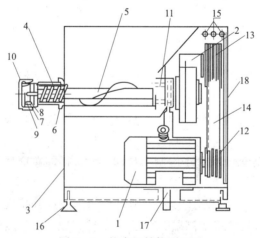

图 5-3 绞肉机结构原理图

1—电动机 2—减速机 3—机体外壳 4—螺杆外套 5—螺杆
6—锁紧装置 7—孔板 8—绞刀 9—压套 10—螺帽 11—轴瓦 12—小皮带轮
13—大皮带轮 14—三角皮带 15—电气控制按钮 16—可调地脚 17—排水管 18—门

工作前将绞肉刀安装在螺旋送料器的前端，将绞肉孔板紧贴绞刀，用压板螺母固定在机头部，电动机通过减速机带动螺旋输送机及绞刀一起旋转。原料肉在料斗中由于重力的作用落入螺旋供料器，螺旋轴的螺距后面比前面大（有的同时螺旋轴直径后面也比前面小），由于腔内容积的变化，随着螺旋轴的旋转，原料肉形成挤压力，把料斗内的原料肉推向孔板，被绞刀和孔板切断形成颗粒，通过孔板由紧固螺母的孔中排出，达到绞碎肉的目的。

1. 操作要领

在进行绞肉操作之前，要检查金属孔板和刀刃部是否吻合。检查方法是将刀刃放在金属板上，横向观察有无缝隙。如果吻合情况不好，刀刃部和金属孔板之间有缝，在绞肉过程，肌肉膜和结缔组织就会缠在刀刃上，妨碍肉的切断，破坏肉的组织细胞，削弱了添加脂肪的包含力，导致结着不良。如果每天都要使用绞肉机，则会由于磨损，使刀刃部和金属孔板的吻合度变差，因而最好在使用约50h后，进行一次研磨。研磨时，不仅要磨刀刃，同时还要磨金属孔板的表面。

检查结束后，要进行绞肉机的清洗。从螺杆筒内取出螺杆，洗净金属孔板和刀具。

安装时，首先安装螺杆，装上刀具和金属孔板。在装刀具和孔板时，需按原料肉的种类、性质及制品的制造种类选择不同孔眼的孔板。

孔板确定之后，即用固定螺帽固定。此时需要注意的是，固定的松紧程度直接影响刀刃部和孔板产生摩擦。固定得过松，在刀刃部和孔板之间就会产生缝隙，肌膜和结缔组织就会缠在刀上，从而影响肉的绞碎。

组装调整结束后，就可以开始绞肉了。这时应注意的问题是如何投肉。即使从投入口将肉用力下按，从孔板流出的肉量也不会增多，而且会因在螺杆筒内受到搅动，造成肉温上升，所以并无优点可言。在绞肉期间，一旦肉温上升，就会对肉的结着性产生不良影响。因此应特别注意在绞肉之前将肉适当地切碎，同时控制好肉的温度。肉温应不高于10℃。

对绞肉机来说，绞脂肪比绞肉的负荷更大。因此，如果脂肪投入量与肉投入量相等，会出现旋转困难的情况。所以，在绞脂肪时，每次的投入量要少一些。特别应该注意的是，绞肉机一旦绞不动，脂肪就会熔化，变成油脂，从而导致脂肪分离。最好温度要低，处于冻结状态。

作业结束后，要清洗绞肉机。

2. 操作中注意事项

（1）绞肉机使用一段时间后，要将绞刀和孔板换新或修磨，否则影响切割效率，甚至使有些物料不是切碎后排出，而是挤压、磨碎后成浆状排出，影响产品质量；更严重的是由于摩擦产生的高温，可能使局部蛋白变性。

（2）绞肉刀与孔板的贴紧程度要适当，过紧时会增加动力消耗并加快刀、板的磨损；过松时，孔板与切刀产生相对运动，肌膜和结缔组织也会在刀上缠绕，会引起对物料的磨浆作用。

（3）肉块不可太大，也不可冻得太硬，温度太低，一般在 - 3 ~ 0℃即将解冻时最为适宜。否则送料困难甚至堵塞。

（4）在向料斗投肉的过程中，注意一定要使用填料棒，绝对不要使用手。

（5）绞肉机进料斗内应经常保持原料满载，不能使绞肉机空转，否则会加剧孔板和切刀的磨损。

（6）绞肉机进料前，一般应注意剔净小骨头和软骨，以防板刀孔眼堵塞。原料肉中不可混入异物，特别是金属。

二、斩拌技术

在制作各种灌肠和午餐肉罐头时，常常要把原料肉斩碎。斩拌的目的，一是对原料肉进行细切，使原料肉馅乳化，产生黏着力，二是将原料肉馅与各种辅料进行搅拌混合，形成均匀的乳化物。斩拌剂是加工乳化型香肠最重要的设备之一，其结构见图5 - 4。

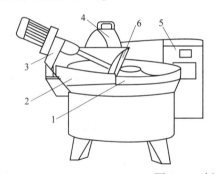

图5 - 4　斩拌机的结构

1—斩肉盘　2—出料槽　3—出料部件　4—刀盖　5—电器控制箱　6—出料转盘

斩拌过程中，盛肉的转盘以较低速旋转，不断向刀俎送料，刀俎以高速转动，原料一方面在转盘槽中做螺旋式运动，同时，被切刀搅拌和切碎，并排掉肉糜中存在的空气，利用置于转盘槽中的切刀高速旋转产生劈裂作用，并附带挤压和研磨，将肉及铺料切碎并均匀混合，并提取盐溶蛋白，使物料得到乳化。

真空斩拌机，就是在斩拌过程中，有抽真空的作用，避免空气打入肉糜中，防止脂肪氧化，保证产品风味；可释出更多的盐溶性蛋白，得到最佳的乳化效果；可减少产品中的细菌数，延长产品贮藏期，稳定肌红蛋白颜色，保护产品的最佳色泽，相应减少体积8%左右。

1. 操作要点

（1）斩拌机的检查、清洗　在操作之前，要对斩拌机的刀具进行检查。如果刀刃部出现磨损，瞬间的升温会使盐溶蛋白变性，肉也不会产生黏着效果，不会提高保水性，还会破坏脂肪细胞，使乳化性能下降，导致油水分离。如果每天使用斩拌机，则最少每隔10d要磨一次刀。在装刀的时候，刀刃和转盘要留有1~2mm厚的间隙，并注意刀具一定要牢固地固定在旋转轴上。刀部检查结束后，还要将斩拌机清洗干净。可用先后用自来水、洗涤液和热水清洗，在清洗后，要在转盘中添加一些冰水，对斩拌机进行冷却处理。

（2）原辅料　斩拌前，一般绞好的瘦肉和脂肪都要按配方分开处理的。绞好的肉馅，要尽可能做到低温保存。按一定配方称量调味料和香辛料，混合均匀后备用。

（3）添加冰水　依据香肠的种类、原料肉的种类、肉的状态，水量的添加也不相同。水量根据配方而定，为了控制斩拌温度，一般需要加入一定量的冰，但不要直接使用整冰块，而要通过刨冰机（制冰机）将冰处理成冰屑后再使用。

（4）斩拌操作　首先启动刀轴，使其低速转动，再开启转盘，也使其低速转动，此时将瘦肉放入斩拌机内，肉就不会集中于一处，而是全面铺开。由于畜种或者年龄不同，瘦肉硬度也不一样。因此要从最硬的肉开始，依次放入，这样可以提高肉的结着性。继而刀轴和转盘都旋转到中速的位置上，先加入溶解好的亚硝酸钠，转盘旋转1~2圈后，再加入溶解好的复合磷酸盐，然后加入食盐、砂糖、味精、维生素C等腌制剂，加入总冰水的1/3，以利于斩拌。先加入亚硝，是因为亚硝的用量很少，便于分布均匀，如果先加入食盐和磷酸盐，蛋白质马上溶出，黏稠度增加，不利于亚硝的分布和作用。冰屑的作用就是保持操作中的低温状态。然后，两个速度都开到高速的位置上，斩拌3~5圈。将两个速度调到中速的位置，加入淀粉、蛋白质等其他增量材料和结着材料，斩拌的同时，加入1/3冰水，再启动高速斩拌，肉与这些添加材料均匀混合后，进一步加强了肉的黏着力。最后添加脂肪和调味料、香辛料、色素等，把剩余1/3的冰水全部加完。在添加脂肪时，要一点一点添加，使脂肪均匀分布。若大块添加，则很难混合均匀，时间花费也较多。这样，肌肉蛋白和植物蛋白就能把脂肪颗粒全部包裹，防止出油。在这期间，肉的温度会上升，有时甚至会影响产品质量，必须加以注意肉馅温度一般不能超过12℃。

斩拌结束后，将盖打开，清除盖内侧和刀刃部附着的肉。附着在这两处的肉，不可直接放入斩拌过的肉馅内，应该与下批肉一起再次斩拌，或者在斩拌中途停一次机，将清除下的肉加到正在斩拌的肉馅内继续斩拌。

最后，要认真清洗斩拌机。然后用干布等将机器盖好。

2. 斩拌机操作注意事项

（1）开车前先检查剁盘内是否有杂物，同时检查刀刃与转盘间距，一般控制在1~2mm厚度的范围。

（2）检查刀刃是否锋利，并注意刀一定要牢固地固定在旋转轴上，紧固刀片螺母后用手扳动刀背旋转一周，查看剁刀与转盘是否有接触处。

（3）生产中若每天使用斩拌机，则至少每隔10d要磨一次剁刀。磨刀最好在专用的磨刀机上进行，并对磨刀石进行冷却，避免刀过热，否则会造成刀出现裂纹或折断。磨刀后，刀和刀头的压紧面必须清理干净，涂上动物油脂，安装刀前对刀轴进行清洗和润滑，安装的斩拌刀应该位置相对而且结构相同，质量一样（最大误差5g）。斩拌机有6把刀时，由3个刀头组件组成，安装时组件2，比组件1偏左60°，组件3比组件2偏左60°。任何不平衡都会导致刀负载加重，振动，甚至会导致机器不规则的运转，最后导致机器损坏。

（4）生产结束后，切断电源，搞好卫生，刷洗剁刀、护盖、转盘。

三、灌肠技术

将经过斩拌、乳化或搅拌甚至滚揉腌制后的香肠肉馅或火腿（压缩火腿）的肉馅填充到动物肠衣或人造肠衣（包括人造蛋白肠衣、纤维素肠衣、塑料肠衣等）的过程，称为灌肠，充填机是加工香肠类产品及火腿类产品不可缺少的设备，也称作灌肠机。

目前规模化的生产基本都是采用全自动真空灌肠机，它是一种由料斗、肉泵（齿轮泵、叶片泵或双螺旋泵等）和真空系统所组成的连续式灌装机。使用最广泛的是叶片式自动定量灌肠机，它是由叶片泵充填、伺服电机驱动、触摸屏显示、微机控制的连续型全自动真空定量灌装机，一般都带有自动扭结、定量灌制、自动上肠衣等装置，还可与自动打卡机、自动挂肠机、自动罐头充填机等设备配套使用。其外形图如图5-5所示。该机应用范围很广，既可以灌制肉糜肠、乳化香肠、火腿等肠衣制品；又适用于天然肠衣、胶原蛋白肠衣、纤维肠衣等分份扭结。也可用于灌装各种瓶盒装产品。传递物料轻柔，而且灌装速度、扭结速

图5-5　自动叶片式灌肠机外观图

度、扭结圈数、每份的重量均可调整。操作时由真空系统将泵壳内空气抽出，一方面有助于贮料斗内物料进入泵内，另一方面排除肉糜的残存空气，有利于成品质量，延长保质期。

1. 结构原理

全自动叶片式灌装机由锥形料斗、灌制嘴、叶片转子、定子、出料口、吸空筒状网套、电机及抽真空传动系统、机械传动系统等组成，机座为不锈钢材料制成。物料由提升机倒入锥形料斗内，启动电机，物料靠自重和外压力以及泵形成的负压充入泵腔。由于转子偏心地安装在定子内腔中，且转子滑槽中的叶片随着转子旋转，并进行周期性的径向游动，当叶片转至到进料口的位置，两个叶片与定子、转子组成的容积最大，叶片带着物料一起旋转。然后容积逐渐变小而产生

压力，到出馅口位置时容积最小，压力最大，在此压力作用下将物料通过灌肠嘴挤出泵体从而进行灌肠。结构原理如图5-6所示。

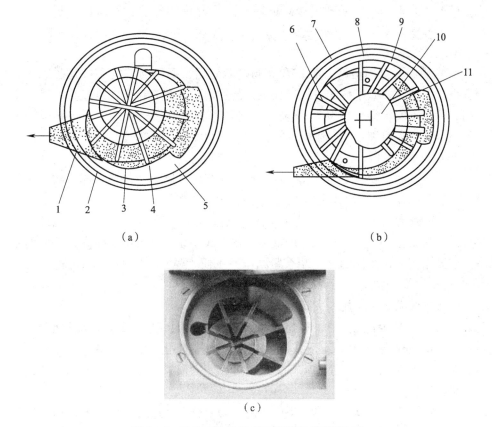

（a）　　　　　　　　　　　　　　　　（b）

（c）

图5-6　叶片式全自动真空灌肠机的原理结构

1—机体　2—密封圈　3—转子　4—叶片　5—定子

6—叶片　7—机体　8—密封圈　9—定子　10—偏心块　11—转子

这种灌肠机能够自动定量，供料量主要是由叶片间形成的空腔体积的变化所决定。

2. 操作要点

（1）打开锥形料斗检查转子、定子内是否有异物，将定子、转子、叶片擦干净并安装转子。

（2）按所需口径选择好灌装嘴，冲刷干净后安装在出料口上。

（3）由提升机提升上料斗，把原料肉倒入锥形料斗内。

（4）启动真空泵开关，调整真空调整旋钮，检查真空度是否达到要求。

（5）将肠衣套在灌装嘴上，用腿靠开关启动叶片泵进行灌注。灌制速度凭实践经验和后续处理速度调整调速旋钮进行控制。定量灌制通过定量调整按钮来控制。生产过程中，要控制好产品的饱满程度和物料质量。

（6）灌制过程中，要经常观察物料的数量情况，不得无料运转，以免叶片与定子腔摩擦造成损坏。

（7）生产结束后，切断电源。拆卸时先打开锥形料斗，后取出叶片、卸下转子，拆卸灌装嘴。

3. 生产注意事项

（1）灌肠要松饱适度　肠衣在灌肠嘴套好后，灌肠时要用手握住肠衣，必须掌握松饱适度。如果握的过松，在肉馅的冲力下，肠衣拉出速度过快，肠体不饱满，稀疏不实，会使产品产生大量气泡和空洞，经悬挂烘烤后，势必肉馅下垂，上部发瘪，粗细不均，影响外观；如果握得太紧，则速度变慢，肉馅灌入太多，会使肠衣破裂或在蒸煮时爆肠。所以，应随时与后续整理人员保持沟通。另外，整个灌肠的速度，要与后续整理、捆绑结扎、挂肠人员保持大体一致，相互配合，注意速度，不能推挤成堆。

（2）捆绑结扎灌肠时，要扎紧结牢，不能松散　除使用自动打卡机外，灌肠前往往需要在肠衣的一端预先用棉绳、铝卡或小肠本身打结，灌满肉馅后的制品，需要用棉绳在肠体的另一端系紧结牢，以便于悬挂。因捆绑结扎方法不同，大体可分为下列几类。

直形单根灌制品：用牛大肠肠衣或单套管肠衣（如玻璃纸生产圆火腿）、人造纤维肠衣制成，呈直柱形，事先已经肠衣剪成单根，其一端已经用棉绳或铝卡结扎，并留出棉绳约20cm，双线结紧，作为悬挂使用。灌肠后结扎时，还应注意要充分排出空气，同时注意定量，还要考虑蒸煮损失，即灌肠时适当多灌，以保证单根质量。

弯形连接式细灌肠：用猪、牛、羊的小肠或胶原蛋白肠衣灌制的产品，形状细小，弯曲不直，这一类产品是利用灌肠本身"扭转"方法来分根、分段的。充填时，用整根肠衣套在灌肠嘴上，向后拉紧，只剩另一头稍微露出灌肠嘴，然后启动开关，肉馅在肠衣内就自然地将整根肠衣灌满。将肠体在操作台上摆放平整，按规格要求长度，在一定距离处，用双手将肉馅挤向两端，并握住挤空处的肠衣，经中间一段肠体，悬空摇转几次，即自然分段。如果连续操作，最后将整根连接而又分段的肠体悬挂在烤肠杆上，以备烘烤。同时为了区别灌肠品种，可以使用不同的棉线，或采用不同的结扎方式。

特粗灌制品：这类灌制品用牛盲肠、牛食道或纤维素大口径肠衣制成，由于容量大，重量大，煮制时容易涨破，悬挂时容易坠落，所以除在肠衣两端结扎棉绳外，还需要在中间每间隔5~6cm捆绑一道棉绳，并互相连接，用双线打结后挂在红肠杆上。

（3）膀胱灌制品的结扎方法　例如松仁小肚灌装时握肚皮的手要松紧适当，一般不宜灌得太满，需留一定的空余量，每个不超过1000g，以便封口和别钎，封口是小肚蒸煮前的最后定型。封口时要准确的掌握每个膀胱肉馅的饱满程度，便于克服灌制时的漏洞。每个膀胱灌制后，即用针线绳封口，一般缝4针。小肚定型后，把小肚放在操作台上，轻轻地用手揉一揉，放出空气，并检查是否漏气，然后煮制。

四、真空包装技术

肉及肉制品营养丰富，除了少数发酵产品和干制品以外，肉及肉制品的水分含量很高（60%~80%），有利于微生物的生长繁殖。因此，为了保证产品的安全性、实用性和可流通性，必须根据产品的不同特点，选择不同的包装形式进行包装。目前熟肉制品最常用的包装形式就是真空包装，也有用拉伸包装的，但拉伸包装也属于真空包装的范畴。对肉制品进行真空包装可以起到以下作用。

① 防止变干，包装材料将水蒸气屏蔽，防止干燥，使肉制品表面保持柔软。

② 防止氧化，抽真空时，氧气和空气一起排除，包装材料和大气屏蔽，使得没有氧气进入包装袋中，氧化被彻底防止。因油脂类食品中含有大量不饱和脂肪酸，受氧的作用而氧化，使食品变味、变质，此外，氧化还使维生素 A 和维生素 C 损失，食品色素中的不稳定物质受氧的作用，使颜色变暗。所以，除氧能有效地防止食品变质，保持其色、香、味及营养价值。

③ 防止微生物的增长，可防止微生物的二次污染及好氧性微生物的存活，以有利于防止食品变质。食品霉腐变质主要由微生物的活动造成，而大多数微生物（如霉菌和酵母菌）的生存是需要氧气的。实验证明：当包装袋内的氧气体积分数≤1%时，微生物的生长和繁殖速度就急剧下降；氧气体积分数≤0.5%时，大多数微生物将受到抑制而停止繁殖。

④ 防止肉香味的损失，包装材料能有效阻隔易挥发性的芳香物质的溢出，同时也防止不同产品之间的串味。

⑤ 避免冷冻损失，包装材料使产品与外界隔绝，因此可将冷冻时冰的形成和风干损失减少到最小的程度。

⑥ 使产品产生美感，便于产品的销售。

肉制品中最常用的真空包装设备就是台式真空包装机，如图 5 – 7 所示。该机的工作过程是当机器正常运转时，由手工将已充填了物料的包装袋定向放入盛物盘 5 中，并将袋口置于加热器 3 上；闭合真空室盖 7 并略施力压紧，使装在真空室盖 7 的燕尾式密封槽内的 O 形橡胶圈变形，密封真空室；同时控制系统的电路被接

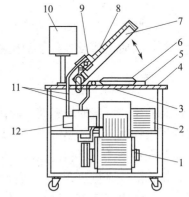

图 5 – 7　真空包装机结构图

1—真空泵　2—变压器　3—加热器　4—台板
5—盛物盘　6—包装制品　7—真空室盖
8—压紧器　9—小气室　10—控制系统
11—管道　12—转换阀

通，受控元件按程序自动完成抽真空、压紧袋口、加热封口、冷却、真空室解除真空、抬起真空室盖等动作。若需实现充气包装，可在工作前将选择开关旋至"充气"档，包装机可在达到预定真空度后自动打开充气阀，充入所需的保护气体，然后合拢热封装置，将包装袋口封住。台式真空包装机最低绝对气压为1~2kPa，机器生产能力根据热封杆数和长度及操作时间而定，每分钟工作循环次数2~4次。

真空包装机操作时，要注意以下事项。

（1）包装前，先用清水将手、操作台、与肉制品直接接触的工具、工具冲洗干净，然后用75%的酒精擦拭，以免造成二次污染。

（2）肉制品装入包装袋时，不能附着在袋口内壁，特别是油脂，否则影响热合。一旦附着，要用干净的毛巾擦掉。

（3）在定量包装时，尽量减少切块和配称现象，装袋时，尽量将两个切面对贴在一起。

（4）包装袋放入真空室时，要注意袋口与热封条放置水平，也要保证袋口的平展，否则，热封后，出现皱褶，影响真空度和外观。

（5）不同产品、不同设备、不同包装材料，要求有不同的真空时间、热合时间和热合温度，生产前可以先做试验，然后固定数据，并在正常生产中要不断检查。

（6）真空包装后的产品，要轻拿轻放，严禁抛摔，以防包装袋四角和内容物刺破包装袋。

学习任务三　　灌肠生产中的原辅材料及其配比技术

各种灌肠制品品质的好坏，不仅与生产过程中工艺条件的控制有关，而且与原辅材料的品质选择及其科学配比关系密切。

一、原料

灌制品生产所需的原料肉，应来自非疫区、经兽医宰前宰后检验合格、质量良好的健康牲畜肉。凡热鲜肉、冷却肉、冻藏肉均可作为原料使用。但考虑到生产周期和保存条件及原料的周转调节，我国目前绝大部分以冻藏原料肉为主。

在挑选灌肠原料过程中，猪肉一般以2#肉和4#肉最好，但1#肉也可使用。基本上凡是瘦肉都可以利用，但要注意修去浮油，因为浮油溶点低，在烘制时容易流油，从而影响产品的色泽和质量。在使用原料时，应注意以下几点：① 原料肉无变质、腐败的迹象，无不良气味存在；② 无碎骨、软骨存在，无黄胆，冻藏肉表面无冻结烧，即无干涸点出现；③ 去皮干净，肥膘上不带毛锥及硬皮；④ 修净淋巴结、血污、筋键等，无结缔组织；⑤ 无灰尘、浮油和其他杂质。

　　除了使用瘦肉以外，还要配以肥膘。因为添加脂肪，可以提供产品浓郁的香味、圆润多汁的口感，而且还有一定的经济意义。一般以脊膘为最好，因为其硬度高，且不易融化。肥瘦肉的添加应控制一定的比例，肥膘添加太多，瘦肉本身提供的蛋白相对有限，不能达到充分乳化的状态，必然导致产品在烘烤过程中出油（称之为油水分离），要想避免这种现象的发生，就要添加更多的植物蛋白，这又造成产品的口感降低；如果脂肪添加太少，不但产品香味欠缺，而且口感发柴，失去多汁性，成本也增高。

　　因此，灌肠制品中，肥瘦比例应该严格控制在2∶8～3∶7的范围内。

　　灌肠制品中加入一定量的牛肉，即可以提高制品的营养价值，又可以提高肉馅的黏着力和保水性。所以，国外的灌肠制品中往往加入一定量的牛肉，使肉馅色泽美观，增加弹性。有的品种甚至以牛肉为主要原料，成品营养丰富，别具风味。牛肉的使用形式和猪肉不同，猪肉是肥瘦肉同时使用，而牛肉则使用瘦肉，不用脂肪。这是由于牛的脂肪熔点高，不易熔化，如果将它加入到原料中，产品就会发硬，难以咀嚼，这种情况特别是在灌制品冷切时最为明显。因此，选用瘦牛肉或中等肥瘦的牛肉为宜。最好选用肩肉、脖肉、臀肉、米龙、黄瓜条等。

　　在灌肠制品中，根据产品品种不同，瘦肉可以乳化，可以做成颗粒，肥膘也可以随之乳化，也可以切成肥膘丁。

二、腌制剂

　　灌肠类制品需要腌制，就需要添加腌制剂，通常把食盐、亚硝酸钠、糖、复合磷酸盐、异维生素 C 钠，作为腌制剂，味精虽然没有腌制的作用，但腌制时添加比较方便，也作为腌制剂出现。这些腌制剂的作用原理，前有所述，其用量见表 5 - 3。

表 5 - 3　　　　　　　　　　100kg 原料肉腌制剂的添加量

腌制剂	用量
食盐	最终产品含盐量2%～2.5%
亚硝酸钠	10～15g
蔗糖	1kg
复合磷酸盐	0.3～0.5kg
异维生素 C 钠	0.5kg
味精	0.2kg
冰水	20kg

　　在腌制时，由于亚硝酸钠用量极少，可将其先用少量冰水溶解后再加到原料中充分搅拌，待混合均匀后，再加入糖、盐、味精，此时由于盐溶性蛋白被提

取，肉馅发黏，要适当加入冰水，否则黏度的增加会造成肉温升高，对产品的组织结构不利，然后加入复合磷酸盐，在搅拌的最后才加入异维生素 C 钠和剩余冰水，以免异维生素 C 钠与亚硝酸钠发生反应。

三、淀粉与变性淀粉

（一）淀粉的性质

淀粉是肉制品加工中传统使用的增稠剂，其使用面之广，使用量之大，是其他任何一种增稠剂所不能与之相比的，无论是中式肉制品，还是西式肉制品，大多数产品都需要淀粉作为增稠剂。淀粉也称团粉、生粉或芡粉，存在于谷类、根茎（如薯类、玉米、芋艿、藕等）和某些植物种子（豌豆、蚕豆、绿豆等）中，一般可经过原料处理、浸泡、破碎、筛、分离、洗涤、干燥和成品整理等工艺过程而制得。

淀粉的种类很多，按淀粉来源可分为玉米淀粉、甘薯淀粉、马铃薯淀粉、木薯淀粉、绿豆淀粉、豌豆淀粉、魔芋淀粉、蚕豆淀粉及大麦、山药、燕麦淀粉等。由于淀粉原料不同，各种淀粉各具特色，用途也有一定差异。淀粉从外观上看是呈粉末状形态，而在显微镜下观看，淀粉都是由无数个大小不一的淀粉颗粒所形成，淀粉颗粒是一种白色的微小颗粒，它不溶解于冷水和有机溶剂中。按分子结构，可分为直链淀粉和支链淀粉。大多数淀粉都含有直链淀粉和支链淀粉，而且直链淀粉的含量不超过 20%，含直链淀粉越多，淀粉越易老化。

直链淀粉在冷水中不溶解，只有在加压或是加热的情况下才能逐步溶解于水，形成较为黏滞的胶体溶液，这种溶液的性质非常不稳定，静置时容易析出粒状沉淀。而支链淀粉与直链淀粉不同，它极易溶解于热水之中，形成高黏度的胶状体，并且这种胶状体溶液即使在冷却后也很稳定。因此，淀粉作为肉制品中常用的增稠剂，它的黏度大小实际上是与所选用的淀粉中支链淀粉含量的高低密切相关。一般来讲，淀粉中支链淀粉含量高的，其增稠效果好，黏度大；而淀粉中支链淀粉含量低的，则增稠效果差，黏度小。淀粉溶液在加热时会逐渐吸水膨胀，最后致使淀粉完全发生糊化。淀粉的糊化是一个复杂的物理化学变化过程，糊化开始时的温度在 55~63℃，糊化后淀粉变成具有一定黏稠的半透明胶体溶液。淀粉溶液中淀粉含量高的冷却后形成的凝胶其凝固力较大。淀粉糊化后，根据它的来源不同，所含直链淀粉和支链淀粉的比例不同，使得糊化后淀粉胶体的黏度，拉出的糊丝，以及透明度、凝胶力均会有所不同。因此，熟悉常见几种淀粉糊化后的性质，才能在生产制作中灵活应用，力求使产品色香味形达到标准。肉制品中常用的几种淀粉的糊化温度，见表 5-4。

表 5 - 4　　　　　　　　　　几种淀粉的糊化温度

淀粉	糊化温度/℃	淀粉	糊化温度/℃
普通玉米	62～72	马铃薯	56～68
糯玉米	65～75	木薯	52～64
小麦	58～64	甘薯	58～74
大米	68～78	绿豆	56～68
高粱	68～78		

（二）　淀粉在肉制品中的作用

1. 增加肉制品的黏结性

要保证肉制品（如西式火腿、灌肠类）切片而不松散，就必须要求肉制品肉块间及肉糜间有很好的黏结性。要提高黏结性，一是要靠肉制品加工中采用品质改良剂（腌制剂）提取肌肉中的盐溶性蛋白质，增加肉块间黏度；二是要依赖外部添加性物质来增加肉块及肉糜间的黏性。而淀粉是很好的增稠增黏物质，它能够较好地对肉块及肉糜起黏结作用。

2. 增加肉制品的稳定性

淀粉是一种赋形剂，在加热糊化后具有增稠和凝胶性，对肉制品除了具有较好的赋形作用，使肉制品具有一定的弹性外，还可使肉制品各种辅料均匀分布，不至于在加热过程中迁移而影响产品风味。

3. 吸油乳化性

对中、低档肉制品来说，在使用的原料中脂肪含量较大，而脂肪在加热过程中易发生溶化不仅使产品外观和内部结构发生变化，而且使口感变劣，甚至脂肪溶化流失影响产品质量及出品率。为了防止脂肪溶化流失，就必须在肉制品中加入具有吸油乳作用的物质。淀粉具有吸油性和乳化性，它可束缚脂肪在制作中的流动，缓解脂肪给制品带来的不良影响，改善肉制品的外观和口感。

4. 具有较好的持水性

淀粉在加热糊化过程中能吸收比自身体积大几十倍的水分，提高了持水性，使肉制品出品率大大提高，同时还提高了肉制品的嫩度和口感。在配方计算加水量时，每千克淀粉按照添加 2～3kg 冰水计算。

5. 具有包埋作用

淀粉中的 β - 糊精（β - CD）是一个由 6～8 个葡萄糖分子连续的环状结构化合物。其立体构型像个中间有空洞的、两端不封闭的筒，筒高 0.07nm，内径 0.6～0.8nm，被称为微胶囊。它可以作为载体将其他具有线性大小相应的客体物质装

入囊中，形成包结复合物，复合物内部的客体仍然保持原有的化学性质。利用
β – CD这种特性，将各种香辛料风味物质进行包结，使肉制品的保香性能大大提
高。β – CD 微胶囊技术用于肉制品调味工艺，有明显的保香作用，并能改善肉制
的口感。

在中式肉制品中，淀粉能增强制品的感官性能，保持制品的鲜嫩，提高制品
的滋味，对制品的色、香、味、型各方面均有很大的影响。

常见的油炸制品，原料肉如果不经挂糊、上浆，在旺火热油中，水分会
很快蒸发，鲜味也随水分外溢，因而质地变老。原料肉经挂糊、上浆后，糊
浆受热后就像替原料穿上一层衣服一样，立即凝成一层薄膜，使原料内部，
不仅能保持原料原有鲜嫩状态，而且表面糊浆色泽光润，形态饱满，并能增
加制品的美观。

通常情况下，肉制品中添加淀粉的种类和数量，要根据淀粉的糊化温度和产
品的质量要求来确定，制作低档灌肠时使用玉米淀粉，高档肉制品使用马铃薯淀
粉，加工肉糜罐头时用玉米淀粉，制作肉丸等肉糜制品时用小麦淀粉。肉糜制品
的淀粉用量视品种而不同，可在 5% ~ 50% 的范围内，如午餐肉罐头中约加入
6% 淀粉，炸肉丸中约加入 15% 淀粉，粉肠约加入 50% 淀粉。

（三）变性淀粉的种类

原淀粉添加到肉制品中有其独特的优越性，比如有非常好的膨胀性，可以
保水保油，增加弹性，改善结构。特别是在熟化前进行肠衣包装的产品中一般
加入 3% 以下的淀粉，基本上是不影响口感与口味的。但是也存在一些问题：
当添加原淀粉量超过 5% 时做出来的产品口味差，粉芡感较强；高温杀菌、机
械搅拌、泵的输送等要求辅料淀粉耐热、抗剪切性能稳定，而某些食品因高温
加热作用、酸的作用或加工过程中的高速搅拌等导致原淀粉糊的黏度及抗剪切
稳定性降低，最终影响产品品质；再比如，冷藏冷冻食品要求糊化后的淀粉不
易回生凝沉并具有较强的亲水性，但原淀粉在温度降低、食品冷冻又解冻过程
中易出现老化，食品的胶体组织常被破坏，添加的原淀粉在低温环境中更易导
致产品反生及析水现象发生，同时，由于原淀粉的持水性随温度的降低而发生
下降，相当部分的自由水挣脱淀粉颗粒的束缚，继而导致产品出水，以致产品
在切片出售时易出现干裂及变色发灰等现象，甚至可导致产品难以销售而退
货；还有，有些偏酸性食品要求淀粉在酸性环境下有较强的耐酸稳定性，有些
食品需要淀粉具有某特殊功能如成膜性及涂抹性等，这些要求都是原淀粉难以
完全满足的。因此有时候使用变性淀粉，避免当原淀粉添加量增多时引起质量
下降。

变性淀粉也称为改性淀粉，是在原淀粉固有的特性基础上，为改善其性能和
扩大应用范围，利用物理方法、化学方法和酶法处理，在淀粉分子上引入新的官
能团或改变淀粉分子大小和淀粉颗粒性质，从而改变淀粉的天然性质，使其更适

合于一定应用的要求而制备的淀粉衍生物，从而拓宽了淀粉在肉制品中应用的范围。

目前，变性淀粉的品种、规格较多，变性淀粉的分类一般是根据处理方式来进行。改性方法有物理、化学或酶法处理。另外，变性淀粉还可按生产工艺路线进行分类，有干法（如磷酸酯淀粉、酸解淀粉、阳离子淀粉、羧甲基淀粉等）、湿法、有机溶剂法。

当用化学或酶等方法改变了淀粉的化学结构，所得到的变性淀粉称为化学变性淀粉。化学变性淀粉的种类繁多，应用广泛，比物理变性淀粉有着更广阔的应用前景。用各种化学试剂处理得到的变性淀粉。其中有两大类：一类是使淀粉分子质量下降，如酸解淀粉、氧化淀粉、焙烤糊精等；另一类是使淀粉分子质量增加，如交联淀粉、酯化淀粉、醚化淀粉、接枝淀粉等。

用各种酶来处理原淀粉，使淀粉变性，称为酶法变性，也称生物改性。如 α、β、γ - 环状糊精、麦芽糊精、直链淀粉等。

所谓复合变性淀粉是指在同一淀粉分子中既接上阴离子，又接上阳离子或非离子等两种或两种以上反应基团。复合变性淀粉是在阴、阳、非离子等普通变性淀粉基础上发展起来的新型淀粉衍生物。与普通变性淀粉相比，其应用效果更明显，性能更优异，越来越受到淀粉研究者的瞩目。

（四） 变性淀粉在灌肠中应用

变性淀粉在灌肠中的应用，归纳起来有以下几大优点。

（1）可以使其在高温、高速搅拌和酸性条件下保持较高的黏度稳定性，从而保持其增稠能力。

（2）通过变性处理可以使淀粉在温度下降或冷藏过程中不易老化回生，避免食品凝沉或胶凝，形成水质分离。

（3）能提高淀粉糊的透明度，改善食品外观，提高其光泽度。

（4）能改善乳化性能，稳定水油混合体系；如为防止产品出油或油水分离。

（5）能提高淀粉形成凝胶的能力。

（6）能提高淀粉的溶解度、改善其在冷水中的膨胀能力。

（7）能改善淀粉的成膜性能等。

由于变性淀粉相对原淀粉具有耐热、耐酸和较好的黏着性、稳定性、凝胶性及淀粉糊的透明度等优良性质，越来越受到重视。把玉米变性淀粉应用到灌肠中，产品在弹性、滋味和气味、组织状态及贮藏性方面明显优于玉米普通淀粉，并具有较高的成品率和经济效益。这是因为变性淀粉可起到黏合、增强持水性等作用，从而使灌肠制品的品质大大改善。变性淀粉具有优异的增稠、增量、乳化、保油、赋形和填充的作用，可广泛应用于火腿、烤肉、红肠、肉丸等肉制品的生产。制成的肉制品有光泽，有咬劲，可对折，透明度高，经低温长期贮藏不出水、不变色，可明显提高肉制品的质量。使用改性淀粉（磷酸单酯淀粉）代替普通淀粉，使产品弹性优良，不回生，低温冷藏条件下也无水分析，出且出品率较高。将变性淀粉添加到鱼糜、肉糜中，可以保证这些食品在生产、贮存和食用时的品质、口感、风味不变。变性淀粉与普通淀粉的性能比较见表 5 – 5。

表 5 – 5　　　　　　　　　　变性淀粉与普通淀粉的性能比较

普通淀粉	变性淀粉
1. 糊化温度高 　在低温蒸煮条件下，淀粉不能熟化彻底，吸水性大大下降，这样就影响了肉制品的内在结构和适口性	1. 糊化温度低 　这使淀粉在低温蒸煮条件下，能彻底熟化，吸水性大大提高，可以改变肉制品内在结构和适口性
2. 返生 　熟的肉制品在短期存放中，会出现一种生淀粉味	2. 消除了原淀粉的返生现象
3. 冻融性极差 　在冷冻条件下结晶水极易析出	3. 冻融性好 　在冷冻条件下，结晶水不易析出，延长货品的贮藏期
4. 透明度差，肉花（块）不易看出	4. 透明度好，易显肉花（块）

不同的变性淀粉可以用在同一种食品中，而同一种变性淀粉也可用于不同食品；同一种食品，不同的生产厂家，有不同的使用习惯；即使是同一种变性淀粉，变性程度不同，其性能也相差很大。

一般灌肠中使用变性淀粉的量是正常淀粉的 1/3 ~ 1/2 即可，配方设计时，每千克变性淀粉加水量按照 3kg 计算。

四、卡拉胶

卡拉胶作为持水剂在灌肠制品中被广泛使用。卡拉胶（carrageenan），用稀碱液或热水萃取红海藻所属的角叉菜科植物（因此卡拉胶又名角叉菜胶）而制得的。它是由半乳聚糖所组成的多糖类物质，相对分子质量为 15 万 ~ 20 万。根据分子中硫酸酯在吡喃糖（六环糖）环上的结合型态，产生了 7 种主要类型的卡拉胶：κ – 型、ι – 型、λ – 型、μ – 型、ν – 型、ξ – 型、θ – 型。

卡拉胶为白色或淡黄色粉末，无臭，味淡，易溶于 60℃ 以上的热水成半透明的胶体溶液，不溶于冷水，但可溶胀，不溶于有机溶剂。本品的水溶液具有高度黏性和胶凝特点，其凝胶具有热可逆性，即加热时融化，冷却时又形成凝胶。

尤其是与蛋白质类物质作用，形成稳定胶体的性质，这是卡拉胶作为增稠剂最突出的特点。

卡拉胶在灌肠制品中起着保持水分和风味，改善质构和切片性，增加乳化和冷冻融化时的稳定性及提高出品率的作用，而其凝胶能力主要对产品的弹性、硬度、切片性、切面结构、口感和出品率 6 个指标有较大影响。使用最多的是 κ – 型和 ι – 型卡拉胶，因为其他类型的卡拉胶很难形成凝胶，如 λ – 型卡拉胶，虽能溶于冷水，但只具有高黏度的增稠性。而 κ – 型和 ι – 型的凝胶形成能力也有较大差异。κ – 型卡拉胶能完全溶解于 70℃ 以上的热水中，冷却后在较低浓度下就可形成坚实的可逆性凝胶，但透明性差，冷冻后易脱水收缩，所以只添加 κ – 型卡拉胶生产出的蒸煮香肠弹性和硬度较好却不易冷冻保存。而 ι – 型卡拉胶只溶于冷水，冷却后形成的可逆性凝胶富有弹性但强度较弱，因此用此类卡拉胶生产出的成品具有较好的口感。

卡拉胶在肉制品中具有以下作用。

1. 分散性和持水性

卡拉胶不溶于冷水，在冷水中只是分散，但在热水中溶解，并形成凝胶，这决定了它具有一定的分散性和保水性，而这一性质集中表现在它能减少肉制品的蒸煮损失、提高出品率。卡拉胶添加 200 倍的热水，冷却后即可形成凝胶，在配方设计时，冰水添加量按照 50 倍计算即可。试验表明，在肉制品中添加卡拉胶，禽肉制品蒸煮损失减少 2% ~ 4%，腌肉损失减少 3% ~ 6%；灌肠制品损失减少 8% ~ 10%，火腿制品损失减少 9.6%。

2. 凝胶形成性

卡拉胶加 200 倍的热水，也能形成凝胶，这主要是由于加热引起分子内的闭环作用形成的双螺旋结构。根据其结构特点，卡拉胶水溶液可形成两种凝胶，即可逆的、强和脆的凝胶及可逆的、弱和弹性的凝胶。卡拉胶的这种凝胶形成性，一方面揭示了其保水性的机理；另一方面与肉制品的质构、胶感和切片等密切相关。实验表明，卡拉胶能明显增加肉制品的切片性和弹性。

3. 乳化稳定性

卡拉胶能够使已乳化的乳浊液稳定，乳化稳定的能力大小取决于它与蛋白质分子氨基酸羧基间所进行的桥联反应程度。将卡拉胶添加于蛋白乳浊液系统中，并与磷酸盐和大豆分离蛋白（ISP）对比，结果表明卡拉胶有很好的乳化稳定性，并且它与磷酸盐和大豆分离蛋白的协同能使稳定乳化的能力进一步提高。据研究，卡拉胶的乳化稳定与其凝胶形成和分散增稠是密切相关的：凝胶形成可囊括大量乳滴，而分散增稠使得分散介质密度增大，减少了乳滴上升的速率。

4. 降低制品水活度 (A_w)

水分活度在一定程度上反映了制品微生物学上的安全性，也显示了食品的保质能力。因此，研究水的活性具有重要意义。实验表明：0.3%的卡拉胶可使肉食品（肉馅）的水活度降低0.0011，仅次于复合磷酸盐而比大豆分离蛋白增加了一倍；当卡拉胶与磷酸盐和大豆分离蛋白混合后以同样的水平加入肉馅，结果水分活度下降0.0017。可见，卡拉胶能较明显降低肉制品的水活性，利于肉食品保藏。

κ-型卡拉胶使用面广，其缺点在于所形成的凝胶透明性差，而且冷冻后易出现脱水收缩。ι-型卡拉胶却是各种卡拉胶中唯一能在冻结-解冻过程中保持稳定，不发生收缩脱水的品种，因此可将这两种卡拉胶配合使用以提高凝胶的弹性，防止冷冻后的脱水收缩，从而改善成品香肠的感官质量和贮藏性能。

槐豆胶（locust bean gum）常用来改善卡拉胶的凝胶组织结构。κ-型卡拉胶加入槐豆胶后其凝胶弹性和刚性提高，脆度降低，比较接近明胶凝胶体的组织结构，卡拉胶与槐豆胶之比为2:1时可达到最大凝胶强度。槐豆胶还可减少卡拉胶用量，达到同样的凝胶强度，κ-型卡拉胶与槐豆胶的复合胶用量只有κ-型卡拉胶单用量的1/3。除槐豆胶外，魔芋胶和κ-型卡拉胶也有很强的协和作用，可显著增强卡拉胶的凝胶强度和弹性，降低析水率，其作用效果比槐豆胶还好。酰胺化低脂果胶和黄原胶的良好持水性可使卡拉胶的凝胶柔软可口，从而使香肠制品具有良好的适口性。

在一定范围内，卡拉胶的凝胶强度随着添加量的增大而增加。这是由于卡拉胶浓度增大，分子数目增多，从而导致分子间的交联增强的缘故。有资料表明，在不添加外源添加剂的情况下，卡拉胶的浓度在1.9%~2.1%时，凝胶强度随着卡拉胶浓度的增加而线性增加。卡拉胶的凝胶强度在很大程度上取决于卡拉胶的类型和分子质量、体系中的pH、食盐含量、酒精体积分数和其他食品胶共存的状况。在实际生产蒸煮香肠时，应主要考虑凝胶强度、成胶温度和胶质特性、与肉类蛋白质的作用活性及贮藏后的冷冻脱水收缩等问题。

卡拉胶在灌肠制品的添加量，一般0.3~0.5kg/100kg原料肉，可以在斩拌用干粉直接加入，也可以在搅拌时用冷水分散后加入。

五、大豆分离蛋白

目前，大豆蛋白制品在食品加工中被广泛利用，按照蛋白质含量，它分为大豆粉（含蛋白质50%左右）、大豆浓缩蛋白（含蛋白质75%以上）和大豆分离蛋白（蛋白质含量在90%以上）三类。大豆粉蛋白质含量低，并带有明显的豆腥味，应用受到一定限制。浓缩大豆蛋白优于大豆粉，但仍带有豆腥味。因此，越来越多的使用大豆分离蛋白。它是以低温脱油豆粕为原料生产的一种全价蛋白类食品添加剂。大豆分离蛋白中，氨基酸种类有近20

种，并含有人体必需氨基酸。其营养丰富，不含胆固醇，是植物蛋白中为数不多的可替代动物蛋白的品种之一。大豆分离蛋白的水溶性氮素（NSI）占90%以上，在肉制品加工中，具有独特的功能性（乳化性、持水性和凝胶性等），因此，它是加工乳化肠类制品中良好的添加物和理想的肉蛋白替代物，同时又是火腿腌制液中良好的蛋白添加物。在肉制品加工中使用大豆分离蛋白，不仅能提高产品的营养价值，还能降低成本，因此，在我国肉类行业，大豆分离蛋白技术的开发应用是十分重要的。

（一）大豆分离蛋白的功能特性

1. 吸水性与持水性

大豆分离蛋白除了对水有吸附作用外，在加工过程中还有保持水分的能力，即持水性。在肉制品、面包、糕点等食品中添加大豆分离蛋白时，即使加热也能保持水分，这是由于蛋白质分子被水解后，大量亲水基团外露的缘故，这点对肉制品至关重要。只有保持肉汁的肉制品才能有良好的口感和风味。影响吸水性和持水性因素主要有黏度、pH、电离强度和温度等，盐类能增强蛋白质的吸水性，但它却削弱了保水性。这一性质也决定了分离蛋白在与水溶解、搅拌的过程中，容易有面团出现。

2. 乳化性

乳化性是指将油和水混合在一起形成乳状液的性能。大豆分离蛋白既能降低水和油的表面张力，还能降低水和空气的表面张力，所以容易形成较稳定的乳状液，而乳化的油滴被聚集在油滴表面的蛋白质所稳定，从而形成一种保护层，保护层的形成可以防止油滴聚集和乳化状态的破坏，从而使乳化性能稳定。大豆分离蛋白的乳化能力常受pH及电离强度的影响，碱性条件最为有利。

3. 吸油性

大豆分离蛋白的吸油性表现在两个方面：① 促进脂肪吸收作用：大豆分离蛋白吸收脂肪的作用是乳化作用，大豆分离蛋白加入肉制品中能形成乳状液和凝胶基质，防止脂肪向表面移动，因而起着促进脂肪吸收和脂肪结合的作用，从而减少肉制品加工过程中脂肪和汁液的损失，有助于维持外形的稳定。吸油性随蛋白质含量增加而增加，随pH增大而减少。② 控制脂肪吸收作用：大豆分离蛋白在不同的加工条件下也可以起到控制脂肪吸收的作用，比如，可防止在煎炸时过多的吸收油脂，这是因为蛋白质遇热变性，在油炸面食的表面形成油层。大豆分离蛋白对肉类制品的吸油性有利于保持制品外形，实际上，吸油性是乳化性与凝胶性的综合效应。在加工牛肉馅饼时，添加浓缩大豆分离蛋白可以减少烘培或煎炸时脂肪和汁液的损失。

4. 起泡性

起泡性是指大豆蛋白质在加工中的体积增加率，可起到酥松作用。泡沫是空气分散在液相或半固相而成。利用大豆蛋白质的发泡性，可以赋予食品以疏松的结构和良好的口感。将大豆分离蛋白降解到一定程度可提高发泡性。一般情况下，聚合度愈低，发泡性愈好。此外，大豆蛋白的发泡性还与浸出溶剂、溶液浓度、温度及 pH 有关。低脂肪、高浓度、30～35℃、pH10 以上时，发泡性能最好。根据这一性质，要求添加分离蛋白的肉馅在搅拌、斩拌过程中，尽可能使用真空设备。

5. 黏性

蛋白质的黏性是指液体流动时表现出来的内摩擦，又称流动性，在调整食品物性方面是重要的。蛋白质溶液的黏度受蛋白质的分子质量、摩擦因数、温度、pH、离子强度、处理条件等各种因素的综合影响。这些因素可改变蛋白质分子的空间结构、缔结状态、水合度、膨润度及黏度。大豆分离蛋白经碱、酸或热处理后，其膨润度升高，黏度也会增加。大豆蛋白溶液的表观黏度随蛋白质浓度增加而指数升高，并与试样的膨润度相关。加热蛋白到80℃时，蛋白质发生离解或析解，分子比容增大，黏度增加，超过90℃以上黏度反而减小。pH 在 6～8 时，蛋白质结构最稳定，黏度最大，超过 11 时黏度急剧减小，这是因为蛋白质缔合遭到破坏。

6. 凝胶性

在加热时，大豆分离蛋白有形成凝胶的能力。凝胶性是指蛋白质形成肢体状结构的性能，它使大豆分离蛋白具有较高的黏度、可塑性和弹性，既可做水的载体也可做风味物、糖及其他配合物的载体，此特性对食品加工极为有利。在香肠、午餐肉等碎肉制品中，大豆分离蛋白能赋予它们良好的凝胶组织结构，增加咀嚼感，还为肉制品保持水分和结合脂肪提供了基质。大豆蛋白质的分散物质经加热、冷却、渗析和碱处理可得到凝胶，凝胶的形成受固形物浓度、温度和加热时间、制冷情况、有无盐类、巯基化合物、亚硫酸盐或脂类的影响。蛋白含量愈高，愈易制成结实强韧性的、有弹性的硬质凝胶，而蛋白质含量小于 7% 的，只能制成软质脆弱的凝胶。蛋白质分散物至少高于 8% 才能形成凝胶。

7. 溶解性

溶解性好的蛋白质其功能性必然好，具有良好的凝胶性、乳化性、发泡性和脂肪氧化酶活性，易于食品的加工利用，掺和到食品中就比较容易。大豆分离蛋白的溶解性受原料的加热处理、溶出时加水量、pH、共存盐类等条件的影响很大。

8. 抗氧化性

利用大豆蛋白中赖氨酸含量相对较高，可以促进赖氨酸的侧链基团—NH 和还原糖发生非酶褐变反应（美拉德反应），产生的反应物 MRP 具有很强的抗氧化性。大豆蛋白抗氧化能力随着水解度的增加而增加，达到一定值后，随水解度的增加而减少。这表明，抗氧化力可能与肽链的长度以及肽中氨基酸排序有关。

9. 其他功能特性

在食品加工中，大豆分离蛋白作为食品添加剂，可起到氨基酸互补作用，是一种功能性食品，可提高人们健康水平，具有较高生物利用率。大豆分离蛋白还具有促进微生物生长和代谢的功能，对微生物有增殖效果，并促进有益代谢产物的分泌。如能促进双歧杆菌的生长发育，还能促进复合维生素的合成和促进钙吸收作用，促使乳酸菌、酵母菌、霉菌及其他菌类的增殖，与其他食品混合时，可显著改善提高原有食品的营养价值，完全可以替代动物性蛋白质，其8种氨基酸的含量与人体需求相比，仅甲硫氨酸略显不足，与肉、鱼、蛋、乳等动物蛋白质氨基酸模式相近，属全价蛋白，且没有动物蛋白的副作用，如诱发肥胖症、心血管疾病、高胆固醇症等疾病，是减少骨钙损失的良好蛋白来源，并具有安全可靠和含微生物较少的特点。由于大豆分离蛋白氨基酸模式和人体需求比较相近，其既可单独制成食品，又可以用蔬菜或肉等配制成各种各样色、香、味俱全的功能性食品，并能按消费者口味进行调节，以及营养成分能根据不同的消费人群进行强化等优点，能提供比传统食品营养配比及口感等方面更加符合消费需要的新型食品。

（二）大豆分离蛋白在肉制品加工中的应用方法

在设计大豆蛋白在肉制品中应用配方时，应充分考虑加工工艺、组成成分、营养价值、可接受性、市场动态、经济效益、食品法规要求等诸多因素。从营养角度应尽量做到"四低、一高、一强化"，即低脂肪、低糖、低热值、低胆固醇，高蛋白，强化维生素和矿物质，同时，大豆分离蛋白的添加应有利于充分利用畜禽的骨骼组织和不理想或不完善的边角原料肉。添加方法可根据蛋白制品及产品特点而定，通常有以下几种方法。

1. 注入法

对大（整）块火腿类制品通常用注入腌渍液方法加入，即将大豆分离蛋白溶入腌制液（盐水）中，利用注射方式加入，在肉中分布均匀，效果好。通常蛋白制品占腌渍液6%～11%。

2. 干法

将大豆分离蛋白在斩拌、滚揉、搅拌工序开始时以干料状态均匀加入，但干料要先于脂肪加入肉制品中。

3. 水化法

为充分利用大豆分离蛋白的功能特性，大豆分离蛋白在添加前最好水化，制成含蛋白质18%左右的溶液使用。大豆分离蛋白与水的配比为1：（3.5～5）。大豆分离蛋白在应用于低温块状肉制品时，温度应能满足大豆分离蛋白功能性热加工要求。大豆分离蛋白的功能性通常要在72℃以上（约25min）热加工时才能发挥出来，所以低温肉制品在加入大豆分离蛋白时应不低于72℃、25min的热加工，此外，这个温度还可以使加入肉制品中的卡拉胶和玉米淀粉充分发挥功能并完全糊化，低于此温度则不能产生此效果。

（三）大豆分离蛋白在肉制品加工中的应用

大豆分离蛋白在肉制品加工中应用已久，其既可作为非功能性填充料，也可作为功能性添加剂用于改善肉制品的质构和增加风味。大豆分离蛋白由于其特殊的功能特性，即使添加量在2%～25%，都可以起到良好的保水、保脂、防止肉汁分离、提高品质以及改善口感的作用，同时还可延长肉类产品的货架期。

1. 在块状肉制品中的应用

块状肉制品是指整块或大块肉制品，像盐水火腿（西式火腿）、成牛肉等大块肉制品。在加工过程中肌肉组织的完整性被破坏，因此，可以在腌制盐水中添加大豆分离蛋白，通过注射和滚揉等方法，使盐水均匀扩散到肌肉组织中，并与盐溶性肉蛋白配合来保持肉块的完整性，提高出品率。加工中主要是利用大豆分离蛋白的保水性和胶凝性，可以提高产品质地，改善组织特性（切面、嫩度、口感）和表面形态，减少脱水收缩，稳定产品得率等功能特性。通常小型块肉制品（厚度不超过6cm）采用滚揉方式加入。大（整）块肉制品采用注入法加入，即将8%左右的大豆分离蛋白充分溶解于腌制液中，然后将这种液体注射到肉块中，使腌液完全浸透到肌肉组织中，采用这种方法，可增加得率20%并大大缩短浸渍时间。

2. 在碎肉制品中的应用

碎肉制品属于大众普通肉制品，大豆分离蛋白使用量少。对于肉饼、碎肉丸、饺子、包子及烧烤等碎肉制品，通常用烤、炸、蒸、煮方式加工，加工温度较高，采用拌混方式加入大豆分离蛋白，主要是利用其吸水、吸油特性较好，作为添加物料来改善产品质地（减少脂肪游离）。它不仅能产生肉一样的口感，而且能增强持水性，减少馅饼蒸煮收缩，提高出品率，降低成本，同时还能提高制品的营养价值。

3. 在仿肉制品中的应用

利用大豆分离蛋白的功能特性，制造各种仿真肉制品，这些产品中没有肉或用其他肉替代，但却具有天然肉制品的风味和口感，有高蛋白质，低脂肪，不含胆固醇，营养价值高等优点。以海藻酸钠作凝胶成型剂，用分离大豆蛋白作填充剂，在Ca^{2+}作用下，制成具有纤维结构的大豆蛋白－海藻母钙凝胶体，再用不同方法对其调味烹制，得到营养丰富、风味独特的仿肉制品。加入大豆蛋白并通过复配各种乳化剂、保水剂、稳定剂等，在适合的工艺条件下可以替代30%的肉。

4. 在乳化类肉制品中的应用

乳化类肉制品指的是肉糜香肠、火腿、咸牛肉等。添加大豆分离蛋白主要是利用其结合脂肪和水的能力，并与盐溶性肉蛋白形成稳定的乳化系统和填充性，在保持成品质量不变的前提下，减少淀粉等物料添加，降低瘦肉比率，提高产品质地、得率和蛋白质指标，增加脂肪添加量和产品热加工稳定性，降低成本。通常采用高速斩拌方式加入，添加量主要受大豆分离蛋白质量、品种及热加工后的滋气味和色泽影响。一般鱼肉松 7%，猪肉香肠 5%，大豆分离蛋白：水：脂肪一般为 1 : 5 : 5。实验表明，添加大豆分离蛋白的火腿肠比不添加大豆分离蛋白的火腿肠，产品蒸煮收缩程度小得多，产品更加多汁，肉质更加细嫩、口味细腻。将大豆分离蛋白加入肉糜中制作三明治火腿，产品切面上呈三层，中间为乳白色或微黄色组织蛋白夹心，两边为鲜明红色的肌肉层。

5. 在特殊肉制品中的应用

由于大豆分离蛋白优良的功能特性，它除了在传统肉制品中应用外，还为创造新食品提供了机会。例如，用大豆分离蛋白代替脂肪，同样有乳化和嫩化的作用，可制作蛋白质含量高达 19% 而脂肪含量仅 3% 的高蛋白、低脂肪法兰克福鱼肉香肠。这些产品虽然不含肉或少含肉，但有具有天然肉制品的口感和风味，并且营养价值也较高，质量也可以准确控制。

大豆分离蛋白在灌肠制品中，一般按照每 100kg 原料肉添加 2kg 即可，吸水量按 5 倍计算。

学习任务四　　中式灌制产品加工技术 🔍

中式灌肠是指以肉类为主要原料，经切丁或绞成肉粒，再配以辅料，灌入动物肠衣再晾晒或烘烤而成的肉制品。我国传统灌制品的种类很多，如南味香肠、南京小肚、松仁小肚、天津粉肠、哈尔滨红肠、上海红肠等，这些产品经过日晒或烘干使水分大部分除去，因此富于一定的贮藏性，又因大部分产品经过较长时间的晾挂成熟过程，具有浓郁鲜美的风味。

一、广式香肠的生产技术

（一）配方

瘦肉 80kg、肥肉 20kg、猪小肠衣 300m、精盐 1.8kg、白糖 7.5kg、白酒（50°）2.0kg、白酱油 5kg、亚硝酸钠 0.01kg、抗坏血酸 0.01kg。

（二）操作要点

1. 原料选择

瘦肉以前腿肉为最好，肥膘用背部硬膘为好。加工其他肉制品切割下来的碎肉亦可作原料的一部分添加。

2. 绞制与切丁

瘦肉用装有筛孔为 0.4 ~ 1.0cm 的孔板的绞肉机绞碎，肥肉切成 0.6 ~ 1.0cm³ 大小。肥肉丁切好后用温水清洗一次，以除去浮油及杂质，捞起沥干水分待用，肥瘦肉要分别存放。

3. 拌馅与腌制

按配方，原料肉和辅料混合均匀。搅拌时可逐渐加入 20% 左右的冷水，0 ~ 4℃，腌制 24h。要求精确称量，亚硝酸钠要用水溶化或与盐糖混合均匀加入，加料前，亚硝酸钠与维生素 C 不能混合一起。搅拌过程中，注意观察肉馅的状态，搅拌程度要适宜。

4. 灌制

将肠衣套在灌装管上，使肉馅均匀地灌入肠衣中，松紧程度。

5. 排气

用排气针排出肠体内部空气。

6. 结扎

按品种、规格要求每隔 10 ~ 20cm 用细线结扎一道。要求长短一致。

7. 漂洗

将湿肠用清水漂洗一次，除去表面污物。

8. 晾晒和烘烤

将悬挂好的香肠放在阴凉处晾晒 2 ~ 3d。在日晒过程中，有胀气处应针刺排气。或在烟熏炉 40 ~ 60℃，24h。

9. 剪结、包装

按规格要求进行称量真空包装。注意检查封口质量。

（三）质量标准

1. 感官标准

广式香肠感官标准见表 5 - 6。

表 5 - 6　　　　　　　　广式香肠感官标准

项目	标准
色泽	瘦肉呈红色、枣红色，脂肪呈乳白色，外表有光泽
香气	腊香味纯正浓郁，具有中式香肠（腊肠）固有的风味
滋味	滋味鲜美，咸甜适中
形态	外形完整，均匀，表面干爽呈现收缩后的自然皱纹

2. 理化指标

广式香肠理化指标见表 5 - 7。

表 5 – 7　　　　　　　　　广式香肠理化指标

项目	指标		
	特级	优级	普通级
氯化物含量/（以 NaCl 计）≤	8		
水分/（g/100g）≤	25	30	38
蛋白质含量/（g/100g）≥	22	18	14
脂肪含量/（g/100g）≤	35	45	55
总糖（以葡萄糖计）/（g/100g）≤	22		
过氧化值（以脂肪计）/（g/100g）≤	按 GB 2730—2005 规定执行		
亚硝酸盐（以 $NaNO_2$ 计）含量/（mg/100kg）≤	按 GB 2760—2014 规定执行		

3. 微生物指标

广式香肠微生物指标见表 5 – 8。

表 5 – 8　　　　　　　　　广式香肠微生物指标

项目	指标	
	出厂	销售
菌落总数/（个/g）≤	20000	50000
大肠菌群/（个/100g）≤	30	30
致病菌（指肠道致病菌和致病性球菌）	不得检出	不得检出

二、香肚加工技术

香肚是用猪肚皮作外衣，灌入调制好的肉馅，经过晾晒而制成的一种肠类制品。

1. 工艺流程

选料→拌馅→灌制→晾晒→贮藏。

2. 原料辅料

猪瘦肉 80kg、肥肉 20kg，250g 的肚皮 400 只，白糖 5.5kg，精盐 4 ~ 4.5kg，香料粉 25g（香料粉用花椒 100 份、大茴香 5 份、桂皮 5 份，焙炒成黄色，粉碎过筛而成）。

3. 加工工艺

（1）浸泡肚皮　不论干制肚皮还是盐渍肚皮都要进行浸泡。一般要浸泡 3h 乃至几天不等。每万只膀胱用明矾末 0.375kg。先干搓，再放入清水中搓洗 2 ~ 3 次，里外层要翻洗，洗净后沥干备用。

（2）选料　选用新鲜猪肉，取其前、后腿瘦肉，切成筷子粗细、长约 3.5cm 的细肉条，肥肉切成丁块。

（3）拌馅　先按比例将香料加入盐中拌匀，加入肉条和肥丁，混合后加糖，充分拌和，放置 15min 左右，待盐、糖充分溶解后即可灌制。

（4）灌制　根据膀胱大小，将肉馅称量灌入，大膀胱灌馅 250g，小膀胱灌馅 175g。灌完后针刺放气，然后用手握住膀胱上部，在案板上边揉边转，直至香肚肉料呈苹果状，再用麻绳扎紧。

（5）晾晒　将灌好的香肚，吊挂在阳光下晾晒，冬季晒 3~4d，春季晒 2~3d，晒至表皮干燥为止。然后转移到通风干燥室内晾挂，1 个月左右即为成品。

（6）贮藏　晾好的香肚，每 4 只为 1 扎，每 5 扎套 1 串，层层叠放在缸内，缸的中央留一钵口大小的圆洞，按百只香肚用麻油 0.5kg，从顶层香肚浇洒下去。以后每隔 2d 一次，用长柄勺子把底层香油舀起，复浇至顶层香肚上，使每只香肚的表面经常涂满香油，防止霉变和氧化，以保持浓香色艳。用这种方法可将香肚贮存半年之久。

4. 质量标准

香肚质量标准见表 5-9，表 5-10。

表 5-9　　　　　　　　　　　香肚感官指标

项目	一级鲜度	二级鲜度
外观	肚皮干燥完整且紧贴肉馅，无黏液及霉点，坚实或有弹性	肚皮干燥完整且紧贴肉馅，无黏液及霉点，坚实或有弹性
组织状态	切面坚实	切开齐，有裂隙，周缘部分有软化现象
色泽	切面肉馅有光泽，肌肉灰红至玫瑰红色，脂肪白色或稍带红色	部分肉馅有光泽，肌肉深灰或咖啡色，脂肪发黄
气味	具有香肚固有的风味	脂肪有轻微酸味，有时肉馅带有酸味

表 5-10　　　　　　　　　　香肚理化指标

项目	指标
水分/%	≤25
食盐（以 NaCl 计）含量/%	≤9
酸价（以 KOH 计）/（mg/g 脂肪）	≤4
亚硝酸盐（以 NaNO$_2$ 计）含量/（mg/kg）	≤20

三、上海大红肠的加工技术

上海大红肠起源于欧洲，诞生于十里洋场的上海，是上海比较畅销的一个低温肉灌肠产品，外表鲜红，口味鲜香柔和，具有较浓的曲酒香味，风味独特，营养丰富。

1. 工艺流程

原料肉选择与解冻→绞制→搅拌→乳化→灌肠→挂杆→干燥→蒸煮→冷却→包装→贮存。

2. 配方

生猪肉（肥瘦比例3∶7）100kg、食盐2.5kg、大葱1.2kg、鲜姜500g、五香面250g、花椒面100g、味精200g、曲酒2kg、红曲米300g、玉米淀粉25kg、大豆分离蛋白3kg、卡拉胶500g、亚硝酸盐10g、冰水50kg、胭脂红60g。

3. 原料选择

选用兽医宰前宰后检疫合格的冻藏2#、4#新鲜猪肉，肥膘以脊膘为好。1#肉和修整后的碎肉均可使用，但要控制好肥瘦比。原料肉要用流动空气解冻或水解冻。

4. 绞制

用绞肉机将肉绞制成$\phi 8 \sim 12mm$的小肉块。大葱和鲜姜剁成碎末，红曲米磨成面。

5. 搅拌

将原辅材料（胭脂红除外）加入搅拌机，充分混合均匀。也可只加入原料和腌制剂及20kg的冰水，在0~4℃条件下腌制24h。然后加入其他辅料进行搅拌。

6. 乳化

利用斩拌机或乳化剂将搅拌（腌制）好的原料进行充分乳化。利用斩拌机乳化时，原辅材料可不经过搅拌机搅拌。

7. 灌肠

将8#猪肠衣用自来水冲洗干净，利用灌肠机灌装，每间隔45cm为一根，两头各留4cm空隙，将两头合并系牢，形成圆圈状。

8. 冲洗

将红肠挂在挂杆上，用自来水将肠体附着的肉馅冲洗干净。

9. 干燥

在烟熏炉中，将红肠在70℃条件下干燥20min，以保证猪肠衣达到结实的程度，避免在蒸煮过程中，由于淀粉的糊化造成肠体破裂。

10. 煮制

将干燥后的红肠，用电动葫芦连带红肠车吊入蒸煮池中，蒸煮池预先加热到85℃并加入胭脂红，搅拌均匀。红肠在82℃条件下蒸煮40min吊出。

11. 冷却

将红肠车推入0~4℃冷库，冷却12h以上，保证中心温度在10℃以下。

12. 包装

装入塑料袋，或采取真空包装，打印生产日期，然后装箱。

13. 冷藏

冷藏或冻藏均可。

四、哈尔滨红肠的生产技术

相传哈尔滨红肠原来是俄罗斯、立陶宛一带的经典小吃，称为"力道斯"，是冬季饮酒的绝佳伴侣。1913 年，一个叫爱金宾斯的技师将红肠带入中国，在东北得到发扬光大。制作哈尔滨红肠原料易取，肉馅多为猪、牛肉，也可用兔肉或其他肉类；肠衣用猪、牛、羊肠均可。红肠制作过程也较简单，只要配料合适，其成品香辣糯嫩，面呈枣红，色泽鲜艳，肠皮完整，肠馅紧密，大小均匀，富有弹性，肉香浓郁，蒜香诱人，鲜美可口，与其他香肠相比，红肠显得不油腻而易嚼，带有异国风味，很受消费者欢迎。

哈尔滨红肠有自己的三大"法宝"：一是蒜香袭人，和肉味搭配起来异常协调；二是肥而不腻，红肠里面有许多肥肉丁，吃起来香却不觉得油腻，配上啤酒，味道极棒；三是熏烤得当，这是红肠工艺中最具特色的，熏烤消耗部分油脂，使口感清爽，并在表皮留下迷人的烟熏气味。

1. 工艺流程

原料肉选择和修整（低温腌制）→绞肉或斩拌→配料、制馅→灌制或填充→烘烤→蒸煮→烟熏→质量检查→贮藏。

2. 原料辅料

猪瘦肉 76kg、肥肉丁 24kg、淀粉 6kg、精盐 5～6kg、味精 0.09kg、大蒜末 0.3kg、胡椒粉 0.09kg、亚硝酸钠 15g。肠衣用直径 3～4cm 猪肠衣，长 20cm。

3. 加工工艺

（1）原料肉的选择与修整　选择兽医卫生检验合格的可食动物瘦肉作原料，肥肉只能用猪的脂肪。瘦肉要除去骨、筋腱、肌膜、淋巴、血管、病变及损伤部位。

（2）腌制　将选好的肉切成一定大小的肉块，按比例添加配好的混合盐进行腌制。混合盐中通常盐占原料肉重的 2%～3%，亚硝酸钠占 0.025%～0.05%，抗坏血酸占 0.03%～0.05%。腌制温度一般在 10℃以下，最好是 4℃左右，腌制 1～3d。

（3）绞肉或斩拌　腌制好的肉可用绞肉机绞碎或用作斩拌机斩拌。斩拌时肉吸水膨润，形成富有弹性的肉糜，因此斩拌时需加冰水。加入量为原料肉的 30%～40%。斩拌时投料的顺序是：猪肉（先瘦后肥）→冰水→辅料等。斩拌时间不宜过长，一般以 10～20min 为宜。斩拌温度最高不宜超过 10℃。

（4）制馅　在斩拌后，通常把所有辅料加入斩拌机内进行搅拌，直至均匀。

（5）灌制与填充　将斩拌好的肉馅，移入灌肠机内进行灌制和填充。灌制时必须掌握松紧均匀。过松易使空气渗入而变质；过紧则在煮制时可能发生破损。如不是真空连续灌肠机灌制，应及时针刺放气。

灌好的湿肠按要求打结后，悬挂在烘烤架上，用清水冲去表面的油污，然后送入烘烤房进行烘烤。

（6）烘烤　烘烤温度 65～80℃，维持 1h 左右，使肠的中心温度达 55～65℃。烘好的灌肠表面干燥光滑，无油流，肠衣半透明，肉色红润。

（7）蒸煮　水煮优于汽蒸。水煮时，先将水加热到 90～95℃，把烘烤后的肠下锅，保持水温 78～80℃。当肉馅中心温度达到 70～72℃时为止。感官鉴定方法是用手轻捏肠体，挺直有弹性，肉馅切面平滑光泽者表示煮熟。反之则未熟。

汽蒸煮时，肠中心温度达到 72～75℃时即可。例如肠直径 70mm 时，则需要蒸煮 70min。

（8）烟熏　烟熏可促进肠表面干燥有光泽；形成特殊的烟熏色泽（茶褐色）；增强肠的韧性；使产品具有特殊的烟熏芳香味；提高防腐能力和耐贮藏性。一般用三用炉烟熏，温度控制在 30～50℃，时间 8～12h。

（9）贮藏　未包装的灌肠吊挂存放，贮存时间依种类和条件而定。湿肠含水量高，如在 8℃条件下，相对湿度 75%～78% 时可悬挂 3d。在 20℃条件下只能悬挂 1d。水分含量不超过 30% 的灌肠，当温度在 12℃，相对湿度为 72% 时，可悬挂存放 25～30d。

学习任务五　　西式灌肠的加工技术 🔍

西式灌肠大多数都是低温肉制品，它是相对于高温而言的，是指采用较低的杀菌温度进行巴氏杀菌的肉制品，即将肉制品中心温度达到 68～72℃（往往国外 68℃，国内 72℃）保持 30min 即可。国内采取中心温度较高，一方面国内添加淀粉多，糊化温度要求高，另一方面冷藏链不健全，增加贮藏性。理论上这种温度，致病菌已被杀死，达到了商业无菌，同时营养成分损失较少，因此是科学合理的加工方式。但通常肉制品为了达到一定的贮藏性，往往采用 121℃ 的高温杀菌方法。

低温肉制品与高温肉制品相比，有着明显的优点：它仅使蛋白质适度变性，有利于消化，且肉质鲜嫩可口；非 121℃ 杀菌，营养物质损失较少；在加工过程中添加多种香料、辅料，可以使用多种原料肉，并且往往进行烟熏，香味良好，品种多变；低温还有利于保水保油，口感脆、嫩，组织结构良好。因此低温肉制品是我国今后的发展方向。

但低温肉制品的加工特点也决定了它在生产销售中存在一定的缺陷：由于杀菌温度低，虽然可以杀灭所有致病菌，但是不能杀灭形成孢子的细菌，因此对原料肉的质量要求高，只有品质好、无污染的原料肉才能生产合格的低温肉制品，并且应加强防止在生产加工过程中各环节的污染；由于低温杀菌不完全，要求销售过程中采用冷链保藏。

低温肉制品包括低温灌肠、烤肠、烤肉、发酵香肠、低温火腿等。

一、烤肠加工

烤肠是一种采用低温条件下，通过把绞制后的原料肉、香辛料、辅料等搅拌、灌肠、低温烘烤的西式肉制品，它具有营养丰富，口味鲜美，适于工厂化、系列化批量生产，又具有携带、保管、食用方便等优点，已进入千家万户，成为我国肉制品加工行业颇具竞争力和发展前景广阔的产品。

1. 工艺流程

原料肉选择→分割及处理→腌制→滚揉→灌装→干燥→蒸煮→烟熏→冷却→真空包装→二次杀菌→冷却吹干→贴标→入库。

2. 配方

猪精肉 80kg、肥膘 20kg、冰水 70kg、精盐 3.2kg、白糖 1.5kg、味精 0.6kg、腌制剂 1.7kg、亚硝酸钠 0.01kg、高粱红 0.015kg、猪肉香精 0.4kg、胡椒粉 0.1kg、姜粉 0.12kg、大豆分离蛋白 3kg、改性淀粉 25kg。

3. 操作要点

（1）原料肉的选择　选择经动检合格的冻鲜 2# 或 4# 去骨猪分割肉为原料，要求感官指标及理化指标符合冻鲜肉加工标准。

（2）原料肉修整及处理　原料肉经自然解冻或水浸解冻至中心 $-1 \sim 1℃$ 按其自然纹路修整，同时要剔除淤血、软骨、淋巴、大的筋膜及其他杂质，猪肉经清洗后用直径 7mm 孔板绞一遍，肥膘用 3 孔板绞一遍，搅拌机内与盐、亚硝酸盐、腌制剂混合均匀。

（3）腌制　将搅拌好的肉料转至料车中，压实后加盖在 $0 \sim 4℃$ 条件下腌制 18h。

（4）滚揉　腌好的肉及其他辅料一起加入滚揉机内连续真空滚揉 2.5h，真空度为 0.08MPa，出料温度控制在 $6 \sim 8℃$ 为好，肉馅有光泽，无油块及结团现象，肉花散开分布均匀。

（5）灌制　猪肠衣 8 路灌制，质量依具体要求而定，一般在 315g 左右（成品 280g），灌装时肠体松紧适度，可用针打眼放气，挂杆摆架，肠体间不得粘连。然后用自来水冲洗烤肠表面油污和肉馅。

（6）干燥　干燥温度为 60℃ 时间 45min，肠衣紧贴肠馅，表面透出馅料的红色，肠衣干燥且透明，手摸有唰唰的声响。

（7）蒸煮　蒸煮温度 $82 \sim 84℃$，蒸煮 50min，肠体饱满有弹性，中心温度达到 72℃。

（8）烟熏　烟熏炉 70℃ 熏制 20min，肠表面呈褐色，有光泽。

（9）冷却　对于烟熏产品，一种冷却方法是在 $0 \sim 4℃$ 冷库冷却至中心温度 10℃ 以下，低温有利于抑制微生物的生长繁殖，但往往使外表有水珠冷凝，产生花斑；另一种是在车间自然冷却，虽不产生花斑，但容易造成微生物的生长繁殖。

（10）真空包装　按规格要求定量真空包装。包装前，要注意个人卫生，在消毒液中将手洗净，还要用75%的酒精对工具、用具、操作台进行消毒。真空包装时，要调整好包装机的真空度、热合时间、热合温度，减小破袋率。

（11）二次杀菌　为了保证产品质量延长货架期，要求对包装后的产品进行二次杀菌，温度为90℃，时间10min。

（12）冷却吹干　经二次杀菌的产品要尽快将温度降至室温或更低，吹干袋表面水分。

（13）打印日期装箱入库　按要求打印生产日期，按规格装箱打件，入库保存。0~4℃可贮存3个月。

二、台湾烤肠的加工技术

台湾烤肠运用现代西式肉制品加工技术生产具有中国传统风味的低温肉制品，是近年来我国低温肉制品中发展最快的香肠品种之一。主要使用天然肠衣和胶原肠衣，以猪肉为主要原料，原料肉经过绞切、腌制，添加辅料搅拌，再经灌肠、扎节、吊挂、干燥、蒸煮、冷却、急速冻结（-25℃以下）、真空包装，在冷冻状态下（-18℃以下）贮藏。食用前需要煎烤熟制品。近年来，由于速冻台湾烤香肠色鲜润泽，口感脆爽甜润，香甜美味，一直受到以小朋友和女士为主要消费群体的广大消费者的喜爱。该产品在保存和流通过程中保持在-18℃以下，因而货架期长、易保存，安全卫生易于控制。可在商场、超市和人口流动的场所采用滚动烤肠机的现场烤制售卖，也可家中油煎食用，食用方法简易方便。

1. 工艺流程

原料肉解冻→绞切→腌制→搅拌→灌肠→扎节→吊挂→干燥→蒸煮→冷却→速冻→真空包装→品检和包装→卫检冷藏。

2. 配方

1#肉100kg（或猪肥膘15kg，2#肉85kg），食盐2.5kg，复合磷酸盐750g，亚硝酸钠10g，白砂糖10kg，味精650g，异维生素C-Na 80g，卡拉胶600g，分离大豆蛋白0.5kg，猪肉香精精油120g，香肠香料500g，马铃薯淀粉10kg，玉米变性淀粉6kg，红曲红（100色价）适量，冰水50kg。

3. 操作要点

（1）原料肉的选择　选择来自非疫区的经兽医卫检合格的新鲜（冻）猪精肉和适量的猪肥膘作为原料肉。由于猪精肉的含脂率低，加入适量含脂率较高的猪肥膘可提高产品口感、香味和嫩度。

（2）切丁或绞肉　原料肉解冻后，可以采用切丁机切成肉丁，肉丁大小6~10mm³。也可采用绞肉机绞制。绞肉机网板以直径8mm为宜。在进行绞肉操作前，先要检查金属筛板和刀刃是否吻合，原料的解冻后温度为-3~0℃，可分别对猪肉和肥膘进行绞制。

（3）腌制　将猪肉和肥膘按比例添加食盐、亚硝酸钠，复合磷酸盐和20kg冰水混合均匀，容器表面覆盖一层塑料薄膜防止冷凝水下落污染肉馅，放置0～4℃低温库中存放腌制12h以上。

（4）搅拌　准确按配方称量所需辅料，先将腌制好的肉料倒入搅拌机里，搅拌5～10min，充分提取肉中的盐溶蛋白，然后按先后秩序添加食盐、白糖，味精、香肠香料，白酒等辅料和适量的冰水，充分搅拌成黏稠的肉馅，最后加入玉米淀粉、马铃薯淀粉，剩余的冰水，充分搅拌均匀，搅拌至发黏、发亮。在整个搅拌过程中，肉馅的温度要始终控制在10℃以下。

（5）灌肠　香肠采用直径26～28mm天然猪羊肠衣或者折径在20～24mm胶原蛋白肠衣。一般单根质量40g用折径20mm蛋白肠为好，灌装长度11cm左右，单根质量60g用折径24mm蛋白肠为好，灌装长度13cm左右，同样重量的肠体大小与灌装质量有关，灌肠机以采用自动扭结真空灌肠机为好。

（6）扎节、吊挂　扎节要均匀，牢固，肠体吊挂时要摆放均匀，肠体之间不要挤靠，保持一定的距离，确保干燥通风顺畅，香肠不发生靠白现象。

（7）干燥、蒸煮　将灌装好的香肠放入烟熏炉干燥、蒸煮，干燥温度70℃，干燥时间20min；干燥完毕即可蒸煮，蒸煮温度80～82℃，蒸煮时间25min。蒸煮结束后，排出蒸汽，出炉后在通风处冷却到室温。

（8）预冷（冷却）　产品温度接近室温时立即进入预冷室预冷，预冷温度要求0～4℃，冷却至香肠中心温度10℃以下。预冷室空气需用清洁的空气机强制制冷却。

（9）真空包装　采用冷冻真空包装袋，分两层放入真空袋，每层25根，每袋50根，真空度0.08MPa以下，真空时间20s以上，封口平整结实。

（10）速冻　将真空包装后的台湾烤肠转入速冻库冷冻，速冻间库温-25℃以下，时间24h，使台湾烤香肠中心温度迅速降至-18℃以下出速冻库。

（11）品检和包装　对台湾烤香肠的数量、质量、形状、色泽、味道等指标进行检验，检验合格后，合格产品装箱。

（12）卫检冷藏　卫生指标要求：细菌总数小于20000个/g；大肠杆菌群，阴性；无致病菌。合格产品在-18℃以下的冷藏库冷藏，产品温度-18℃以下，贮存期为6个月左右。

三、维也纳香肠的加工技术

维也纳香肠，味道鲜美，风行全球。将小红肠夹在面包中就是著名的快餐食品，因其形状像夏天时狗吐出来的舌头，故得名热狗。

1. 配方

牛肉55kg、精盐3.50kg、淀粉5kg、猪精肉20kg、胡椒粉0.19kg、亚硝酸钠15g、猪乳脯肥肉25kg、玉果粉0.13kg。肠衣用18～20mm的羊小肠衣，每根长12～14cm。

2. 工艺

原料肉修整→绞碎斩拌→配料→灌制→烘烤→蒸煮→熏烟或不熏烟→冷却→成品。烘烤温度 70~80℃，时间 45min；蒸煮温度 90℃，时间 10min。

3. 成品

外观色红有光泽，肉质呈粉红色，肉质细嫩有弹性，成品率为 115%~120%。

学习任务六　　高温火腿肠的生产技术

高温火腿肠是以猪肉为主要原料，经解冻、绞制、腌制、斩拌、加入香料、大豆分离蛋白、卡拉胶、淀粉等，采用日本 KAP 自动充填机，灌入 PVDC 肠衣膜，经高压、高温杀菌制成的高温肉制品。它的本质是一种软包装的午餐肉罐头，但由于携带、食用方便，曾经给我国肉制品工业带来了一次革命。

工艺流程如下：

选料→解冻→绞制→腌制→斩拌→充填→杀菌→冷却→包装→入库。

一、火腿肠自动充填技术

KAP 是日本吴羽株式会社生产的一种高自动化的灌装设备，原名 "克瑞哈龙自动包装机（Kurehalon auto packing，KAP），它使用具有极强的阻挡性、不透氧气和水分的聚偏二氯乙烯树脂（PVDC）制成的薄膜，生产肉类灌肠。1956年，用 KAP 机使用 PVDC 包制的鱼肉灌肠投放市场后，很快就成为一大热门商品，使食品行业进入了一个新的时代。1970 年在韩国也掀起了同样的商品热潮。1990 年以来，用 KAP 的生产猪肉火腿肠、牛肉火腿肠、鱼肉火腿肠、肌肉火腿肠、维也纳香肠等，作为常温保存的方便食品，在中国也掀起了生产火腿肠的高潮。灌装火腿肠的还有日本的 ADP、美国的 KP 和国产 ZAP，它们的原理基本相同，现在绝大多数用的 KAP。如图 5-8 所示。

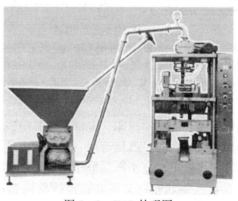

图 5-8　KAP 外观图

1. 工作原理

KAP 主要是由料斗、地面泵（输送辊轴）、送料直管、液压回料管、机上泵、灌肠管、成形板、焊接肠衣机构、薄膜供给辊轮、日期打印装置、挤开滚轴、结扎往复式工作台、自动监测装置、机械传动机构、机座、控制系统等组成，如图 5-9 所示。当已搅拌好的肉料送到料斗 4 中后，便由料斗 4 下的回转着的喂入辊 3 喂入地面泵 2，再经机上泵 12 增压后进入填充管 14 与肠衣汇流；肠衣薄膜经成形板 5 及纵封机构纵封成筒状的肠衣，进而由肠衣进给滚轮 8 作纵向进给，肠衣填充了肉料先是棒状物，当其运行过挤空机构时被等距挤压分节，在分节处留下空肠衣；往复台 10 内（各卡一枚）完成结扎封口；最后由往复台 10 内的切料装置从分节处的中点切断，从而得到符合规格长度的半成品火腿肠。

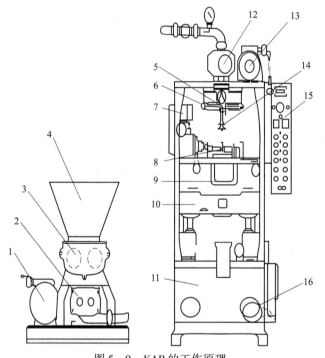

图 5-9　KAP 的工作原理

1—M₄ 电机及地面泵变速-减速器　2—地面泵　3—喂入辊　4—料斗　5—成形板　6—薄膜输送辊
7—M₂ 电机及薄膜供给变速-减速器　8—薄膜供给辊轮　9—挤空机构　10—往复台
11—驱动箱　12—机上泵　13—M₁ 电机及机上泵变速-减速器　14—填充管
15—挤空差动装置　16—M₃ 电机及三级皮带轮

该机具有多种机械功能，即自动打印、定量充填、塑料肠衣自动焊接、充填后自动打卡结扎、剪切分段等功能。该机可在一定范围内随肠衣的宽度和长度的改变而改变充填量，有的机器可在每个产品上印刷上生产日期。该机只可使用塑料肠衣，既可灌装高黏度或糊状物，又可灌装液体状内容物。该机最大的优点是，生产的产品保质期长，生产效率高，自动化程度高，使塑料肠衣规格化。

2. 生产操作

（1）生产前的密封检查　操作前检查各连接部件（特别是管箍）安装是否严紧，避免物料在输送过程中空气混入或充填物外漏。

（2）灌装前的薄膜密封试验

① 薄膜装在主机上，依次通过制动器、导辊、成型板、灌肠管、薄膜输送辊。手拉薄膜，检查薄膜制动器和薄膜叠加宽度。薄膜制动器平衡块可根据薄膜规格、线速度调节，薄膜叠加的宽度由成形板调节。

② 打开开关，启动薄膜送进旋钮，输送辊的速度可通过变速电机调节；启动热合旋钮，放下正电极碳棒，调节高频振荡器频率，使热合良好。

（3）结扎实验　把制动马达开关转到"安全手动"位置，用手盘车使往复工作台运转一周。待确认金属打卡模具不相碰撞时，把铝丝输送杆搬向右侧，在一次形成上插入铅线。再把沿线夹输送杆向左，用手转动，操作工作台使U形卡结扎，检查U形卡空结扎时有无异常现象，务必使卡扣高度、形状符合要求。

（4）生产运转　自动运转—启动地面泵旋钮—启动薄膜输送旋钮—启动密封旋钮—启动机上泵旋钮—启动结扎装置启动旋钮—进入运转状态。在生产过程中，务必不断检查并调整字迹的清晰程度、热合的牢固程度、卡扣的形状和牢固程度、产品的长度和重量等。

（5）运转停止

① 把结扎停止旋钮置于"OFF"位置，机器全部停止运转；若转动其他旋钮，部分部件停止运转。

② 下列情况之一，会自动停止：a 薄膜用完；b 铝丝用完（每卷沿线重4kg）；c 薄膜筒戳穿；d 金属打卡模具卡位或错位；e 薄膜叠压接缝错位。

（6）清洗及检查

① 生产结束后，清洗全部送料泵及配管、地面泵料斗、输送辊、不锈钢齿轮及机上轮、填充管等部件。

② 清扫薄膜、金属打卡模（适当加油）、薄膜输送辊，排除夹辊脏物更换垫块（每周一块），松开铝丝输送夹。

③ 检查薄膜输送辊运转是否平稳，各弹簧出销滚子是否正常，每天检查金属打卡模是否相碰、打卡模螺丝是否松动、成型环是否正常。

④ 充分紧固机上泵轴的紧固螺丝。

⑤ 检查各部分油位，严格按油类加油，发现油质变性应及时更换。

二、高温杀菌技术

杀菌是食品加工中一个十分重要的环节，食品杀菌的目的是杀死食品中所污染的致病菌、产毒菌、腐败菌，并破坏食物中的酶，使食品贮藏一定时间而不变质。此外，加热杀菌还具有一定的烹调作用，能增进风味，软化组织。在杀菌时，要求食品不致加热过度，又要求较好地保持食品的形态、色泽、风味和营养价值。

食品的杀菌不同于微生物学上的灭菌，微生物学上的灭菌是指绝对无菌，而食品的杀菌是杀灭食品中能引起疾病的致病菌和能够生长引起食品败坏的腐败菌，并不要求达到绝对无菌。因此，杀菌措施只要求达到充分保证产品在正常情况下得以完全保存，尽量减少热处理的作用，以免影响产品质量。这种杀菌称之为"商业无菌"。

在低温灌制品中，蒸煮、烘烤、烟熏都具有杀菌作用，就蒸煮而言，有的是采用全自动烟熏炉用汽蒸的方法，有的是采用蒸煮池水煮的方法，温度一般控制在 80 ~ 84℃，时间根据产品的规格而定；高温灌肠制品（火腿肠），以及软包装高温杀菌的猪蹄、酱牛肉、烧鸡等产品，都属于低酸性软包装罐头产品，都是以肉毒梭状芽孢杆菌作为杀菌的对象菌，要采用 121℃ 的杀菌，使其达到商业无菌。这种高温（高压）杀菌，虽然保质期得到有效延长，但营养成分损失较大，口感也变差。

杀菌后应立即冷却，如果冷却不够或拖延冷却时间会引起不良现象的发生：内容物的色泽、风味、组织、结构受到破坏；促进嗜热性微生物的生长；加速罐头腐蚀的反应。

肉类软包装罐头（包括其他铁听肉类罐头）经过高温高压杀菌，由于包装物内食品和气体的膨胀、水分的汽化等原因，包装物内会产生很大的压力；冷却开始时，包装袋外围温度降低，导致压力降低，但内容物的温度不会立即降低，使袋内维持相对的高压。包装袋内外压力差，往往导致包装袋的破裂（铁听罐头的胖听）现象。因此，在恒温结束、冷却尚未开始时，常用压缩空气提高杀菌锅内的压力，然后冷水冷却，这就是反压冷却技术。

操作时，要在杀菌完毕在降温降压前，首先关闭一切泄气旋塞，打开压缩空气阀，使杀菌锅内保持稍高于杀菌压力，关闭蒸汽阀，再缓慢地打开冷却水阀。当冷却水进锅时，必须继续补充压缩空气，维持锅内压力较杀菌压力高 0.21 ~ 0.28kg/cm²。随着冷却水的注入，锅内压力逐步上升，这时应稍打开排气阀。当锅内冷却水快满时，根据不同产品维持一段反压时间，并继续打入冷却水至锅内水注满时，打开排水阀，适当调节冷却水阀和排水阀，继续保持一定的压力至产品冷却到 38 ~ 40℃时，关闭进水阀，排出锅内的冷却水，在压力表降至零度时，打开锅盖取出产品。

杀菌操作过程中的工艺条件主要由温度、时间、反压三个主要因素组合而成。实际生产中，常用杀菌公式表示对杀菌操作的工艺要求。

$$\frac{\tau_1 - \tau_2 - \tau_3}{t}p$$

式中　τ_1——升温时间，min；

　　　τ_2——恒温杀菌时间，min；

　　　τ_3——降温时间，min；

　　　t——杀菌（锅）温度，注意不是指食品的中心温度，℃；

　　　p——冷却时的反压。

　　杀菌时提倡快速升温和快速降温，有利于食品的色香味形、营养价值。但有时受到条件的限制，如锅炉蒸汽压力不足、延长升温时间；冷却时易破损等，不允许过快。最好杀菌时在防止腐败的前提下尽量缩短杀菌时间。既能防止腐败，又能尽量保护品质。

　　火腿肠杀菌一般使用的是卧式高温杀菌锅，其容量一般比立式杀菌锅要大，需有杀菌小车，一般都是 4 个小车。这种杀菌锅也可以用来对铁听罐头的高温杀菌，但目前主要是用来对软包装罐头的高温杀菌（常见的是高温火腿肠、高温五香牛肉、高温猪蹄、铝箔包装的烧鸡等），可以用水杀，也可以用汽杀，但从传热学的观点出发，用水杀的传热速度要比汽杀快得多。图 5-10 为卧式杀菌锅的一种。

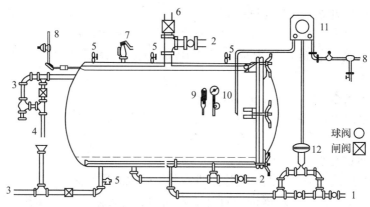

图 5-10　卧式杀菌锅装置图

1—进汽管　2—进水管　3—排水管　4—溢水管

5—泄汽管　6—排气管　7—安全阀　8—进压缩空气管

9—温度计　10—压力计　11—温度记录控制仪　12—蒸汽自动控制阀

　　现在很多工厂使用双层卧式杀菌锅，它是根据卧式杀菌锅原理，优化管路设计，增加带循环水泵的热水循环系统，特别适用于软包装。实际下层的才是真正的高压杀菌锅，和一般的没有区别，上层只是贮热水罐，容量约是下层的2/3。该杀菌锅可先在上层罐对灭菌用水提前加热，也可将下锅内杀菌用完后的过热水重新抽回上热水贮罐重复利用。既节约了水资源和能源，而且又缩短了物料在杀菌工艺中升温受热时间，具有高效节能之特点。其结构示意图如图 5-11 所示。

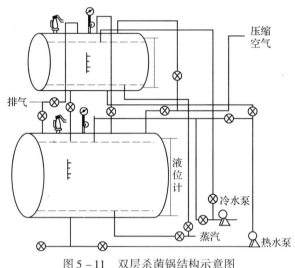

图 5 – 11　双层杀菌锅结构示意图

以高温火腿肠为例,使用双层卧式杀菌锅,采用水杀的方式,其操作规程如下。

1. 杀菌前对设备进行全面检查

(1) 压力表、温度计、安全阀、液位计均应正常完好。

(2) 供蒸汽管道内压力应在 0.4MPa 以上,供水管内压力应在 0.25MPa以上。

(3) 冷热水泵电器,机械均应正常。

(4) 杀菌锅盖密封圈应完好,严密,锅盖开闭灵活,销紧可靠。

(5) 除液位计阀以外,所有阀均应关闭。

2. 热水锅充水、升温

(1) 开启热水锅冷水阀、冷水泵进水阀、热水锅泄汽阀、开动冷水泵。

(2) 当水位升到热水锅液位计 3/4 左右时,停冷水泵,关闭热水锅过冷水阀,关闭热水锅泄汽阀。

(3) 开启热水锅过蒸汽阀,使锅内冷水升温,开启时要缓慢,避免锅体振动。当温度升到 120℃时,关闭进汽阀,以备杀菌使用。

注意:压力不能超过 0.11MPa,水位不得完全淹没液位计。

3. 杀菌

(1) 将装好的火腿肠用锅内小车均匀地装进杀菌锅,如果量不足时,应在 4个小车上装同样多,尽可能使锅内产品在同一高度。

(2) 关闭杀菌锅盖,锁紧并扣上安全扣。

(3) 开启杀菌锅进压缩空气阀,锅内压力缓慢升高到 0.22 ~ 0.24MPa 时,关闭进汽阀。

(4) 开启杀菌锅与热水锅的压力平衡阀。开启热水锅出水阀将热水放过杀菌锅，然后关闭此阀。检查水位能否淹没锅内制品，如水位不够时，可开启冷水泵，开杀菌锅进冷水阀向锅内补水，补足水后，关闭进冷水阀，即冷水泵。

（5）缓慢开启杀菌锅进蒸汽阀，开启热水泵的进水阀，开热水泵，开启杀菌锅进热水阀，使锅内水升温循环。当水温升到121℃时，关闭进蒸汽阀，开始保温。保温时间根据产品规格确定。温度保持121℃，在升温、保温（及降温）全过程中，通过控制进空气阀，泄气阀调节锅内压力，保持在0.22～0.24MPa。

保温5min后，停热水泵，以后每隔2min开动热水1min，直到保温结束。

保温过程中，锅内水位不应超过液位计最上端，热水泵的密封器部位应供冷却水。

（6）保温结束后，关闭蒸汽阀，关闭杀菌锅进热水阀，开启热水锅进热水阀，开热水泵，将杀菌内的热水泵入热水锅。当热水锅水位即将淹没液位计上端时，关闭热水锅进热水阀，停热水泵。

（7）杀菌锅内的余水可经过排水阀放出，注意保持锅内压力0.22～0.24MPa。

（8）开动冷水阀，开启杀菌锅上部进冷水阀，泵进冷水。当冷水全部淹没锅内产品时，关闭进冷水阀，停冷水泵。

（9）关闭杀菌锅与热水锅的压力平衡阀，开启杀菌锅放水阀，泄汽阀，当锅内水汽排空后，打开锅盖，推出产品，清理锅内，准备下一循环。

4. 注意事项

（1）注意安全，如发现压力表、温度计、安全阀、液位计有异常时，应及时修理或更换。锅内压力不应超过0.25MPa，温度不应超过125℃。

（2）杀菌锅、热水锅内不允许充满水，必须留有膨胀空间。

（3）小心保护玻璃液位计，不能敲、碰。

（4）不能触摸裸露的管子，以免烫伤。

（5）非操作人员，不准随便摆弄阀门及电气开关等。

三、高温火腿肠的生产技术

1. 配方

瘦肉80kg、肥肉20kg、乳化腌制剂2kg、亚硝酸钠10g、食盐2.5kg、白糖2kg、味精0.25kg、花椒0.3kg、桂皮0.15kg、白胡椒0.2kg、姜粉0.2kg、肉蔻0.15kg、大豆分离蛋白2kg、玉米淀粉12kg、卡拉胶0.3kg、冰水40kg、色素适量。

2. 操作要点

（1）选料、解冻、绞制、腌制　均同其他灌肠，但生产规模较大的，也可不经过腌制。

（2）斩拌　不经腌制生产时，将瘦肉在低速下放入，然后添加腌制剂，启动中速斩拌，添加配方设定的1/3的冰水后高速斩1～3min，在换为中速后加入所有的除淀粉外的所有辅料、脂肪，再加三分之一的冰水，重新启动高速斩拌

3min，再中速把淀粉和剩余水倒入斩拌机再高速斩 1~3min，最后加入色素（和香精），斩至成品料黏稠有光泽即可出料。出料温度不能超过 12℃，所以，要添加冰水并控制好斩拌时间和速度的关系。

（3）充填　采用日本吴羽 KAP 自动的灌肠机进行灌装，该机具有自动定量、自动热合、自动分节、自动结扎、自动打印等功能。灌装时，要根据不同的产品要求和 PVDC 薄膜的宽度，控制好产品质量和长度，还要保证肠体无油污、肉馅、字迹清晰，热合牢固，卡扣紧固，饱满坚挺，摆放整齐。

（4）杀菌　一般多采用卧式杀菌锅高温杀菌，并根据产品直径的不同采用不同的杀菌时间，比如薄膜折径 80mm，杀菌时间为 25min；折径 70mm，杀菌时间为 15min。利用 2.2~2.5atm 反压冷却到 40℃ 即可。

（5）冷却、包装　杀菌后在包装间用冷风吹干表面水分，并擦干水垢，贴上标签，装箱。

（6）贮藏　常温下可保存半年。

学习任务七　　西式火腿生产技术　🔍

西式火腿（western pork ham）一般由猪肉加工而成，但在加工过程中因对原料肉的选择、处理、腌制及包装形式不同，西式火腿种类很多。Ham 原指猪的后腿，但在现代肉制品加工业中通常称为火腿。因为这种火腿与我国传统火腿（如金华火腿）的形状、加工工艺、风味有很大不同，习惯上称其为西式火腿。西式火腿包括带骨火腿、去骨火腿、里脊火腿、成型火腿等。

西式火腿中除带骨火腿为半成品，在食用前需要熟制外，其他种类的均为可直接使用的熟制品。其产品色泽鲜艳、肉质细嫩、口味鲜美、出品率高且适合于大规模机械化生产，成品能完全标准化，因此，近几年来西式火腿成为肉类加工业中深受欢迎的产品。例如，日本的熟肉制品中，西式火腿占 60% 以上。西式火腿生产中，一般猪前后腿可用于生产带骨火腿和去骨火腿，背腰肉可用于生产高档的里脊火腿，而肩部及其他部位肌肉因结缔组织及脂肪组织较多、色泽不匀，不宜制作高档火腿，但可用于生产成型火腿和肉糜火腿。

一、带骨火腿的加工技术

带骨火腿一般是由整只的带骨猪后腿加工制成的，其加工方法比较复杂，加工时间长。一般是首先把整只猪后腿用盐、胡椒粉、硝酸盐等干擦表面，然后浸入加有香料的盐水卤中盐渍数日，取出风干、烟熏，再悬挂一段时间，使其自熟，就可形成良好的风味。

世界上著名的带骨火腿有法国烟熏火腿、苏格兰整只火腿、德国陈制火腿、黑森林火腿、意大利火腿等。火腿在烹调中即可做主料也可作辅料，也可制作冷盘。

带骨火腿从形状上分为长型火腿和短型火腿两种。带骨火腿由于生产周期较长，成品较大，且为生肉制品，生产不易机械化，因此产量及需求量较少。

（一）工艺流程

选料→整形→去血→腌制→浸水→干燥→烟熏→冷却→包装→成品。

（二）工艺要点

1. 原料选择

长型火腿是自腰椎留 1~2 节将后大腿切下，并自小腿外切断。短型火腿则自趾骨中间并包括荐骨的一部分切开，并自小腿上端切断。

2. 整形

出去多余脂肪，修平切口使其整齐丰满。

3. 去血

动物宰杀后，在肌肉中残留的血液和淤血容易引起肉制品的腐败，放血不良时尤为严重，所以必须在腌制前去血。去血是指在盐腌之前先加适量食盐、硝酸盐，利用其渗透作用脱水以除去肌肉中的血水，改善风味和色泽，增加防腐性和肌肉的结着力。取肉量 3%~5% 的食盐与 0.2%~0.3% 的硝酸盐，混合均匀后涂布在肉的表面，堆叠在略倾斜的操作台上，上部加压，在 2~4℃ 条件下放置 1~3d，使其排除血水。

4. 腌制

腌制使食盐渗入肌肉，进一步提高肉的保藏性和保水性，并使香料等也渗入肉中，改善其风味和色泽。干腌、湿腌、盐水注射法都可以使用。

在采取干腌时，按原料肉的质量，一般用食盐 3%~6%，硝酸钾 0.2%~0.25%，亚硝酸钠 0.03%，砂糖 1%~3%，调味料为 0.3%~1.0%。调味料常用的有月桂叶、胡椒等，盐糖的比例不仅影响成品风味，而且对质地、嫩度等均有影响。腌制时将腌制混合料分 1~3 次涂擦于肉上，堆于 5℃ 左右的腌制间尽量压紧，但高度不应超过 1m。每 3~5d 倒垛一次。腌制时间随肉块大小和腌制温度及配料比例不同而异。小型火腿 5~7d；5kg 以上较大火腿需 20d 左右；10kg 以上需 40d 左右。大块肉最好分 3 次上盐，每 5~7d 一次，第一次涂盐量可略多。腌制温度较低、用盐量较少时可适当延长腌制时间。

采取湿腌时，腌制液的配比对风味、质地影响很大，特别是食盐和砂糖比例应随消费者嗜好不同而异。表 5-11 是腌制液的配比示例。

表 5 – 11　　　　　　　　　　腌制液的配比（水为 100 份）

辅料	湿腌		注射
	甜味	咸味	
水	100	100	100
食盐	15 ~ 20	21 ~ 25	24
硝石	0.1 ~ 0.5	0.1 ~ 0.5	0.1
亚硝酸盐	0.05 ~ 0.08	0.05 ~ 0.08	0.1
砂糖	2 ~ 7	0.5 ~ 1.0	2.5
香料	0.3 ~ 1.0	0.3 ~ 1.0	0.3 ~ 1.0
化学调味品	—	—	0.2 ~ 0.5

配制腌制液时先将香辛料袋和亚硝酸盐以外的辅料溶于水中并煮沸过滤，待冷却到常温后再加入亚硝酸盐以免分解。为提高保水性可加入 3% ~ 4% 的磷酸盐，还可加入 0.3% 的抗坏血酸钠以改善色泽。有时为制作上等制品，在腌制时可适量加入葡萄酒、白兰地、威士忌等。腌制时，将洗干净的去血肉块堆叠于腌制槽中，将遇冷至 2 ~ 3℃ 的腌制液约按肉重的 1/2 加入，使肉全部浸泡在腌制液中，盖上箆子，上压重物以防上浮。然后再腌制间（0 ~ 4℃）腌制，每千克肉腌制 5d 左右，如腌制时间长，需要 5 ~ 7d 翻检一次。

使用过的腌制液含有大量的腌制剂和风味物质，但其中已溶有肉中的营养成分，且盐度较低，微生物易繁殖，在重复使用前须加热至 90℃ 杀菌 1h，冷却后除去上浮的蛋白质、脂肪等，滤去杂质，补足盐度。

无论干腌法还是湿腌法，所需腌制时间较长，盐水渗入大块肉的中心较为困难，常导致肉块中心与骨关节周围有细菌繁殖，造成中心酸败，湿腌时还会导致盐溶性蛋白的流失。因此可用盐水注射法（使用可注射带骨肉的注射机），滚揉腌制，缩短腌制时间。这种方法可控制注射率，保证产品质量的稳定性。大规模生产中，多采用盐水注射的方法生产。

5. 浸水

用干腌法或湿腌法研制的肉块，表面与内部食盐浓度不一致，需浸入 10 倍的 5 ~ 10℃ 的清水中浸泡以调整盐度。浸泡时间随水温、盐度及肉块大小而异，一般每千克肉浸泡 1 ~ 2h。若是流水则数十分钟即可。浸泡时间短，成品咸味重甚至有食盐结晶析出；浸泡时间过长，则成品质量下降，且容易腐败变质。盐水注射的方法，由于盐水的渗透、分布比较均匀，无需浸泡。

6. 干燥

经浸泡去盐后的原料，悬挂于烟熏室中，在 30℃ 条件下保持 2 ~ 4h，使表面呈红褐色，且略有收缩时为宜。干燥的目的是使肉块表面形成多孔以利于烟熏。

7. 烟熏

烟熏能改善风味和色泽，防止腐败变质，带骨火腿一般用冷熏法，烟熏时温度保持 30~33℃，1~2d 至表面呈淡褐色时芳香味最好。烟熏过度，则色泽发暗，品质变差。

8. 冷却包装

烟熏结束后，产品自烟熏炉取出，冷却至室温，转入冷库冷却至中心温度5℃左右，擦净表面后，用塑料薄膜或玻璃纸包装后即可入库。

上等成品要求外观匀称、厚薄适度、表面光滑、切面色泽均匀、肉质纹路较细，具有特殊的芳香味。

二、去骨火腿的加工技术

去骨火腿是用猪后大腿经过整形、腌制、去骨、包扎成型后，再经烟熏、水煮而成，具有方便、鲜嫩的特点，但保质期较短。在加工时，去骨一般是在浸水后进行。去骨后，以前常连皮制成圆筒形，现在多除去皮和较厚的脂肪，卷成圆柱状，故又称去骨卷火腿，也有置于方形容器中整形，因经水煮，又称去骨熟火腿。

（一）工艺流程

选料→整形→去血→腌制→浸水→去骨整形→卷紧→干燥→烟熏→水煮→冷却。

（二）工艺要点

1. 选料整形

与带骨火腿相同。

2. 去血

与带骨火腿相比，食盐用量稍减，砂糖用量稍增为宜。

3. 浸水

与去骨火腿相同。

4. 去骨整形

去除两个腰椎，拔出骨盘骨，将刀插入大腿骨上下两侧，割成隧道状，去除大腿骨及膝盖骨后，卷成圆筒形，修去多余瘦肉及脂肪。去骨时应尽量减少对肌肉组织的损伤。有时去骨在去血前进行，可缩短腌制时间，但肉的结着力较差。

5. 卷紧

用棉布将整形后的肉块卷紧，包裹成圆筒状后用绳扎紧。有时也用模具整形压紧。

6. 干燥、烟熏

30~35℃条件下干燥 12~24h，因水分蒸发，肉块收缩变硬，需再度卷紧后烟熏。烟熏温度为 30~35℃，时间因火腿大小而异，一般为 10~24h。

7. 水煮

水煮的目的是杀菌和熟化，赋予产品适宜的硬度和弹性，同时减缓浓烈的烟熏臭味。水煮以火腿中心温度达到 62 ~ 65℃ 保持 30min 为宜。若超过 75℃，则脂肪熔化，导致品质下降。一般大火腿煮 5 ~ 6h，小火腿煮 2 ~ 3h。

8. 冷却、包装、贮藏

水煮后略微整形，尽快冷却后除去包裹棉布，用塑料膜包装后在 0 ~ 1℃ 的低温下贮藏。

三、盐水火腿的加工技术

盐水火腿属于成型火腿，是以食盐为主要原料，而加工中其他调味料用量甚少，是西式火腿的一种。猪的前后腿肉及肩部、腰部的肉除用于加工高档的带骨、去骨及里脊火腿外，还可添加其他部位的肉或者其他畜禽肉甚至鱼肉，经腌制（加入辅料）后，装入包装袋或容器中成型、水煮后则可制成成型火腿（又称压缩火腿）。其中盐水火腿是指大块肉经过修整、盐水注射、滚揉腌制、充填，再经蒸煮、烟熏（或不烟熏）、冷却等工艺制成的熟肉制品。其选料精良、对生产工艺要求高，采用低温杀菌，产品保持了原料肉的鲜香味，组织细腻，色泽均匀，口感鲜嫩，深受消费者喜爱，已成为肉制品的主要品种之一。目前国内市场上广泛出现的三明治火腿大多是采用 2# 、4# 冻藏猪肉加工而成，就属于盐水火腿。

（一）加工原理

盐水火腿是以精瘦肉为原料，经机械嫩化和滚揉破坏肌肉组织的结构，经腌制提取盐溶性蛋白，装模成型后蒸煮而成。盐水火腿的最大特点是良好地成型性、切片性，适宜的弹性、鲜嫩的口感和很高的出品率。肉块、肉粒或肉糜加工后黏结为一体的黏结力来源于两个方面，一是经过腌制促使肌肉组织中的盐溶性蛋白溶出，而是在加工过程中加入适量的添加剂，如卡拉胶、植物蛋白、淀粉及改性淀粉等。经滚揉后肉中的盐溶蛋白质及其他辅料均匀地包裹在肉块、肉粒表面并充填于其空间，经加热变性后则将肉块、肉粒紧紧黏在一起，出产品具有良好的弹性和切片性。盐水火腿经机械嫩化及滚揉过程中的摔打、挤压、按摩作用，使肌纤维彼此之间变得疏松，再加之选料的精良和良好地保水性及低温蒸煮作用，保证了盐水火腿鲜嫩的特点。盐水火腿在注射率可达 20% ~ 60% 甚至更高。肌肉中盐溶性蛋白的提出、复合磷酸盐的使用、pH 的改变以及肌纤维间的疏松状态都有利于提高盐水火腿的保水性，加上其他辅料的添加，因而提高了盐水火腿的出品率。因此，经过嫩化、滚揉、腌制等工艺处理，再加上适宜的添加剂，保证了盐水火腿的独特风格和高品质。

（二）工艺流程

盐水配制
↓

原料→解冻→修整→盐水注射→嫩化→滚揉腌制→灌装→蒸煮→冷却→包装→入库。

（三）配方

猪精肉100kg、复合磷酸盐0.5kg、食盐3kg、砂糖1.5kg、亚硝酸钠10g、味精0.5kg、异维生素C-Na 100g、胡椒粉180g、小茴香粉120g、马铃薯淀粉4kg、分离蛋白1kg、卡拉胶0.2kg、冰水38kg（含料水）、红曲红（粉）7g。

（四）操作要点

1. 原料

原料是经过兽医宰前宰后检验来自非疫区的合格的2#、4#冻藏猪肉。

2. 解冻

原料解冻要采用自然解冻法（也可采用水解冻），即：在15~17℃的室温下，利用空气自然流通解冻，使解冻后肉的中心温度在-2~-1℃。禁止使用解冻不透或解冻过度的原料。

3. 修整

按照2#、4#肉的自然纹路修去筋膜、骨膜、血管、淋巴结、淤血、碎骨等，剔除PSE肉，修去大块脂肪（如三角脂肪），允许保留较薄的脂肪层，必须将猪毛及其他异物挑出。分割成拳头大小的肉块，0.5~1kg。修整后的原料在修整间停留时间不得超过1h。否则，需转移至腌制间（即：0~4℃的冷库）。

4. 盐水配制

准确称量腌制所用的盐量（广泛意义的"盐"，即食盐、亚硝磷酸盐或腌制剂、糖、味精等），并准备好所用的冰水。将冰水倒入搅拌机，开动搅拌机，先放入溶化的亚硝酸盐，再放入温水溶解而又冷却的磷酸盐，然后放入糖、盐、味精，然后放入蛋白、淀粉、卡拉胶、香料、色素等，最后放异维生素C-Na。待盐、糖等全部溶化后，卸出，整个搅拌过程，要保持料温在-1~1℃。

5. 盐水注射

按照产品要求的出品率进行注射，可注射两遍，剩余盐水倒入滚揉桶。

6. 嫩化

利用嫩化机尖锐的齿片刀、针、锥或带有尖刺的拼辊，对注射盐水后的大块肉，进行穿刺、切割、挤压，对肌肉组织进行一定程度的破坏，打开肌肉束腱，以破坏结缔组织的完整性；增加肉块表面积，从而加速盐水的扩散和渗透，也有利于产品的结构。

7. 滚揉腌制

将嫩化好的原料肉馅倒入滚揉机中，采用滚30min、歇30min的作业方式，真空滚揉10h。滚揉期间，料馅温度应保持在6~8℃。

8. 灌装

用真空灌肠机将滚揉好的料馅装入复合收缩膜中，控制好产品的质量，灌制松紧程度，灌肠机真空度，U 形扣的牢固程度等。用自来水将产品两头及产品全身所附的料馅清洗干净，水温以不冻手为准，温度不能过高，以免造成质量降低。然后装模（如图 5 - 12 所示），压紧。

图 5 - 12　各种模具

9. 蒸煮

将灌装好的盐水火腿整齐摆入笼盘中，放入 85℃的蒸煮池中，保持 82℃ 1h 后（根据产品质量，蒸煮时间不同。一般产品中心温度达到 72℃，稳定 10min 即可），吊入冷却池，用循环水冷却 45min，送入冷库（即 0 ~ 4℃库），冷却至中心温度 10℃以下。

10. 包装

将盐水火腿脱模，表面水垢擦净，将日期打印清晰的标签贴端正，点好数量，装入纸箱，送交成品库。

11. 成品贮存

成品库温度应控制在 0 ~ 4℃，保质期 90d。在贮存时要注意观察产品质量的变化，并在发货时要坚持先进先出的原则。

学习任务八　发酵香肠的生产技术

发酵香肠是指将绞碎的肉（通常是猪肉或牛肉）和脂肪同盐、糖、香辛料等（有时还要加微生物发酵剂）混合后灌进肠衣，经过微生物发酵和成熟干燥（或不经过成熟干燥）而制成的具有稳定的微生物特性的肉制品。它是西方国家的一种传统肉制品，经过微生物发酵，蛋白质分解为氨基酸，大大提高了其消化吸收性，同时增加了人体必需的氨基酸、维生素等，营养性和保健性得到进一步增强，加上发酵香肠具有独特的风味，近 20 年来得到了迅速的发展。

发酵香肠的最终产品通常在常温条件下贮存、运输，并且不经过熟制处理直接食用。

一、发酵香肠生产中使用的原辅料

1. 原料肉

一般常用的是猪肉、牛肉和羊肉。原料肉亦应当含有最低数量的初始细菌数。

2. 脂肪

牛脂和羊脂由于气味强烈不适于作原料，色白坚实的猪背脂是生产发酵肠的最好原料。

3. 碳水化合物

在发酵香肠的生产中经常添加碳水化合物，其主要目的是提供足够的微生物发酵物质，有利于乳酸菌的生长和乳酸的产生，其添加量一般为 0.4% ~ 0.8% 。

4. 发酵剂

用来生产发酵香肠的发酵剂主要包括乳酸菌、酵母菌和霉菌等。

二、工艺流程

发酵香肠的一般加工工艺是：绞肉→制馅→灌肠→接种→发酵→干燥和成熟→包装。

三、质量控制点

1. 制馅

首先将精肉和脂肪倒入斩拌机中，稍加混匀，然后将食盐、腌制剂、发酵剂和其他的辅料均匀的倒入斩拌机中斩拌混匀。生产上应用的乳酸菌发酵剂多为冻干菌，使用前将发酵剂放在室温下复活 18 ~ 24h，接种量一般为 10^6 ~ 10^7 cfu/g。

2. 灌肠

利用天然肠衣灌制的发酵香肠具有较大的菌落并有助于酵母菌的生长，成熟更为均匀且风味较好。但在生产非霉菌发酵香肠时，利用天然肠衣则会易于发生由于霉菌和酵母菌所致的产品腐败。

3. 接种霉菌或酵母菌

生产中常用的霉菌是纳地青霉和产黄青霉，常用的酵母是汉逊氏德巴利酵母和法马塔假丝酵母。使用前，将酵母和霉菌的冻干菌用水制成发酵剂菌液，然后将香肠浸入菌液。

4. 发酵

一般地干发酵香肠的发酵温度为 15 ~ 27℃，24 ~ 72h；涂抹型香肠的发酵温度为 22 ~ 30℃，48h；半干香肠的发酵温度为 30 ~ 37℃，14 ~ 72h。高温短时发酵时，相对湿度应控制在98%，较低温度发酵时，相对湿度应低于香肠内部湿度5%～10%。

5. 干燥和成熟

干燥温度在37～66℃。干香肠的干燥温度较低，一般为12～15℃，干燥时间主要取决于香肠的直径。许多类型的半干香肠和干香肠在干燥的同时进行烟熏。

四、萨拉米香肠的加工技术

1. 配方

牛肩肉40kg、白胡椒19g、猪颊肉（修除腺体）40kg、猪修整碎肉20kg、试验3.5kg、白砂糖1.5kg、硝酸盐125g、大蒜粉16g。

2. 生产工艺

原料肉→整理→绞肉→拌料→装盘→一次发酵→灌肠→二次发酵、干燥→产品。

3. 操作要点

（1）牛肉通过3mm孔板绞碎，猪肉通过6mm孔板绞碎。

（2）在搅拌机内将所有配料搅拌均匀。

（3）将料馅放在深20～22cm的盘内，5～8℃贮藏2～4d。

（4）将料馅充填入纤维肠衣、猪直肠肠衣或者胶原蛋白肠衣内。

（5）将香肠在5℃、相对湿度60%条件下晾挂9～11d。如使用发酵剂，发酵和干燥时间将大大缩短。

4. 关键控制点

在干燥室内如果香肠发霉，应调整相对湿度，香肠上的霉菌可用带油的布擦掉，干燥室内应保持卫生。用动物肠衣灌制的香肠在干燥前期，应包在布袋内，干燥后期则去掉布袋，吊挂干燥。

五、图林根香肠加工技术

1. 配方

猪修整肉（75%瘦肉）55kg、牛肉2.5kg、葡萄糖1kg、碎黑胡椒250g、发酵剂培养物125g、整粒芥末籽125g、亚硝酸钠15g。

2. 工艺流程

原料肉→修整→绞碎→拌料→灌肠→熏制→发酵→产品。

3. 操作要点

（1）原料肉通过绞肉机6mm孔板绞碎，并在搅拌机内将配料搅拌均匀，再用3mm孔板绞细。

（2）将肉馅充填入纤维素肠衣，热水淋浴2min左右。

（3）室温下吊挂2h，移至烟熏炉内，在43℃条件下烟熏12h，再在49℃条件下烟熏4h。

（4）将香肠移至室温下晾挂 2h，再移至冷却室内。

（5）成品食盐含量为 3%，pH 为 4.8 ~ 5.0。

4. 关键控制点

猪肉应是合格的修整碎肉，在烟熏期间，香肠的中心温度应达到 50℃，使用发酵剂可显著缩短发酵时间。

六、热那亚香肠加工技术

1. 配方

猪肩部修整碎肉 40kg、标准猪修整碎肉 30kg、食盐 3.5kg、白砂糖 2kg、布戈尔尼葡萄酒 500g、磨碎的白胡椒 187g、整理白胡椒 62g、亚硝酸钠 31g、大蒜粉 16g。

2. 工艺流程

原料肉→修整→绞碎→拌料→装盘发酵→灌肠→干燥→发酵→产品。

3. 操作要点

（1）将瘦肉通过绞肉机 3mm 孔板绞碎，肥猪肉通过 6mm 孔板绞碎，再与食盐、白糖、调味料、葡萄酒、亚硝酸钠搅拌均匀。

（2）将料馅放在 20 ~ 25cm 深的盘内，4 ~ 5℃ 放置 2 ~ 4d。如用发酵剂，放置时间可缩短至几小时。

（3）将料馅充填入纤维素肠衣或猪直肠衣内，或合适规格的胶原蛋白肠衣内。

（4）在温度 22℃、相对湿度 60% 的干燥室内放置 2 ~ 4d，直到香肠变硬和表面变成红色。

（5）在温度 12℃、相对湿度 60% 的干燥室内贮藏 90d，好的产品在干燥室内水分损失 24% 最理想。

4. 关键控制点

优质的干香肠应有好的颜色，表面上没有酵母或酸败的气味，在肠中心和边缘水分分布均匀，表面皱褶小。干燥室内空气流速的控制很重要，最好每小时更换 15 ~ 20 倍房间容积的空气量。产品经常翻动，使产品保持干燥。室内应保持黑暗，要用低弱度的灯，因为强烈的光线会使香肠表面产生污点。香肠捆成束易于翻动，堆在底下的香肠要翻到上面进行干燥。脂肪含量低和直径小的香肠比脂肪含量高和大直径的干燥得快。

七、意大利式萨拉米香肠加工技术

1. 原料配方

去骨牛肩肉 26kg、冻猪肩瘦肉修整碎肉 48kg、冷冻猪背脂修整碎肉 20kg、食盐 3.4kg、整粒胡椒 31g、亚硝酸钠 8g、鲜蒜（或相当的大蒜粉）63g、乳杆菌发酵剂适量、红葡萄酒 2.28L、整粒肉豆蔻 10 个、丁香 35g、肉桂 14g。

2. 工艺流程

调味料→煮制→加辅料┐

原料肉→修整→绞碎→搅拌→灌肠→发酵→干燥→产品。

3. 操作要点

（1）将肉豆蔻和肉桂放在袋内与酒一起在低于沸点温度下煮制 10 ~ 15min，过滤并冷却。

（2）冷却时把酒与腌制剂、胡椒和大蒜一起混合。

（3）牛肉通过 3mm 孔板、猪肉通过 12mm 的绞肉机孔板绞碎，并与上述配料一起绞均匀。

（4）料馅冲入猪肠衣，悬挂在贮存间 36h 干燥。

（5）肠衣晾干后，把香肠的小端用细绳结扎起来，每 12mm 长系一扣。

（6）香肠在 10℃ 干燥室内吊挂 9 ~ 10 周。

4. 关键控制点

原料肉 pH 不能过低，否则成品感官色泽欠佳。添加发酵剂可保证香肠加工工艺和成品微生物的稳定性。发酵室相对湿度采用 92% 和 80% 交替进行，使香肠处于较佳干燥状态。

【链接与拓展】

灌肠的质量控制技术

灌肠是一种综合利用肉类原料的产品，它既可精选原料制成质量精美、营养丰富的高档产品，也可利用肉类加工过程所形成的碎肉、内脏等，制成价格低廉、经济实惠的大众化产品，因此是世界上产量最高、品种最多的肉制品。其风味独特，营养丰富，贮藏期长，携带方便，符合当前人们对健康、快捷、方便等食品的追求，备受人们的喜爱。但是灌肠在生产过程中若控制不当，很容易出现肠衣爆裂、发渣、酸味或臭味及外表颜色不均或变黑等质量问题。

（一）肠衣爆裂

肠衣爆裂多发生在煮制、烘烤或烟熏等生产工艺过程中，产生肠衣爆裂的主要原因有肠衣质量不合格、肉馅充填过紧、煮制温度控制不当、烘烤或烟熏温度过高及原料变质等。

1. 肠衣质量不合格

因肠衣质量不合格所造成肠衣爆裂的主要因素有两个，一是天然肠衣保管不当，尤其是在高温、潮湿的气候条件下，一旦出现虫蛀和霉变现象时，将会大大失去应有的弹性和韧性，牢固性变差，遇热后极易破裂。因此，要加强对天然肠衣的保管，最好在使用前要进行严格地检查，使用合格的肠衣。二是天然肠衣使用前处理不当，使其没有恢复到原有的弹性。因此在使用肠衣前，要有充足的浸泡时间（一般要用清洁水浸泡）。另外使用合格的人造肠衣，也可避免肠衣破裂现象。

2. 肉馅充填过紧

由于灌肠的肉馅中加入了一定数量的增稠剂（如淀粉、卡拉胶等），所以灌肠受热后，增稠剂将吸水膨胀并糊化，体积增大，当胀力超过肠衣的弹性极限时，即发生膨胀爆裂。因此在使用天然肠衣生产灌肠时，不要将肉馅灌得太多、太紧、太实。做到肉馅紧密而无间隙，松紧适度。

3. 煮制温度控制不当

在煮制灌肠过程中，温度控制不当是造成灌肠大批破裂的主要原因。若灌肠下锅后，温度迅速升高并超过85℃以上，灌肠的外层肉馅迅速受热变性、凝结、定型，而灌肠中心部分肉馅因传热速度慢，升温也比较慢，当继续加热中心部分发生变性、凝结时，极易将外层肉馅和肠衣胀破。另外灌肠下锅后，水温忽高忽低波动幅度大，肠衣和肉馅热胀冷缩程度和速度不同也会导致爆肠现象发生。控制灌肠破裂的方法是在水温92～94℃时，将灌肠下锅，当水温升至82～85℃时，保持这一温度直到灌肠煮熟。

4. 烘烤和烟熏温度控制不当

在蒸煮前，一般要将灌肠先进行60～70℃、20min左右的烘烤，使天然肠衣表面干燥，增强其弹性和韧性，手摸时有"唰唰"的声响，否则在蒸煮过程中，由于淀粉糊化等可能将肠衣撑破。在烘烤和烟熏灌肠时，如温度控制不适当（温度过高或温度的幅度波动较大）也易发生爆裂现象。因此在灌肠的烘烤工艺过程中，要将温度控制在70～72℃，时间为40～60min。对于保持水分含量较大的产品，应将烟熏温度控制在70℃左右，持续1～2h为宜；如加工外表有干缩皱纹的灌肠时，应将烟熏温度控制在60～65℃，持续6～8h为宜。如果用土炉，烘烤、烟熏时需注意的另一个问题是火苗不要距离灌肠体太近（一般距离60cm左右为宜），否则接近火苗的灌肠会焦煳。

5. 原料肉不新鲜或变质

由原料肉不新鲜或变质所引发的爆裂现象多发生在炎热的夏季。夏季环境温度高，各种微生物生长繁殖极快，如果采用了不新鲜的原料肉制成肉馅（或肉馅制作过程中控制不当导致温度升高而没有及时灌制加工发生变质），很容易使部分蛋白质、淀粉、糖类被微生物利用代谢分解，产生有机酸、硫化氢、二氧化碳等物质。这种灌肠经加热后，肉馅中的各种气体物质迅速溢出，导致气体膨胀而将肠衣胀破。因此，为防止因原料肉不新鲜或变质所引发的爆裂现象，必须选用新鲜合格的原料肉生产灌肠。在夏季，为防止肉馅在加工过程中变质，可采用加冰屑的方法来降低肉馅温度，并注意生产环境的卫生和所使用的容器的洗涮、消毒等工作，以减少对肉馅的污染。

（二）灌肠发渣

合格的灌肠应是肠衣干燥完整并与其内容物紧密结合，内容物坚实而有弹性，切面平整光滑。但有灌肠用手捏时弹性不足，切开后，内容物松散发渣，切薄片时支离破碎不成形，口感不好。导致灌肠发渣现象的原因主要有配料时脂肪加入过多、加水量过多及腌制时间过长等。

1. 配料时脂肪加入过多

生产灌肠时为了合理地利用原料肉，降低成本，改善口味，使灌肠由比较合理的营养成分组成，在配料过程中，添加适量的肥膘（一般添加量为20%~30%为宜）是必要的。但是，如果加入过多的肥肉则会适得其反。因为在灌肠的煮制、烘烤、烟熏等过程中，这些过多的脂肪会变成液态油渗透于肉馅之中，大大降低了肉馅、肥肉、淀粉和水分的结合能力，导致灌肠组织结构松散，形成发渣现象。

2. 加水量过多

在制作肉馅的过程中，由于瘦肉经过绞碎、斩拌，使其持水能力大大增加，同时加入的增稠剂如淀粉和其他辅料也要吸水，因此生产时需要加入适量的水分，既有利于肉馅的乳化，又可提高出品率。如果加入水的数量超过了肉馅及其他辅料的吸水能力，过多的游离态水分将充满肉馅组织，降低肉馅组织的结合力，使肉馅松软失去弹性，形成水渣。因此，要根据所添加增稠剂的种类、数量等方面来确定加入水的数量（一般加入30%为宜）。

3. 腌制时间过长

灌肠腌制的目的是为了改善产品的风味和颜色，以提高产品的质量。如果腌制的时间过长，会使灌肠表面和表层的水分蒸发过多，形成海绵状的脱水层，并不断向内部扩散加深。这种现象将导致肉质变硬、粗糙，失去了原有的弹性和光泽，肌肉纤维变得脆弱易断，并出现发渣现象且有酸臭味。一般腌制的时间为1~3d为宜，腌制的温度在0~4℃。

（三）灌肠有酸味或臭味

新出炉的灌肠就有酸味或臭味将是严重的质量问题，发生灌肠酸味或臭味的原因主要有原料不新鲜、原料肉"热捂"变质、腌制温度过高及烘烤时间控制不当等。

1. 原料肉不新鲜或腐败变质

优质的原料肉是生产出优质灌肠的基本保证，所以生产灌肠一定要选用新鲜并经检验合格的肉作原料，同时还要加强对原料肉的管理，保证购进的原料肉新鲜。

2. 原料肉"热捂"变质

分割后的原料肉在高温下（20℃以上）堆积过厚（超过40cm）并长时间放置，没有及时腌制入库，以致使原料肉"热捂"变质，使其表面发黏，脂肪发黄，瘦肉发绿，这种原料加工出的产品是无法食用的。所以生产时，要避免由"热捂"所形成的变质现象，原料肉要及时腌制入库，一旦发现变质现象要严禁继续再使用，以免造成更大的浪费。

3. 腌制温度过高

在腌制室中，腌制的原料肉叠压过厚以及库温过高时，很适宜微生物生长繁殖，也可导致原料肉变质。所以，腌制室的温度一定要控制在 0～4℃，原料肉也不要堆积过厚（不超过 30cm），要散开摆放并及时出库加工。

4. 机械处理时温度过高

原料肉在绞碎、斩拌及乳化处理时，由于摩擦作用很容易使原料肉的温度升高，另外在放置时室温也易偏高，尤其是肉馅温度超过 20℃ 以上时，在加工过程中，很容易发酵变质。为了避免由机械处理时温度过高，在制馅时可加入适量的冰屑或冷却水来降低温度。

5. 烘烤时控制不当

烘烤时炉温过低，烘烤时间过长，易导致微生物生长繁殖，也能使产品产生酸味。为防止由炉温过低和烘烤时间过长所产生的灌肠有酸味或臭味现象，要严格按照烘烤技术要求进行烘烤。一旦发现灌肠有酸味或臭味，就应该查找原因，弄清是哪个环节出现问题，然后采取相应的改进措施。

（四）灌肠表面颜色不均匀或变黑

烟熏灌肠的目的是赋予其特殊的风味和色泽，合格的灌肠外表应呈枣红色并均匀分布。这种枣红色是烟熏中所含有的羰基化合物吸附于灌肠表面并和灌肠内肉馅加亚硝酸盐腌制后共同作用的结果，导致灌肠表面颜色不均匀或变黑的主要原因如下。

1. 烟熏时灌肠与灌肠之间离得太近或互相紧靠

在烟熏灌肠时，如果灌肠与灌肠之间距离太近或互相紧靠，会使空气流通不畅，部分灌肠接触不到熏烟，形成烟熏"盲区"或烟熏浓度和烟熏温度不均匀。这样势必导致灌肠成品表面颜色不均匀，即裸露部分的颜色趋于正常，而相距太近的或紧靠部分的灌肠颜色则呈灰白或棕黄色。所以，挂灌肠时肠与肠之间应有一定的空隙，一般以距离 3cm 左右为宜。同时还要注意烟熏室内火堆摆放的位置和均匀性，以保证烟熏时的浓度和温度一致。

2. 烟熏燃料选择不当

灌肠表面颜色发黑的主要原因是由于烟熏燃料中含有较多的树脂等油性物质，该物质燃烧时将产生大量的黑色烟尘，这些黑色烟尘黏附于灌肠表面，导致灌肠发黑。因此，烟熏燃料应选用含树脂油较少的硬杂木。另外烟熏燃料也不能太潮湿，因为潮湿的木材在燃烧时不能充分氧化，会产生较多的木焦油，也会导致灌肠表面发黑。

综上所述，虽然影响产品质量的因素很多，但是只要把导致产品出现质量缺陷的环节抓好，生产时严把质量检验关，制定严格的卫生管理制度，生产出合格产品是没有问题的。

【实训一】 南味香肠的生产

一、实训目的

学习中式香肠的生产方法，掌握生产南味香肠的操作技能。

二、实训原理

南味香肠是用猪肉为原料，经切丁或绞成肉粒，经过腌制，再配以辅料，灌入动物肠衣再晾晒或烘烤而成的肉制品。

三、主要设备及原料

1. 主要设备

绞肉机、搅拌机、灌肠机、烟熏炉等。

2. 原辅料

瘦肉 80kg、肥肉 20kg、猪小肠衣 300m、精盐 1.8kg、白糖 7.5kg、白酒（50°）2.0kg、白酱油 5kg、亚硝酸钠 0.01kg、抗坏血酸 0.01kg。

四、实训方法和步骤

1. 原料选择

原料以猪肉为主，要求新鲜。瘦肉以前腿肉为最好，肥膘用背部硬膘为好。瘦肉用装有筛孔为 0.4 ~ 1.0cm 的筛板的绞肉机绞碎，肥肉切成 0.6 ~ 1.0cm³ 大小。肥肉丁用温水清洗一次，以除去浮油及杂质，捞起沥干水分待用，肥瘦肉要分别存放。

2. 拌馅与腌制

按选择的配料标准，原料肉和辅料在搅拌机中混合均匀。在 0 ~ 4℃ 腌制间内腌制 24h 左右。

3. 灌制

用灌肠机把肉馅均匀地灌入肠衣中。要掌握松紧程度，不能过紧或过松。

4. 排气

用排气针扎刺湿肠，排出肠内部空气。

5. 结扎

按品种、规格要求每隔 10 ~ 20cm 用细线结扎一道。要求长短一致。

6. 漂洗

将湿肠依次分别挂在竹竿上，用清水冲洗一次除去表面污物。

7. 晾晒和烘烤

将悬挂好的香肠放在日光下暴晒 2 ~ 3d。晚间送入烟熏炉内烘烤，温度保持在 40 ~ 60℃。一般经过 3 昼夜的烘晒即完成。或直接在烟熏炉中 40 ~ 60℃ 烘干 24h 即可。

五、结果与产品分析

瘦肉呈红色，枣红色，脂肪呈乳白色，色泽分明，外表有光泽；腊香味纯正浓郁，具有中式香肠（腊肠）固有的风味；滋味鲜美，咸甜适中；外型完整、长短、粗细均匀，表面干爽呈现收缩后的自然皱纹；含水量 25% 以下。

可用下表进行产品评定（按 100 分计）。

品评项目	标准分值	实际得分	扣分原因
外观	20		
口感	20		
组织结构	20		
切片性	20		
风味	20		

六、注意事项

（1）烘干时温度不能太高，否则会大量出油，颜色发黑。
（2）脂肪丁的大小要均匀一致。

【实训二】 烤肠的生产

一、实训目的

学习西式香肠的生产方法，掌握烤肠生产的操作技能。

二、实训原理

烤肠是把绞制后的原料肉、香辛料、辅料等搅拌、灌肠、低温烘烤的西式肉制品。

三、主要设备及原料

1. 主要设备

绞肉机、搅拌机、灌肠机、烟熏炉等。

2. 原辅料

猪精肉 80kg、肥膘 20kg、冰水 70kg、精盐 3.2kg、白糖 1.5kg、味精 0.6kg、

腌制剂 1.7kg、亚硝酸钠 0.01kg、高粱红 0.015kg、猪肉香精 0.4kg、胡椒粉 0.1kg、姜粉 0.12kg、大豆分离蛋白 3kg、改性淀粉 25kg。

四、实训方法和步骤

1. 原料肉的选择
选择经动检合格的冻鲜 2# 或 4# 去骨猪分割肉为原料。

2. 原料肉处理
原料肉经自然解冻或水浸解冻至中心 −1 ~ 1℃，用直径 7m 孔板绞一遍，肥膘用 3 孔板绞一遍，搅拌机内与盐、亚硝酸盐、腌制剂混合均匀。

3. 腌制
0 ~ 4℃ 条件下腌制 18h。

4. 滚揉
腌好的肉及其他辅料一起加入滚揉机内连续真空滚揉 4h，真空度为 0.08MPa，出料温度控制在 6 ~ 8℃。

5. 灌制
猪肠衣 8 路灌制，质量依具体要求而定，一般在 315g 左右（成品 280g），然后挂杆，并用自来水冲洗烤肠表面油污和肉馅。

6. 干燥
干燥温度为 60℃ 时间 45min。

7. 蒸煮
蒸煮温度 82 ~ 84℃，蒸煮 50min，肠体饱满有弹性，中心温度达到 72℃。

8. 烟熏
烟熏炉 70℃ 熏制 20min，肠表面呈褐色，有光泽。

9. 冷却
自然冷却一夜。

10. 真空包装

11. 二次杀菌
90℃，时间 10min。

12. 冷却吹干
经二次杀菌的产品要尽快将温度降至室温或更低，吹干袋表面水分。

13. 打印日期装箱入库
0 ~ 4℃ 条件下可贮存 3 个月。

五、结果与分析

外表呈核桃纹状皱纹，表面棕黄色，有烟熏香味，内部结构紧密，具有烤肠应有的香气和滋味。

可用下表进行产品评定（按 100 分计）。

品评项目	标准分值/分	实际得分	扣分原因
外观	20		
口感	20		
组织结构	20		
切片性	20		
风味	20		

六、注意事项

（1）灌肠不能太饱，蒸煮温度不能太高，否则会爆肠。

（2）二次杀菌温度不能太高，时间不能太长，否则会出油。

学习情境六　熏烤制品加工技术

熏烧烤肉制品是我国民族传统肉制品。在我国食用熏烧烤肉已有几千年的历史，其中北京烤鸭、叫化鸡等品牌最有名，烤羊肉串也深受广大消费者的喜爱。熏烧烤肉制品由原料内加入香辛料和调味料制成，通常不加入淀粉等充填剂。商品本身外表干爽、有烤过的痕迹，有光泽。

熏烤制品是指以熏烤为主要加工工艺的肉类制品。根据加工方法，可分为熏制品和烤制品两类。熏制品是以烟熏为主要加工工艺生产的肉制品，烤制品是以烤制为主要加工工艺生产的肉制品。

熏烤制品由于使用了熏、烤、烧的特殊加工工艺，产品不仅色泽鲜艳，肉质嫩脆可口，而且风味浓郁，形态完整，深受广大消费者的喜爱。熏烤制品不仅获得特有的烟熏味，而且保存期延长，但是随着冷藏技术的发展，熏烤防腐已降到次要位置，赋予肉制品特有的烟熏风味已成为烟熏的主要目的。

学习任务一　烤肉制品的加工技术　🔍

烤肉制品具有特殊的烤香味，色泽诱人，皮脆肉嫩，肥而不腻，鲜香味美。

一、烤制原理

烤制就是利用高热空气对制品进行高温火烤加热的热加工过程。烧烤的目的是赋予肉制品特殊的香味和表皮的酥脆性，提高口感；并具有脱水干燥、杀菌消毒、防止腐败变质、使制品有耐藏性的作用；使产品红润鲜艳，外观良好。

肉类经过烧烤所产生的香味，是由于肉类中的蛋白质、糖、脂肪、盐和金属等物质，在加热过程中，经过降解、氧化、脱水、脱氨等一系列变化，生成醛类、醚类、内酯、低脂肪酸等化合物，尤其是糖、氨基酸之间的美拉德反应即羰氨反应，它不仅生成棕色物质，同时伴随生成多种香味物质，从而赋予肉制品香味。蛋白质分解产生谷氨酸，与盐结合生成谷氨酸钠，使肉制品带有鲜味。

此外，在加工过程中，烤制时加入的辅料也有增进香味的作用。例如，五香粉含有醛、酮、醚、酚等成分，葱、蒜含有硫化物。在烤猪、烤鸭、烤鹅时，浇淋糖水用麦芽糖或其他糖，烧烤时这些糖与蛋白质分解生成的氨基酸发生美拉德反应，不仅起着美化外观的作用，而且产生香味物质。烧烤前浇淋热水，使皮层蛋白凝固，皮层变厚、干燥，烤制时，在热空气及热辐射作用下，蛋白质变性而酥脆。

二、烤制设备

（一）明火道式烘烤炉

1. 主要结构

明火道式烘烤炉主要由煤气灶、铸铁锅、炉内 V 形火道、10mm 厚火道、铁板盖板、烟道、烘房、温度计、排风扇、吹风机等组成。

2. 工作原理

明火道式烘烤炉是用来烘烤不同规格肉制品的加工设备。把肉制品挂在架子车上，推入烤炉内，将原料肉直接放在明火上烤制，利用明火道散发的热量，对肉制品进行烘干和脱水处理。其目的是使肉制品烘干、脱水、杀菌、防腐、保色及延长贮藏期，并产生烤制特有的色香味形。

3. 操作及注意事项

（1）首先将挂好的肉制品的架子车推入炉内，并把炉门关闭好。

（2）点燃炭火或木柴，提高炉内烘烤温度，进行烘烤。

（3）操作时要随时检查温度表的显示情况，同时通过观察孔监视温度情况，以便随时排潮。

（4）炉内的烘烤温度不得超出制品的温度要求，否则会使肉制品在烘烤过程中出油而影响质量。

（5）如果烘烤后设备表面发黑，应检查烟道等部位是否有漏烟现象，应及时处理好。

（6）生产结束后，将火压灭，不得有余火存在。产品出炉后，必须搞好炉内外卫生。

（二）蒸汽式烘烤炉

蒸汽式烘烤炉主要靠蒸汽加热器加热空气，由引风机将热空气吹入炉体内烘烤肉制品。

1. 主要结构

蒸汽式烘烤炉主要由引风机、蒸汽压力表、离心风机、排风扇、温度计、炉体、加热器等组成。炉体为水泥结构，六面隔热，水泥或水磨石地面。主要结构如图6-1所示。

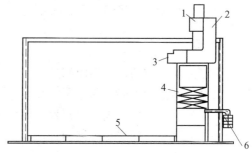

图 6-1 蒸汽式烘烤炉示意
1—离心风机 2—风道 3—出风口 4—加热器
5—架车限位管 6—新风入口

2. 工作原理

烘烤炉主要靠蒸汽加热器加热空气后，通过引风机将热空气引入，并进行搅拌和循环，来达到烘烤肉制品的目的。操作时先打开加热器进汽阀门，使蒸汽加热器开始加热。并打开新风口风门，开动风机热风吹入炉体内。炉内充满热风后关闭新风口风板，留少量缝隙，热风在风机的推动下直穿过肉制品之间的间隙。当热风撞到墙壁时向四周回旋形成湍流，经上面空隙被风机吸回回风口形成热风循环多次利用。

肉制品经热风烘烤开始脱水，此时炉内空间热空气湿度增大，需根据湿度表和观察孔察看，决定是否排潮。需要排潮时应关闭引风机，打开新风口，同时启动排风扇，使湿度较大的空气排出，由新风口补充新的热空气进入炉膛。烘烤过程中如果炉内温度过高，应适当降低蒸汽压力，在排潮时，炉内温度偏低，应适当提高蒸汽压力，使炉温升高。肉制品在烘烤过程中无特殊情况下不得随意打开炉门，以免热量大量流失，增加动力消耗。

肉制品经烘烤后需要出炉时，首先关闭鼓风机及蒸汽阀门，并打开排风扇和新风进口门，使新鲜空气与炉内热空气混合降低温度，炉温在36～40℃时即可打开炉门出炉。

3. 设备操作

（1）启动引风机和排风扇，检查设备是否运转正常。

（2）打开进气阀门，检查蒸汽压力表是否达到工作压力。同时检查热交换器各排气管有无漏气现象，否则必须处理好漏气问题。

（3）检查无误后方可将挂好肉制品的架子车推入炉内，关好炉门，准备烘烤。

（4）在烘烤过程中，如炉内温度、湿度不符合要求，应立即处理。

（5）当进入热交换器的蒸汽压力达392kPa以上时，方可打开进新风风板，并启动引风机，将热风吹进炉内。

（6）烘烤中要随时通过观察孔来检查肉制品在烘烤过程中的变化，并通过产品烘烤质量判断设备运转是否正常。

三、烤制方法

烤肉制品属于较高档次的肉制品，过去主要是少数大企业生产，市场需求不大。随着全程冷链的发展，烤肉制品产量递增，品种也逐渐丰富，主要品种有烤通脊、烤里脊、澳式烤牛肉、烤翅根、烤腿排等。

烤制的方法分为明烤和暗烤两种。

（一）明烤

把制品放在明火或明炉上烤制称明烤。明烤分为如下三种。

第一种是将原料肉叉在铁叉上，在火炉上反复炙烤，烤匀烤透。烤乳猪采用的就是这种方法。

第二种是将原料肉切成薄片，经过腌渍处理，最后用铁钎穿上，架在火槽上。边烤边翻动，炙烤成熟，烤羊肉串就是用这种方法。

第三种是在盆上架一排铁条，先将铁条烧热，再把经过调好配料的薄肉片倒在铁条上，用木筷翻动搅拌，成熟后取下食用，这是北京著名风味烤肉的做法。

明烤设备简单，火候均匀，温度易于控制，操作方便，着色均匀，成品质量好。但烤制时间较长，需劳力较多，一般适用于烤制少量制品或较小的制品。

（二）暗烤

把制品放在封闭的烤炉中，利用炉内高温（辐射热能）将其烤熟，称为暗烤。又由于要用铁钩钩住原料，挂在炉内烤制，又称挂烤。北京烤鸭、叉烧肉都是采用这种烤法。

四、常见烤肉制品的加工技术

（一）烤鸡

烤鸡全国各地都有生产，是分布最广、产量最大的禽类烧烤制品。产品皮面色泽鲜艳，油润光亮，呈均一的金黄色，体形完整丰满，香气浓郁，口感鲜美，外脆肉嫩，咸淡适中，风味独特。

1. 参考配方

鸡 100 只（100～125kg），开水 100kg，食盐 12kg，黄酒 1kg，白砂糖 500g，味精 300g，生姜 50g，大茴香 100g，花椒 100g，桂皮 100g，白芷 5g，草果 50g，陈皮 50g，豆蔻 20g，砂仁 20g，荜拨 15g，丁香 10g，亚硝酸盐 15g。

2. 工艺流程

选料和屠宰→整形和浸泡→腌制→填料→涮烫挂色→烤制→出炉涂油→成品。

3. 操作要点

（1）选料和屠宰　选用饲养期在 8 周龄左右、体重为 1.5～2kg 的健壮仔鸡。在收购和运输时不得挤压和捆绑。待宰活鸡应喂水停食 16～24h，采用颈部宰杀法，一刀切断三管（血管、气管和食管），要求部位正确，刀口要小，放血要尽。待呼吸停止而鸡身尚热时，投入 58℃ 左右的热水中浸烫 1～2min，煺净鸡毛。然后在腹后部两腿内侧横切一月牙形刀口，掏净内脏，再伸入两指从胸腔前口拉出嗉囊和三管（也可在脖根部切一小口，取出嗉囊和三管），用清水洗净体腔和鸡身。

（2）整形和浸泡　在附关节处下刀斩去脚爪，右翅膀从宰杀刀口穿出口腔，牵拉头颈挽于胸背，左翅膀反别在鸡背后，随后放入水缸或水池中用流水浸泡 2～4h，以拔出体内残血，使鸡肉洁白。

（3）腌制　把按配方用量正确称取的各种香辛料置入锅中，加适量清水，盖上锅盖，加热煮沸 2h 以上，至香辛料中的有效成分全部溶出，再用纱布过滤后倒入备用的腌制缸，按量加足开水，然后放入食盐、白砂糖、黄酒等调味料，最后加入亚硝酸盐，充分搅拌均匀，冷却待用。

经整形和拔血的白条鸡取出沥干后应即入缸腌制。要求卤液浸没全部鸡身，根据气温高低和鸡只大小，在常温下腌制 2～3h，或在 2～4℃的冷库中腌制 8～12h。

（4）填料

① 填料制备：按每只鸡生姜 10g（2～3 片）、葱 15g（2～3 根）、木耳和香菇各 10g（各 3 朵）的用量标准备足填料。木耳和香菇须用温水浸软洗净，并加适量黄酒、细盐和味精拌和待用。

② 填料方法：把填料按量从腹后部刀口处放入体腔，并用细钢针缝合刀口，以防填料掉落和汁液流出。

（5）涮烫挂色 涮烫挂色一是蘸上糖液，烤制后使成品表皮具有鲜艳瑰丽的色泽；二是促进皮肤收缩，绷紧鸡身，使体形显得结实丰满；三是使鸡身表层蛋白质凝固，减少烤制时脂肪的流失，并且增强烤制后表皮的酥脆性。方法：按 10:1（水与糖或蜂蜜质量之比）标准配制的饴糖或蜂蜜水溶液倒入锅中加热至沸，将填好料的鸡只浸没其中涮烫，约经 1min 后，至表皮微黄紧绷时捞出沥干，挂起待烤。

（6）烤制 一般采用悬挂式远红外电烤炉烤制，其关键是掌握好烤制的温度和时间。先将炉温升至 240℃，再把鸡坯逐只挂入烤炉，恒温 220℃，烤 12min，然后降温至 190℃，烤 18min。

（7）出炉 涂油烤制完毕的鸡只出炉后，取下挂钩和钢针，在烤鸡皮面涂抹一层香油，会使皮更加红艳发亮，即为成品。

（二）烤鹅

烤鹅是一种传统产品，生产历史悠久，深受消费者的喜爱。

1. 工艺流程

原料选择→宰前处理→宰杀放血→腌制→填料→烫皮→上色→烤制→分级→包装→成品。

2. 原料配方

以 100 只鹅坯为准：食盐 1.5kg，饴糖 100g，辣椒粉 50g，砂仁 20g，豆蔻 20g，丁香 1g，草果 40g，肉桂 150g，良姜 150g，陈皮 50g，八角 50g，姜 200g，葱 100g。

3. 操作要点

（1）原料的选择与宰前处理 选择健康、肥瘦适中、体重 2.5～4kg 的鹅。宰前断食 1d，用清水洗净鹅的体表。宰前 2h 断水，使放血彻底，肉色美观漂亮，肉质优良。

（2）宰杀放血　采用颈部 3 管刺杀法。注意不能弄破胆囊，不可把切口扯大。

（3）腌制　鹅开腹后鹅坯入清水中浸漂，时间为 20min 左右，浸出鹅坯残存血液，使鹅体洁白美观。若用流水浸漂效果更好。浸漂后用特制铁钩挂起鹅坯，在自然通风条件下，15～20min 可沥干水分。

腌液配制：向浸泡鹅坯后的血水中加盐 14%～19%（质量分数）煮沸，撇去血沫并沉淀澄清。除姜、葱外，将香辛料用纱布包好，入血水中同时熬煮。血水煮沸后冷却，可取其中适量血水与香料一起再煮沸 10min 左右，使香辛物质充分溶出，再一起晾凉待用。

采用浸腌法：目的是增加制品咸度，改善风味。当制得的腌液冷却到室温时，即可把沥干水的鹅坯逐只放入盆中，倒入腌液，上压适当重物，使鹅坯完全浸没。一般腌液量与鹅坯质量比为 1.5∶1，浸腌时间为 45～50min。在此期间翻动鹅坯 2～3 次，使之腌制均匀。腌制结束后控出鹅坯体腔内的腌液，清洗体表，降低表层含盐量。腌液经煮沸过滤除去泡沫和沉渣，用波美度计测出波美度或相对密度，按其与盐浓度的关系加入适量的盐及香辛料，可重复使用。腌制过多次，鹅坯的腌液是老卤，越老越好。

（4）填料　以每只鹅坯计，填料为五香粉 2g，盐 2g，辣椒粉 10g，姜 15g，葱 20g，大蒜 20g，再加芝麻酱 5g，酱油 5mL。填入鹅腹，拌匀，涂抹在鹅体腔内壁上。填料后缝口。削 10cm 长的竹签，绞缝腹部切口。注意不要绞入太多的皮肤，以免鹅的腹部下凹，鹅体不饱满，影响美观。再用特制铁钩钩住鹅的两翅下，鹅头颈垂于其背部。

（5）烫皮　用 100℃ 沸水淋烫鹅体 1～2 次，使其皮肤紧缩丰满。要求烫皮均匀，重点是翅下和肩部。烫皮后沥干上色。

（6）上色　上色液的配制是将饴糖与水以质量比 1∶5 的比例混溶。水最好是 60℃ 以上的温水，同时加入 0.1% 的硫酸亚铁。或者用 1∶7 的比例，加入 0.1% 的硫酸亚铁和 0.1% 的天然黄色素（例如姜黄素）。

上色方法采用刷涂法，用毛刷蘸取上色液遍刷鹅体。自上而下均匀涂刷，刷 2～3 次。第一次干后，再刷第二次，进烤炉前刷最后一次。

（7）烤制　烤前先清理烤炉内部，使其洁净，油路畅通。然后加入木炭生火。

待木炭已燃、不再生烟、炉温达 230℃ 时，用铁钩挂于烤炉内上方的铁环上，盖上炉盖，关门，插上温度计，调节火门，使炉温维持在 200～220℃。先烤鹅腹部，15～20min 后，开门转动鹅体，烤其背部，再过 10～20min 后，开门观察鹅体，待鹅烤至呈现均匀一致的金黄色或枣红色时出炉。在烤熟的鹅体上涂抹一些花生油或芝麻油，即为成品。

（8）分级　烤鹅成品的分级标准见表 6-1。

表 6 - 1   烤鹅成品的分级标准

级别	成品重/kg	出品率/%	皮肤色泽
一级	1.5 ~ 2.5	<50	均匀一致的金黄色或枣红色
二级	1.2 ~ 1.5	<50	基本均匀一致的金黄色或枣红色
三级	<1.5	<40	色泽不一致，有明显的焦黑色斑块

（9）包装 如产品只需放置 1d，可用普通塑料袋包装，并封口。如产品需要远销，运输时间需 1 周左右，在腌制时腌液中须添加防腐剂尼泊金乙酯和抗氧化剂 2，6 - 二叔丁基对甲酚（BHT）；包装材料用聚酯（PER）或聚偏二氯乙烯（PVDC），也可用聚对苯二甲酸乙二醇酯/聚乙烯（PET/PE），玻璃纸/铝筒/聚乙烯（PT/AI/PE）复合材料，进行真空包装、封口，运输前需要短暂冷藏时，要放在低温下冷藏。礼品包装，内层用塑料袋，外层用硬纸板盒，设计成手提式透明包装盒。

（三）广东脆皮乳猪

广东脆皮乳猪又称烤乳猪，是广东最著名的烧烤制品，为佐膳佳肴，深受人们喜爱。产品外形完整，色泽金黄，油润发亮，稍带烤焦小块，精肉呈枣红色，皮脆肉嫩，入口松化。

1. 参考配方

乳猪 1 头（5 ~ 6kg），食盐 50g，白糖 100g，白酒 5g，芝麻酱 25g，干酱 25g，麦芽糖适量。

2. 工艺流程

原料选择→屠宰与整理→腌制→烫皮、挂糖色→烤制→成品。

3. 操作要点

（1）原料选择 选用 5 ~ 6kg 重的健康有膘乳猪，要求皮薄肉嫩，全身无伤痕。

（2）屠宰与整理 放血后，用 65℃ 左右的热水浸烫，注意翻动，取出迅速刮净毛，用清水冲洗干净。沿腹中线用刀剖开胸腹腔和颈肉，取出全部内脏器官，将头骨和脊骨劈开，切莫劈开皮肤，取出脊髓和猪脑，剔出第 2、3 条胸部肋骨和肩胛骨，用刀划开肉层较厚的部位，便于配料渗入。

（3）腌制 除麦芽糖之外，将所有辅料混合后，均匀地涂擦在体腔内，腌制时间夏天约 30min，冬天可延长到 1 ~ 2h。

（4）烫皮、挂糖 色腌好的猪坯，用特制的长铁叉从后腿穿过前腿到嘴角，把其吊起沥干水。然后用 80℃ 的热水浇淋在猪皮上，直到皮肤收缩。待晾干水分后，将麦芽糖水（1 份麦芽糖加 5 份水）均匀刷在皮面上，最后挂在通风处待烤。

（5）烤制 烤制有两种方法：一种是用明炉烤制，另一种是用挂炉烤制。

① 明炉烤制：铁制长方形烤炉，用木炭把炉膛烧红，将叉好的乳猪置于炉上，先烤体腔肉面，约烤 20min 后，然后反转烤皮面，烤 30 ~ 40min 后，当皮面色泽开始转黄和变硬时取出，用针板扎孔，再刷上一层植物油（最好是生茶

油），而后再放入炉中烘烤 30～50min，当烤到皮脆，皮色变成金黄色或枣红色即为成品。整个烤制过程不宜用大火。

② 挂炉烤制：将烫皮和已涂麦芽糖晾干后的猪坯挂入加温的烤炉内，约烤40min，猪皮开始转色时，将猪坯移出炉外扎针、刷油，再挂入炉内烤 40～60min，至皮呈红黄色而且脆时即可出炉。烤制时炉温需控制在 160～200℃。挂炉烤制火候不是十分均匀，成品质量不如明炉。

（四）广式叉烧肉

广式叉烧肉又称"广东蜜汁叉烧"，是广东著名的烧烤肉制品之一，也是我国南方人喜食的一种食品。按原料不同有枚叉、上叉、花叉、斗叉等品种。制品长条形，外表呈桃红色，色泽鲜明，油润光滑。肉质外焦里嫩，切片整齐不散，食之咸甜可口。

1. 参考配方

原料肉 100kg，白糖 6.6kg，特级酱油 4kg，精盐 2kg，50% 白酒 2kg，珠油1.4kg（珠油为广东一种酱油，浓度高，色泽深），麦芽糖 5kg。

2. 工艺流程

选料与整理→腌制→烧烤→成品。

3. 操作要点

（1）选料与整理　枚叉选用全瘦猪肉，上叉选用去皮的前后腿肉，花叉选用去皮的五花肉，斗叉选用去皮的颈部肉。将选好的原料肉切成条，每条长约40cm，宽 4cm，厚 1.5cm，重约 350g。

（2）腌制　将切好的肉条放入盆内，按配方比例加入酱油、白糖、精盐等，用手翻动肉条，使配料与肉条混合均匀，浸腌 1h。在此过程中，每隔 20min 翻肉1 次，使肉条均匀、充分吸收配料。然后加入珠油和白酒，再翻动混合。最后把肉条穿进铁制的排环上准备入炉。

（3）烧烤　将炉温升至 100℃，然后把用铁排环穿好的肉条挂入炉内，关上炉门，炉温升至 200℃ 左右时进行烤制，烤 25～30min。烤制过程中要注意调换方向，转动肉坯，使其受热均匀。肉坯顶部若有发焦，可用湿纸盖上。肉坯烤好出炉后稍稍冷却，然后放进麦芽糖溶液内，或用热麦芽糖溶液浇在肉坯上。注意麦芽糖水不能过稀，要求呈糖胶状，使之能够均匀附着在肉条上。然后再放到炉内，升温到 230℃，烤 2～3min 取出，即为成品。

学习任务二　　烟熏制品的加工技术　🔍

烟熏是一种已沿用多年的传统肉制品加工方法，长期以来，世界各地人们对不同浓度的烟熏味均有一定的喜好。在肉制品加工生产中，许多肉制品都要经过烟熏这一工艺过程，特别是西式肉制品，如灌肠、火腿、培根、生熏腿、熟熏圆腿等，均需经过烟熏。

一、烟熏材料的选择技术

烟熏肉制品是通过熏烟附着在肉制品表面来产生作用的，而熏烟是通过燃烧可燃性材料来获取的。烟熏肉制品可采用多种材料来发烟，但最好选择树脂含量少、烟味好，而且防腐物质含量多的材料，一般多为硬木和竹类，而软木、松叶类因树脂含量多，燃烧时产生大量黑烟，使肉制品表面发黑，且熏烟气味不好，所以不宜采用。常用的熏材主要有白杨、白桦、山毛榉、核桃树、山核桃木、樱、赤杨、悬铃木、楸树等，个别国家也采用玉米芯，白糖、稻糠也可以发烟。此外，日本斋藤的试验结果表明稻壳和玉米秆也是很好的烟熏材料。最好的为枣木、山枣木，其次是其他果木，最次是杨木等杂木，禁忌柏木、松木。

熏材的形态一般为木屑，也可使用薪材（木柴）、木片或干燥的小木粒等。熏制以干燥为主要目的时，往往直接使用较大块的木柴。熏材无论是刨花还是木薪材都应该干燥贮存，且不含木材防腐剂。潮湿的材料会带有霉菌，熏烟容易将其带到肉制品上。木材防腐剂可能会产生有害烟雾，影响熏制品的食用安全。熏材的干湿程度，一般水分含量以20%～30%者为佳。新鲜的锯屑含水量较高，一般需经晒干或风干后才能使用。但在使用时要添加水分，以有利于发烟及烟雾有效成分的附着。

二、烟熏方式的选择技术

肉制品加工中常见的烟熏方法很多，分类依据不同，种类也不同。

（一）按制品的加工过程分类

1. 熟熏

这是一种非常特殊的烟熏方法。它是指熏制温度为90～120℃，甚至140℃的烟熏方法。显然，在这种温度下的熏制品已完全熟化，无需再熟化加工。熟熏制品多为我国的传统熏制品，大多是在煮熟之后进行烟熏，如熏肘子、熏猪头、熏鸡、熏鸭及鸡鸭的分割制品等。经过熏制加工后使产品呈金黄色的外观，表面干燥，形成烟熏的特有气味，可增加耐贮藏性。熟熏制品的加工技术一般包括原料选择、整理、预处理（脂制或蒸煮）、造型、卤制和熏制。

2. 生熏

这是常见的熏制方法。它是指熏制温度为30～60℃的烟熏方法。这种方法制得的产品，需进行蒸煮或炒制才能食用。生熏制品的种类很多，其中主要是熏腿和熏鸡，还有熏猪排、熏猪舌等。主要以猪的方肉、排骨等为原料，经过腌制、烟熏而成，具有较浓的烟熏气味。

（二） 按熏烟的生成方式分类

1. 直接烟熏

这是一种原始的烟熏方法，在烟熏室内直接不完全燃烧熏材进行熏制，烟熏室下部燃烧木材、上部垂挂产品。根据在烟熏时所保持的温度范围不同，可分为冷熏、温熏、热熏、焙熏等方法。

直接烟熏法历史悠久，应用广泛，不需复杂的设备，易被厂家认可，其缺点有：① 熏制条件受很多因素的影响（熏材、燃烧情况等），几乎没有可能获得组分一定的熏烟，故熏制品质量不易控制，容易造成产品质量不稳定；② 熏制时间长，特别是冷熏法，时间长达数小时乃至数十小时之久，即使热熏法亦需要数十分钟至若干小时；③ 作业环境差，劳动强度大，工具、房间都被污染；④ 生产效率低，能源消耗大，而且利用率低，难以实施机械化、连续化生产；⑤ 熏烟中含苯并芘，在熏制过程中难以直接除去，使肉食品携带致癌物质。

2. 间接烟熏

用发烟装置（熏烟发生器）将燃烧好的一定温度和湿度的熏烟送入熏烟室与产品接触后进行熏制，熏烟发生器和熏烟室是两个独立结构。这种方法不仅可以克服直接烟熏时熏烟的密度和温、湿度不均的问题，而且可以通过调节熏材燃烧的温度和湿度以及接触氧气的量，来控制烟气的成分，减少有害物质的产生，因而得到广泛的应用。就烟的发生方法和烟熏室内温度条件可分为湿热法、摩擦生烟法、燃烧法、炭化法、二步法等方法。

（三） 按熏制过程中的温度范围分类

1. 冷熏法

冷熏法是指在 15 ~ 30℃，进行较长时间（4 ~ 7d）的烟熏。熏前原料需经过较长时间的腌渍。此法一般只用于火腿、培根、干燥香肠、特别是发酵香肠等的烟熏，制造不进行加热工序的制品。这种方法在冬季进行比较容易，而在夏季时由于气温高，温度很难控制，特别是发烟少的情况下，容易发生酸败现象。但是由于进行了干燥和后熟，食品中的水分含量在 40% 左右，提高了保藏性，增加了风味，但烟熏风味不及温熏法。

2. 温熏法

温熏法是指原料经过适当腌渍（有时还可加调味料）后，在温度为 30 ~ 50℃进行的烟熏，用于培根、带骨火腿及通脊火腿。熏制时间视制品大小而定，如腌肉按肉块大小不同，熏制 5 ~ 10h，火腿则需 1 ~ 3d。熏材通常采用干燥的橡木、樱木。用这种方法可使产品风味好，质量损失较少，但由于温度条件有利于微生物的繁殖，如烟熏时间过长，有时会引起制品腐败。熏制后的产品还需进行水煮才能食用。

3. 热熏法

热熏法即指原料经过适当腌渍（有时还可加调味料）后进行烟熏，温度在

50～80℃，多为60℃，熏制时间在不超过5～6h。在该温度范围内蛋白质几乎全部凝固。产品表面硬化度较高，但内部仍含有较多水分，有较好的弹性。采用本法在短时间内即可形成较好的烟熏色泽，操作简便，节省劳力。但要注意烟熏过程不能升温过快，否则会有发色不均的现象。本法在我国灌肠制品加工中应用最多。

4. 焙熏法

焙熏法的温度为90～120℃，是一种特殊的熏烤方法，包含蒸煮或烤熟的过程，应用于烤制品生产，常用于火腿、培根的生产。由于熏制温度较高，熏制的同时达到熟制的目的，制品不必进行热加工就可以直接食用，而且熏制的时间较短。但产品贮藏性较差，而且脂肪熔化较多，适合于瘦肉含量较高的制品。

（四）其他烟熏方法

1. 电熏法

电熏法是应用静电进行烟熏的一种方法。将制品吊起，间隔5cm排列，相互连上正负电极，在送烟同时通上15～20kV高压直流电或交流电，使自体（制品）作为电极进行电晕放电，烟的粒子由于放电作用而带电荷，急速地吸附在制品表面并向内部渗透。电熏法比通常烟熏法缩短1/20的时间，可延长贮藏期，由于制品内部甲醛含量较高，因此不易生霉。缺点是烟的附着不均匀，制品尖端吸附较多，成本较高。目前应用很少。

2. 液熏法

用液态烟熏制剂代替烟熏的方法称为液熏法，又称无烟熏法。目前在国外已广泛使用，代表烟熏技术的发展方向。

（1）烟熏液的制备　烟熏液是将木材干馏过程中产生的烟雾冷凝，再将冷凝液进一步精馏以除掉有害物质和树脂后制成的一种液态熏烟制剂。将产生的烟雾引入吸收塔的水中，熏烟不断产生并反复循环被水吸收，直到达到理想的浓度。经过一段时间后，溶液中有关成分相互反应、聚合，焦油沉淀，过滤除去溶液中不溶性的烃类物质后，液态烟熏剂就基本制成了。这种液熏剂主要含有熏烟中的蒸气相成分，包括酯、有机酸、醇和羰基化合物。

（2）烟熏液的应用　液熏法有四种方式，即直接添加法、喷淋浸泡法、肠衣着色法和喷雾法，均在煮制前进行。

① 直接添加法：烟熏液作为一种食品添加剂，经水稀释后，通过注射、滚揉或其他方式直接添加到产品中，经调和、搅拌均匀即可。多用于如红肠、小肚、圆火腿、午餐肉等肉糜类肉制品中。这种方式主要偏重于产品风味的形成，但不能促进产品色泽的形成。

② 喷淋浸泡法：在产品表面喷淋烟熏液或者将产品直接放入烟熏液中浸渍一段时间，然后取出干燥。这种方法有利于产品表面色泽及风味的产生。烟熏液使用前要预先稀释。一般来讲，20～30份的烟熏液用60～80份的水稀释。不同

产品的稀释倍数在市售烟熏液的使用说明中均有标示。

烟熏色泽的形成与烟熏液的稀释浓度、喷淋和漫泡的时间、固色和干燥过程等有关。在浸渍时加入 0.5% 左右的食盐可提高制品的风味。

烟熏液可循环使用，但应根据浸泡产品的频率和浸泡量及时补充以达到所需浓度。在生产去肠衣的产品时，常在稀释后的烟熏液中加入 5% 左右的柠檬酸或醋，以便于形成外皮。

③ 肠衣着色法：在产品包装前利用烟熏液对肠衣或包装膜进行渗透着色或进行烟熏，煮制时由于产品紧挨着已被处理的肠衣，烟熏色泽就被自动吸附在产品表面，同时具有一定的烟熏味。这种方式是目前流行的一种新方法。

④ 喷雾法：将烟熏液雾化后送入烟熏炉对产品进行熏制的方法。为了节省烟熏液常采用间歇喷雾形式。一般是产品先进行短时间的干燥，烟熏液被雾化后送入烟熏炉，使烟雾充满整个空间，间隔一段时间后再喷雾，根据需要重复 2～3 次，间隔时间为 5～10min，以保证整个熏制过程中均匀的烟雾浓度。也可将烟熏过程分两次进行，即在两次喷雾间干燥 15～30min，干燥过程中打开空气调节阀，干燥的气流有助于烟熏色泽的形成。

采用喷雾式烟熏法时色泽的变化主要与烟熏液的浓度、喷雾后烟雾停留的时间、中间干燥的时间、炉内的温度和湿度等参数有关。这种方法虽然要在烟熏室进行，但容易保持设备清洁，不会有焦油或其他残渣沉积。

（3）液熏法的优点　采用液熏法有如下优点：

① 产品被致癌物污染的机会大大减少，因为在烟熏液的制备过程中已除去微粒相；

② 不需要烟雾发生器，节省设备投资；

③ 产品的重现性好，液熏剂的成分一般是稳定的；

④ 效率高，短时间内可生产大量带有烟熏风味的制品；

⑤ 无空气污染，符合环境保护要求；

⑥ 烟熏液的使用十分方便、安全，不会发生火灾，故而可在植物茂密地区使用。

但采用烟熏液制成的肉制品的风味、色泽及贮存性能均比直接采用熏烟熏制的产品差。

三、熏烟成分及其作用

熏烟是木材不完全燃烧产生的，是由水蒸气、其他气体、液体（树脂）和固体微粒组合而成的混合物。熏制的实质就是制品吸收木材分解产物的过程，因此木材的分解产物是烟熏作用的关键。

熏烟的成分很复杂，现已从木材发生的熏烟中分离出来 200 多种化合物，其中常见的化合物为酚类、醇类、羰基化合物、有机酸和烃类等。但并不意味着烟熏肉中存在所有化合物，有实验证明，对熏制品起作用的主要是酚类和羰基化合物。

1. 酚类

熏烟中酚类有 20 多种，其中有愈创木酚、4 - 甲基愈创木酚等。在烟熏中，酚类有四种作用：① 抗氧化作用。高沸点的酚类比低沸点的酚类抗氧化作用强。② 促进熏烟色泽的产生。③ 有利于熏烟风味的形成。和风味有关的酚类主要是愈创木酚、4 - 甲基愈创木酚、2，6 - 二甲氧基酚类等。单纯的酚类物质气味单调，与其他成分（羰基化合物、胺、吡咯等）共同作用呈味效果则好得多。④ 防腐作用。酚类具有较强的抑菌防腐作用。

酚及其衍生物是由木质素裂解产生的，温度为 280 ~ 550℃ 时木质素分解旺盛，温度为 400℃ 左右时分解最强烈。

2. 醇类

木材熏烟中醇的种类繁多，其中最常见和最简单的醇是甲醇（木醇），此外还有乙醇、丙烯醇、戊醇等，但它们常被氧化成相应的酸类。醇类的作用主要是作为挥发性物质的载体，其含量也较低。它的杀菌效果很弱，对风味、香气并不起主要作用。

3. 有机酸

熏烟中含有的有机酸为 1 ~ 10 个碳原子的简单有机酸。1 ~ 4 个碳原子的酸存在于蒸汽相内，5 ~ 10 个碳原子的酸附着在熏烟内的微粒上。有机酸对熏烟制品的风味影响甚微，但可聚积在制品的表面，呈现微弱的防腐作用。酸有促使烟熏肉表面蛋白质凝固的作用，在生产去肠衣的肠制品时，将有助于肠衣剥除。

有机酸来自于木材中纤维素和半纤维素的分解。纤维素分解旺盛的温度为 240 ~ 400℃，分解最强烈的温度为 300℃ 左右。半纤维素分解旺盛的温度为 180 ~ 300℃，分解最强烈的温度为 250℃ 左右。

4. 羰基化合物

熏烟中存在着大量的羰基化合物，主要是酮类和醛类。它们同有机酸一样存在于蒸汽蒸馏组分中，也存在于熏烟的颗粒上。虽然绝大部分羰基化合物为非蒸汽蒸馏性的，但蒸汽蒸馏组分内有着非常典型的烟熏风味，而且还含有所有羰基化合物形成的色泽。因此羰基化合物可使熏制品形成特有的熏烟风味和棕褐色。

5. 烃类

从熏烟中能分离出许多环芳烃（简称 PAH），其中有苯并蒽、苯并芘、二苯并蒽及 4 - 甲基芘。在这些化合物中有害成分以 3，4 - 苯并芘为代表，它污染最广，含量最多，致癌性最强。

3，4 - 苯并芘对食品的污染极为普遍，尤其是熏烤类肉制品。而以煤炉和柴炉直接熏烤的肉制品含量最高。如何减少熏烟成分中 3，4 - 苯并芘的含量是熏烤类肉制品行业极其关注的问题。

6. 气体物质

熏烟中产生的气体物质，如 CO_2、CO、O_2、NO、N_2O、乙炔、乙烯、丙烯等，这些化合物对熏制的影响还不甚明了，大多数对熏制无关紧要。CO_2 和 CO 可被吸收到鲜肉的表面，产生一氧化碳肌红蛋白，而使产品产生亮红色；O_2 也可与肌红蛋白形成氧合肌红蛋白或高铁肌红蛋白，但还没有证据证明熏制过程会产生这些物质。气体成分中的 NO 可在熏制过程中形成亚硝胺，碱性条件有利于亚硝胺的形成。

四、烟熏的目的

烟熏的目的主要有：① 赋予制品特殊的烟熏风味，增进香味；② 使制品外观具有特有的烟熏色，对加硝肉制品促进发色作用；③ 脱水干燥，杀菌消毒，防止腐败变质，使肉制品耐储藏；④ 烟气成分渗入肉内部防止脂肪氧化。

1. 呈味作用

烟熏风味主要来自于两方面：一是烟气中的许多有机化合物附着在制品上，赋予制品特有的烟熏香味，如有机酸（蚁酸和醋酸）、醛、醇、酮、酚类等，特别是酚类中的愈创木酚和 4 – 甲基愈创木酚是最重要的风味物质。二是烟熏的加热促进肉制品中蛋白质的分解，生成氨基酸、低分子肽类、脂肪酸等，使肉制品产生独特的风味。

2. 发色作用

烟熏可以使肉制品呈深红色、茶褐色或褐黑色等，色泽美观。颜色的产生源于三方面：一是熏烟成分中的羰基化合物可以和肉蛋白质或其他含氮物中的游离氨基发生美拉德反应，使制品具有独特的茶褐色；二是熏烟加热促进了硝酸盐还原菌增殖及蛋白质的热变性，游离出半胱氨酸，从而促进一氧化氮血素原形成稳定的颜色；三是受热时有脂肪外渗起到润色作用。

3. 杀菌作用

烟熏的杀菌防腐作用主要是烟熏的热作用、烟熏的干燥作用和烟熏所产生的化学成分共同作用的结果。熏烟成分中，有机酸、醛和酚类杀菌作用较强。有机酸可与肉中的氨、胺等碱性物质中和，由于其本身的酸性而使肉酸性增强，从而抑制腐败菌的生长繁殖。醛类一般具有防腐性，特别是甲醛，不仅具有防腐性，而且还与蛋白质或氨基酸的游离氨基结合，使碱性减弱，酸性增强，进而增加防腐作用；酚类物质也具有弱的防腐性。

熏烟的杀菌作用较为明显的是在表层，经熏制后产品表面的微生物可减少至 1/10。大肠杆菌、变形杆菌、葡萄球菌对熏烟最敏感，3h 即死亡。只有霉菌及细菌芽孢对熏烟较稳定。

由烟熏产生的杀菌防腐作用是有限度的。未经腌制处理的生肉，如仅烟熏则易遭致迅速腐败。而通过烟熏前的腌制和烟熏中、烟熏后的脱水干燥则赋予熏制品良好的贮藏性能。

4. 抗氧化作用

熏烟中许多成分具有抗氧化作用。抗氧化作用最强的是酚类，其中以邻苯二酚和邻苯三酚及其衍生物作用尤为显著。试验表明，熏制品在15℃条件下放置30d，过氧化值无变化，而未经过烟熏的肉制品过氧化值增加8倍。

五、烟熏设备

（一）烟熏设备

烟熏方法虽有多种，但常用的还是温熏法。这里着重介绍温熏法的设备。烟熏室的形式有多种，有大型连续式、间歇式的，也有小型简易的家庭使用的。不管什么形式的烟熏室均应尽可能地达到下面几种要求：① 温度和发烟要能自由调节；② 烟在烟熏室内要能均匀扩散；③ 防火、通风；④ 熏材的用量少；⑤ 建筑费用尽可能少；⑥ 便利，如有可能要能调节湿度。

烟熏设备的类别有简易烟熏室（自然空气循环式）、全自动烟熏炉等。

1. 简易烟熏室（自然空气循环式）

它有一般烟熏装置和简易烟熏室。

一般烟熏装置结构如图6-2所示。冷熏室内的熏灶采用混凝土或灰泥建造，烟熏室的顶部装设可调节温度、发烟、通风的百叶窗，为了安全防火起见，室内侧壁要用砖块水泥或石块制作。烟熏室的大小以1.8m×2.7m较为合适，如烟熏室过大，出入料不方便，工作效率也不高。

简易烟熏室结构如图6-3所示。它的内侧面是木质的，四周包上薄铁皮，

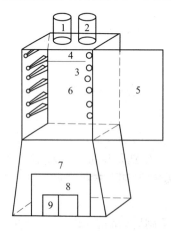

图6-2　一般烟熏装置

1—烟筒　2—调节风门　3—搁架

4—挂棒　5—活门　6—烟熏室

7—火室　8、9—火室调节门

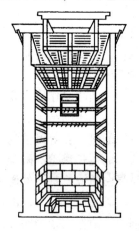

图6-3　简易烟熏室

上部有可以启闭的排气孔，下部设置通风口。温熏室宽 1.8m，深 2.7m（到顶部百叶窗上），高 3m 左右，操作方便。四壁用混凝土粉刷，外侧用铁皮覆盖，顶部装百叶窗，并设置直径 30~60cm 的烟囱，在烟囱尖端安装排气装置，烟囱上装设调节板以便调节排气量。

2. 强制通风式烟熏装置

熏室内空气用风机循环，产品的加热源是煤气或蒸汽。这种类型的烟熏炉，空气能均匀流动，还能良好地控制湿度，它不仅能正确地控制烟熏过程，而且能控制比烟熏更重要的熟制温度以及成品的干缩度。它与自然空气循环烟熏炉相比，有以下优点：① 烟熏室里温度均一，可防止熏制不均匀；② 温、湿度可自动调节，便于大量生烟；③ 因热风带有一定的温度，不仅使产品中心温度上升快，而且可以阻止水分的蒸发，从而减少损耗；④ 香辛料等不会减少。正是由于这些优点，国外普遍采用这种设备。实际生产这种烟熏炉除可用于烟熏外，还经常被用于蒸煮。

3. 隧道式连续烟熏炉

隧道式连续烟熏炉每小时能熏制 1.5~5t 产品。产品的热处理、烟熏加热、热水处理、预冷却和快速玲却均在通道内连续不断进行。原料从一侧进，产品从另一侧出，这种设备的优点是效率极高。为便于观察与控制，通道内装闭路电视，全过程均可自动控制。不过，初期的投资大而且产量也限制其用途，不适于小批量、多品种的生产。

4. 全自动烟熏炉

全自动烟熏炉是目前最先进的肉制品烟熏设备。除具有干燥、烟熏、蒸煮的主要功能外，还具有自动喷淋、自动清洗的功能，适合于所有烟熏或不烟熏肉制品的干燥、烟熏和蒸煮工序。室外壁设有 PLC 电气控制板，用以控制烟熏浓度、烟熏速度、相对湿度、室温、物料中心温度及操作时间，并装有各种显示仪表。全自动烟熏炉的外观如图 6-4 所示。

全自动烟熏炉按照容量可分为一门一车、一门两车、两门四车等型号。也可以前后开门，前门供装生料使用，朝向灌肠车间，后门供冷却、包装使用，朝向冷却和包装间，这样生熟分开，有利于保证肉制品卫生。也有两门一车、两门两车、四门四车型。

（1）主要结构　全自动熏烤炉由冷水接头、排气电机、加热室、搅拌风机、加热器、空气导管、新风喷嘴、搅拌电机、绝缘体、锯末搅拌电机、送烟管、烟吹风机、炉门、排潮风机、锯末料斗、燃烧室等组成。

图 6-4　全自动烟熏炉

（2）工作原理 将肉制品挂在架子车上，推入炉内，关好炉门，按加工肉制品工艺程序要求，把时间和温度数据输入操作控制盘的计算器上，启动控制盘操作按钮，电脑就按编排好的程序开始工作。

炉内安装排管式加热器，通过强制热对流传热，使加热室内空气升温。各蒸汽管路阀门由蒸汽电磁按指令开、关。在生产过程中蒸汽压力保持在 294 ~ 392kPa，然后由搅拌风机把加热室中的热风输送到炉内，使热风透过产品之间缝隙进行热交换，使产品受热脱水，达到烘烤目的。

烘烤时间、温度达到要求后，电脑发出指令，蒸汽电磁阀打开挡板，向炉内释放蒸汽，进行热加工。此时炉内自动保持要求温度，搅拌风机同时转动，使蒸汽在炉内扩散均匀，保持恒温，提高传热效率，避免制品在蒸煮时出现生熟不均现象。

蒸煮工序结束后，电脑自动发出指令，烟雾发生器开始工作，向炉内输送烟，对制品进行烟熏。为保持炉内恒温，加热器同时工作，把经加热的空气吹入炉内。

烟雾发生器工作是独立操作。当锯末倒入料斗后，烟雾发生器电热管开始加热锯末、发烟，但不会出现明火燃烧。锯末在锥形料斗内的搅拌器转动下，均匀散落在加热器上，并覆盖整个加热器，发出的烟由吹风机吹入管道，并经炉壁上的水过滤器进入炉内，这样可把烟内杂物除去，以保证烟熏制品的质量和卫生标准。

烟熏结束后，炉内需要一个冷却过程。冷却水管安装的电磁阀在电脑控制下打开，使冷水经过管路喷嘴向产品喷雾冷却。同时排潮风机自动启动向炉内排入冷空气，使炉内在较短的时间内降温。

（二）烟雾发生器

1. 燃烧装置

利用燃烧法产生烟雾就是指将木屑倒在电热燃烧器上使其燃烧，再通过风机送烟的方法。此法将发烟和熏制分两处进行。烟的生成温度与直接烟熏法相同，需通过减少空气量和控制木屑的湿度进行调节，但有时仍无法控制在 400℃以内。所产生的烟是靠送风机与空气一起送入烟熏室内的，所以烟熏室内的温度基本上由烟的温度和混入空气的温度所决定。这种方法是以空气的流动将烟尘附着在制品上，从发烟机到烟熏室的烟道越短，焦油成分附着越多。

2. 湿热分解装置

湿热分解法是将水蒸气和空气适当混合，加热到 300 ~ 400℃后，使热量通过木屑产生热分解。因为烟和水蒸气是同时流动的，因此变成潮湿的高温烟。一般送入烟熏室内的烟温度约 80℃，故在烟熏室内烟熏之前制品要进行冷却。冷却可使烟凝缩附着在制品上，因此也称凝缩法。湿热分解装置（也称蒸汽式烟熏发生器）见图 6 – 5。

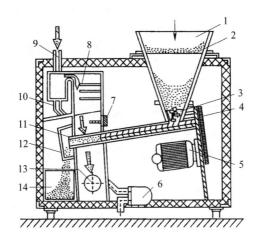

图 6 – 5　湿热分解装置

1—木屑　2—筛子　3—搅拌器　4—螺旋传送带　5—电机　6—排水装置　7—温度计　8—过热器
9—蒸汽口　10—凝缩管　11—汽化室　12—木屑挡板　13—烟出口　14—残渣容器

六、典型熏肉的加工技术

（一）沟帮子熏鸡

沟帮子是辽宁省北镇县的一座集镇，以盛产熏鸡而闻名北方地区。沟帮子熏鸡已有 50 多年的历史，具有外观油黄、暗红，肉质娇嫩，口感香滑，味香浓郁，不腻口，清爽紧韧，回味无穷的特点，很受北方人的欢迎。

1. 参考配方

白条鸡 75kg，砂仁 15g，肉蔻 15g，丁香 30g，肉桂 40g，山柰 35g，白芷 30g，陈皮 50g，桂皮 45g，鲜姜 250g，花椒 30g，八角 40g，辣椒粉 10g，胡椒粉 10g，食盐 3kg，味精 0.13kg，磷酸盐 0.12kg。

2. 工艺流程

选料→宰杀→排酸→腌制→整形→卤制→干燥→熏烤→无菌包装→微波杀菌→成品。

3. 操作要点

（1）选料　选取来自于非疫区的一年生健康公鸡，体重 0.73～0.77kg。一年生公鸡肉嫩、味鲜，而母鸡由于脂肪太多，吃起来腻口，一般不宜选用。

（2）宰杀　刺杀放血，热烫去毛后的鸡体用酒精灯燎去小毛，腹部开膛，取出内脏，拉出气管及食管，用清水漂洗去尽血水后，送预冷间排酸。

（3）排酸　排酸温度要求在 2～4℃，排酸时间 6～12h，经排酸后的白条鸡肉质柔软，有弹性，多汁，制成的成品口味鲜美。

（4）腌制　采用干腌与湿腌相结合的方法，在鸡体的表面及内部均匀地擦上一层盐和磷酸盐的混合物，干腌 0.5h 后，放入饱和的盐溶液继续腌制 0.5h，捞出沥干备用。

（5）整形　用木棍将鸡腿骨折断，把鸡腿盘入鸡的腹腔，头部拉到左翅下，码放在蒸煮笼内。

（6）卤制配汤　将水和除腌制料以外的其他香辅料一起入蒸煮槽，煮至沸腾后，停止加热，盖上盖，闷 30min 备用。卤制：将蒸煮笼吊入蒸煮槽内，升温至 85℃，保持 45min，检验大腿中心，以断生为度，即可吊出蒸煮槽。

（7）干燥　采用烟熏炉干燥，干燥时间为 5~10min，温度 55℃，以产品表面干爽、不黏手为度。

（8）熏烤　采用烟熏炉熏制，木屑采用当年产、无霉变的果木屑，适量添加白糖，熏制温度 55℃，时间 10~18min，熏至皮色油黄、暗红色即可。而后在鸡体表面抹上一层芝麻油，使产品表面油亮。

（9）无菌包装　包装间采用臭氧、紫外线消毒，真空贴体袋包装。

（10）杀菌　采用隧道式连续微波杀菌或其他二次杀菌方式，杀菌时间 1~2min，中心温度控制在 75~85℃，杀菌后冷却至常温，即为成品。

（二）生熏腿

生熏腿又称熏腿，是西式烟熏肉制品中的一种高档产品，用猪的整只后腿加工而成。成品外形呈琵琶状，表皮金黄色，外表肉色为咖啡色，内部淡红色，硬度适宜，有弹性，肉质略带轻度烟熏味，清香爽口。我国许多地方生产，受到群众的喜爱。

1. 参考配方

猪后腿 10 只（质量 50~70kg），食盐 4.5~5.5g，亚硝酸钠 5~10g，白糖 250g。

2. 工艺流程

原料选择与整形→腌制→浸洗→修整→熏制→成品。

3. 操作要点

（1）原料选择与整形　选择健康的猪后腿肉，要求皮薄骨细，肌肉丰满。将选好的原料肉放入 0℃ 左右的冷库中冷却，使肉温降至 3~5℃，约需 10h。待肉质变硬后取出修割整形，这样腿坯不易变形，外形整齐美观。整形时，在跗关节处割去脚爪，除去周边不整齐部分，修去肉面上的筋膜、碎肉和杂物，使肉面平整、光滑。刮去肉皮面残毛，修整后的腿坯重 5~7kg，形似琵琶。

（2）腌制　采用盐水注射和干、湿腌配合进行腌制。先进行盐水注射，然后干腌，最后湿腌。

盐水注射需先配盐水。盐水配制方法：取食盐 6~7kg，白糖 0.5kg，亚硝酸钠 30~35g，清水 50kg，置于容器内，充分搅拌溶解均匀，即配成注射盐水。用盐水注射机把盐水强行注入肌肉，要分多部位、多点注射，尽可能使盐水在肌肉中分布均匀，盐水注射量约为肉重的 10%。注射盐水后的腿坯，应即时揉擦硝盐进行干腌。硝盐配制方法：取食盐和硝酸钠，按 100∶1 的比例混合均匀即成。将配好的硝盐均匀揉擦在肉面上，硝盐用量约为肉重的 2%。擦盐后将腿坯置于 2～4℃冷库中，腌制 24h 左右。最后将腿坯放入盐卤中浸泡。

盐卤配制方法：50kg 水中加盐约 9.5kg，硝酸钠 35g，充分溶解搅拌均匀即可。湿腌时，先把腿坯一层层排放在缸内或池内，底层的皮向下，最上面的皮向上。将配好的浸渍盐水倒入缸内，盐水的用量一般约为肉重的 1/3，以将肉浸没为原则。为防止腿坯上浮，可加压重物。浸渍时间约需 15d，中间要翻倒几次，以利腌制均匀。

（3）浸洗　取出腌制好的腿坯，放入 25℃左右的温水中浸泡。其目的是除去表层过多的盐分，以利提高产品质量，同时也使肉温上升，肉质软化，有利于清洗和修整。最后清洗并刮除表面杂物和油污。

（4）修整　腿坯洗好后，需修割周边不规则的部分，削平趾骨，使肉面平整光滑。在腿坯下端用刀戳一小孔，穿上棉绳，吊挂在晾架上晾挂 10h 左右，同时用干净的纱布擦干肉中流出的血水，晾干后便可进行烟熏。

（5）熏制　将修整后的腿坯挂入熏炉架上。选用无树脂的发烟材料，点燃后上盖碎木屑或稻壳，使之发烟。熏炉保持温度在 60～70℃，先高后低，整个烟熏时间为 8～10h。如生产无皮火腿，需在坯料表面盖一层纱布，以防木屑灰尘沾污成品。当手指按压坚实有弹性，表皮呈金黄色时出炉即为成品。

（三）北京熏猪肉

北京熏猪肉是北京地区的风味特产，具有清香味美、风味独特、宜于冷食的特点，深受群众喜爱。

1. 参考配方

猪肉 50kg，粗盐 3kg，白糖 200g，花椒 25g，八角 75g，桂皮 100g，小茴香 50g，鲜姜 150g，大葱 200g。

2. 工艺流程

原料选择与整修→煮制→熏制→成品。

3. 操作要点

（1）原料选择与整修　选用经卫生检验合格后的皮薄肉厚的生猪肉，取其前后腿肉，剔除骨头，除净余毛，洗净血块、杂物等，切成 15cm 见方的肉块，用清水泡 2h，捞出后沥干水，或入冷库中用食盐腌一夜。

（2）煮制　将肉块放入开水锅中煮 10min，捞出后用清水洗净。把老汤倒入锅内并加入除白糖外的所有辅料，大火煮沸，然后把肉块放入锅内烧煮，开锅后撇净汤油及脏沫子，每隔 20min 翻一次，约煮 1h。出锅前把汤油及沫子撇净，将肉捞到盘子里，沥干水分，再整齐地码放在熏屉内，以待熏制。

（3）熏制　熏制的方法有两种：一种是将锯末刨花放在熏炉内，熏 20min 左右即为成品；另一种是将空铁锅坐在炉子上，用旺火将放入锅内底部的白糖加热至出烟，将熏屉放在铁锅内熏 10min 左右即可出屉码盘。

（四）培根

"培根" 系英文 Bacon 的译音，意为 "烟熏咸猪肉"。培根系采用猪的肋条肉经过整形、腌制、烟熏等工序制作而成，因此亦称烟熏肋条肉。培根是未经煮制的半成品，外皮油润，呈金黄色，皮质坚硬，瘦肉呈深棕色，切开后肉色鲜艳。其风味除带有适口的咸味之外，还具有浓郁的烟熏香味。它是西餐中使用广泛的肉制品，一般用作多种菜肴的调配原料，起提味配色作用，有时也可煎食。

根据所用原料，培根可分为大培根、排培根和奶培根（脂肪培根）三种。虽然选料不同，但各种培根的加工方法基本相同。

1. 参考配方

原料肉 100kg，食盐 8kg，硝酸钠 50g。

2. 工艺流程

选料→剔骨→整形→腌制→漫泡→再整形→烟熏→成品。

3. 操作要点

（1）选料　培根对原料的要求较高，各种培根的选料，都需用瘦肉型的白毛猪。这种类型的猪有两个特点：其一，肌肉丰满，瘦肉多肥肉少，背部和腹部的脂肪较薄；其二，即使有些毛根仍留在皮内，由于毛根呈白色，经过烟熏，在半透明的肉皮上不会有黑点呈现出来，不影响产品的美观。因条件所限，以黑毛猪为原料时，亦须选择细皮白肉猪，否则影响产品质量。

大培根原料取自猪的白条肉中段，即前始于第 3 ~ 4 根胸肋骨，后止于荐椎骨的中间部分，割去乳脯，保留大排，带皮去骨。

排培根原料取自猪的大排，有带皮、无皮两种，去硬骨。

奶培根原料取自猪的方肉，即去掉大排的肋条肉，有带皮、无皮两种，去硬骨。

（2）剔骨　各种培根均须剔骨。剔骨是一项技术性较强的工序，剔骨操作的基本要求是保持肉皮完整，整块原料基本保持原形，做到骨上不带肉，肉中无碎骨。具体操作方法是右手持剔肉刀，左手按住肉块，根据骨头的部位，使刀尖的锋口对准骨的正中，然后缓缓移动刀尖，把硬肋骨表面上的一层薄膜剖开，到硬骨和软骨的交锋处停刀，随即用刀尖向左右两边挑开骨膜，使肋骨的端点脱离肉体而稍向上翘起，最后用力向斜上方扳去，肋骨就自然脱离肉体。用刀紧贴骨面将椎骨一同割下。

（3）整形　将去骨后的肉料，用刀修割，使其表面和四周整齐光滑称整形。整形决定产品的规格和形状。培根呈长方形，应注意每一条边是否呈直线，如有不整齐的边，需用刀修割成直线，务必使四周整齐、光滑。修去碎骨、碎油、筋膜、血块，刮尽皮上残毛，割去过高、过厚肉层。注意把大培根和排培根上面的腰肌用小刀割除，使成品培根不带腰肌。奶培根要割除横脯膜、乳脯肉。经整形后，每块长方形原料肉的重量，大培根要求 8~11kg，排培根要求 2.5~4.5kg，奶培根要求 2.5~5kg。

（4）腌制 腌制是培根加工的重要工序，它决定成品口味和质量。培根腌制一般分干腌和湿腌两个过程。

① 腌制设备和温度。腌制设备主要是腌缸，国外采用水泥池和不锈钢池。腌制过程需要在 0~4℃的冷库中进行，目的在于防止微生物生长繁殖而引起肉料变质。

② 腌料的配制。干腌腌料的配制：按配方标准分别称取食盐、硝酸钠，然后各取一半进行拌和。由于硝酸钠的量很少，为了搅拌均匀，须将硝酸钠溶于少量水中制成硝水，再加食盐拌和均匀即为腌料。"盐卤"的配制：把配方一半的食盐和硝酸钠倒入缸中，加入适量清水，用搅棒不断搅拌，水量加至盐卤浓度为15°Bé 时为止。

③ 腌制方法。干腌：干腌是腌制的第一阶段。将配制好的干腌料敷于肉坯料表面，并轻轻搓擦，必须无遗漏地搓擦均匀，待盐粒与肉中水分结合开始溶化时，将坯料逐块抖落盐粒，装缸置冷库内腌制 20~24h。

湿腌：湿腌是腌制的第二阶段，经过干腌的坯料随即进行湿腌。方法是在缸内先倒入少许盐卤，然后将坯料一层一层叠入缸内，每叠 2~3 层，加盐卤少许，直至装满。最后一层皮面朝上。用石块或其他重物压于肉上，加盐卤至淹没肉坯的顶层为止，所加盐卤总量和坯料重量之比为 1:3。因干腌后的坯料中带有盐料，入缸后盐卤浓度会增高，如浓度超过 16°Bé，需用清水冲淡。在湿腌过程中，每隔 2~3d 翻缸一次，湿腌期一般为 6~7d。

④ 腌制成熟的掌握。用腌制成熟期来衡量坯料是否腌好是不准确的。因影响成熟期的因素很多，如发色剂的种类、操作方法、冷库温度、管理好坏等均对腌制成熟期有一定影响。所以，坯料是否腌好应以肉质的色泽变化为衡量标准。鉴别色泽的方法，可将坯料瘦肉割开观察肉色，如已呈鲜艳的玫瑰红色，手摸不粘，则表明腌制成熟。如瘦肉的内部仍是原来的暗红色，或者仅有局部的鲜红色，手摸有粘手之感，则表明没有腌制成熟。

（5）浸泡 各种培根出缸后都需用淡水浸泡洗涤，以清除污垢，同时可以降低咸度，避免烟熏干燥后表面出现白色盐花，影响成品外观。浸泡时间一般为30min，如腌制后的坯料呈味过重，可适当延长浸泡时间。浸泡用水因气候而异，夏天用冷水，冬天用温水。浸泡后测定坯料咸度，可割取瘦肉一小块，用舌尝味，也可煮熟后尝味评定。

（6）再整形 坯料虽已经过整形，但经过上述工序后，外形稍有变动，因此需再次整形。

把不呈直线的肉边修割整齐，刮去皮肤上的残毛和油污。然后在坯料靠近胸骨的一端距离边缘2cm处刺3个小孔（排培根刺2个小孔），穿上线绳，串挂于木棒或竹竿上，每杆4~5块肉坯，肉坯与肉坯之间保持一定距离，沥干水分，以待进入烘房熏制。

（7）烟熏　烟熏需在密闭的熏房内进行。熏房用砖砌成，有门无窗，地面铺砖或水泥，熏房顶部设有2~3个孔洞，以便于排出余烟。在墙脚和后门的底部也需有1~2个孔洞，以防熄灭室内烟火。

烟熏方法：根据熏房面积大小，先用木柴堆成若干堆，用火燃着，再覆盖锯木屑，徐徐生烟；也可直接用锯木屑分堆燃着。前者可提高熏房温度，使用较广泛。木柴或锯木屑分堆燃着后，将沥干水分的坯料移入熏房，这样可使产品少沾灰尘。熏房温度一般保持在60~70℃，在烟熏过程中需适时移动坯料在熏房中的上下位置，以便烟熏均匀。烟熏一般需要10h，待坯料肉皮呈金黄色时，表明烟熏完成，即为成品。

4. 成品规格

大培根：成品为金黄色，瘦肉割开后色泽鲜艳，每块重7~10kg。

奶培根：成品为金黄色，无硬骨，刀工整齐，不焦苦。带皮每块重2~4.5kg；无皮每块重量不低于1.5kg。成品率82%左右。

排培根：成品金黄色，带皮无硬骨，刀工整齐，不焦苦。每块重2~4kg，成品率82%左右。

【链接与拓展】

熏肉制品的质量控制技术

熏制时，熏烟条件对产品有很大影响。由于受烟熏条件的影响，制品的品质也有所不同，要生产优质的产品，就要充分考虑各种因素和生产条件。

一、影响烟熏制品质量的因素

影响烟熏制品质量好坏的因素很多，归纳于表6-2。

表6-2　　　　　　　　　　影响烟熏食品质量的因素

项目	影响因素
原料	鲜度、大小、厚度、成分、脂肪含量、有无皮
前处理	盐渍条件：盐渍温度、时间、盐渍液的组成；脱盐程度：温度、时间、流速；风干
烟熏条件	烟熏温度、时间；烟熏量和加热程度；熏材：种类、含水量、燃烧温度；熏室：大小、形状、排气量等
后处理	加热、冷却、卫生状况等

此外还有许多因素与制品质量有关，例如加热温度和制品水分的关系，加热温度和制品重量、加热空气的流向和烟熏食品重量的关系以及加热程度和制品 pH 的关系等。

熏材的主要影响前已述及，以下对其他主要影响因素作一概述。

1. 温度

烟熏作业时，注意不要有火苗出现。因为火苗出现，室内温度必然上升，以致很难达到烟熏的目的。这时，针对原因，要么隔断空气来源，要么喷淋些水。产生火苗的原因主要是空气的供给量太大、烟熏材料过干。

烟熏的温度过低达不到烟熏效果；温度过高，又会熏出脂肪来，引起肉的收缩。所以，要密切注意，尽可能控制在规定的范围之内。门的开关、人的进出都要尽可能地少。特别是熏制肠类制品，进出频繁，更应注意。

烟熏材料燃烧温度在 340～400℃以及氧化温度在 200～250℃时产生的熏烟质量最高。

虽然 400℃燃烧温度最适宜于形成最高量的酚，然而它也同时有利于苯并芘及其他环烃的形成。如要将致癌物质形成量降到最低程度，实际燃烧温度以控制在 340～350℃（343℃）为宜。

2. 湿度

熏烘房的湿度有如下重要性。

（1）相对湿度影响烟熏效果，高湿有利于熏烟沉积，但不利于色泽的加深，干燥的表面需延长沉积时间。

（2）一般来说，湿度越大，烟穿透肠衣的程度也就越大。当表面是不太干燥的肠衣时，烟就沉积于表面，使表面呈现暗褐色或褐色，得不到所想要的红褐色。

（3）高湿度不但不减少肉制品的收缩，恰恰相反，还会加剧其收缩。

（4）湿度高易使油渗出。如果香肠出现漏油，通常的对策就是降低湿度。

（5）高湿度会促使肠衣软化，甚至胶原肠衣被化掉，肉馅落下来。低湿度烟熏会促进肠衣的硬化。

因而制品进入熏室前，一定要去掉表面水分，晾干或干燥（风干室）。料坯送入熏室后，先不发烟，先进行预干燥。熏制过程中，一般要求湿度在烟熏开始时要低一些，以便尽快蒸发水分让肠表面硬化一些；熏制后期湿度则应高一些，以求获得适当的软化度、嫩度。对可去皮纤维肠衣的常见肉制品，相对湿度 38%~40% 是理想的；对快速去皮（机器）肠衣，理想湿度为 24%；动物肠衣、胶原蛋白肠衣的湿度稍高一点，效果更好。

3. 供氧量

供氧即供空气，促进气流循环。它可以影响产品的受热、烟熏程度，特别是对那些只借助冷、热空气相对密度不同而产生位移流动的自然对流的熏室来说更重要。不管是自然对流或是强制循环，务求熏房内肉制品的密度尽可能均匀，并对各点温度、烟的密度进行核查。

空气循环对热的转移有实质性影响：在静止的空气条件下，制品的温度常与室温的差别极大，热交换率极低；特别是希望快速加热时，空气强力循环必不可少。许多空调的烟房每分钟空气交换 10~12 次。在快速加热的时候，空气的速度比空气的湿度显得更为重要。

气流速度越大，制品干燥的速度也越快，加热的速度也越快，同时酸和酚的量增加，供氧量超过完全氧化时需氧的 8 倍左右，形成量达到最高值。而气流速度如严格加以控制，熏烟便会呈黑色，并含有大量羧酸，这样的熏烟不适合用于食品。因此，必须控制空气循环速度，使加热和干燥处于平衡点上。

二、有害成分控制

熏制工艺具有其他工艺无法替代的优势，在肉制品加工中被广泛采用。但传统熏制工艺制作的产品，通常会含有 3，4 - 苯并芘等致癌物质，还可以促进亚硝酸形成。长期过量食用具有对人体健康的潜在危害，因此烟熏工艺的改革已势在必行，应努力采取措施减少熏烟中有害成分的产生及对制品的污染，以确保制品的食用安全。

1. 控制发烟温度

发烟温度直接影响 3，4 - 苯并芘的形成，发烟温度低于 400℃ 时有极微量的 3，4 - 苯并芘产生，当发烟温度处于 400~1000℃ 时，便形成大量的 3，4 - 苯并芘，因此控制好发烟温度，使熏材轻度燃烧，能有效降低致癌物的生成。一般认为理想的发烟温度为 340~350℃，既能达到烟熏目的，又能降低毒性。

2. 采用湿烟法

用机械的方法把高热的水蒸气和混合物强行通过木屑，使木屑产生烟雾，然后将其引进烟熏室，同样能达到烟熏的目的，又能提高熏烟制品的安全性。

3. 采用室外发烟净化法

采用室外发烟，烟气经过过滤、冷气淋洗及静电沉淀等处理后，再通入烟熏室熏制食品，这样可以大大降低 3，4 - 苯并芘的含量。

4. 采用隔离保护法

使用肠衣，特别是人造肠衣，如纤维素肠衣，对有害物具有良好的阻隔作用。3，4 - 苯并芘分子等有害物质比烟气成分中其他物质的分子要大得多。对食品的污染部分主要集中在产品的表层，所以可采用过滤的方法，阻隔 3，4 - 苯并芘等有害成分，而不妨碍烟气有益成分渗入制品中，从而达到烟熏目的。

5. 使用烟熏液

以上各种方法只能使熏烟中的有害物质含量减少，但不能彻底清除有害物质，而使用烟熏液则可避免制品中因烟熏而产生的有害物质。

【实训一】 熏鸡的加工

一、实训目的

通过实训，熟悉熏鸡加工的方法与步骤，掌握烟熏的基本方法。

二、材料与用具

1. 材料及配方

当年嫩公鸡 10 只（约 7.5kg），精盐 250g、香油 25g、蔗糖 50g、味精 5g、混合香辛调料（其组成为：陈皮 3.8g、桂皮 3.8g、胡椒粉 1.3g、香辣粉 1.3g、五香粉 1.3g、砂仁 1.3g、豆蔻 1.3g、山奈 1.3g、丁香 3.8g、白芷 3.8g、肉桂 3.8g、草果 2.5g）。

2. 仪器及设备

冷藏柜，烟熏炉，燃气灶，台秤，天平，砧板刀具，塑料盆，搪瓷托盘，锅。

三、方法与步骤

1. 宰杀

在鸡的咽喉部位割断三管（血管、气管和食管），鸡头朝下，控净血水。

2. 拔毛

在 60℃ 热水中浸烫约 0.5min 后投入冷水中，迅速拔毛。

3. 去内脏

在鸡右翅前端颈侧割一小口，掏出嗉囊，再在腹部接近肛门的部位割一小口，伸进手指掏出内脏，放入清水中洗净。

4. 整形

用清水浸泡 1~2h，待鸡体发白后取出，在鸡下胸脯尖处割一小圆洞，将两腿交叉插入洞内，用刀将胸骨及两侧软骨折断，头夹在左翅下，两翅交叉插入口腔，使之成为两头尖的造型。鸡体煮熟后，脯肉丰满突起，形体美观。

5. 煮制

先将老汤煮沸，取适量老汤浸泡配料约 1h，然后将鸡入锅，加水以淹没鸡体为度。煮时火候适中以防火大致皮开裂，边煮边撇去漂浮的沫子等脏物，并注意防止鸡粘锅。

应先用中火煮 1h 再加入盐，嫩鸡煮 1.5h，老鸡约 2h 即可出锅。出锅时应用特制搭钩轻取轻放，保持体形完整。

6. 熏制

出锅趁热在鸡体上刷一层芝麻油和白糖，将鸡单行摆在熏屉内装入熏炉中进行熏制。熏料通常以白糖与锯末混合（锯末与糖的比例为 3∶1），放入熏锅内使其发烟，经 15~20min，待鸡体成红黄色即可。

四、实训作业

写出实训报告，并结合实训体会，谈谈熏鸡加工中的注意事项。

【实训二】 烤鸭的加工

一、实训目的

掌握烤鸭的加工工艺与操作步骤。

二、材料与用具

1. 材料与配方

北京填鸭（或光鸭），麦芽糖水（1 份糖 6 份水，在锅内熬成棕红色）。

2. 仪器及设备

冷藏柜，烤炉，打气筒，加热灶，台秤，砧板，刀具，盆，鸭撑子，挑鸭杆，挂鸭杆。

三、方法与步骤

1. 原料选择

选用经过填肥的北京填鸭，以 50~60 日龄、活重 2.5~3kg 最为适宜，无条件的可选用重约 2kg 的光鸭代替。

2. 宰杀、造型

填鸭经宰杀、烫毛、烧毛后先剥离颈部食道周围的结缔组织，将食管打结，把气管拉断、取出，伸直脖颈，把气筒的气嘴从刀口部位捅入皮下脂肪和结缔组织之间，给鸭体充气至八九成满，拔出气嘴。将食指插入肛门内钩住并拉断直肠，再将直肠头取出体外。在鸭右翅下割开一条 3~5cm 的呈月牙形的刀口，从刀口处拉出食管、气管及所有内脏。把鸭撑子（一根 7~8cm 长的秸秆或小木条）由刀口送入鸭腔内，竖直立起，下端放置在脊椎骨上，上端卡入胸骨与三叉骨，撑起鸭体。

3. 洗膛

将鸭坯浸入 4~8℃ 的清水中，使水从刀口灌入腹腔，用手指插入肛门掏净残余的鸭肠，并使水从肛门流出，反复灌洗几次，即可净膛。

4. 烫皮

用鸭钩钩住鸭的胸脯上端 4～5cm 处的颈椎骨（右侧下钩，左侧穿出），提起鸭坯，用 100℃ 沸水淋浇，先浇刀口和四周皮肤，使之紧缩，严防从刀口跑气，然后再浇其他部位，一般三勺水即可使鸭体烫好。

5. 上糖色

用制好的糖浇遍鸭体表皮，三勺即可。

6. 晾皮

将烫皮、上糖色后的鸭坯挂在阴凉、通风的地方，使鸭皮干燥。一般春秋季节晾 2～4h，夏季晾 4～6h，冬季要适当增加晾的时间。

7. 灌汤、打色

用鸭堵塞（或用 6～8cm 的秸秆）卡住肛门口，由鸭身的刀口处灌入 100℃ 沸汤水 70～100mL，称为灌汤。灌好后再向鸭体表皮浇淋 2～3 勺糖液，称为打色，弥补上糖色时的不均匀。

8. 烤制

炉温一般控制在 230～250℃。鸭坯入炉后，先挂在前梁上，先烤刀口这一边，促进鸭体内汤水汽化，使其快熟。当右侧烤至铜黄色时，转动鸭体，使左侧向火，待两侧呈同样颜色时，将鸭用杆挑起，近火燎其底裆，反复几次，使腿间和下肢着色，再烤左右侧鸭脯，使全身呈铜黄色。把鸭体挂到炉的后梁，烤鸭体的后背，鸭身上色已基本均匀，然后旋转鸭体，反复烘烤，直到鸭体全身呈枣红色时，即可出炉。一般一只 1.52kg 的鸭坯在炉内烤 35～50min 即可全熟。鸭子烤好出炉后，可趁热刷上一层香油，以增加皮面光亮程度，并可去除烟灰，增添香味，即为成品。一般鸭坯在烤制过程中失重 1/3 左右。

9. 成品

成品烤鸭色泽红润，鸭体丰满，表皮和皮下组织、脂肪组织混为一体，皮层变厚，皮质松脆，肉嫩鲜酥，肥而不腻，香气四溢。

四、注意事项

（1）鸭体充气要丰满，皮面不能破裂，打好气后不要碰触鸭体，只能拿住鸭翅、腿骨和颈。

（2）烫皮、上糖色时要用旺火，水要烧得滚开，先淋两肩，后淋两侧，均匀烫遍全身，使皮层蛋白质凝固，烤制后表皮酥脆，并使毛孔紧缩、皮肤绷紧，减少烤制时的脂肪流出，烤后皮面光亮、美观。

（3）晾鸭坯时要避免阳光晒，也不要用高强度的灯照射，并随时观察鸭坯变化，如发现鸭皮溢油（出现油珠）要立即取下，放入冷库保存，同时还要注意鸭体不能挤碰，以免破皮跑气，更不能让鸭体沾染油污。

（4）灌汤前因鸭坯经晾制后表皮已绷紧，所以在肛门处插入堵塞的动作要准确、迅速，以免挤破鸭坯表皮。灌汤的鸭体在烤制时可达到外烤内蒸，制品成熟后外脆里嫩。

（5）在烤制进行中，火力是关键。炉温过高，时间过长，会使鸭坯烤成焦黑色，皮上脂肪大量流失，皮如纸状，形如空洞；时间过短，炉温过低，会造成鸭皮收缩，胸脯下陷和烤不透，均影响烤鸭的质量和外形。另外，鸭坯大小和肥度与烤制时间也有密切关系，鸭坯大，肥度高，烤制时间长，反之则短。

（6）对于鸭子是否已经烤熟，除了掌握火力、时间、鸭身的颜色外，还可倒出鸭腔内的汤来观察。当倒出的汤呈粉红色时，说明鸭子7～8成熟；当倒出的汤呈浅白色，清澈透明，并带有一定的油液和凝固的黑色血块时，说明鸭子9～10成熟；如果倒出的汤呈乳白色，油多汤少时，说明鸭子烤过火了。

（7）烤鸭最好现制现食，久藏会变味失色，如要储存，冷库内的温度宜控制在3～5℃。冬季室温10℃时，不用特殊设备可保存7d，若有冷藏设备可保存稍久，不致变质。吃前短时间回炉烤制或用热油浇淋，仍能保持原有风味。食用时，需将鸭肉削成薄片。削片时，手要灵活，刀要斜，大小均匀，皮肉不分，片片带皮。

五、实训作业

写出实训报告，并结合实训体会，谈谈烤鸭加工中的注意事项。

学习情境七 **酱卤肉制品加工技术**

酱卤肉制品食用方便、味道鲜美，是人们餐桌上的美味，这与它本身所具有的特色是分不开的。首先是风味独特，在调味品和腌制的作用下，制品色泽悦目，既有内外遍红，又有白里透红和保持本色的制品，给人一种心理上的享受，刺激人的食欲。酱、卤制品在烹制过程中将原料本身的味道在加工过程中逐步渗入到原料内部，同时也与酱、卤汁之味（以香料的香为主）发生作用，使制品滋味醇厚，其香浓郁扑鼻。其次，食用方便。酱、卤制品既可冷食，又可热食，老少皆宜，既能作为筵席中的冷菜，又能作小菜、快餐、小吃、零食，便于携带，又是一种理想的旅游方便食品。特别是其中快捷型、休闲型酱卤肉制品的出现，为酱卤制品行业的发展提供了新的思路。酱卤类肉制品同时也是我国传统中式风味肉制品的重要一类，在我国传统中式风味肉制品中的比重约为40%，在肉制品加工业整体中的占比约为3.90%，其产品多是以水为热媒通过酱、卤技法煮制而成，与油炸、烧烤等食品加工方式相比，其更健康更营养。

目前，全国每天酱卤肉制品的消费量在1.5万t左右，且这个数字还会继续上升，农村和城市消费潜力都有待进一步提升，仅由作坊式的酱卤店供应，市场将很难保证其品质与消费量的需求，因此，酱卤肉制品的工业化生产是市场的需求。

我国酱卤食品素有"南卤北酱"的饮食传统，其中"南卤"主要集中在江西、湖北、湖南、浙江、江苏、山东，"北酱"集中在北京、天津、山东和东北地区。其中江西、湖北、湖南、浙江、江苏、山东发展较为成熟，而东北地区范围广、人口多、初加工肉制品多，深加工肉制品少，发展空间巨大。

从我国快捷消费酱卤肉制品行业产业现状看，由于行业门槛较低，地方性生产企业较多，规模小、数量多，市场竞争激烈，品牌集中度并不高，近80%的市场份额分散在小企业。从企业规模来看，我国快捷消费酱卤肉制品市场是散点市场，全行业企业数量2万多家，但年销售收入超500万元的企业仅有1200多家，其中湖南约有185家，浙江地区约有80多家。其中，部分小企业和小作坊将会由于无法达到国家卫生标准而被迫退出市场，大规模的并购和整合将逐步出现，规模化生产将替代小作坊生产，逐渐向现代化、标准化、品牌化、产供销一体化方向迈进。行业集中度将进一步提高，将出现以龙头企业为主导的产业链整合趋势，给酱卤肉制品行业带来更快的增长速度。特别是最近几年来，在经历了一轮高速发展期之后我国酱卤肉制品业的部分龙头企业开始逐步凸显，并确立了在区域市场的竞争优势，市场占有率达到了相对较高的水平。在未来，随着市场竞争格局的改变，优胜劣汰将变得更加普遍，而行业的技术标准和产品品质也将随之提高。

学习任务一　　酱卤制品关键技术　🔍

一、酱卤制品的分类

酱卤制品是以鲜、冻畜禽肉为原料，加入调味料和香辛料，以水为加热介质煮制而成的熟肉类制品，是中国典型的传统熟肉制品。

近几年来，随着对酱卤制品的传统加工技术的研究以及先进工艺设备的应用，一些酱卤制品的传统工艺得以改进，陆续有企业采用新的工艺加工传统的酱卤制品，因此出现了酱牛肉加工的新工艺。此外，对烧鸡的加工工艺也进行了不同程度的改进，形成了新式的烧鸡加工工艺，采用新工艺生产的产品也深受消费者欢迎。随着包装技术和食品加工技术的发展，酱卤制品也开始采用小包装，这种包装方式使得酱卤制品与传统的方便食品在食用的方便性上更接近了，同时也在一定程度上解决了酱卤制品防腐保鲜的问题。

由于各地消费习惯和加工过程中所用的原辅料及加工方法的不同，形成了许多具有地方特色的酱卤制品。这些酱卤制品从大的分类上可以分为酱制品类和卤制品类。

酱和卤的加工方法有许多相似之处，习惯上，有时将两者并称为"酱卤"。其实，酱、卤在加工方法上还是有所差别的，主要表现在以下几点。

第一，选料不同。

卤制品可以选用动物性原料，如牛肉、鸡、鸭、内脏等，也可以选用植物性原料，如豆腐干、冬笋等，而酱制品则主要选用动物性原料，具体地说主要选用动物的肉、内脏、骨头、头蹄、尾等。

第二，加工过程中对的汤汁的处理方式不同。

卤制要保留卤汁，并且越是老卤卤出的东西味道越好，所以商品价值也越高；而酱制所用的酱汁则是现用现做，酱完原料要把酱汁收浓并浇在卤好的制品上。

第三，两种烹调方式制成的成品不同。

对于酱制品而言，加工过程中采用的香辛料偏多，因此酱味浓，调料味重，酱香味浓，成品色泽较深；而卤制品，主要使用盐水，因此，调味料和香辛料数量少，成品色泽较淡，主要突出的是原料原有的色、香、味。

第四，在调味料的选择上不同。

酱制品主要用酱油，卤制品主要用盐；此外，酱制品所用的酱汁，早期主要用豆酱、面酱等，现多改用酱油或加上糖色等，酱制成品色泽多呈酱红或红褐色，一般为现制现用，不留陈汁，制品往往通过酱汁在锅中的自然收稠裹覆或人为地涂抹，而使制品外表粘裹一层糊状物；因此，酱的烹调方法盛行于北方，而卤的烹调方法则盛行于南方，故有"南卤北酱"之说。

第五，在煮制方法上不同。

卤制品通常将各种辅料煮成清汤后，将肉块下锅以旺火煮制；酱制品则和各种辅料一起下锅，大火烧开，文火收汤，最终使汤形成肉汁。

酱制品和卤制品从小的分类上，具体的又分为白煮肉类、酱卤肉类、糟肉类。另外酱卤制品根据加入调味料的种类和数量不同，还可分为很多品种，通常有五香或红烧制品、蜜汁制品、糖醋制品、糟制品、卤制品、白烧制品等。

（1）白煮肉类　白煮肉类是将原料肉经（或不经）腌制后，在水（或盐水）中煮制而成的熟肉类制品。白煮肉类可视为酱卤制品加工的一个特例，即其在加工过程中肉类未酱制或卤制；其主要特点是最大限度地保持了原料固有的色泽和风味，在食用时才调味。其代表品种有白斩鸡、白切肉、白切猪肚等。

（2）酱卤肉类　酱卤肉类是在水中加入食盐或酱油等调味料和香辛料一起煮制而成的熟肉制品。有的酱卤肉类的原料在加工时，先用清水预煮，一般预煮15~25min，然后用酱汁或卤汁煮制成熟，某些产品在酱制或卤制后，需再经烟熏等工序。酱卤肉类的主要特点是色泽鲜艳、味美、肉嫩，具有独特的风味。产品的色泽和风味主要取决于调味料和香辛料。其代表品种有道口烧鸡、德州扒鸡、苏州酱汁肉、糖醋排骨、蜜汁蹄髈等。

（3）糟肉类　糟肉类则是用酒糟或陈年香糟代替酱制或卤制的一类产品。糟肉类是将原料经白煮后，再用香糟糟制的冷食熟肉类制品。其主要特点是保持了原料肉固有的色泽和曲酒香气。糟肉类有糟肉、糟鸡及糟鹅等。

（4）五香或红烧制品　五香或红烧制品是酱制品中最广泛的一大类，这类产品的特点是在加工中用较多量的酱油，所以叫红烧；另外在产品中加入八角、桂皮、丁香、花椒、小茴香等五种香料（或更多香料），故又称五香制品，如烧鸡、酱牛肉等。

（5）蜜汁制品　蜜汁制品是在红烧的基础上使用红曲米作着色剂，产品为樱桃红色，颜色鲜艳，且在辅料中加入多量的糖分或添加适量的蜂蜜，产品色浓味甜。如苏州酱汁肉、蜜汁小排骨等。

（6）糖醋制品　糖醋制品是在加工中添加糖和醋的量较多，使产品具有酸甜的滋味。如糖醋排骨、糖醋里脊等。

二、酱卤制品的关键技术

酱卤制品加工工艺较简单，但随着食品机械设备的不断改良和食品生产加工技术的不断提高，该类产品的生产开始逐渐实现机械化。其生产工艺主要包括肉类原料的选择，原料肉必要的前处理，肉类原料的腌制、卤煮等工序。在这些工序中，原料肉的质量直接影响酱卤制品的产品质量，因此原料肉的选择至关重要。其次，卤煮工艺也较为关键，它是酱卤类肉制品生产的关键工序，特别是酱、卤加工过程中煮制火候的控制，也直接影响产品的口感。此外，卤煮工艺中的调味、调香和调色技术也影响产品的质量。

1. 原料的质量

用于加工酱卤类制品的原料肉种类很多，不管采用哪种肉作为原料肉，首先要求原料肉没有受到细菌、农药、化学品等的污染。其次，要选用国家规定的定点屠宰的原料肉，且有国家检验检疫合格证明。原料肉为鲜肉时，为了保证酱卤制品成品的质量，要选用经过低温排酸的肉品；原料肉为冷冻肉时，要严格控制原料肉的解冻条件，保证原料肉在解冻环节的卫生安全。再次，为了保证原料肉的质量，在原料肉进行修整加工时也要保证与原料肉直接接触或间接接触的环境、器具、人员的卫生状况，此外，环境的温度也要求低温，修整后的肉卫生也要求达到加工的要求。

2. 调味

酱卤制品主要突出调味料及肉的本身香气。我国各地酱卤制品产品在风味上大不相同，大体是南甜、北咸、东辣、西酸；同时北方地区酱卤制品用调味料、香料多，咸味重；南方地区酱卤制品相对调味料、香料少，咸味轻。调味时，要依据不同的要求和目的，选择适当的调料，生产风格各异的制品，以满足人们不同的消费和膳食习惯。

（1）调味的定义和作用　调味是加工酱卤制品的一个重要过程。调味料奠定了酱卤食品的滋味和香气，同时可增进色泽和外观。调味是要根据地区消费习惯、品种的不同加入不同种类和数量的调味料，加工成具有特定风味的产品。

在调味料使用上，卤制品主要使用盐水，所用调味料数量偏低，故产品色泽较淡，突出原料的原有色、香、味；而酱制品调味料的数量则偏高，故酱香味浓，调料味重。调味是在煮制过程中完成的，调味时要注意控制水量、盐浓度和调料用量，要有利于酱卤制品颜色和风味的形成。

通过调味还可以去除和矫正原料肉中的某些不良气味，起调香、助味和增色作用，以改善制品的色、香、味、形，同时通过调味能生产出不同品种花色的制品。

（2）调味的分类　根据加入调味料的时间大致可分为基本调味、定性调味、辅助调味。

基本调味：在加工原料整理之后，经过加盐、酱油或其他配料腌制，奠定产品的咸味。

定性调味：在原料下锅后进行加热煮制或红烧时，随同加入主要配料，如酱油、盐、酒、香料等，决定产品的口味。

辅助调味：加热煮制之后或即将出锅时加入糖、味精等以增进产品的色泽、鲜味。此外，为了着色还可以加入适量的色素（如红曲色素等）。

3. 煮制

（1）煮制的概念　煮制是对原料肉用水、蒸汽、油炸等加热方式进行加工的过程。可以改变肉的感官性状，提高肉的风味和嫩度，杀灭微生物和酶，达到熟制的目的。

（2）煮制的作用　煮制对产品的色香味形及成品化学性质都有显著的影响。煮制使肉黏着、凝固，具有固定制品形态的作用，使制品可以切成片状；煮制时原料肉与配料的相互作用，可以起到改善产品的色、香、味的作用，同时煮制也可杀死微生物和寄生虫，提高制品的贮藏稳定性和保鲜效果。煮制时间的长短，要根据原料肉的形状、性质及成品规格要求来确定，一般体积大，质地老的原料，加热煮制时间较长，反之较短。

（3）煮制的方法　煮制必须严格控制温度和加热时间。卤制品通常将各种辅料煮成清汤后将肉块下锅以旺火煮制；酱制品则和各种辅料一起下锅，大火烧开，文火收汤，最终使汤形成肉汁。

在煮制过程中，会有部分营养成分随汤汁而流失。因此，煮制过程中汤汁的多少，与产品最终的质量和口感有密不可分的关系。

根据煮制时加入汤的数量多少，分宽汤和紧汤两种煮制方法。

宽汤煮制是将汤加至和肉的平面基本相平或淹没肉体，宽汤煮制方法适用于块大、肉厚的产品，如卤肉等。

紧汤煮制时加入的汤应低于肉的平面 $1/3 \sim 1/2$，紧汤煮制方法适用于色深、味浓产品，如蜜汁肉、酱汁肉等。

根据酱卤制品煮制过程中调料的加入顺序的不同，把酱卤制品煮制工艺又分为清煮和红烧两种方式。

清煮又称白煮、白锅。其方法是将整理后的原料肉投入沸水中，不加任何调味料进行烧煮，同时撇除血沫、浮油、杂物等，然后把肉捞出，除去肉汤中杂质。清煮作为一种辅助性的煮制工序，其目的是消除原料肉中的某些不良气味。清煮后的肉汤称白汤，通常作为红烧时的汤汁基础再使用，但清煮下水（如肚、肠、肝等）的白汤除外。

红烧又称红锅、酱制，是制品加工的关键工序，起决定性的作用。其方法是将清煮后的肉料放入加有各种调味料的汤汁中进行烧煮，不仅使制品加热至熟，而且产生自身独特的风味。红烧的时间应随产品和肉质不同而异，一般为数小时。红烧后剩余汤汁叫红汤或老汤，应妥善保存，待以后继续使用。存放时应装入带盖的容器中，减少污染。长期不用时要定期烧沸或冷冻保藏，以防变质。红汤由于不断使用，其成分与性能必能已经发生变化，使用过程中要根据其变化情况酌情调整配料，以稳定产品质量。

工业化生产中使用的夹层锅，是利用蒸汽加热，加热程度可通过液面沸腾的状况或由温度指示来决定。

（4）煮制中肉的变化　肉在煮制过程中发生一系列的变化，主要有以下几方面。

① 肉的风味变化：生肉的香味是很弱的，通过加热后，不同种类的肉都会产生各自特有的风味。肉的风味形成与氨、硫化氢、胺类、羰基化合物、低级脂肪酸等有关，主要是水溶性成分。如氨基酸、肽和低分子碳水化合物等热反应生成物。对于不同种的肉类由于脂肪和脂溶性物质不同，在加热时形成的风味也不同，如羊肉的膻味是辛酸和壬酸形成引起的，加热时肉类中的各种游离脂肪酸均有不同程度的增加。

② 肉色的变化：肉在加热过程中颜色的变化程度与加热方法、时间和温度高低密切相关，但以温度影响最大。此外，高温长时间加热时所发生的完全褐变，除色素蛋白质的变化外，还有诸如焦糖化作用和羰氨反应等发生。

③ 蛋白质的变化：肉经过加热，肉中蛋白质发生变性和分解。首先是凝固作用，肌肉中蛋白质受热后开始凝固而变性，而成为不可溶性物质。其次是脱水作用。蛋白质在发生变性脱水的同时，伴随着多肽类化合物的缩合作用，使溶液黏度增加。结缔组织中胶原蛋白在水中加热则变性，水解成动物胶，使产品在冷却后出现胶冻状。

④ 脂肪的变化：加热使脂肪熔化流出。随着脂肪的熔化，释放出一些与脂肪相关联的挥发性化合物，这些物质给肉和汤增加了香气。脂肪在加热过程中有一部分发生水解，生成脂肪酸，因而使脂肪酸值有所增加，同时也有氧化作用发生，生成氧化物和过氧化物。水煮加热时，如肉量过多或剧烈沸腾，易形成脂肪的乳浊化，乳浊化的肉汤呈白色浑浊状态。

⑤ 浸出物的变化：在加热过程中从肉中分离出来的汁液含有大量的浸出物，它们易溶于水，易分解，并赋予煮熟肉的特征口味和增加香味。呈游离状态的谷氨酸和次黄嘌呤核苷酸会使肉具有特殊的香味。

⑥ 肉的外形及质量变化：肉开始加热时肌肉纤维收缩硬化，并失去黏性，后期由于蛋白质的水解、分解以及结缔组织中的胶原蛋白水解成动物胶，肉的硬度由硬变软，并由于水溶性水解产物的溶解，组织细胞相互集结和脱水等作用而使肉质粗松脆弱。加热后的由于肉中水分的析出而使其质量减轻。

⑦ 肉质的变化：煮制中，肌肉蛋白质发生热变性凝固，肉汁分离，体积缩小，肉质变硬。肉失去水分，质量减轻，颜色发生改变，肌肉发生收缩变形，结缔组织软化，组织变得柔软。随着温度升高，肉的保水性、pH 及可溶性蛋白质等发生相应变化。40~50℃，肉的保水性下降，硬度随温度上升而急剧增加。50℃，蛋白质开始凝固。60~70℃，肉的热变性基本结束。60℃，肉汁开始流出。70℃，肉凝结收缩，色素蛋白变性，肉由红色变为灰白色。80℃，结缔组织开始水解，胶原转变为可溶的胶原蛋白，肉质变软（盐水鸭、白切鸡）等。80℃以上时，开始形成硫化氢，使肉的风味降低。90℃，肌纤维强烈收缩，肉质变硬。90℃以上，继续煮沸时，肌纤维断裂，肉被煮烂。

⑧ 其他成分的变化：加热会引起维生素破坏，其中的硫胺素加热破坏最严重。无机盐在加热过程中也有一定的损失，酶类受热活性会丧失。

（5）火候　火候控制是加工酱卤肉制品的重要环节。在煮制过程中，根据火焰的大小强弱和锅内汤汁情况，可分为旺火、中火和微火三种。旺火（又称大火、急火、武火）火焰高强而稳定，锅内汤汁剧烈沸腾；中火（又称温火、文火）火焰低弱而摇晃，一般锅中间部位汤汁沸腾，但不强烈；微火（又称小火）火焰很弱而摇摆不定，勉强保持火焰不灭，锅内汤汁微沸或缓缓冒泡。旺火煮制会使外层肌肉快速强烈收缩，难以使配料逐步渗入产品内部，不能使肉酥润、最终成品干硬无味、内外咸淡不均；旺火煮制还会出现煮制过程中汤清淡而无肉味；文火煮制时肌肉内外物质和能量交换容易，产品里外酥烂透味、肉汤白浊而香味厚重，但往往需要煮制较长的时间，最终产品不易成型，出品率较低。因此，火候的控制应根据品种和产品体积大小确定加热的时间、火力，并根据情况随时进行调整。

火候的控制包括火力和加热时间的控制。除个别品种外，各种产品加热时的火力一般都是先旺火后文火。即早期使用旺火，中后期使用中火和微火。通常旺火煮的时间比较短，文火煮的时间比较长。使用旺火的目的是使肌肉表层适当收缩，以保持产品的形状，以免后期长时间文火煮制时造成产品不成型或无法出锅；文火煮制则是为了使配料逐步渗入产品内部，达到内外咸淡均匀的目的，并使肉酥烂、入味。加热的时间和方法随品种而异。产品体积大时加热时间一般都比较长。反之，就可以短一些，但必须以产品煮熟为前提。

酱卤制品中的某些产品的加工工艺是加入砂糖后，往往再用旺火，其目的在于使砂糖熔化卤制内脏时，由于口味要求和原料鲜嫩的特点，在加热过程中，自始至终要用文火煮制。

（6）煮制料袋的制法和使用　酱卤制品加工过程中多采用料袋，料袋是用两层纱布制成的长方形布袋。可根据锅的大小，原料多少缝制大小不同的料袋。将各种香料装入袋中，用粗线绳将料袋口扎紧。最好在原料未入锅之前将锅中的酱汤打捞干净，将料袋投入锅中煮沸，使料在汤中均匀分散开后，再投入原料酱卤。

　　料袋中所装香料可使用2~3次，然后以新换旧，逐步淘汰，既可根据品种实际味道减少辅料，也可以降低成本。

4. 调香

　　除了肉在加工过程中自己生成的香气成分以外，在肉类加工中还要进行调香，因为有时候肉自身带有异味，有时候肉的风味比较平淡。此外，每一地区都有自己的饮食文化，例如，在中国是大蒜、生姜、葱加上料酒、酱油、芝麻油；在澳大利亚则是柠檬、胡椒、番茄、薄荷。甚至即使在同一种文化下的亚文化群之间（如北京、四川、广东等地的饮食）人们的风味喜好都会有所不同。

　　调香的目的就是再现和强化食品的香气、协调风味，突出肉类食品的特征。调香包括两个方面：提香和赋香。提香（突出本香）就是去腥、提香，即去除原料的腥、臭等异味，发掘出肉类原料本身的香味。赋香，就是赋予产品各种风味。赋香是外因，提香是内因，调香应内外兼顾。

　　（1）提香　在肉制品的加工中，常采用添加香料和香精的方式进行调香，香精和香料都是调味品的主成成分，它们被用作增加风味、增强口感，但在实际使用过程中存在肉类产品闻着香，口感却不佳，而且还出现肉制品在加工和贮存期香气损失比较大，留香时间短的问题。为了避免上述问题，在肉制品加工过程中一般采用香精香料和天然香辛料同时使用来达到提香的目的。

　　提香包括两方面，一是去除原料本身的腥、臭味道。原料肉是没有香味的，只有血腥味，如果不彻底去除或者遮盖的话，它会影响加工过程中香料的使用效果，或使得加工过程中出现腥臭味，直接影响最终产品的口感，因此加工过程中必须经过加热和正确使用香辛料才能去除腥臭。二是避免配方中各种添加剂的异味对肉品的影响。肉品加工过程中使用的某些添加剂，例如，植物蛋白、淀粉以及各种胶体及磷酸盐等，这些辅料本身会有一些味道，因此其添加量要严格按照产品标准和肉品生产实际进行添加，同时添加时要充分考虑其对肉品口感的不良影响。通过去除原料的腥、臭味和添加剂的异味，才能在提香时突出肉类本身的香味。

　　（2）赋香　赋香就是赋予产品一种风味，赋香的原料主要有天然香辛料、香料、骨髓精膏等。

　　一般来说，酱卤制品的调香分为如下几个步骤。

　　①调头香：所谓的头香是指加香产品或天然原料在嗅辨过程中最先感受到的香气特征，指产品切开后，表现出来的香气是否纯正诱人，它是整体香气中的一个组成，其作用是香气轻快、新鲜、生动、飘逸。调头香是调香过程中的第一步，是在肉制品整体饱满、绵长的香气基础上的点睛之笔。头香也是吸引消费者的亮点，一个好的产品必须有天然、圆润、柔和的头香，才能使消费者有极强的购买欲。头香以柔香为好，以提升和强化闻香、增强消

费者食欲、掩盖异味为主，通过这种香气能激发人们的食欲，但不可喧宾夺主，香气过分浓烈会破坏肉品整体香味。调头香时天然香辛料的添加量一般是原料量的 0.1% ~0.2%。

② 调尾香：调整肉制品底香底味，底香即通常所说的吃起来香的那类香味物质，体现产品香气浓郁后感饱满，给人一种自然醇厚肉香；尾香主要是最后残留的香气通常由挥发性较低的呈味物质组成，主要是氨基酸及多肽类，多使用膏类香精进行修饰。调尾香时膏类香精的添加量一般是原料量的 0.2% ~0.4%。

③ 调特征风味：特征风味就是产品的风味要有差异性、特殊性，体现调香的个性化、多样化设计，最终使得产品的香味整体协调统一，天然合一，适合不同消费者的口味。

④ 调口香和留香：所谓口香是入口之后是否有肉的天然风味和香气，留香是产品咽下之后留下的余香。留香一般采用香精香料，也有采用香辛料的，不同的产品对留香的要求也不同，可根据产品类型进行适当的添加。具体到肉制品，留香要求香精香料的添加量一般是原料量的 0.2% ~0.4%。

（3）调香技巧

① 适量使用香辛料，使香辛料发挥其在肉制品调香的重要作用。

香辛料在肉制品中的作用有两方面：

a 去腥、掩盖肉源腥臊味；

b 提香、留香、增香和丰富加工肉制品风味。没有加香辛料的肉制品就没有象征性的肉源香气。因此，添加了适当香辛料的肉制品，其使用的肉类香精量可以相对少些，一般为原料的 0.15% ~0.2%。

② 肉制品内部挖潜。

a 充分利用肉品加工中生成的游离氨基酸和多肽，部分氨基酸和多肽属于风味物质，对肉品的风味起到衍生作用；此外，在加工过程中肉品中的营养成分在加热工艺中会相互作用发生美拉德反应，促进热反应产物生成，也会促进肉品风味的形成。

b 充分利用原料油脂的特征风味以及油脂氧化降解反应物形成的风味。

采用的原料肉鲜度好，饲养周期长、风味足时，肉香精使用量相应减少（0.15% ~0.2%），反之用量较大（0.2% ~0.3%）。中式肉制品加工工艺大多以炖、卤、烧、烤、熏及通过盐腌和栅栏技术产生肉香气和风味，肉香精使用量相应减少（0.15% ~0.2%）。

③ 香和味的落差性设计：落差设计就是利用落差的特点，人为地在风味调整上使产品呈现同质落差（如咸味落差、甜味落差、鲜味落差和香气落差等）和异质落差（咸甜对比、香味对比等），从而产生味觉、嗅觉落差，呈现产品的不同风味特色。冬春两季由于天气寒冷，人的食欲旺盛和口重，调香宜浓和重（0.2% ~0.3%），夏秋两季天气酷热，人的食欲减退，喜欢清淡，肉制品特别是

旅游方便肉制品调香宜清香，突出天然和圆润感。

④ 风味强化处理。

a 通过定香剂、增香剂强化香味。

b 通过鲜味增强剂增强鲜味和滋味感。

酱卤制品香味的衍生则受到很多因素影响，包括基础香味、香辛料、老汤等。

（4）香辛料的使用　人类使用香辛料已经有很悠久的历史，香辛料与各种肉味的结合和统一而形成的风味，已被广泛的接受和认可，并成为评价肉制品风味的标准，甚至达到了如果不使用香辛料，就根本无法评价肉制品质量优劣的程度。

天然香辛料以其独特的滋味和气味在肉制品加工中起着重要作用。它不仅赋予肉制品独特的风味，同时还可以抑制和矫正肉制品的不良气味，增加引人食欲的香气，促进人体消化吸收，并且很多香辛料还具有抗菌防腐的功能，更重要的是，大多数香辛料无毒副作用，在肉制品中添加量没有严格的限制。

① 香辛料在肉制品中可按下列形式使用。

a 香辛料整体：香辛料不经任何加工，使用时一般放入水中与肉制品一起煮制，使呈味物质溶于水中被肉制品吸收，这是香辛料最传统、最原始的使用方法。

b 香辛料粉碎物：香辛料经干燥后根据不同要求粉碎成颗粒或粉状，使用时直接加入肉品中（如五香粉、十香粉、咖喱粉等）或与肉制品在汤中一起卤制（像粉碎成大颗粒状的香料用于酱卤产品），这种办法较整体香辛料利用率高，但粉状物直接加入肉馅中会有小黑颗粒存在。

c 香辛料提取物：将香辛料通过蒸馏、压榨、萃取浓缩等工艺即可制得精油，可直接加入到肉品中，尤其是注射类产品。因为一部分挥发性物质在提取时被去除，所以精油的香气不完整。

d 香辛料吸附型：使香辛料精油吸附在食盐、乳糖或葡萄糖等赋形剂上，如速溶五香粉等，优点是分散性好、易溶解，但香气成分露在表面、易氧化损失。

② 香辛料的使用上应该注意以下几点：

a 使用量问题。因为食用香料是通过口腔、鼻腔等多个器官接受刺激产生嗅感，所以人类对它比较敏感，如果使用过多，只会恶化产品的风味，出现苦味、药味等。在香辛料的搭配上，以香气为主的香辛料应占 5% ~10%，而香味俱备的香辛料应占 40% ~50%，以呈味为主的香辛料应占 40% ~50%。

b 同一条件下，同一香辛料的不同制品产生的风味会有较大的区别。

c 不同的原料、不同的目的所使用的香辛料不一样，见表 7-1 和表 7-2。

表 7 – 1　　　　　　　　　　　　　　体现各种风味的香辛料

作用	香辛料名称
去腥臭	白芷、桂皮、良姜
芳香味	肉桂、月桂、丁香、肉豆蔻、众香子
香甜味	香叶、月桂、桂皮、茴香
辛辣味	大蒜、葱、洋葱、鲜姜、辣椒、胡椒、花椒
甘香味	百里香、甘草、茴香、葛缕子、枯茗

表 7 – 2　　　　　　　　　　与几种肉类相适应的主要香辛料

肉类	主要香辛料
牛肉	胡椒、多香果、肉豆蔻、肉桂、洋葱、大蒜、芫荽、姜、小豆蔻、肉豆蔻衣
猪肉	胡椒、肉豆蔻、肉豆蔻衣、多香果、丁香、月桂、百里香、洋苏叶、香芹、洋葱、大蒜
羊肉	胡椒、肉豆蔻、肉豆蔻衣、肉桂、丁香、多香果、洋苏叶、月桂、姜、芫荽、甘牛至

5. 调色

传统的酱卤制品一般不使用食品添加剂，但随着食品加工技术的进步和对食品添加剂认识的不断深入，根据加工需要，科学合理地选用食品添加剂，可使酱卤制品加工更加科学合理、品种更加多样化、色泽更诱人、品质更加优良。因此，通过选用合适的发色剂、天然色素等添加剂，赋予酱卤制品良好的色泽具有十分重要的意义。

按照酱卤制品的一般加工流程，可以把酱卤制品的调色分为腌制发色、上色和护色。

腌制发色一般适用于肌肉组织较多的畜禽肉，猪耳、蹄、鸡爪、翅尖等肌肉组织较少的畜禽附件类不适用。

根据我国对酱卤制品色泽的偏好，可通过油炸或添加少量天然食用色素，如红曲红、糖色、老抽、着色性香辛料等达到上色的目的。有些产品在酱卤前或后通过刷蜂蜜或饴糖水再油炸上色，还有部分产品通过熏烟法上色。总之，通过上色，一般将产品调成金黄色、酱红色、酱黄色、褐色等，颜色要自然调和，也有保持本色的，如盐水鸭、白斩鸡、泡椒凤爪等。

散装酱卤制品放置时间长了颜色容易变黑，而包装产品又存在产品褪色的问题，因此必要时需要对产品进行护色。

① 老汤用饴糖代替添加的白砂糖、添加少量的食用胶：在熬制老汤的过程

中用饴糖代替白砂糖，相当于在产品表面多了一层防护膜，卤出的产品表面亮度及保湿效果较好，可以延缓无包装品种的表面风干及褐变。卤制过程中还要不断翻动，卤制好的产品要单层码放，以防色泽不均匀。

②采用助色剂：由于抗坏血酸、异抗坏血酸、烟酰胺等既可促进护色（护色助剂），且抗坏血酸和维生素 E 可阻止亚硝胺的生成，常与亚硝酸盐或硝酸铵并用，可使亚硝基肌红蛋白的稳定性提高，更有利于肉制品色泽的保持。

③避光包装：光线可加速氧化、造成包装的酱卤制品褪色。普通的真空包装，如 PET/CPP、PA/CPP 无法隔绝光线。采用含有铝箔层的包装材料（如 PET/Al/CPP 等）真空包装可以减缓光照造成的产品褪色问题。

三、汤料配制技术

在酱、卤制品的加工过程中均需用到汤料配制技术。酱、卤制品加工过程中的汤料主要包括老卤和新卤。经过数次使用的酱、卤汁，俗称老汤。酱卤制品的风味和质量以老汤为佳，而老汤又以烹制过多次反复使用的和由多种原料构成的老汤为佳，故常将"百年老汤"视为珍品。

酱卤制品中的老汤是从原始汤开始，是酱卤制品形成固定的口味、固定的香气和固定的色泽的重要条件；其次酱卤制品的老汤中含有丰富的氨基酸，是做低温肉制品的重要原料，新配制的汤料一般使用 4~5 次后即可作为老汤连续使用，每次使用时需要在加入原料前取出一定量的老汤加入到肉制品中使产品的香气更浓。

1. 老卤配制

老汤主要以畜、禽腔骨为原料，加入花椒、八角、葱、姜、料酒、酱油、辣椒少许进行煮制而成，老汤的熬制一般分三个阶段。

（1）中火熬制 3h 以上，待骨头中呈味氨基酸、骨脂等风味物质大部分溶出为止；骨头滤去，汤液备用。

（2）取要煮制的原料少许，加入配好的香辛料煮制。待原料九成熟时捞出，将汤液中的残渣捞净，汤液备用。

（3）重复第二阶段的工艺三到四次，浓郁老汤即成。

有时候为了调制出味道更好的老汤，把两至三种不同的骨头熬制的汤液进行复配，这样效果更佳，只是在工艺上更烦琐了一些。

老汤配制过程中的香辛料的使用，对汤香味的产生具有决定性作用。因此，为了保证老汤熬制过程中香味的浓郁，根据条件可以对香辛料进行炒制，用铁锅进行炒熟，香气更佳。一般炒至 180℃ 时香气就可以出来，有些香料如砂仁等油脂含量较多，因此在炒制过程中需要不停的翻锅，不能炒焦，否则会出现苦味，影响到香气。

2. 新卤的配制

酱卤制品的加工过程中，除了使用一定量的老汤之外，每次在煮制的时候还要进行新卤的配制。

卤汁有红、白卤两种。白卤的配方和红卤基本相似，只是盐的添加量稍多，同时在卤汁配制时不用酱油和糖。而红卤的配制中一般要添加红曲或糖色，酱油的用量酌减，食盐的用量酌增，有的在配制卤汁中还加入茶叶、咖喱粉等调料，形成了许多风味各异的卤汁。

以配制 100kg 的卤水为例，说明卤汁的配制过程。

配制时需要的调味料有盐 2.4kg、冰糖 2kg、老姜 4kg、大葱 2.4kg、料酒 0.8kg、鸡精、味精适量；需要的香料有山奈 240g、八角 160g、丁香 80g、白蔻 400g、茴香 160g、香叶 800g、白芷 400g、草果 400g、香草 480g、橘皮 240g、桂皮 640g、荜拨 400g、千里香 240g、香茅草 320g、排草 400g、干辣椒 400g。

香料应用洁净的纱布包好扎好，不宜扎得太紧，应略有松动。香料袋包扎好后，应该用开水浸泡半个小时，再进行使用，目的是去沙砾和减少药味。配制时需要的汤原料为鸡骨架 3.5kg 和筒子骨 1.5kg。具体操作如下。

（1）将鸡骨架、猪筒子骨（锤断）用冷水氽煮至开，去其血沫，用清水清洗干净，重新加水，放老姜（拍破），大葱（留根全长），烧开后，应用小火慢慢熬，不能用猛火（用小火熬是清汤，猛火熬的为浓汤）熬成卤汤待用。

（2）糖色的炒法：用油炒制。冰糖先处理成细粉状，锅中放少许油，下冰糖粉，用中火慢炒，待糖由白变黄时，改用小火，糖油呈黄色起大泡时，端离火口，继续炒（这个时间一定要快，否则易变苦），再上火，由黄变深褐色。由大泡变小泡时，加冷水少许，再用小火炒至去煳味时，即为糖色（糖色要求不甜，不苦，色泽金黄）。红卤糖色应该分次加入，避免汤汁伤色，应以卤制的食品呈金黄色为宜。

（3）香料拍破或者改刀用香料袋包好打结。先单独用开水煮 5min，捞出放到卤汤里面，加盐和适量糖色，辣椒，用中小火煮出香味，制成卤水，初坯为红卤，白卤不放辣椒和糖色，其他和香料都相同。

酱汁的配制，一般是沸水 100kg、酱油 20kg（或面酱 25kg）、花椒、八角、桂皮等各 2.5kg，或添加糖 0.5~2.5kg，有时还用红曲或糖色增色，为了形成一些独特的风味，往往还添加一些香料，如陈皮、甘草、丁香、茴香、豆蔻、山楂、砂仁、苹果等，此外，还有一些风味较特殊的酱汁，简述如下。

焖汁酱：在一般酱汁法的基础上，除加红曲增色外，用糖量增多好几倍，酱煮时先放 3/4 的糖，当制品软烂、汁稠出锅后，再将 1/4 的糖放入锅中酱汁里，用小火熬制，并不停翻炒至稀糊状，然后涂刷在制品的外层，苏州的酱汁肉便属此法，如有的在制品出锅前将糖放入锅中，一同熬煮至汁稠，或向出锅的酱制品上糖。

糖醋酱：糖醋味为主，运用适当火候在锅中将糖醋汁收裹于制品上，如扬州的清滋排骨便属此法，而在嗜辣的湖南一带，加工传统风味特产糖醋排骨时，还需糖醋酱汁中添加辣椒粉，形成酸甜辣俱备的特色，亦称糖醋酱，也可称糖醋辣酱。

蜜汁酱：制品如上海的蜜汁小肉、蜜汁排骨等。

卤汁和酱汁在熬制过程中要不断试味。卤水中的香料经过水溶后，会产生各自的香味，但香味却有极易挥发和不易挥发的差异，为了使香料溢出，就要不断地调制卤水的香味，待符合卤制原料的香味后，方能进行卤制。在调制过程中应随时做好香料投放量的记录，以便及时增减各种香料。"盐为百味之本"，这就是说任何产品都必须有一定的底味，卤制原料也是一样，因为卤水中的香料只能产生五香味的味感，却不能使原料产生咸味，因此，在投放原料时都必须调制卤水的咸味。配制好的卤水，应该妥善保藏，不宜搅动。特别是在温度比较高的夏季，如果经常搅动而不烧开，就会滋生细菌，而使卤汁变酸变味。最后，卤汁中应该加入一定量的鸡精或味精。

3. 卤水的保藏与存放

卤水中含有大量的蛋白质和脂肪的降解产物，并积累了丰富的风味物质，它们是使酱卤肉制品形成独特风味的重要原因。然而，在其存放过程中，这些物质易被微生物利用而使卤水变质；反复使用的卤水中含有大量的料渣和肉屑也会使卤水变质，风味发生劣变。用含有杂质的卤水卤肉时，杂质会黏附在肉的表面而影响产品的质量和一致性。因此，卤水使用前需进行煮制，如果较长时间不用，需定期煮制并低温贮藏。

卤水有四层，最上面一层是浮油，第二层为浮沫，第三层为卤水，第四层为料渣。浮油对卤水有一定保护作用，但是浮油过多也会对卤水起到破坏作用。因此，恰当处理好浮油，也是卤水保藏中的一个关键。浮油以卤水上有2mm厚度的一层为宜。若无浮油，则香味容易挥发，卤水品质容易劣变，卤制时也不易保持锅内恒温，若浮油过多，则卤制的汁热不易冷却，长时间的高温容易使卤水发臭，最终导致卤汁的霉变。使用卤水前，要将上层浮油撇去，再把浮沫撇干净，然后用纱布或者50目丝网过滤，保持卤水干净，然后再使用。

卤水保藏的时间越长越好，储存卤水，忌用铁桶和木器，而应用不锈钢或塑料桶盛装。盛装容器体积不宜太大，一般50~100L为宜，方便使用过程中的搬移。使用过的卤水在冷却间冷却后要保存在卫生状况良好的冷库中，温度控制在0~4℃。根据企业生产情况，若为非连续化生产，则需每周复煮1~2次。

> **学习任务二　　典型酱卤制品加工技术**　🔍

酱卤制品加工的一般工艺流程为：原料选择→原料修整→腌制→卤制或酱

制→冷却→包装→杀菌→成品。

（1）选料　用于酱卤加工的原料肉种类繁多，主要有猪肉、牛肉、鸡肉、鱼肉、羊肉、兔肉、马肉、驴肉等。要求原料肉新鲜无异味、无杂质，不新鲜的肉加工的产品其风味不佳，香气不足，肉的质地不好，保质期缩短。

（2）原料的修整　酱卤制品加工中的原料肉不管是鲜肉还是冻肉，在采购时都有可能存在毛发或污物污染，在加工之前都要进行初加工预处理，把原料肉表面的物理性杂质清理干净，以保证产品质量，有利于下一步加工。

① 常用禽肉类：鸡应选羽毛光亮，鸡冠红润，脚爪光滑，两眼有神，肌体健康的活鸡为佳，经屠宰后的鸡必须经严格检疫后才可使用，鸡宰杀，去毛、嘴壳、脚上粗皮，去鸡嗉、硬喉、爪尖，在肛门与腹部之间开一6cm的小口，去内脏，清洗干净即可。鸭、鹅的修整同鸡。

② 常用畜肉类：猪肉应选皮嫩膘薄，表皮微干，肌肉光亮，富有弹性的肉作为原料肉，使用时应去净残毛，刮洗干净。猪蹄富含胶原蛋白，应选个大均匀，色泽光亮，新鲜无异味，有弹性，无残毛的为佳，在使用时应去蹄角、残毛，刮洗干净。牛肉中黄牛肉为上品，水牛肉次之，牛肉应选用气味浓郁，色泽鲜艳，富有弹性，肉质细嫩的里脊肉，腿腱肉等部位。羊肉中绵羊肉为上品，山羊肉次之，以选色泽暗红，肉质细嫩的鲜羊肉为佳。

（3）腌制　传统的酱卤制品一般采取干腌的方法进行，这种腌制方法简单、可操作性强，主要在规模较小的一些企业采用。需要注意的是在干腌的过程中要保证腌制的温度。为了保证肉品的质量，一般腌制温度为0~4℃；其次，在腌制过程中要保证食盐均匀的涂抹。现代酱卤制品加工中多采用几种腌制方法同时进行，应用最多的是盐水注射腌制。也有一些酱卤制品的腌制采用的是干腌和湿腌混合腌制的方法。

（4）焯水　又称预煮，难入味的原料在入卤锅之前需预煮，在沸水中煮10~15min，去除血腥味后用清水清洗干净，鸡、鸭、鹅、牛肉、鸭头、鸭颈需预煮，其他禽畜小件不需预煮，腌制后直接用清水漂洗干净即可。原料预煮控制在刚断生为宜，不宜过熟，以防鲜香滋味流失。

（5）卤制、酱制　卤汤和酱汤需事先调制好。调制汤料之前需先熬浓汤做底汤。卤制或酱制过程中需要注意以下问题。

① 加工酱、卤制品时，为了防止出现焦煳，应避免原料和锅底接触，在锅底放上一只圆盘或自制的不锈钢底垫。

② 投入原料后，用大火烧沸，撇去浮沫后，用一只圆盘将原料压住，不让原料冒露在汤汁之上，然后盖紧夹层锅盖子，改中小火焖煮，保持汤汁微沸，煮制过程中如果汤汁减少，则应酌情多放些清水。

③ 同一种原料，往往由于产地、季节、部位、质地老嫩的不同，原料加热至成熟的时间也有所不同，故在煮制过程中应加以注意。此外，不同部位肉，不

同品质的原料肉不可以一锅生产。

④ 应注意保持原料的特色，如加工猪肚要求肉质不宜过烂，应保持一定的韧性；鸡肉则应保持皮脆肉嫩，如时间过长，鸡皮易破烂，肉发柴，少鲜味。

（6）冷却出锅　经过酱制或卤制的肉品，经过冷却即可出锅了，根据加工目的和产品的要求进行包装。

一、烧鸡的加工技术

烧鸡是卤肉类肉制品中重要的一大类熟肉制品，烧鸡的加工历史悠久。烧鸡的加工全国分布较广，是中华民族传统风味菜肴。其香味浓郁，味美可口，深受消费者欢迎，以河南道口烧鸡、安徽符离集烧鸡、山东德州扒鸡最为著名。

（一）道口烧鸡

道口烧鸡产于河南省滑县道口镇，河南省中华老字号。历史悠久，风味独特，驰名中外，是我国著名的地方特产食品。道口烧鸡创始于清顺治十八年（公元 1661 年），距今已有三百多年的历史，道口烧鸡风味之所以广受好评，在于其用料。在烧鸡的煮制过程中必不可少的就是"八料"，八料就是陈皮、肉桂、豆蔻、良姜、丁香、砂仁、草果和白芷八种佐料。

1. 产品特点

正宗道口烧鸡颜色呈浅红色，微带嫩黄，鸡体型如元宝，肉丝粉白，有韧劲、咸淡适中、五香浓郁、可口不腻。其熟烂程度尤为惊人，轻轻一抖，骨肉自行分离，凉热食之均可。

2. 产品配方 （按 100 只鸡为原料计）

肉桂 90g、砂仁 15g、良姜 90g、丁香 5g、白芷 90g、肉豆蔻 15g、草果 30g、陈皮 30g、食盐 2 ~ 3kg。

3. 工艺流程

原料鸡的选择→屠宰加工→造型→上色与油炸→配料煮制。

4. 操作要点

（1）原料鸡的选择　选择无病健康活鸡，体重约 1.5kg，鸡龄 1 年左右，鸡龄太长则肉质粗老，太短则成品肉风味欠佳。一般不用肉鸡做原料。

（2）造型　烧鸡造型的好坏关系到成品的感官可接受程度，故烧鸡历来重视造型的继承和发展。道口烧鸡的造型形似三角形（或元宝形），美观别致。

先将两后肢从跗关节处割除爪子，然后背向下腹向上，头向外尾向里放在案子上。用剪刀从开膛切口前缘向两大腿内侧呈弧形扩开腹壁（也可在屠宰加工开膛时，采用从肛门前边向两大腿内侧弧形切开腹壁的方法，去内脏后切除肛门），并在腹壁后缘中间切一小孔，长约 0.5cm。用剔骨刀从开膛处切口进入体腔，分别置于脊柱两侧根部，刀刃向着肋骨，用力压刀背，切断肋骨，注意切勿用力太大切透皮肤。再把鸡体翻转侧卧，用手掌按压胸部，压倒肋骨，将胸部压扁。把两翅肘关节角内皮肤切开，以便翅部伸长。取长约15cm、直径约1.8cm的竹棍一只，两端削成双叉型，一端双叉卡住腰部脊柱，另一端将胸脯撑开，然后将两后肢断端穿入腹壁后缘的小孔。把两翅在颈后交叉，使头颈向脊背折抑，翅尖绕至颈腹侧放血刀口处，将两翅从刀口向口腔穿出。造型后，成品烧鸡形状规整、美观大方。鸡体表面用清水洗净，晾干水分。

（3）上糖色　把饴糖或蜂蜜与水按3:7的比例调制均匀，均匀涂擦于造型后的鸡外表。涂抹均匀与否直接影响油炸上色的效果，如涂抹不匀，造成油炸上色不匀，影响美观，涂抹后要将鸡挂起晾干表面水分。

（4）油炸　炸鸡用油，要选用植物油或鸡油，不能用其他动物油。油量以能淹没鸡体为度，先将油加热至170～180℃，将上完糖色晾干水分的鸡放入油中炸制，其目的主要是使表面糖发生焦化，产生焦糖色素，而使体表上色。约经半分钟，等鸡体表面呈柿黄色时，立即捞出。由于油炸时色泽变化迅速，操作时要快速敏捷。炸制时要防止油温波动太大，影响油炸上色效果。鸡炸后放置时间不宜长，特别是夏季应尽快煮制，以防变质。

（5）配料煮制　煮制时，要依白条鸡的质量按比例称取配料。香辛料须用纱布包好放在锅下面。把油炸后的鸡逐层排放入锅内，上面用竹箅压住，再把食盐、糖、酱油加入锅中。然后加老汤使鸡淹没入液面之下，先用旺火烧开，之后改为微火烧煮，锅内汤液能徐徐起泡即可，不可大沸，煮至鸡肉酥软熟透为止。从锅内汤液沸腾开始计时，煮制时间约1.5h，煮好出锅即为成品。煮制时若无老汤可用清水，注意配料适当增加。

（6）保藏　将卤制好的鸡静置冷却，既可鲜销，也可真空包装，冷藏保存。

（二）　德州扒鸡

德州扒鸡的特点是形色兼优、五香脱骨、肉嫩味纯、清淡高雅、味透骨髓、鲜奇滋补。造型上两腿盘起，爪入鸡腔，双翅经脖颈由嘴中交叉而出，全鸡呈卧体，色泽金黄，黄中透红，远远望去似鸭浮水，口衔羽翎，十分美观，是上等的美食艺术珍品。

德州扒鸡名曰扒鸡，是指扒鸡的加工工艺，借鉴扒肘、扒牛肉的烹制工艺，以扒为主。扒是我国烹调的主要技法之一，扒的加工过程较为复杂，一般要经过两种以上方式的加热处理。首先将原料放开水中烧滚，除去血腥和污物，再挂上酱色入油锅中烹炸，经过油炸后，有两种加工方法，一种是用葱、姜烹锅，加上调料和高汤，加入原料后旺火烧开，用中小火扒透，然后拢交芡翻匀倒入盘内。另一种是将原料加工成一定形态后，摆入盘中。入笼蒸扒，然后再浇上烹好的扒汁。

德州扒鸡，在加工上，选鸡考究，工艺严谨，配料科学，加工精细，火上工夫，武文有行。采用经年循环老汤，配以砂仁、丁香、草果、桂条、白芷、肉桂等二十多种中药材烹制，以文火焖煮。煮前先在锅底放一铁算，以防煳锅，再将处理好的鸡按老嫩排入锅内，配以料汤，防止鸡浮。煮时用旺火煮，微火焖，浮油压气，扒鸡焖煮以原锅老汤为主，并按比例配制新汤，配料有花椒、大料、桂皮、丁香、白芷、草果、陈皮、山奈、砂仁、生姜、小茴香、酱油、白糖、食盐等十六种，这样制出的扒鸡，外形完整美观，色泽金黄透红，肉质松软适口。

1. 配料标准 （按每锅200只鸡重约150kg计算）

大茴香100g、桂皮125g、肉蔻50g、草蔻50g、丁香25g、白芷125g、山奈75g、草果50g、陈皮50g、小茴香100g、砂仁10g、花椒100g、生姜250g、食盐3.5kg、酱油4kg、口蘑600g。

2. 工艺流程

宰杀退毛→造型→上糖色→油炸→煮制→出锅。

3. 工艺要点

（1）宰杀退毛　选用1kg左右的当地小公鸡或未下蛋的母鸡，颈部宰杀放血，用70~80℃热水冲烫后去净羽毛。剥去脚爪上的老皮，在鸡腹下近肛门处横开3.3cm的刀口，取出食管，割去肛门，剥净腿、嘴、爪的老皮，然后从臀部剖开，摘去内脏，沥净血水，用清水冲洗干净。

（2）造型　将光鸡放在冷水中浸泡，捞出后在工作台上整形，鸡的左翅自脖子下刀口插入，使翅尖由嘴内侧伸出，别在鸡背上，鸡的右翅也别在鸡背上。再把两大腿骨用刀背轻轻砸断并起交叉，将两爪塞入鸡腹内，形似猴子鸳鸯戏水的造型。造型后晾干水分。

（3）上糖色　将白糖炒成糖色，加水调好（或用蜂蜜加水调制），在造好型的鸡体上涂抹均匀。

（4）油炸　锅内放花生油，在中火上烧至八成热时，上色后鸡体放在热油锅中，油炸1~2min，炸至鸡体呈金黄色、微光发亮即可。

（5）煮制　将炸好的鸡捞出，沥油，放在煮锅内层层摆好，锅内放清水（以没过鸡为度），加药料包（用洁净纱布包扎好），用算子将鸡压住，防止鸡体在汤内浮动。先用旺火煮沸，小鸡1h，老鸡1.5~2h后，改用微火焖煮，保持锅内温度90~92℃微沸状态。

煮鸡时间要根据不同季节和鸡的老嫩而定，一般小鸡焖煮6~8h，老鸡焖煮8~10h，即为熟好。煮鸡的原汤可留作下次煮鸡时继续使用，鸡肉香味更加醇厚。

（6）出锅　出锅时，先加热煮沸，取下夹层锅盖子，一手持铁钩勾住鸡脖处，另一手拿笊篱，借助汤汁的浮力顺势将鸡捞出，力求保持鸡体完整。再用细毛刷清理鸡体，冷却晾干，即为成品。

4. 质量要求

优质扒鸡的翅、腿齐全，鸡皮完整，外形美观，色泽金黄透微红，亮处闪光，热时一抖即可脱骨，凉后轻轻一提骨肉即可分离，软骨关节香酥如粉，肌肉易嚼断。

二、南京盐水鸭的加工技术

南京盐水鸭，江苏省南京市特产，中国地理标志产品。因南京有"金陵"别称，故也称"金陵盐水鸭"。南京盐水鸭加工历史悠久，当地企业积累了丰富的加工经验。

1. 产品特点

盐水鸭久负盛名，至今已有一千多年历史。此鸭皮白肉嫩、肥而不腻、香鲜味美，具有香、酥、嫩的特点。每年中秋前一后的盐水鸭色味最佳，又因为鸭在桂花盛开季节加工的，故美名曰：桂花鸭。南京盐水鸭加工不受季节的限制，一年四季都可加工。南京盐水鸭的特点是腌制期短，鸭皮洁白，食之肥而不腻，清淡而有咸味，具有、鲜、嫩的特色。

盐水鸭是低温熟煮，经过 1h 左右的煮制，其嫩度明显改善，采用低温的方法熟煮盐水鸭还可以使其肉持水性改善，保证了成品鸭肉的多汁性。而高温煮制的腌腊制品由于煮制过程中温度温度较高，因此会破坏产品的风味。另外，桂花鸭加工考究，除用料好外，工艺的要求也非常严格，需要"炒盐腌，清卤复"，以增加鸭的香醇；此外，工艺上还要求"炒得干"以减少鸭脂肪，使鸭肉薄且收得紧，"煮得足"，使其食之有嫩香口感。

2. 工艺流程

原料选择→宰杀→整理→干腌→抠卤→复卤→烘坯→上通→煮制→成品。

3. 工艺要点

（1）原料鸭的选择　盐水鸭的加工以秋季加工的最为有名。主要是因为经过稻场催肥的当年仔鸭，长得膘肥肉壮，用这种仔鸭做成的盐水鸭，皮肤洁白，肌肉娇嫩，口味鲜美，桂花鸭都是选用当年仔鸭加工，饲养期一般在 1 个月左右。这种仔鸭加工的盐水鸭，更为肥美，鲜嫩。

（2）宰杀　选用当年生肥鸭，宰杀放血拔毛后，切去两节翅膀和脚爪，在右翅下开口取出内脏，用清水把鸭体洗净。

（3）整理　将宰杀后的鸭放入清水中浸泡 2h 左右，充分浸出肉中残留的血液，使皮肤洁白，提高成品质量。浸泡时，注意鸭体腔内灌满水，并浸没在水面下，浸泡后将鸭取出，用手指插入肛门再拔出，以便排出体腔内水分，再把鸭挂起沥水约 1h。取晾干的鸭放在案子上，用力向下压，将肋骨和三叉骨压脱位，将胸部压扁。这时鸭呈扁而长的形状，外观显得肥大而美观，并能在腌制时节省空间。

（4）干腌　干腌要用炒盐。将食盐与茴香按100∶6的比例在锅中炒制，炒干并出现大茴香之香味时即成炒盐。炒盐要保存好，防止回潮。

盐炒制好后，按照肉重6%～6.5%的添加量对鸭肉进行腌制，其中的3/4从右翅开口处放入腹腔，然后把鸭体反复翻转，使盐均匀布满整个腔体；1/4用于鸭体外表腌制，重点擦抹在大腿、胸部、颈部开口处，擦盐后叠入缸中，叠放时使鸭腹向上背向下，头向缸中心尾向周边，逐层盘叠。气温高低决定干腌的时间，一般为2h左右。

（5）抠卤　干腌后的鸭子，鸭体中有血水渗出，此时提起鸭子，用手指插入鸭子的肛门，使血卤水排出。随后把鸭叠入另一缸中，待2h后再一次抠卤，接着再进行复卤。

（6）复卤　复卤的盐卤有新卤和老卤之分。新卤就是用扣卤血水加清水和盐配制而成。每100kg水加食盐25～30kg、葱75g、生姜50g、大茴香15g，入锅煮沸后，冷却至室温，即成新卤。100kg盐卤可每次复卤约35只鸭，每复卤一次要补加适量食盐，使盐浓度始终保持饱和状态。盐卤用5～6次必须煮沸一次，撇除浮沫、杂物等，同时加盐或水调整浓度，加入香辛料。新卤使用过程中经煮沸2～3次即为老卤，老卤愈老愈好。

复卤时，用手将鸭右腋下切口撑开，使卤液灌满体腔，然后抓住双腿提起，头向下尾向上，使卤液灌入食管通道。再次把鸭浸入卤液中并使之灌满体腔，最后，上面用竹箅压住，使鸭体浸没在液面以下，不得浮出水面。复卤2～4h即可出缸起挂。

（7）烘坯　腌制后的鸭体沥干盐卤，把逐只挂于架子上，推至烘房内，晾干表面水分，其温度为40～50℃，时间约20min，烘干后，鸭体表色未变时即可取出散热。注意煤炉烘炉内要通风，温度不宜高，否则将影响盐水鸭品质。

（8）上通　用直径2cm、长10cm左右的中空竹管插入肛门，俗称"插通"或"上通"。再从开口处填入腹腔料，姜2～3片、八角2粒、葱一根，然后用开水浇淋鸭体表面，使鸭子肌肉收缩，外皮绷紧，外形饱满。

（9）煮制　南京盐水鸭腌制期较短，几乎都是现做现卖，现买现吃。在煮制过程中，火候对盐水鸭成品的鲜嫩口感至关重要，这是加工盐水鸭的关键。

一般加工，要经过两次"抽丝"。在清水中加入适量的姜、葱、大茴香，待烧开后停火，再将"上通"后的鸭子放入锅中，因为肛门有管子，右翅下有开口，开水很快注入鸭腔。这时，鸭腔内外的水温不平衡，应该马上提起左腿倒出汤水，再放入锅中。但这时鸭腔内的水温还是低于锅中水温，再加入总水量六分之一的冷水进锅中，使鸭体内外水温趋于平衡。然后盖好锅盖，再烧火加热，焖15～20min，等到水面出现一丝一丝皱纹，即沸未沸（约90℃）、可以"抽丝"时关火。停火后，第二次提腿倒汤，加入少量冷水，再焖10～

15min。然后再烧火加热，进行第二次"抽丝"，水温始终维持在85℃左右。这时，才能打开锅盖看熟，如大腿和胸部两旁肌肉手感绵软，说明鸭子已经煮熟。煮熟后的盐水鸭，必须等到冷却后再食用。这时，脂肪凝结，不易流失，香味扑鼻，鲜嫩异常。

4. 食用方法

煮熟后的鸭子冷却后切块，取煮鸭的汤水适量，加入少量的食盐和味精，进行调制，将汤汁浇于鸭肉上即可食用。切块时必须晾凉后再切，否则热切肉汁容易流失，而且热切也不易成形。

三、软包装酱卤牛肉的加工技术

酱卤牛肉制品是我国传统的风味肉制品，由于其瘦肉含量高，营养丰富，口味鲜美，一直深受广大消费者的欢迎。但传统的牛肉制品一般都是散售的，保质期短，不便于流通和销售。为了方便消费，现在很多生产厂家一般都将酱卤牛肉制品进行包装，甚至进行高温杀菌。这样就延长了产品的保质期，也方便了产品的运输、流通和销售。

1. 工艺流程

原料选择与修整→盐水注射→滚揉腌制→煮制→冷却→切块称重→装袋→真空封口→高温灭菌→恒温检验→喷码装箱→成品。

2. 煮制时配方 （以原料肉100kg、 水240kg计）

桂皮360g、良姜240g、花椒400g、肉豆蔻240g、大茴香560g、荜拨180g、丁香90g、草果440g、白芷180g、小茴香440g、陈皮600g、香叶360g、鲜姜800g、食盐4kg。

3. 加工工艺

（1）原料肉选择与修整　加工酱牛肉最佳部位的肉是牛里脊肉和牛前后腿肉。选用西冷、牛柳、牛犊肉作为加工原料时，这些部位的肉由于肉质地较嫩，因此在进行高温杀菌工艺时肉汁溢出较多，造成产品发软，成型性差。而选用牛腩、肋条肉作为原料肉时，因这些部位的肉肉质疏松、结缔组织较多，弹性大，成型性差，在煮制过程中可吸附较多的水分，使产品多汁而发软，影响成品的硬度和切片性。另外，要选择经过充分解僵成熟后的牛肉，有利于提高产品出品率并赋予产品良好的组织状态。

原料选择好后应及时进行修整，修去牛毛、淋巴结、淤血、杂质、碎骨和过多的脂肪，并将牛肉切成重0.3~0.5kg的块状备用。

（2）盐水配制、注射、滚揉　按照原料肉100kg计，需用水30kg，所需要的辅料的量为白糖3kg、食盐2kg、白酒1kg、磷酸盐0.5kg、味精500g、葡萄糖400g、卡拉胶400g、异维生素C-钠40g、山梨酸钾6g、乳酸钠（食品级）400g。

盐水注射过程中注意控制盐水的温度和注射率。注射率一般控制在30%～35%。

注射操作完成后将牛肉放入滚揉机中进行真空滚揉，真空滚揉操作要在0～4℃的滚揉间进行，转速8r/min，滚揉20min，间歇30min，真空度为0.1MPa。一般采用间歇滚揉8h。

（3）煮制　将料包放入蒸煮锅内煮制30min，煮出香辛料的香味，然后加入滚揉好的牛肉煮制，要求锅内的香料水淹没牛肉为宜。先大火煮30min左右，然后文火焖煮，温度保持在85℃，持续煮3.5～4h。过程中要经常翻动肉块，并撇去表面浮沫。或者煮制30～40min，煮制至牛肉块中心无血丝，手感肉块松软、按压有弹性为止，之后起锅冷却，将牛肉捞出后，趁热在肉块外表撒一薄层卡拉胶，然后放置冷却间进行冷却。汤水起锅时，可用两层纱布过滤，过滤后的汤汁可以用作老汤，连续使用。

（4）冷却、切块称重、包装　将冷却好的牛肉进行切块，切成240g左右的小块，然后用复合包装袋或铝箔袋进行真空包装。热封温度为170～220℃，真空度0.1MPa，热合时间2～4s。

（5）灭菌　将包装好的牛肉放入杀菌锅中进行高温杀菌，杀菌分为三个阶段，升温→保温→降温。保温压力为0.25～0.3MPa，温度为119℃，反压冷却，杀菌时间25min。出锅时要求杀菌锅的温度降到40℃以下后方可出锅。

（6）喷码出厂　装箱入库，常温保存，保质期半年。对合格的产品进行喷码，标明生产日期和批次号，进入销售环节。

四、特色酱卤制品

（一）苏州酱汁肉

酱汁肉是江苏省苏州地区汉族名菜，以色泽鲜艳，酥润可口而著称，为苏州的陆稿荐熟肉店所创制，历史悠久。酱汁肉的产销季节性很强，通常是在每年的清明节（4月5日前后）前几天开始供应，到夏至（6月22日前后）结束。在这约两个半月的时间内，在江南正值春末夏初，气候温和，根据苏州的地方风俗，清明时节家家户户都有吃酱汁肉和青团子的习惯，由于肉呈红色，团子呈青绿色，两种食品一红一绿，色泽艳丽美观，味道鲜美适口，颇为消费者欢迎。因此流传很广，为江南的一特产食品。

1. 苏州酱汁肉的特点

酥润浓郁，皮糯肉烂，入口即化，肥而不腻，色泽鲜艳，气味芳香。

2. 原料配方

猪肉100kg，绍兴酒4～5kg，白糖5kg，盐3～3.5kg，红曲米1.2kg，桂皮0.2kg，大茴香0.2kg，葱（打成把）2kg，生姜0.2kg。

3. 加工工艺

原料整理→煮制→酱制→制卤。

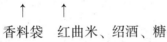

香料袋　红曲米、绍酒、糖

（1）原料选择　选用江南太湖流域地区产的太湖猪为原料，去前腿和后腿，取整块肋条肉（中段）为酱汁肉的原料。带皮猪肋条肉选好后，剔除脊椎骨，使肉块成带大排骨的整方肋条肉，之后切成肉条，俗称抽条子，肉条宽约4cm，长度不限，肉条切好后再砍成4cm方形小块，尽量做到每千克肉约20块，排骨部分每千克14块左右，肥瘦分开放。

（2）红曲米磨成粉，盛入纱布袋内，放入钵内，倒入沸水，加盖，待沸水冷却不烫手时，用手轻搓轻捏，使色素加速溶解，直至袋内红米粉成渣，水发稠为止，即成红米水待用。

（3）锅内放满水，用旺火烧沸。先将肥肉的一小半倒入沸水内汆20min左右，约六七成熟时捞出；另外一大半倒入锅中汆0.5h左右捞出。将五花肉一半倒入沸水内汆20min左右捞出；另外一半汆10min左右捞出。把汆原料的白汤加盐3kg（略有咸味即可），待汤快烧沸时撇去浮沫，舀入另一个锅，留下10kg左右在原来锅内。

（4）取不锈钢网篮3只，叠在一起，把葱、姜、桂皮和装在布袋里的茴香放于网篮内，（桂皮、茴香可用2次）再将猪头肉3块（猪脸2块，下巴肉1块）放入篮内，置网篮于锅的中间，然后以网篮为中心，在其四周摆满网篮（一般锅内约6只），其目的是以网篮为垫底，防止成品粘贴锅底。将汆10min左右的五花肉均匀地倒入锅内，然后倒入汆20min左右的五花肉，再倒入汆半小时左右的肥肉，最后倒入汆1h左右的肥肉，不必摊平，自成为宝塔形。下料时因为旺火在烧，汤易发干，故可边下料，边烧汤，以不烧干为原则，待原料全部倒入后，舀入白汤，汤须一直放到宝塔形坡底与锅边接触处能看到为止。加盖用旺火烧开后，加酒4～5kg，加盖再烧开后，将红米汁用小勺均匀地浇在原料上面，务使所有原料都浇着红米汁为止，再加盖蒸煮，看肉色是否是深樱桃红色，如果不是，酌量增烧，直至适当为止。加盖烧1.5h左右以后就须注意掌握火候，如火过旺，则汤烧干而肉未烂，如火过小，则汤不干，肉泡在汤内，时间一长，就会使肉泡糊变碎。烧到汤已收干发稠，肉已开始酥烂时可准备出锅，出锅前将白糖（用糖量的五分之一）均匀地撒在肉上，再加盖待糖溶化后，就出锅为成品。出锅时用尖筷夹起来，一块块平摊在盘上晾凉。

（5）酱制　出锅后剩下的酱汁加糖3～4kg，用文火烧，不断搅拌，以免烧焦贴锅底。待调拌至酱汁呈胶状，能粘贴勺子表面为止，用笀篱过滤装入容器内，以待销售时添加之用。最好改为带包装的工业化生产模式，这样生产销售，不代表酱卤的主流产品，无指导意义。

4. 质量标准

成品为小块，樱桃红色，甜中有咸，入口即化，肥而不腻。

（二）糟肉

食品的"糟"制，是将食物白煮成熟后放在容器中，加入糟油、盐、原卤封口，经一定时间后食用，突出糟香味。如糟脚爪、糟鸡、糟蹄髈等。糟货就是糟制凉菜，是江南、上海等地的叫法。在江南地区，糟制凉菜不论荤素，概称糟货。其实此种食法各地都有，但因为江南谷物酿酒起源最早，糟制食品品种又最为丰富，故极负盛名，尤以沪上最为盛行。

糟货的主要特点首先在于它的色、香、味，由于使用的辅料酒糟花雕、桂花、香料等具有特殊香气，再加上所糟主料自身的香气两相融合，自然异香四溢。尤其是配合酒糟、黄酒的特殊香料，使得糟货的香味更加诱人，糟货使用香料，讲究的有十七八种之多。

糟货加工十分注重香味，糟胗肝突出干香，糟方腿突出鲜香，糟猪尾突出浓香。这些不同的特殊糟香反映了糟货的独特风味。在实际加工中，各种原料都要按一定的比例、数量、顺序添加，构成了以鲜淡为主的特色，既能突出糟味的鲜香，又不使糟货原料味寡单调。糟货的色泽以原料本色为主，清爽典雅，这样更能引起人的食欲。

此外，糟货从选料到加工、烧煮、制卤、浸渍须做到环环相扣，每个环节都要讲究。选料要鲜，加工要得当才不影响菜品的烹制发挥。制卤配方口味虽然有差异，但力求突出糟香。浸制时间的长短、卤汁的多少也不尽相同。从配料的角度来讲，糟卤中的许多药材对夏季的一些有害细菌有抑制和杀灭作用，并对人体某些方面的功能起调理作用，因此说夏季食糟货能使人增强体质，提高抗病能力。

1. 配料标准 （以100kg猪肉计）

花椒1.5~2kg、陈年香糟3kg、上等绍酒7kg、高粱酒500g、五香粉30g、盐1.7kg、味精100g、酱油500g。

2. 工艺流程

原料整理→白煮→配制糟卤→糟制→产品→包装。

3. 工艺要点

（1）选料 选用新鲜的皮薄而又鲜嫩的方肉、腿肉。方肉照肋骨横斩对半开，再顺肋骨直切成长15cm，宽11cm的长方块，成为肉坯。若采用腿肉，也切成同样规格。

（2）白煮 将整理好的肉坯倒入锅内烧煮。水要放到超过肉坯表面，用旺火烧，待肉汤将要烧开时撇清浮沫，烧开后减小火力继续烧，直到骨头容易抽出来不粘肉为止。用尖筷和铲刀出锅。出锅后一面剔除骨头，一面趁热在热坯的两面敷盐。

（3）配制糟卤 陈年香糟的制法即香糟50kg，用1.5~2kg花椒加盐拌和后，置入瓮内扣好，用泥封口，待第二年使用，称为陈年香糟。

① 搅拌香糟：100kg 糟货用陈年香糟 3kg，五香粉 30g，盐 500g，放入容器内，先加入少许上等绍酒，用手边挖边搅拌，并徐徐加入绍酒（共5kg）和高粱酒 200g，直到酒糟和酒完全拌和，没有结块为止，称糟酒混合物。

② 制糟露：用白纱布罩于不锈钢桶上，四周用绳扎牢，中间凹下。在纱布上摊上表芯纸（表芯纸是一种具有极细孔洞的纸张，也可以用其他韧性的造纸来代替）一张，把糟酒混合物倒在纱布上，加盖，使糟酒混合物通过表芯纸和纱布过滤，徐徐将汁滴入桶内，称为糟露。

③ 制糟卤：将白煮的白汤撇去浮油，用纱布过滤入容器内，加盐 1.2kg，味精 100g，上等绍酒 2kg，高粱酒 300g，拌和冷却若白汤不够或汤太浓，可加凉开水，以掌握 30kg 左右的白汤为宜。将拌和配料的白汤倒入糟露内，拌和均匀，即为糟卤。用纱布结扎在盛器盖子上的糟渣，待糟货生产结束时，解下即作为喂猪的上等饲料。

（4）**糟制**　将已经凉透的糟肉坯皮朝外，圈砌在盛有糟卤的容器内，盛放糟货的容器须事先放入冰箱内，另用一盛冰容器置于糟货中间以加速冷却，直到糟卤凝结成冻时为止。

4. 保管方法

糟肉的保管较为特殊，必须放在冷库中保存，并且要做到以销定产，否则会失去其特殊风味。

（三）蜜汁肉类——上海蜜汁蹄髈

1. 产品特点

制品呈深樱桃红色，有光泽，肉嫩而烂，甜中带咸。

2. 配料标准 （以猪蹄髈100kg计）

白砂糖 3kg、盐 2kg、葱 1kg、姜 2kg、桂皮 6～8 块、小茴香 200g、黄酒2kg、红曲米少量。

3. 工艺过程

（1）先将蹄髈刮洗干净，倒入沸水中汆 15min，捞出洗净血沫、杂质。准备好白汤，即将 50kg 白汤加盐 2kg，烧开备用。

（2）锅内放调味料葱 1kg、姜 2kg、桂皮 6～8 块、小茴香 200g，再倒入蹄髈，加入预先准备好的白汤，将白汤加至与蹄髈高度持平，旺火煮制。

（3）旺火烧开后，加黄酒 2kg，再烧开，将红曲粉汁均匀地浇在肉上，以使肉体呈现樱桃红色为标准。之后转为中火，烧约 45min，加入冰糖或白砂糖，加盖再烧 30min，烧至汤发稠，肉八成酥，骨能抽出不黏肉时出锅。

（4）出锅后冷却，平放盘上，剔除骨头，即为成品。

【链接与拓展】

酱卤肉制品的质量控制技术

酱卤肉制品的工业化生产问题，一直困扰着许多食品生产企业。进入市场的酱卤制品，在色、香、味、形等诸多方面会出现批次间的差异，如何保证酱卤制品产品质量的稳定性，是摆在食品加工企业面前的一道难题。可以从以下几方面入手，最大限度地保证产品质量的稳定性。

① 保证每一批原、辅料品种质量相对稳定。

② 制定严格的生产管理制度，保证生产环节操作规程和工艺流程相对稳定。

③ 酱卤加工用的老汤的质量要严格进行控制，必要时引入定量标准化操作。

④ 酱卤加工过程中加入的原、辅料在煮制过程中要尽量进行配方的标准化定量。

⑤ 加工企业要严格做到每个品种酱卤的时间、温度等主要参数的标准化。

总之，只有工艺程序的规范化、定量化、标准化才能从根本上保证产品的质量稳定。

此外，酱卤制品生产过程中也应该注意如下问题。

1. 防腐剂的添加量

山梨酸和苯甲酸在食品中可作为防腐剂使用，山梨酸的添加量不超过标准限量要求是安全的，如果超标严重，并且长期服用，在一定程度上会影响健康；苯甲酸在一般情况下被认为是安全的，但对包括婴幼儿在内的一些特殊人群而言，长期摄入也可能带来不良反应。《GB 2760—2014 国家食品安全标准　食品添加剂使用标准》中规定，山梨酸不得超过 0.075g/kg。

2. 卤肉制品上色不均匀

卤制品在加工过程中需要油炸上色，不同的产品有不同的颜色要求，如柿红色、金黄色、红黄色等。通常油炸前在坯料外表均匀涂抹一层糖水或蜂蜜水，油炸时糖水或蜂蜜水中的还原糖会发生焦糖化，并与肉中的氨基酸等发生美拉德反应产生色素物质，会使肉表面形成所需的颜色。一般涂抹糖水的坯料油炸后呈深浅不一的红色，涂抹蜂蜜呈深浅不一的黄色，两者混合则呈柿黄色，颜色的深浅取决于糖液或蜂蜜液的浓度及两者的混合比例。

上色不均匀是初加工卤制品者常遇到的问题，加工过程中往往出现不能上色的斑点，这主要是由于涂抹糖液或蜂蜜时坯料表面没有晾干或者涂抹操作不均匀造成的。如果涂抹糖液或蜂蜜时坯料表面有水滴或明显的水层时糖液或蜂蜜就不能很好附着，油炸时会脱落而出现白斑。因此，通常在坯料涂抹糖液或蜂蜜前一般要求充分晾干表面水分，如果发现一些坯料表面有水渍，可以用洁净的干纱布擦干后再涂抹，这样就可以避免上色不均匀现象。

3. 卤牛肉肉质干硬或过烂不成型

卤牛肉易出现肉质干硬、不烂或过于酥烂而不成型的现象，这主要是煮肉的方法不正确或火候把握不好造成的。煮牛肉火过旺并不能使酥烂，反而嫩度更差；有时为了使牛肉的肉质绵软，采取延长文火煮制时间的办法，又会使肉块煮成糊状而无法出锅。为了既保持形状，又能使肉质绵软，一定要先大火煮，后小火煮。必要时可以在卤制之前先将肉块放在开水锅中烫一下，这样可以更好地保持肉块的形状。煮制时要根据牛肉的不同部位，决定煮制时间的长短。老的牛肉煮久一点，嫩的牛肉则时间短一些。

4. 酱卤肉制品保鲜

酱卤肉制品风味浓郁、颜色鲜艳，适合于鲜销，存放过程中易变质，颜色也会变差，因此不宜长时间贮存。随着社会需求增多，一些产品开始进行工业化生产，产品运输、销售过程的保鲜问题十分突出。一般经过包装后进行灭菌处理可以延长货架期，起到保鲜作用。但是，高温处理往往会使风味劣变，一些产品还会在高温杀菌后发生出油现象，产品的外观和风味都失去了传统特色。选用微波杀菌技术、高频电磁场杀菌技术等具有非热杀菌效应新技术，结合生物抑菌剂的应用及不改变产品风味的巴氏杀菌技术，可以在保持产品风味的前提下达到保鲜和延长货架期的目的。

此外，一些酱卤制品如卤猪头肉等高温杀菌后易出油，不合适进行高温灭菌处理，可以使用抑制革兰阳性菌繁殖的乳酸链球菌素，结合巴氏杀菌技术，或改变包装材料，如用铝箔袋等进行包装，从而达到保鲜目的。

5. 酱卤肉制品生产中的食品添加剂

在酱卤肉制品生产中，许多食品添加剂是不允许使用的，但许多允许使用的原料中常含有这些食品添加剂，并且这些不允许使用的食品添加剂可能会因为使用了允许使用的原料后而在产品中检出。如酱油中含有苯甲酸，在酱卤过程中使用了酱油，肉制品成品中就会含有不允许使用的苯甲酸。这种情况往往使生产者无所适从。

事实上，不允许添加并不表示不得检出。管理部门会根据检出的量，再结合企业使用原材料的情况来判定企业是不是使用了食品添加剂。因此，只要按照国家有关规定要求进行生产，一般不会出现问题。

6. 糖色熬制与温度控制

糖色在酱卤肉制品生产中经常用到，糖色的熬制质量对产品外观影响较大。糖色是在适宜温度条件下熬制使糖液发生焦糖化而形成的，关键是温度控制。温度过低则不能发生焦糖化反应或焦糖化不足，熬制的糖色颜色浅；而温度过高则使焦糖炭化，熬制的糖色颜色深，发黑并有苦味。因此，温度过高或过低都不能熬制出好的糖色。在温度不足时，可以先在锅内添加少量的食用油，油加热后温度较高，可以确保糖液发生焦糖化，并避免粘锅现象。在熬制过程中要严格控制高温，避免火力过大而导致糖色发黑、发苦。

酱卤制品在选购时应该注意以下几点。

（1）看品牌　尽量选择规模大、产品质量和服务质量较好的品牌企业的产品。这些企业技术力量雄厚，产品配方设计较为科学、合理，对原材料的质量控制较严，生产设备先进，企业管理水平较高，产品质量较有保证。

（2）看标签　看包装上的标签标志是否齐全。按国家标准规定，在外包装上必须标明厂名、厂址、生产日期、保质期、执行标准、商标、净含量、配料表、产品类型等项目。此外，产品标签还有一个更重要的信息，即"QS"标志。选购带包装的酱卤制品时一定要看包装上是否印刷有这样的标志，"QS"标志是食品企业获得食品生产许可证的标志，只有通过了生产许可的企业其产品质量才有保证。

（3）看外观　尽量选择近期生产、真空包装、表面干爽、无异味的产品。尽量选择包装完好的产品，因为只有包装完好才能避免流通过程中的二次污染。

（4）看色泽　色泽过于鲜艳的酱卤肉类食品，有可能添加了色素和亚硝酸盐。

（5）少量购买，注意贮存　肉制品一次购买量不宜过多，要注意产品外包装明示的保质期和贮存条件。已开封的熟肉制品一定要密封，最好在冰箱中冷藏保存，尽快食用。

【实训一】 酱牛肉的加工

一、实训目的

通过本实训了解酱卤肉制品加工的一般原理，掌握酱牛肉的生产方法。

二、材料与工具

切肉刀、剔骨刀、不锈钢锅、勺、盆、蒸煮锅、不锈钢操作台、台秤、天平、盐水注射机、真空滚揉机、真空包装机、高压灭菌锅。

工艺流程：原料肉（解冻）→修整→（腌制液配制过滤）盐水注射→滚揉→腌制→煮制→冷却→真空包装→高温灭菌→成品。

三、方法与步骤

1. 原料肉的选择与修整

选择新鲜的、经过检验检疫合格的牛腿肉进行酱卤制品的加工，剔去筋膜、筋腱、肥膘、淋巴结等，挑出牛毛等杂物，切成0.5kg左右的肉块备用。

2. 腌制

采用盐水注射腌制，原料肉 20kg，注射率 20%，考虑到注射过程中注射液的损失，注射腌制液配制 8kg。其中水 5.6kg、磷酸盐 0.24g、异维生素 C - 钠 7.2g、白糖 0.96g、亚硝酸钠 7.2g、食盐 1.2kg。进行注射之前要对腌制液进行过滤，防止在用盐水注射机注射时，没有完全溶解的结块堵塞针头。

盐水注射机在使用前用自来水冲洗干净，如长期未使用，还应采用相应的消毒措施。注射过程中保证注射率 30%，注射后将盐水注射机清洗干净。

3. 滚揉

滚揉时间一般 8h，滚揉机工作 20min，休息 30min，必须在滚揉间进行，滚揉间温度控制在 0~4℃、真空滚揉的真空度 0.1MPa，滚揉好的牛肉置于不锈钢容器中，表面覆盖洁净的塑料布薄膜，于 0~4℃环境中腌制 72h。

4. 煮制

原料肉 20kg、白糖 200g、料酒 400g、大葱 200g、姜 200g、蒜 20g、干黄酱 2000g、花椒 20g、小茴香 20g、大茴香 40g、桂皮 20g、砂仁 20g、丁香 20g、陈皮 60g、白芷 100g、豆蔻 100g、草果 40g、红曲米 240g、水 50kg。

采用夹层锅进行煮制。将水加入夹层锅中，烧至 50℃时，将红曲米加入温水中，搅拌至完全溶解，将葱段、姜片用纱布包好，与香辛料包一起放入水汤中，再将食盐、糖、白酒（料酒）、酱油（干黄酱）等辅料加入汤，搅拌使其溶解，将腌好的肉放入夹层锅中，保持沸腾状态 30min，沸腾期间应注意加入适量的水补充沸腾过程中蒸发的水分，然后降温保持微沸状态，并保持 60min，最后将汤的温度降至 90℃，保持 100min，在整个过程中要注意，肉块浮起来后翻动肉块，保持受热均匀，同时要不断的撇去表面的浮沫和污物，保持肉块表面的干净。煮制结束后，将肉块于原汤中常温下浸泡 1h。

5. 冷却及感官评价

将原汤连肉一起加热至 80℃保持 5~8min，撇去原汤表面油脂，将肉块捞出，并保证肉块表面无脂肪等异物附着，自然冷却或冷却间冷却，时间以 1~2h 为宜。

6. 真空包装

采用 PVDC 高阻隔袋或铝箔袋，进行真空包装，真空度为 0.1MPa，包装规格一般为净含量 240g 左右。

7. 杀菌

将包装好的牛肉进行高温灭菌，灭菌温度 115℃，灭菌时间 15min—10min—20min，反压冷却至 35℃出锅。

8. 冷却

冷却后可对酱牛肉的组织结构、色泽、气味、口感等进行感官评价。

感官评价的具体方法是选择经验丰富的食品专家 10 人组成鉴评组，就牛肉的组织结构、油脂析出、色泽、气味等进行评价，各自所占权重均为25%，满分100分，判定规则：100~90分，优秀；89~80分，良好；79~70分，一般；69~60分，差；<59分，极差。评分标准见表7-3。

表7-3　　　　　　　　　　　感官质量评分标准

项目	评分标准	满分（100分）
组织结构	组织坚实，有弹性，无软烂现象（15~25分）；很坚实，肉块整齐一致（5~15分）；软烂，无弹性，汁液流出大者5分以下。口感致密；切片完整；切面整齐等	25
油脂沉积与析出	基本无油脂析出（15~25分）；有少量油脂析出（10~15分）；油脂析出很多10分以下。表面无大的脂肪块或油脂沉积	25
色泽	有酱牛肉本身的色泽，无霉变及变色现象（15~25分）；颜色稍暗，无霉变（8~15分）；变色严重，有霉斑8分以下。切片呈玫瑰红色；表面色泽一致，五花斑	25
气味	具有酱牛肉特有的香气，与刚做的成品差别不大，无异味（15~25分）；香气稍弱，无异味（8~15分）；香气减弱较多，有异味8分以下	25

四、注意事项

（1）盐水注射腌制液应清洁卫生，保证在注射过程中不堵塞注射机针头。

（2）酱制过程中注意温度的控制同时及时观察煮制过程中汤汁的多少。

【实训二】 软包装高温猪蹄的加工

一、实训目的

通过本实训了解软包装高温猪蹄加工的一般原理，掌握高温猪蹄的加工方法。

二、材料与设备

1. 主要原辅材料与质量要求

猪蹄：要求原料新鲜、饱满、无病、无伤痕及色斑；食盐、味精质量应符合国家标准；白砂糖质量应符合国家一级砂糖以上质量标准；辅料主要有大茴香、小茴香、花椒、肉蔻、丁香、白芷、良姜、酱油、红曲红等均应符合相应的质量标准。

2. 主要设备

不锈钢刀具、煮锅、喷灯、真空封口机、高温杀菌锅等。

3. 配方

新鲜猪蹄 20kg、酱油 200g、食盐 1.6kg、红曲红色素 2g、水 45kg、大茴香 40g、小茴香 20g。

三、方法与步骤

工艺流程：猪蹄→预处理→汆制→酱卤→冷却→装袋→真空密封→高温杀菌→成品。

1. 预处理

将新鲜猪蹄用水反复冲洗，进行适当修整，用喷灯烧去猪蹄上的残毛，刮洗干净后，沿蹄夹缝将猪蹄左右对称劈开。

2. 汆制

将刮洗干净后原料放入 80～90℃的清水中，汆制 15min 左右，并用水漂洗干净。

3. 酱卤

（1）酱汤的制备　在洁净夹层锅中加入清洁自来水，加入装有定量大茴香、小茴香等香辛辅料的料袋，文火加热，保持微沸 30min，待料味出来后即可使用。

（2）猪蹄酱卤　在煮沸的料汤中加入汆制后的猪蹄 20kg 以及酱油 200g、食盐 1.6kg、红曲红色素 2g 等辅料，进行酱卤，保持沸腾状态 10min 后，再保持微沸 60min 左右，待猪蹄呈七成熟，稍用力能将猪蹄趾关节处掰断，色泽酱红即可捞出，酱卤时应不时搅动，使猪蹄熟制上色均匀。

（3）称重装袋　每袋净含量（250±5）g，大小肥瘦搭配，每袋装两片，皮面方向一致。

（4）真空包装　封口时真空度为 0.1MPa，封口时操作参数参考具体真空封口机型号，掌握封口加热时间和封口温度，保证在真空封口过程中包装袋封口处无过热，无皱褶。

（5）杀菌　杀菌工序一般采用全自动杀菌锅，操作参数为 115℃，15min。

四、感官指标

色泽酱红、香味浓郁，软硬适宜，弹性和适口性良好，有咬劲。

五、注意事项

（1）原料经劈半处理后，有利于料味的渗入，使酱卤、杀菌时间相对缩短，有利于产品风味、口感和出品率的提高，同时也提高了生产效率。

（2）汆制后再酱卤，通过汆制，使猪蹄表层蛋白质变性、凝固、收缩、挤压、去除猪蹄内部的血水和污秽气味，从而改善产品风味。如果汆制时间过短，达不到余制目的；时间太长或温度太高，猪蹄表层蛋白过快或过度凝固，都不利于血水等物质的外溢。经多次试验和比较，推荐采用 80~90℃，15min 进行余制较为理想。余后，残毛直立，有利于燎毛。

（3）酱卤　是决定产品感官性状的主要因素之一。在酱卤过程中，火候即温度控制很重要。酱卤时，一般以急火求韧，慢火求烂，先急后烂求味美，以急火酱卤的制品，吃起来有劲，耐咀嚼，但料味不易渗入，香气不足；以慢火煮制的制品，料味浓、香气足，入口酥软。若两者相结合，则酱卤出来的成品是各取所长，既味道好，又不过烂。

在酱卤时，时间长短也很重要。时间过短，入味不足；时间过长，胶原蛋白流失严重，骨肉分离，影响产品的感官质量。通过实验，我们采用先旺火沸煮 10min，再 90℃焖煮 60min，然后 115℃杀菌 15min 的工艺，加工出来的产品弹性良好，香气浓郁热时酥烂，肥而不腻，鲜嫩爽口，冷却后坚实，耐咀嚼，口感好，回味悠长。

调色，也在酱卤工序中完成，采用两种方案。

① 单纯用酱油着色，产品发乌，发暗，色泽不鲜亮。

② 采用适量酱油适量，红曲红色素进行调色，产品色泽适宜，呈酱红色，有光泽。此外，在酱制过程中，应随时撇去汤锅中的浮油及脏污，以保持产品风味和外观质量的良好。

（4）杀菌　是保证产品质量的重要工序，杀菌时间过短，会造成杀菌不彻底，产品易腐败变质。且产品胶冻不足，口感生硬；杀菌过程，则产品软烂，没有弹性，口感不好，失去猪蹄特有的风味。在保证杀菌效果的前提下，采用 115℃、15min，反压 0.25MPa 的杀菌工艺，很好地保证了产品的质感和特有良好风味。

（5）老汤的保存　老汤是保证猪蹄风味浓郁的关键因素之一。由于酱卤时猪蹄中水溶性浸出物和脂肪的降解和一系列复杂的反应，会产生大量的风味物质老汤使用次数越多，风味越好。高浓度的风味物质在酱卤时向猪蹄渗透和扩散，赋予猪蹄良好的风味。所以，在生产中，应做好老汤的保养工作。每班酱卤结束后，在汤锅中加入下班头锅酱卤时所需的食盐，将老汤加热至沸，搅动使食盐充分溶解同时撇净浮起的脏污和油沫，冷却过滤后待用。近期不同的老汤，可适当加重盐量，放冷库封存。质地良好的老汤，香味浓郁，色红透亮。最主要的盐量的控制，因为老汤中含盐量不定。其次是色泽的控制。

学习情境八　油炸速冻制品加工技术

　　油炸速冻制品是以畜禽肉为主要原料，添加适量的调味料或辅料，采用植物油炸制并经速冻工艺加工而成的肉制品。其实质上是一种方便肉制品，有一定的保质期，其包装内容物预先经过了不同程度和方式的调理，食用非常方便，并且具有附加值高、营养均衡、包装精美和小容量化的特点，深受消费者喜爱，现已成为国内城市人群和发达国家的主要消费肉制品之一。

　　目前油炸速冻肉制品已越来越多地渗入中国大众的家庭消费，市场发展潜力巨大。伴随着冷藏链、冰箱、微波炉的普及，此类肉制品不仅满足了消费者的饮食需求，而且大大缩短了消费者的备餐时间。目前市场上常见的油炸速冻肉制品有鸡柳、肉串、肉丸、鱼丸、肉块、肉排等。

　　随着人们生活水平和肉食消费观念的提高以及冷链的不断完善，方便肉制品的消费量逐步增加，成为当今世界上发展速度最快的食品类别之一。在美、日、欧等发达国家和地区，方便肉制品不仅是快餐业、饭店和企业及高校食堂的重要原料，而且已经成为大众家庭消费不可缺少的部分。由于市场需求量大，加工企业重视产品加工技术研发，已经形成规模化发展趋势。

学习任务一　　油炸速冻的关键技术　　🔍

一、油炸的基本原理

　　油炸作为食品熟制和干制的一种加工工艺由来已久，是最古老的烹调方法之一。油炸肉制品是指经过加工调味或挂糊后的肉（包括生原料、半成品、熟制品）或只经腌制的生原料，以食用油为加热介质，经过高温炸制或浇淋而制成的熟肉类制品。油炸肉制品具有香、嫩、酥、松、脆、色泽金黄等特点，在世界许多国家已成为流行的方便食品。在食品加工中，油炸工艺应用十分普遍，现在油炸食品加工已形成设备配套的工业化连续生产。

油炸可以杀灭食品的微生物，延长食品的货架期，同时，可改善食品风味，提高食品营养价值，赋予食品特有的金黄色泽。

1. 油炸的作用

油脂作为传热介质，具有升温快，流动性好，油温高（可达230℃左右）等特点。油炸时热传递主要以传导方式进行，其次是对流作用。油炸制品加工时，将食物置于一定温度的热油中，油可以提供快速而均匀的传导热，食物表面温度迅速升高，水分汽化，表面出现一层干燥层，形成硬壳；随后，水分气化层向食物内部迁移，当食物表面温度升至热油的温度时，食物内部的温度慢慢趋向100℃，同时表面发生焦糖化反应及蛋白质变性，其他物质分解，产生独特的油炸香味。油炸传热的速率取决于油温与食物内部之间的温度差和食物的热导率。在油炸熟制过程中，食物表面干燥层具有多孔结构特点，其孔隙的大小不等。油炸过程中水和水蒸气首先从这些大孔隙中析出。由于油炸时食物表面硬化成壳，使其食物内部水蒸气蒸发受阻，形成一定的蒸汽压，水蒸气穿透作用增强，致使食物快速熟化，因此油炸肉制品具有外脆里嫩的特点。

油在高温作用下会分解出刺激性的丙烯烃，同时还含有少量挥发性的芳香物质，它们的分子和原料自身香味分子伴随在一起，迅速散逸，并且随着温度的升高，分子活动更加剧烈，时间愈长，散逸的香味也愈浓郁。因此，油炸香味的扩散程度比一般的煮制过程要大。

对于含水分较高的原料肉，油炸时选择较高的温度，有利于迅速形成干燥层，使水分的迁移和热量的传递受到限制，保持产品质地鲜嫩，食品内部的营养成分保存较好，风味物质和添加剂的保存也较好。同时，原料表面的焦糖化作用会使制品上色。

油炸肉制品具有较长的保存期，细菌在肉制品中繁殖的程度，主要由油炸食品内部的最终水分决定，即取决于油炸的温度、时间和物料的大小、厚度等，由此决定了产品的保存性。

2. 肉在炸制过程中的变化

炸制时肉在不同温度情况下的变化见表8-1。

表8-1　　　　　　　　　　油温及肉类变化情况

炸制温度/℃	变化情况
100	表面水分蒸发强烈，蛋白质凝结，体积缩小
105～130	表面形成硬膜层，脂质、蛋白质降解形成的芳香物质及美拉德反应，产生油炸香味
135～145	表面呈深金黄色，并焦糖化，有轻微烟雾形成
150～160	有大量烟雾产生，食品质量指标劣化，游离脂肪酸增加，产生丙烯醛，有不良气味
180 以上	游离脂肪酸超过1.0%，食品表面开始炭化

3. 炸制用油及油炸控制

炸制用油在使用前应进行质量卫生检验，要求熔点低、过氧化物值低、不饱和脂肪酸含量低的新鲜的植物油，我国目前炸制用油主要是菜籽油、棕榈油、豆油和葵花籽油。

油炸技术的关键是控制油温和油炸时间。油炸的有效温度可在 100～230℃。油温的掌握，最好是自动控温，一般手工生产通常根据经验来判断（见表 8－2）。油炸时应根据成品的质量要求和原料的性质、切块的大小、下锅数量的多少来确定合适的油温和油炸时间。

表 8－2　　　　　　　　不同温度下油面情况及原料入油反应简表

温度/℃	一般油面情况	原料入油时的反应
70～100	油面平静，无青烟，无响声	原料周围出现少量气泡
110～170	微有青烟，油从四周向中间翻动，搅动时微有响声	原料周围出现大量气泡，无爆炸声
180～220	有青烟，油面较平静，搅动时有响声	原料周围出现大量气泡，并带有轻微的爆炸声
230 以上	油面冒青烟	油面翻滚并有剧烈的爆炸响声

油炸时，游离脂肪酸含量升高，说明有分解作用发生。为了减少油炸时油脂的分解作用，可以在炸制油中添加抗氧化剂，以延长炸制油的使用时间。常用的抗氧化剂主要有天然维生素 E、没食子酸丙酯（PG）、二丁基羟基甲苯（BHT）、丁基羟基茴香醚（BHA）和没食子酸十二酯等。

为了有效地使用炸制油，在油中可加入硅酮化合物，以减少起泡的产生。添加金属蛋白盐，在高温 200℃油炸，间断式加热 24h，抗氧化效果与高温后油质的黏度相一致。炸制油中加入金属螯合物，可延长使用时间及油炸制品的货架期。

延长炸制油的寿命，除掌握适当油炸条件和添加抗氧化物外，最重要的因素是油脂更换率和清除积聚的油炸物碎渣。油脂更换率，即新鲜油每日加入油炸锅内的比例，新鲜油加入应为15%～20%。碎渣的存在加速了油的变质，并使制品附上黑色斑点，因此炸制油应每天过滤一次。

二、油炸技术

（一）传统油炸技术

1. 原理与特点

在我国，食品加工厂长期以来对肉制品的油炸大多采用燃煤或油的锅灶，少数采用钢板焊接的自制平底油炸锅。这些油炸装置一般都配备了相应的滤油装置，对用过的油进行过滤。

　　间歇式油炸锅是普遍使用的一种油炸设备，此类设备的油温可以进行准确控制。油炸过滤机可以利用真空抽吸原理，使高温炸油通过助滤剂和过滤纸，有效地滤除油中的悬浮微粒杂质，抑制酸价和过氧化值升高，延长油的使用期限及产品的保质期，明显改善产品外观、颜色，既提高油炸肉制品的质量，又降低了成本。为延长油的使用寿命，电热元件表面温度不宜超过 265℃，其功率不宜超过 4W/cm²。

2. 缺点

　　在这类设备中油全部处于高温状态，很快氧化变质，黏度升高，颜色变成黑褐色，不能食用。积存在锅底的肉制品残渣，随着油使用时间的延长而增多，使油变得污浊。残渣附于油炸肉制品的表面，使产品表面质量下降，严重影响着消费者健康。高温下长时间使用的油，会产生不饱和脂肪酸的过氧化物，直接妨碍机体对油脂和蛋白质的吸收，降低了产品的营养价值。

（二）　水油混合式深层油炸技术

　　为了克服传统油炸技术的缺点，设计了水油混合式深层油炸技术。

1. 原理与特点

　　此技术是将油和水同时加入一敞口设备中，相对密度小的油占据容器的上半部，相对密度大的水则占据容器的下半部，在油层中部水平放置加热器（如电热管）加热。水油混合式深层油炸机工作原理见图 8－1。

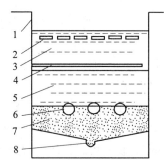

图 8－1　水油混合式油炸机工作原理简图

1—油槽　2—物料　3—高温油层　4—加热器
5—缓冲油层　6—风管　7—水层　8—水管

　　采用此技术油炸肉制品时，加热器对炸制肉制品的油层加热升温；而油水界面处设置的水平冷却器以及强制循环风机对下层的冷却，使下层温度控制在 55℃以下。炸制肉制品产生的食物残渣从高温炸制油层落下，积存于底部温度不高的水层中，在一定程度上缓解了传统油炸技术带来的问题；同时，沉入下部的食品残渣可以过滤除去，且下层油温比上层油温低，因而油的氧化程度也可得到缓解。残渣中含的油经过水分离后返回油层，从而所耗的油量几乎等于被肉制品吸收的油量，补充的油量也近于肉制品吸收的油量，节油效果十分显著；在炸制过程中，油始终保持新鲜状况，所炸出的肉制品不但色、香、味俱佳，而且外形美观。

因此，水油混合式油炸技术具有限位控制、分区控温、自动过滤、自我洁净的优点。

2. 操作技术

在炸制肉制品时，将滤网置于加热器上。在油炸锅内先加入水至油位显示仪规定的位置，再加入炸用油至油面高出加热器上方60mm的位置。由电气控制系统自动控制加热器，使其上方油层温度保持在180~230℃，并通过温度数字显示系统准确显示其最高温度。炸制过程中产生的肉制品残渣从滤网漏下，经水油界面进入冷却水中，积存于锅底，定期由排污间排出。炸制过程中产生的油烟通过脱排装置排出。当油水分界面温度超过55℃时，由电气控制系统自动控制冷却装置，将大量热量带走，使油水分界面的温度能自动控制在55℃以下，并通过数字显示系统显示出来。油炸的技术性较强，掌握好油温是油炸技术的一个重要方面。原料下锅时的油温，应根据火候、加工原料的性质和数量来加以确定。一般掌握在150℃左右较为合适。

油水混合式油炸机依靠合理的结构设计，巧妙地利用了油水不相溶、油水密度差、液（气）温密度差、重力等基本原理，解决了传统油炸设备无法解决的问题。

（三）高压油炸技术

1. 原理与特点

高压油炸是使油釜内压力高于常压的油炸方法。在高压条件下，炸油的沸点升高，进而提高了油炸温度，缩短油炸时间，解决了常压油炸因时间长而影响食品品质的问题。此法起源于美式肯德基家乡鸡的制作和加工，常用于块形较大的原料。通常采用美式压力炸锅（图8-2），此设备目前通过吸取国外先进技术已实现国产化，整体采用不锈钢材料，自动定时，自动控压排气，可燃气或电力加热。

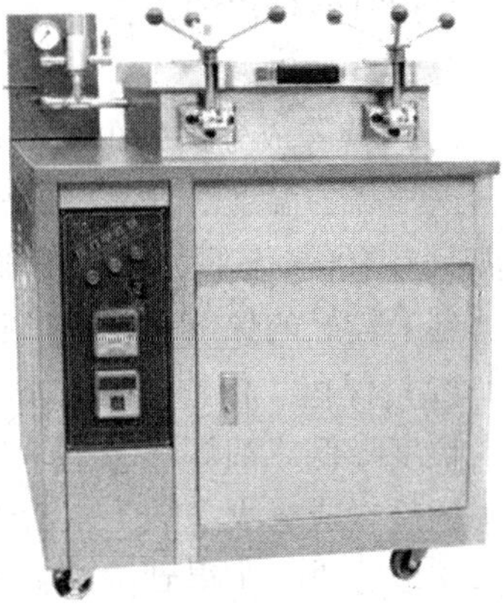

2. 优点

高压油炸技术具有能源消耗低、无污染、效率高、使用方便、经久耐用等优点；可炸鸡、鸭、猪排骨、羊肉等各种肉类，炸制过程时间短，炸制品外酥里嫩、色泽鲜明。相反，常压下油炸的时间较长，炸制的食品易外焦内生。

图8-2 高压油炸锅

（四）真空低温油炸技术

1. 原理与特点

真空低温油炸技术是一种具有良好发展前景的现代高新技术，是通过降低真空低温油炸锅（图8-3）内的气压，降低油的沸点，实现低温油炸的目的；通常在100℃左右的温油中脱水，将油炸和脱水作用有机地结合在一起。肉品处于负压状态，在这种相对缺氧的条件下进行加工，可以减轻甚至避免氧化作用（例如脂肪酸败、酶促褐变和其他氧化变质等）所带来的危害；以油作为传热媒介，肉品内部的水分（自由水和部分结合水）会急剧蒸发而喷出，使组织形成疏松多孔的结构，产品酥脆可口，作为汤料极易复水。但是，肉品内部水分还受束缚力、电解质、组织质构、热阻状况、真空度变化等因素的影响，实际水分蒸发情况要复杂得多，具体生产时还应与灭酶所需的温度条件综合起来考虑。

图 8 - 3　真空低温油炸锅

2. 优点

采用真空低温油炸技术，可加工出优质的肉类油炸食品。真空低温油炸技术的主要特点如下。

（1）营养成分损失少　一般常压油炸油温在 160℃ 以上，有的高达 230℃ 以上，这样高的温度对食品中的一些营养成分具有一定的破坏作用。但真空油炸的油温只有 100℃ 左右，因此，食品中内外层营养成分损失较小，食品中的有效成分得到了较好的保留，特别适宜于含热敏性营养成分的食品油炸。

（2）保色、保香作用　真空油炸温度大大降低，而且油炸锅内的氧气浓度也大幅度降低。油炸食品不易褪色、变色、褐变，可以保持原料本身的颜色。原料中的呈味成分大多数为水溶性，在油脂中并不溶出，并且随着原料的脱水，这些呈味成分进一步得到浓缩，因此可以很好地保存原料本身具有的香味。所以，真空油炸能较好保持食品原有的色泽和风味。

（3）具有膨化作用、产品复水性好　在减压状态下，食品组织细胞间隙中的水分急剧汽化膨胀，体积增大，水蒸气从孔隙中逸出，对食品具有良好的膨松效果，因而，真空油炸具有脱水速度快，干燥时间短，且产品具有良好的复水性。如果在油炸前进行冷冻处理，效果更佳。

（4）油耗少，降低油脂劣变速度　真空油炸的油温较低，且缺乏氧气，油脂与氧接触少，因此，油炸用油不易氧化，其聚合分解等劣化反应速度较慢，减少了油脂的变质,降低了油耗。采用常压油炸其产品的含油率高达 40% ~ 50%,但如果采用真空油炸,其产品含油率则在 20% 以下,故产品保藏性较好。

(五) 连续油炸技术及配套设备

采用该技术油炸食品时,投料是连续的,物料投入油炸机后随网带在炸油中运动,然后从出口处输出成品。由于采用该技术所加工的产品具有一致的油炸温度和时间,所以产品具有恒定的外观、风味、组织和保质期,能进行批量生产,同时具有较好的油过滤效果,能减少油炸异味和游离脂肪酸的含量。

下面介绍连续油炸技术所需设备的工作原理与特点。

1. 涂粉机

涂粉机是油炸制品加工过程中的预处理设备,其作用是将成型产品(肉饼、鸡柳等)均匀地裹上一层面粉或面包屑,从而对油炸制品起保护作用,并可改善产品的味道和形状,是油炸制品加工过程中不可缺少的设备。

(1) 工作原理 涂粉机在结构上主要是由传动系统、振动装置、可调装置、输送装置等组成,典型涂粉机的外形如图 8 - 4 所示。

产品被输送带送到粉床上,料斗中的面粉通过振动带以需要的厚度均匀地撒在产品上,其中面粉团可通过振动带自动去除,产品上的粉料通过输送带的振动控制粉量,通过可调压力滚轮来促进黏着,在出口端,未黏着的粉料则被风刀吹掉。产品在通过传送网带时被均匀地裹涂上一层混合粉,以适应下一道工序的要求。涂粉机同时可以同上浆机、上面包屑机连接,组成不同产品的生产线。

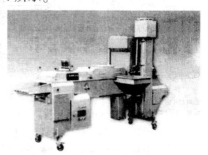

图 8 - 4 涂粉机的外形

(2) 特点 ① 撒粉和裹涂均匀可靠,附着性好;② 操作、调整方便可靠;③ 强力风机及振动器可以去除多余粉料;④ 传送带可以倾斜,清除方便;⑤ 仅靠每次的反转即可去掉多余的粉。

2. 涂液机

对产品的涂液(裹浆或上浆或挂糊)可以明显改善产品的风味和外观。根据不同的工艺,有的产品先涂液再涂粉,有的则是先涂粉再涂液。涂液机是一种专为鸡块、肉饼、鱼片等需要裹浆后再油炸的食品设计的设备,其可使产品表面涂裹面糊,具有某些优良的质感。食品在通过该机后能够被均匀地裹浆。涂液的作用主要有:保持原料的鲜味和水分,使肉制品香酥、鲜脆、嫩滑;保持原料形状,增加产品美感;保持和增加肉制品的营养价值。

根据使用的面糊黏性的不同,可将涂液机分为两种。一种是适用于面糊黏性较小的喷洒型,另一种是适用于面糊黏性较大的潜行型。要根据具体情况,选用不同类型的涂液机。

如图8-5所示的涂液机主要适用于黏性较大的面糊，是潜行型类型。在结构上采用上压网和传送网分别固定在不同构架上，这样清洗方便，便于整机清洗。上下网带间隙可调，具有独立的输出网带可供选择，它是通过在浆池内将面糊均匀裹涂在鸡肉、牛肉、猪肉、鱼虾等产品上。

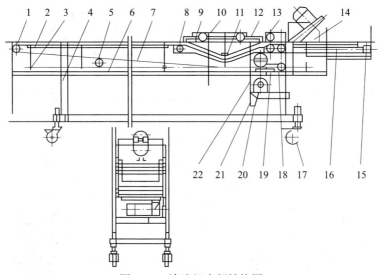

图8-5 涂液机内部结构图

1—前轮 2—托条 3—跨杆 4—机架 5—托轮 6—接盘 7—输送链 8—管轮
9—偏摆头 10—偏心轮 11—压轮 12—浆池 13—连杆 14—风机组件 15—后轮
16—伸杆 17—脚轮 18—驱动轮 19—张紧轮 20—减速器 21—传动链 22—链罩

该机的特点是浆液输送泵可以输送黏度高的浆液；调整方便可靠；具有可靠的安全防护装置；可以和成型机、上面包屑机、油炸机等对接使用，从而实现连续生产；食品能够被均匀地裹浆；机器选用无级调速减速机，可大大提高工作效率。

该机的功能是先将原料整形，再将整形后的原料均匀地涂裹调配好的浆料后自动输出。该机设计合理，是生产方便调理食品的必备设备。

3. 连续油炸机

连续油炸设备主要有传统连续油炸机和水滤式连续油炸机。下面以传统连续油炸机为例，介绍油炸机的结构与特点。

（1）传统连续油炸机的结构 传统连续油炸机是方便食品生产线中油炸工艺应用的主要机型，也是机械化大中型食品加工厂不可缺少的油炸设备，可用于油炸肉饼、米饼、薯饼、各种混合饼、鱼丸、肉丸等饼、块、丸类食品。

传统连续油炸机由双网带无级变速输送系统、主油槽箱与辅助油箱组成的外循环过滤系统、PID油温自控仪、XSM转数线速仪表以及绳索提升装置等组成，其结构如图8-6所示。

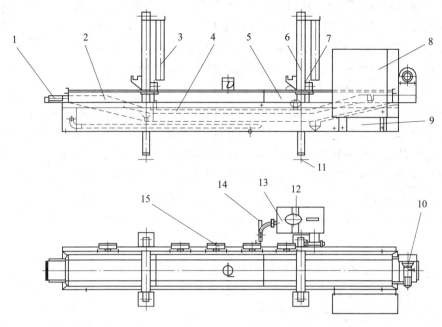

图 8 - 6　标准型连续油炸机结构图

1—张紧调节装置　2—下网带　3—横担杆　4—上网带　5—罩盖
6—龙门架及提升机构　7—上下网带间隙调节螺栓　8—电控箱　9—油槽　10—减速机
11—地脚调节座　12—泵　13—辅助过滤油箱　14—电热偶　15—加热电阻

（2）传统连续油炸机的特点

① 传统连续油炸机根据油炸物料的需求可采用色拉油、花生油、菜籽油和棕榈油等，用于炸肉饼、米饼、薯饼、各种混合饼、薯条、薯片、鱼丸和肉丸等。

② 传统连续油炸机采用体外过滤循环油路的装置，使油在主油槽内均匀循环的流动中被加热器加热，从而使油的温度均匀稳定上升。此外，循环流动的油在经过辅助油箱的双层（粗细）过滤网时，清除油中的大小颗粒残渣，保证了油的清洁，从而使油炸的物料随时保持清洁。

③ 传统连续油炸机的结构精练合理，功能先进。采用双网带无级变速调节，既保证油炸物不同的油炸时间，又保证了油炸物在油层下 2 ~ 3cm 处平稳加热输送；采用龙门架及提升机构，可以将罩盖方便地升降，便于对食品进行油炸加工。

三、油炸对食品的影响

油炸对食品的影响主要包含三个方面：一是油炸对食品感官品质的影响；二是油炸对食品营养成分和营养价值的影响；三是油炸对食品安全性的影响。

1. 油炸对食品感官品质的影响

油炸的主要目的是改善食品的色泽和风味。在油炸过程中，食品发生美拉德反应和部分成分的降解，使食品呈现金黄或棕黄色，并产生明显的炸制芳香风味。在油炸过程中，食物表面水分迅速受热蒸发，表面干燥形成一层硬壳。当持续高温油炸时，常产生挥发性的羰基化合物和羟基酸等，这些物质会产生不良气味，甚至出现焦煳味，导致油炸食品品质低劣，商品价值下降。

2. 油炸对食品营养价值的影响

研究表明，油炸对食品营养价值的影响与油炸工艺条件有关。油炸温度高，食品表面形成干燥层，这层硬壳阻止了热量向食品内部传递和水蒸气外逸，因此肉制品内部营养成分保存较好，各种成分损失较少。油炸可以在一定程度上增加炸制品的脂肪含量，增加的幅度取决于原料本身的脂肪含量。脂肪含量的增加有利于肉制品中脂溶性成分，如不饱和脂肪酸和脂溶性维生素的输送。水分在油炸前后有大幅度的降低，蛋白质的绝对数量几乎没有变化。油炸前后鱼、牛肉的成分见表 8 – 3。

表 8 – 3　　　　　　　　　油炸前后鱼、牛肉的成分　　　　　单位：g/100g

食品	样品	样品质量	水分	蛋白质	脂肪
鳕鱼	油炸前	100	79. 46	18. 09	1. 03
	油炸后	71. 11	46. 98	18. 46	4. 08
牛肉	油炸前	100	75. 57	21. 54	2. 04
	油炸后	65. 21	39. 95	20. 00	4. 48

注：以 100g 样品为基准。

油炸食品时，食物中的脂溶性维生素在油中的氧化会导致营养价值的降低，甚至丧失，视黄醇、类胡萝卜素、生育酚的变化会导致风味和颜色的变化。维生素 C 的氧化保护了油脂的氧化，即它起到了油脂抗氧化剂的作用。

蛋白质消化率是指在消化道内被吸收的蛋白质占摄入蛋白质的百分数，是反映食物蛋白质在消化道内被分解和吸收的程度的一项指标，是评价食品蛋白质营养价值的重要指标之一。一般，蛋白质消化率越高，被人体吸收利用的可能性越大，营养价值也越高。油炸对蛋白质消化率的影响程度与产品组成和肉品种类有关。油炸对蛋白质利用率的影响较小，如猪肉和箭鱼经油炸后其生理效价和净蛋白质利用率几乎没有变化。但如果添加辅料后进行油炸，蛋白质的可消化性稍有降低（见表 8 – 4）。

表 8 – 4　　　　　　　　　肉类油炸前后的蛋白质消化率

食品	牛肉	猪肉	箭鱼	鱼丸	肉丸
油炸前	0. 93	0. 92	0. 92	0. 92	0. 90
油炸后	0. 93	0. 92	0. 91	0. 89	0. 80

3. 油炸对食品安全性的影响

在一般的食品加工中，加热温度高，且加热时间较短，对食品安全的影响不大。但是，在油炸过程中若加热温度高，油脂反复利用，会致使油脂在高温条件下发生热聚合反应，可能形成有害的多环芳烃类物质。

在油炸过程中，油的某些分解和聚合产物对人体有毒害作用，如油炸中产生的环状单聚体、二聚体及多聚体，会导致人体麻痹，产生肿瘤，引发癌症。因此油炸用油不宜长时间反复使用，否则将影响食品安全性，危害人体健康。

油炸肉制品呈酥松多孔结构且含油量较高，极易吸潮，易氧化酸败，进而影响产品品质。为了减缓脂肪氧化的速率，延长产品的保质期，肉制品在油炸后往往要经过速冻处理。

四、速冻的原理

1. 速冻概念

尽管目前世界上速冻食品尚无统一、确定的概念，但行业内一般认为速冻食品应具备下述五个要素。

（1）冻结要在 $-30 \sim -18℃$ 进行，并在 20min 内完成冻结。

（2）速冻后食品的中心温度要达到 $-18℃$ 以下。

（3）速冻食品内水分形成无数针状小冰晶，其直径应小于 100μm。

（4）冰晶分布与原料中液态水的分布相近，不损伤细胞组织。

（5）当食品解冻时，冰晶融化的水分能迅速被细胞吸收而不产生汁液流失。

显然满足上述条件的速冻食品能最大限度地保持天然食品原有的新鲜度、色泽风味和营养成分，是目前国际上公认的最佳食品贮藏技术。也就是说，在冻结过程中必须保证使食品所发生的物理变化（体积、导热性、比热容、干耗变化等）、化学变化（蛋白质变性、色素变化等）、细胞组织变化以及生物生理变化等达到最大可逆性。

2. 速冻原理

食品冻结就是运用现代冻结技术，在尽可能短的时间内，将食品温度降低到它的冻结点以下预期的冻藏温度，使它所含的全部或大部分水分，随着食品内部热量的外散形成冰晶体，以减少生命活动和生化反应所必需的液态水分，抑制微生物活动，高度减缓食品的生化变化，从而保证食品在冻藏过程中的稳定性。食品的冻结方法有缓冻与速冻两种。缓冻就是将物料放在绝热的低温室内（$-18 \sim -4℃$，常用温度为 $-29 \sim -23℃$），并在静态的空气中进行冻结的方法。速冻是将预处理的食品放在 $-40 \sim -30℃$ 的装置中，利用低温和空气高速流动，促使物料快速散热，在 30min 内通过最大冰晶生成带，使食品中心温度从 $-1℃$ 降到 $-5℃$，其所形成的冰晶直径小于 100μm。

速冻后的食品中心温度必须达到 – 18℃以下。

食品中的水分大致可以分为位于细胞内的结合水和细胞间隙的游离水。在冻结初期，细胞间隙的水先冻结成冰，细胞内的水因冻结点低仍然保持液态，在蒸汽压差的推动下，细胞内的水分会投过细胞膜扩散到细胞间隙中。大多数食品在温度降到 –1℃开始冻结，并在 –4～–1℃大部分水成为冰晶，因此将 –4～–1℃称为最大冰晶区。如果采用慢速冻结，将会使大部分水分冻结与细胞间隙内，形成巨大的冰晶体；如果采用快速冻结，由于冰晶形成的速度大于水分的扩散速度，食品细胞内的结合水和细胞间隙的游离水就同时冻结成无数微小的粒径在100μm 以内的冰晶体，均匀分布在细胞内和细胞间隙中，与天然食品中液态水的分布极为相似，在解冻时就不会损伤细胞组织。慢速冷冻和快速冷冻的冰结晶在组织中的发展见图 8 – 7。

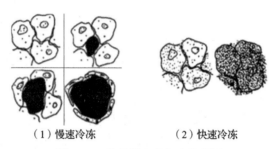

（1）慢速冷冻　　　　　　　（2）快速冷冻

图 8 – 7　冰结晶在组织中发展图

与缓冻相比，速冻具有明显的优势，主要表现在：

（1）速冻产生的冰晶体颗粒微小，对细胞的机械损伤较小；

（2）降温迅速，微生物生长和酶的活力受到抑制，及时阻止了冻结时食品分解；

（3）迅速冻结时，浓缩的溶质和食品组织、胶体以及各种成分相互接触的时间显著缩短，细胞内溶质浓缩的危害性随之减弱。

3. 速冻方法与速冻装置

食品速冻方法及设备多种多样，按冷却介质与食品接触的方式分为空气冻结法、间接接触冻结法和直接接触冻结法。

（1）空气冻结法　在冻结过程中，冷空气以自然对流或强制对流的方式与食品换热。虽然所需冻结时间较长，但由于空气资源丰富、无毒副作用，因而仍是目前应用最广泛的一种冻结方法。主要类型有鼓风型、流态化型、隧道型、螺旋型等。目前，冷冻食品常用的是隧道式连续冻结装置、流态化单体连续冻结装置、螺旋式连续冻结装置。

① 隧道式连续冻结装置：该装置是目前最多使用的一种以冷空气强制循环的冻结装置，见图 8 – 8，将产品放入一个长形的、四周具有隔热装置中由输送带携载通过隧道，冷风由鼓风机吹入隧道穿流于产品之间，冷气进入的方向与产

品前行方向逆流，传送带速度可根据食品类型进行调节。具有构造简单、造价低、能连续生产、冻结速度较快等优点，缺点是设备占地面积较大。适用于分割肉、鱼、冰淇淋、面食类等形态较小的食品冻结。

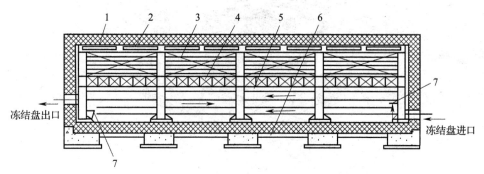

图 8 - 8　隧道式连续冻结装置

1—隔热层　2—冲霜淋水管　3—翅片蒸发排管　4—冷风机
5—集水箱　6—水泥空心板　7—冻结盘提升装置

② 流态化单体连续冻结装置：流态化单体连续冻结装置如图 8 - 9 所示。将玉米等颗粒食品放在网带床面上，冷风自下向上形成气流，使食品呈悬浮状态，随传送带移动，冻结速度很快，仅需数分钟时间的冻结装置，适用于玉米、豌豆、扁豆、水果、虾仁等粒状、片状、丁状的单体冻结。

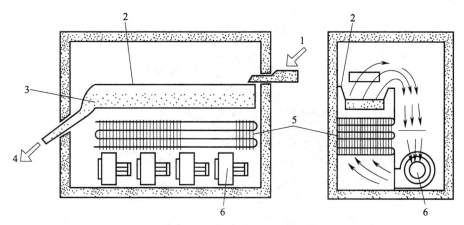

图 8 - 9　流态化单体连续冻结装置

1—进料口　2—斜槽　3—排出堰　4—出料口　5—蒸发器　6—冷风机

③ 螺旋式连续冻结装置：螺旋式连续冻结装置如图 8 - 10 所示。食品经输送带进入旋转桶状冻结区，由下盘旋而上，冷风则由上向下竖向流动，与食品逆向对流换热。螺旋式连续冻结装置具有生产连续化、立体结构紧凑、占地面积小、速冻速率快等优点，是大中规模速冻食品企业广泛选用的冻结装置，但设备投资较大，适用于肉禽、饺子、水产、熟制点心等各类食品。

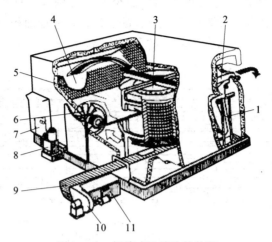

图 8 - 10　螺旋式连续冻结装置

1—张紧装置　2—出料口　3—转筒　4—翅片式蒸发器　5—分割气流通道顶板
6—风机　7—控制箱　8—减压装置　9—进料口　10—风机　11—输送带清洗系统

（2）间接接触冻结法　间接接触式冻结装置是利用蒸发器的外表面与被冻食品直接接触进行热量交换，如图 8 - 11 所示。优点是热效率高，冻结时间短，结构紧凑，占地面积小，安装方便，使用的金属材料较少等。缺点是耗冷量较大。

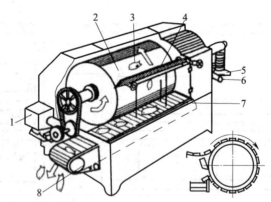

图 8 - 11　回转式冻结装置

1—电动机　2—冻结转筒　3—食品投入口
4、7—刮刀　5—盐水进口　6—盐水出口　8—输送带

（3）直接接触冻结法　直接接触式冻结装置（图 8 - 12）是以被冻食品（包装或不包装）直接与制冷剂或载冷剂（冻结剂）接触，接触的方法有喷淋法和浸渍法。具有无需制冷循环系统、冻结速度快，产品质量好等优点。载冷剂常用的有盐水、丙二醇、丙三醇等水溶液。超低温制冷剂冻结装置采用液态氮、液态二氧化碳或液态氟利昂等冻结剂。

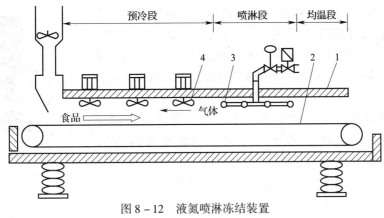

图 8 – 12　液氮喷淋冻结装置

1—隔热箱体　2—不锈钢丝网输送带　3—喷嘴　4—风机

五、速冻肉制品的加工

1. 工艺流程

原料肉及配料选择与处理→成型→加热→冷却→冻结→包装→金属或异物探测→入库。

2. 操作要点

（1）原料肉及配料选择与前处理

① 原料肉及配料的品质：对于水产品、畜产品等原材料，在购入时要逐一进行检查，检查有无混入异物、变色、变味等异常情况。进行原料肉的鲜度、有无异常肉、寄生虫害等的检查，还要进行细菌检查和必要的调理试验。各种肉类等冷冻原料保存在 – 18℃以下的冷冻库，蔬菜类在 0～5℃的冷藏库，面包粉、淀粉、小麦粉、调味料等应在常温 10～18℃。

② 原料肉及配料前处理：根据原料特性和加工需要，原料前处理含解冻、清洗、修整切分、糊化、软化、预煮、预烤、调味、调色、成型以及装填等许多环节，物料一般暴露于空气中，污染可能性极大，必须严格做好卫生管理工作，才能保证产品的品质。

③ 原料肉及配料混合：将原料肉及配料等根据配方准确称量，然后按顺序投入到混合机内混合均匀；混合时间应在 2～5min，同时肉温控制在 5℃以下。

（2）成型　对于不同的产品，成型的要求不同。肉丸、汉堡包等是一次成型（图 8 – 13），而水饺、烧卖是采用皮和馅分别成型后再由皮来包裹成型。夹心制品一般由共挤成型装置来完成（图 8 – 14）。有些制品还需要进行裹涂处理，如撒粉、上浆、挂糊或面包屑等。

图 8 – 13　肉丸成型机

（3）加热　加热包括蒸煮、烘烤、油炸等操作，不但会影响产品的味道、口感、外观等重要品质，同时对速冻肉制品的卫生保证与品质保鲜管理也是至关重要的。从卫生管理角度看，加热的品温越高越好，但加热过度会使脂肪和肉汁流出、出品率下降、风味变劣等。

图8-14　夹心肉丸
共挤装置

加热的原则是以肉制品的中心温度能杀死病原菌为关键控制点。一般要求产品的中心温度达到 70 ~ 80℃。例如牛肉饼为了避免 *E. coli* O157：H7 污染，美国农业部规定，加热的中心温度需达到 76.6℃ 以上才能确保食用安全性。

速冻肉制品有多种配料，各调配料占主产品的比率虽然不高，但各调配料的充分加热亦不可缺少，当一种配料的微生物含量过高时，往往会使整个产品不符合卫生标准。

（4）冷却　加热后迅速冷却可以避免产品在高温下时间过长，品质劣变，还可以避免自然冷却的时间过长，产品再遭污染，微生物菌数再增加。

根据 FDA 水产品 HACCP 法规草案建议，食物应 2h 内由 60℃降至 20℃，再于另一个 4h 内降至 4.4℃。冷却有两种方法：冰水冷却、冷风冷却。

（5）冻结　现在的冻结方式多为速冻。在对速冻肉制品进行品质设计时，一定要充分考虑到满足消费者对食品的质地、风味等感官品质的要求。制品要经过速冻机快速冻结。食品的冻结时间必须根据其种类、形状而定，要采用合适的冻结条件。

速冻的关键主要是控制好温度、湿度等条件，在尽可能短的时间内通过最大冰晶生成带，使形成的冰晶小而多，最大限度地保持肉制品原有的新鲜度、风味和营养成分。

（6）包装

① 真空袋包装：优点是对个体较为厚重的肉制品（比如猪蹄或大丸子等），这种紧密包装会给消费者感官产生一定的价值感。真空自动包装设备容易操作，外观效果好，调理方便。另外一种方式是采用全自动的新型设备，分别由设备将上部薄膜和下部薄膜加以组合包装。充填的内容物首先被放置在有下部薄膜的机器上，然后与上部薄膜进行第一次三面封口，然后进行抽真空，紧接着再进行第二次封口、切断的连续操作。在国外，这种设备效益很高，在大规模生产汉堡包等多种肉制品中均已经使用了这种包装方式。包装材料主体采用软质类型，大多用成型性好无伸展性的尼龙/PE，上部薄膜采用对光电管标志灵敏、适合印刷的聚酯/PE复合材料。

② 纸盒包装：这种包装形式除保持膨胀外观外，还具有外观效果好、容易处理、方便调理等特点。冷冻肉制品的纸盒包装分为上部装载和内部装载两种

方式。

③ 铝箔包装：铝箔作为包装材料具有耐热、耐寒、良好的阻隔性等优点，能够防止肉制品吸收外部的不良滋、气味。这种材料热传导性好，适合作为解冻后再加热的容器。

④ 微波炉用包装物：随着微波炉的普及，适合于微波炉加热的塑料盒被广泛使用，这种材料在微波炉和烤箱中都可使用。由美国开发出来的压合容器，用长纤维的原纸和聚酯挤压成型，一般能够耐受200~300℃的高温。日本的专用微波炉加热的包装材料使用的是聚酯纸、聚丙烯和耐热的聚酯等。

（7）金属或异物探测　速冻肉制品包装后一般进行金属或异物探测（图8-15），确保食品质量与安全。

（8）贮运及销售　依照货架期的不同要求，冷藏产品一般在0~3℃保存，速冻产品在-20~-18℃保存。考虑到微生物特性的多变和大批量产品灭菌难以保证绝对一致的效果，故对冷藏的巴氏杀菌产品，其货架期有严格控制，一般是几天或十几天。

在-18℃以下，为数极少的微生物即

图8-15　金属探测仪

使保存生活力也不可能生长繁殖，因此冻结保存的巴氏杀菌调理食品具有更高的卫生安全性，因而货架期明显延长。冷藏、冷冻中最为重要的是控制温度的恒定。

3. 速冻肉制品食用前的烹制

合理的解冻、适宜的烹调是保证速冻肉制品质量的关键因素。速冻肉制品一经解冻，应立即加工烹制。微波炉是目前较好的速冻制品解冻烹制设备，它使制品的内外受热一致，解冻迅速，烹制方便，并保持制品原形。实验证明，微波炉与常规炉烹调方法比较，其营养素的损失并无显著差别。

学习任务二　　典型油炸速冻肉制品的加工技术　🔍

一、炸羊肉串的加工技术

1. 原料配方

羊后腿肉100kg、食盐3kg、辣椒面200g、花椒粉100g、胡椒粉100g、孜然200g。

2. 工艺流程

原料修整→切块→滚揉腌制→穿串→油炸→速冻→包装→金属探测→入库

贮藏。

3. 操作要点

（1）原料修整、切块　取卫生检疫合格的羊后腿肉，经解冻分割，除去血管、污物，洗净，切成约 15mm×15mm×10mm（长×宽×厚）的块状。

（2）滚揉腌制　根据配方配比要求，按量称取所需辅料，配制好滚揉腌制料水，将修整切好块的产品与腌制料水一起送入滚揉机内。滚揉腌制料水配制时，应采用 50% 的冰 +50% 的水，且要求水质符合国家要求，保证料水的温度控制在 2~6℃，投料量必须达到滚揉机的 2/3，滚揉总时间 10min，运行 2min，暂停 3min，暂停时间不计入滚揉时间，总腌制时间 12h。

（3）穿串　穿串前，应将竹签放置在 82℃ 热水中浸泡 10min，清洗干净，同时要剔除带毛刺、霉变、变形的竹签。每串肉肥瘦搭配。穿肉时，按切块的对角线穿串，穿串方向与肉的肌纤维方向成 45° 角，此穿法肉块不易掉。竹签尖端不要外露，以防止竹签刺破包装袋。肉串的长度和质量可根据市场需要进行调整，每串肉长约 10cm，质量 15g/支、18g/支、20g/支等。

（4）油炸　将油炸机中油加热至 160~170℃，油炸 30s。

（5）速冻　将油炸好的肉串摆放整齐进行急速冷冻，冷冻温度 -35℃，时间控制在 30min 以内，使肉串中心温度达到 -15℃ 以下。

（6）包装　按成品规格包装封口，净含量符合国家相关要求，以成品标准测定菌落总数。

（7）金属探测　包装后的产品逐袋通过金属探测仪，确保产品食用安全。

（8）入库　将微生物检验合格，且通过金属探测仪的袋装肉串，装箱，打印产品生产日期。放入 -18℃ 冷库中贮藏，应注意保持库温恒定，上下浮动幅度不超过 2℃。

二、速冻无骨鸡柳的加工技术

无骨鸡柳是一种采用鲜鸡胸肉为原料，经过滚揉、腌制、上浆、涂粉、油炸（或不油炸）、速冻、包装的鸡肉快餐食品。根据消费者的需求，口味分为香辣、原味、孜然和咖喱等，食用时采用 170℃ 的油温油炸 2~3min 即可。由于其食用方便，外表金黄色，香酥可口，所以深受消费者的喜爱。

1. 工艺流程

鸡大胸肉（冻品）→解冻→切条→加香辛料、冰水→真空滚揉→腌制→上浆→涂粉→油炸或不油炸→速冻→包装→金属或异物探测→入库。

2. 操作要点

（1）原辅料配方　鸡胸肉 100kg、冰水 20kg、食盐 1.6kg、白砂糖 0.6kg、复合磷酸盐 0.2kg、味精 0.3kg、I+G 0.03kg、白胡椒粉 0.16kg、蒜粉 0.05kg。其他风味可在这个风味的基础上做一下调整：香辣味加辣椒粉 1kg、孜然味加孜然粉1.5kg、咖喱味加入咖喱粉0.5kg。小麦粉、浆粉、裹屑适量。

（2）选料、解冻、切条　经兽医卫检合格的新鲜鸡大胸肉，脂肪含量10%以下；其他辅料均为市售。将冻鸡大胸肉拆去外包装纸箱及内包装塑料袋，放在解冻室不锈钢案板上自然解冻至肉中心温度 -2℃即可。将胸肉沿肌纤维方向切割成条状，每条质量为7～9g。

（3）真空滚揉、腌制　将鸡大胸肉、香辛料和冰水放入滚揉机，抽真空，真空度 0.9×10^5 Pa，正转20min，反转20min，共40min。在0～4℃的冷藏间静止放置12h腌制。

（4）上浆　将切好的鸡肉块放在涂液机的传送带上，给鸡肉块均匀地上浆。浆液配比为粉:水 = 1:1.6，浆液黏度均匀。

（5）涂粉　将上浆后的鸡肉块放入涂粉机的传送带上，给鸡肉块均匀地涂粉（或裹屑）。面包糠是比较常用的裹屑。

（6）油炸　首先，油炸机预热到185℃，将鸡肉块依次通过油层，采用起酥油或棕榈油，油炸时间25～30s。

（7）速冻　将油炸后的无骨鸡柳放进速冻机中进行速冻，注意不要挤压和重叠。速冻机温度 -35℃，时间30min。要求速冻后的中心温度 -8℃以下。

（8）金属或异物探测　将包装后的鸡柳进行金属或异物探测，确保食品质量与安全。

（9）入库　即时送入 -18℃冷库保存，产品从包装至入库时间不得超过30min。

三、汉堡肉饼的加工技术

1. 工艺流程

原料肉及配料选择与处理→解冻、分割→绞碎→搅拌腌制→混合拌馅→充填→速冻→切片→挂浆→涂粉→油炸→速冻→包装→入库。

2. 操作要点

（1）配方　腌制液配方：以100kg原料肉计，大豆分离蛋白4kg、淀粉8kg、盐3kg、糖1.5kg、味精0.5kg、三聚磷酸盐0.36kg、焦磷酸盐0.24kg、六偏磷酸钠0.12kg、异维生素 C - Na 0.1kg、亚硝酸钠0.006kg、红曲红0.012kg、肉味香精0.3kg、冰水36kg、生姜3kg、洋葱3kg。

浆液配方：小麦粉65%、玉米粉20%、乳粉5%、糯米粉5%、盐1.2%、胡椒粉0.1%、色拉油1%、食碱0.5%、明矾0.2%、pH调整剂2%。

（2）原料肉及配料选择与处理　选用经卫生检验合格的猪前、后腿精肉或冻猪肉，在冷藏库的贮存时间不能超过6个月。亚硝酸钠、三聚磷酸盐、焦磷酸盐、偏磷酸钠、异维生素 C - 钠等均为食品级。生姜、洋葱等清洗干净，用斩拌机绞细，备用。

（3）解冻分割　原料肉采用自然解冻或水解冻，待肉的中心温度在0℃时，将肉分割成0.1~0.3kg肉块，带脂率控制在10%~12%，除去筋腱、软硬骨、淋巴、污血、毛、污物等不能食用或有害人体的物质。

（4）绞碎　采用孔板直径 $d=8~10mm$ 的绞肉机将肉绞碎。

（5）搅拌腌制　将肉倒入搅拌机内，加入盐、糖、亚硝酸钠、磷酸盐等搅拌均匀，放入低温间腌制18~24h。

（6）混合拌馅　将腌制后的肉料、大豆分离蛋白、淀粉及绞细的生姜和洋葱，加入到斩拌机中，斩拌成均匀、有弹性的肉馅。

（7）充填　将肉馅用灌肠机灌入塑料复合肠衣中，肠衣直径视所需肉饼的大小而定，要求肉馅灌得紧密无气泡。

（8）速冻、切片、挂浆、涂粉　充填好的肠体采用速冻机进行速冻，使产品中心温度迅速通过最大结晶生成带，达到-10℃以下；剥去肠衣用切片机切掉两头，切成5mm左右的肉饼并压平；将肉饼放入涂液机中，使其均匀地挂上一层面浆，再经过涂粉机，使其沾上薄薄一层面包屑，取出后修整，轻轻压成薄饼状。

（9）油炸　采用油炸机进行油炸，油温控制在170~180℃，油炸40~45s，炸至外表金黄即可。

（10）速冻、包装　油炸后的产品经预冷后急速冷冻，使其中心温度达到-10℃以下，再进行包装，入冷库保存。

3. 产品质量指标

（1）感官质量指标　外观：形状良好、平整、不掉渣、色泽金黄。结构紧密有弹性、无气孔。风味：有正常肉饼的鲜香味，无其他不良气味。

（2）理化指标　氯化钠含量≤1.9%~3.5%；亚硝酸钠≤70mg/kg。

（3）微生物指标　细菌总数≤30000个/g；大肠菌群≤40个/100g；致病菌不得检出。

四、压力炸鸡的加工技术

压力炸鸡是以热油为媒介，把经过辅料（香辛料、调味料等）预处理的仔鸡，在高压条件下速熟。产品具有外酥里嫩、色鲜、味浓，香而不腻，爽口健胃及耐贮藏等特点。

1. 原料

配方1（100kg鸡腌制用料配方）：大茴香90g、黑胡椒60g、草果60g、小茴香80g、山奈60g、味精300g、丁香70g、陈皮100g、砂仁80g、砂糖2000g、白芷80g、生姜1000g、桂皮60g、黄酒1000g、四季葱200g、食盐3500g。

配方2（上色涂料配比）：饴糖40%、精面粉10%、蜂蜜20%、腌卤料液20%、黄酒10%，辣椒粉适量。

2. 工艺流程

原料鸡选择与处理→浸卤腌制→晾干→烫皮→晾干→涂料→晾干→加压油炸→真空包装→成品。

3. 操作要点

（1）原料鸡选择与处理 选用经卫生检验合格的白条仔鸡，清洗干净备用。

（2）腌制卤液的制备 按配方1称取全部香辛料，放入盛50kg水的锅中加热煮沸后，再熬煮30min，过滤，再把配方中的调味料加入滤液中，搅拌冷却后即成腌卤料液。

（3）浸卤腌制 浸入静腌4~8h。

（4）烫皮 将腌制后残剩卤液烧开，浇淋到已晾干表皮无水分的鸡上进行烫皮。这样炸制后外表酥脆、胀满、美观。

（5）涂料、晾干 涂料按配方2配制。将配制好的上色涂料均匀地涂于鸡坯上。涂料时应注意鸡皮表面不沾水、油，以免涂布不均，出现炸后花斑。涂布后将鸡挂于架上稍许晾干。

（6）压力油炸 将压力炸锅中的油温升至约150℃，把涂料晾好的鸡坯放入锅中，旋紧锅盖，炸制温度190℃左右，时间5~7min，压力小于额定工作压力。炸制完，立即关掉加温开关，开启排气阀，待压力完全排出后，开盖提鸡。

五、真空低温油炸牛肉干

1. 配方 （麻辣味）

牛腿肉100kg、食盐1.5kg、酱油4.0kg、白糖1.5kg、黄酒0.5kg、葱1.0kg、姜0.5kg、味精0.1kg、辣椒粉2.0kg、花椒粉0.3kg、白芝麻粉0.3kg、五香粉0.1kg。

2. 工艺流程

原料验收→分割→清洗→预煮→切条→调味→冻结→解冻→真空低温油炸→脱油→质检→包装→成品入库。

3. 操作要点

（1）原料验收 原料肉必须有合格的宰前及宰后兽医检验证。肉质需新鲜，切面致密有弹性，无粘手感和腐败气味；原料肉需放血充分，无污物，无过多油脂。

（2）分割、清洗 原料肉经验收合格后，分切成500g左右的肉块（切块需保持均匀，以利于预煮），用清水冲洗干净。分切过程中，注意剔除对产品质量有不良影响的伤肉、黑色肉、碎骨等杂质。

（3）预煮、切条 将切好的肉块放入锅中，加水淹没，水肉之比约为1.5:1，以淹没肉块为度。煮制过程中注意撇去浮沫，预煮要求达到肉品中心无血水为止。预煮完后捞出冷却，切成条状，要求切割整齐。

（4）调味　肉切成条后，放入配好的汤料中进行调味。可根据产品的不同要求确定配方。

（5）冻结、解冻　调味后的肉条取出装盘，沥干汤液，放入接触式冷冻机内冷冻，2h后取出，再置于5～10℃的环境条件下解冻，然后送入带有筐式离心脱油装置的真空油炸罐内。

（6）真空低温油炸　物料送入罐内后，关闭罐门，检查密闭性。打开真空泵将油炸罐内抽真空，然后向油炸罐内泵入200kg、120℃的植物油，进行油炸处理。泵入油时间不超过2min，然后使其在油炸罐和加热罐中循环，保持油温在125℃左右。经过25min即可完成油炸全过程。

需要注意的是：油炸温度是影响肉干脱水率、风味色泽及营养成分的重要因素，所以油炸温度一定要控制好。温度过高，导致制品色泽发暗，甚至焦黑；温度过低，使物料吃油多，且油炸时间长，干制品不酥脆，有韧硬感。真空度与油炸温度及油炸时间相互依赖，对油炸质量也有影响。

（7）脱油　将油从油炸罐中排出，将物料在100r/min的转速条件下离心脱油2min，控制肉干含油率小于13%，除去油炸罐真空，取出肉干。

（8）质检、包装　油炸完成后即进行感官检测，然后进行包装。由于制品呈酥松多孔状结构，所以极易吸潮，因而，包装环境的湿度应≤40%。包装过程要求保证清洁卫生，操作要快捷。包装采用复合塑料袋包装。

【链接与拓展】

油炸速冻肉制品的质量控制技术

1. 降低肉制品含油率的方法

目前，公众对膳食营养最为关注的影响因素就是食品中脂肪含量，减少脂肪的摄入被推荐作为提高自身健康的重要途径之一。因此，国内外许多专家、学者都致力于降低油炸制品的含油率。降低制品含油率的方法主要有以下四种：第一，涂膜技术，用于油炸食品的可食性涂膜材料，主要包括多糖（如改性淀粉、改性纤维素、明胶、果胶、葡聚糖等）和蛋白质材料（如大豆分离蛋白、乳清蛋白等）。第二，是在油炸介质油中配入超过50%的人体不能消化吸收的多元脂肪酸类脂，而使制品所含的可消化吸收的油脂显著降低。第三，可通过预处理技术提高预炸制品的固形物含量，如通过热风干燥、微波干燥或渗透脱水等技术提高固形物含量，从而降低产品的脂肪含量。第四，物理方法，即采用真空离心脱油和过热蒸汽脱油技术。此方法已得到广泛应用且更能为消费者所接受。

2. 焦糖化反应

糖类在加热到其熔点温度时，分子与分子之间互相结合成多分子的聚合物，并焦化成黑褐色的色素物质——焦糖。因此，把焦糖化控制在一定程度内，可使制品产生令人悦目的色泽和风味。

3. 美拉德反应

美拉德反应是指氨基化合物（如蛋白质、多肽、氨基酸及胺类）的自由氨基与羰基化合物（如酮、醛、还原糖等）的羰基之间发生的羰氨反应，其最终产物是类黑色素的褐色物质，又称褐色反应。美拉德反应是使制品表皮着色的另一个重要途径。美拉德反应除产生色素物质外，还产生一些挥发性物质（如乙醇、丙酮醛、琥珀酸等），成为制品特有的香（风）味成分。

4. 食品冻藏原理

食品在常温下（20℃左右）存放时，由于附在食品表面的微生物、食品内所含酶及非酶的作用下，使其色、香、味和营养价值降低，这种变化叫食品的品质劣变。如果久放，会发生腐败或变质，以致完全不能食用，这种变化叫食品的变质。引起食品品质劣变和变质的原因主要是微生物作用、酶作用和非酶作用三类。低温冻藏可抑制微生物生长，可抑制酶的活性，减少生化反应的进行，可延缓非酶作用（如油脂酸败、维生素 C 氧化等）对食品的影响，进而可达到长期保存食品的目的。

5. 食物蛋白质的营养评价

营养学上，主要从食物中蛋白质含量、被消化吸收程度和被人体利用程度进行全面评价。① 食物中蛋白质含量测定常用凯氏定氮法，测定食物中氮含量，再乘以氮的蛋白质换算系数。② 蛋白质消化率不仅反映蛋白质在体内被分解的程度，同时还反映消化后氨基酸和肽被吸收程度。不同食物，或同种食物不同加工方式，其蛋白质消化率都有差异。大豆整粒食用时，消化率仅 60%，而加工成豆腐后，消化率提高到 90% 以上。③ 衡量蛋白质利用率的指标很多，如生物价、蛋白质净利用率、蛋白质功效比值、氨基酸评分等，各种指标分别从不同角度反映蛋白质被机体利用程度。

【实训一】 油炸丸子的加工

一、实训目的

通过制作鸡肉丸，熟悉鸡肉丸一般加工工艺，掌握鸡肉丸的加工技术。

二、材料与工具

1. 实验材料

鸡肉、猪肉、洋葱、大豆分离蛋白、鸡蛋、食盐、片冰、良姜粉、磷酸盐、味精、白胡椒粉、大蒜粉。

2. 设备

刀具、操作台、斩拌机、绞肉机、油炸机、电子天平、肉丸机等。

三、方法与步骤

由于肉鸡生长周期短,养殖45～50d就可以达到1.8～2.5kg,相对来讲肉成本较低,适合地域广,而且鸡肉丸香嫩柔软、气味浓郁、营养丰富,受到消费者的青睐。

1. 工艺流程

原料肉选择→原辅材料处理→配料及调味→混合斩拌→肉丸成型→油炸→冷却→包装→冻结→冷藏→成品检验→成品发运。

2. 操作要点

(1)原料肉的选择 选择来自非疫区的经兽医卫检合格的新鲜(冻)去骨鸡肉和猪分割肉作为原料。由于鸡肉的含脂率太低,为提高产品口感、嫩度和弹性,添加适量的含脂率较高的猪肉是必要的。解冻后的鸡肉需进一步修净鸡皮、去净碎骨、软骨等,猪肉也需进一步剔除软骨、筋膜、淤血、淋巴结、浮毛等。

(2)原辅材料的处理 将品质优良的新鲜洋葱洗净、淋干水分,切成米粒大小;大豆分离蛋白用斩拌机加片冰搅拌均匀,制成乳化蛋白;鸡蛋用之前应清洗消毒,打在清洁容器里,冷却后温度控制在7℃以下方可使用;解冻后的鸡肉和猪肉,切成条块状,用绞肉机在低温下绞制成4mm肉粒。处理后的原辅材料随即加工使用,避免长时间存放。

(3)配料及调味 鸡肉65kg、猪肉35kg、洋葱20kg、大豆分离蛋白1.5kg、鸡蛋4kg、食盐1.2kg、大蒜粉1.0～1.5kg、良姜粉0.2kg、磷酸盐0.15kg、味精0.1kg、白胡椒粉0.15kg、片冰10kg。也可根据当地消费者喜好添加相应的一些配料:如香菇、莲藕、马蹄、青菜等,呈现不同的风味。

(4)混合斩拌 把准确称量的原料肉的肉末倒在斩拌机里先添加食盐和片冰充分斩拌均匀,再添加磷酸盐、鸡蛋、大豆分离蛋白和洋葱等辅料继续斩拌混合,如果添加淀粉,最后添加淀粉和少量片冰并斩拌均匀,以使肉浆的微孔增加,形成网状结构,整团肉浆能够掀起。整个斩拌过程的肉浆温度要控制在10℃以下。

(5)肉丸成型 使用成型机完成肉丸的成型,肉丸的大小可用模具来调节。

(6)油炸 肉丸成型后放入油炸机中,油温150～200℃,油炸时间2～6min,具体要根据肉丸大小调整。控制肉丸中心温度75～80℃。也可采用水煮的方式进行熟制。热水水温控制在85℃左右,使产品的中心温度达70℃,并维持1min以上,煮制时间不宜过短,否则会导致产品夹生,杀菌不彻底;煮制时间也不宜过长,否则会导致产品出油和开裂,而影响产品风味和口感。

(7)冷却 熟制后肉丸进入预冷间预冷,预冷间空气需用清洁的空气机强制冷却,预冷温度0～4℃,要勤翻动,做到肉丸预冷均匀。当肉丸中心温度达到6℃以下时,进行速冻。注意,如果生产量小的话,也可以不进行预冷,直接采用速冻机进行速冻。

（8）冻结　预冷后的产品入速冻机冻结，速冻机温度为 −35℃甚至更低，使产品温度迅速降至 −18℃以下，出速冻机后迅速进行包装，包装肉丸按工艺规程和客户的订单进行计量，薄膜小袋包装。质量误差应在允许范围内。包装好的肉丸装入纸箱内，封口牢固，标签清晰，符合 GB 7718—2014 标准要求。然后装箱送入贮藏库。

（9）成品检验　按国家标准，进行产品质量、形状、色泽、味道等感官指标和微生物指标检验。

四、结果与分析

在制定产品质量标准时，主要依据 GB 2726—2005 和 GB 2760—2014 等卫生指标，形成一套完整的企业内控标准，按此标准从原料、半成品、成品、检测手段等进行严格把关，确保产品质量符合要求。

感官质量评定标准如下。色泽淡白；鲜度及滋味：具有鸡肉特有的鲜味，可口，鸡味浓郁，口感爽口，脆嫩，回味不粗，柔软而不硬实，清香、松脆、鲜嫩而不腻，保留了肉类原始的风味；组织形态：断面密实，无大气孔，但有许多细小而均匀的气孔；弹性好，用中指轻压肉丸，明显凹陷而不破裂，放手则恢复原状，在桌上 30 ~ 35cm 处落下，肉丸会弹跳两次而不破；产品久煮不化汤，长时间煮香味更浓；产品无骨，适宜老年、儿童及各类人群。

【实训二】 油炸鸡翅的加工

一、目的与要求

通过本次实训，掌握油炸鸡翅的工艺流程与操作要点。

二、材料与工具

1. 实验材料

鸡翅、鸡蛋、食盐、面包粉、白砂糖、黄酒、味精、葱、生姜、大蒜、花椒、小茴香、大茴香。

2. 设备

冷藏柜、煤气灶、台秤、砧板、刀具、搅拌机、油炸机等。

三、方法与步骤

1. 原料配方

鸡翅 100kg、食盐 4kg、白砂糖 1kg、黄酒 1.5kg、味精 65g、葱 1kg、生姜

500g、大蒜 500g、花椒 150g、小茴香 100g、大茴香 100g、鸡蛋 3kg、面包粉 15kg。

2. 工艺流程

原料整理→腌制液配制→腌制→晾干→挂浆配制→油炸→成品。

3. 操作要点

（1）原料整理　选用经检验合格的鸡翅，去掉残毛，清洗干净，备用。

（2）腌制液配制　将香辛料装入纱布袋，和葱、姜、蒜一起放入 50kg 的沸水中熬制 1～2h，结束前半小时，加入 3.5kg 食盐、0.8kg 白砂糖，搅拌使溶解，冷却即可。

（3）腌制　将整理好的鸡腿与腌制液混匀，在 4℃ 左右条件下腌制 24h。

（4）挂浆配制　将鸡蛋打在搅拌机中，拌入面包粉、味精和余下的盐、糖，充分搅匀。

（5）挂浆油炸　将腌好的鸡翅挂浆后放入 160～180℃ 的热油中，油炸至金黄色即可。

四、结果与分析

（1）炸鸡翅成品质量标准：颜色焦黄，上浆均匀，不脱落，无焦煳，口感酥脆，外酥内软，肉质细嫩，具有油炸肉制品特有风味。

（2）为了加快腌制速率，可用刀在鸡翅表面划上几道。

参 考 文 献

1. 杨富民. 肉类初加工及保鲜技术 [M]. 北京：金盾出版社，2003.

2. 曹成明. 肉蛋及制品质量检验 [M]. 北京：中国计量出版社，2006.

3. 韩剑众. 肉品品质及其控制 [M]. 北京：中国农业出版社，2005.

4. 韩刚. 传统畜禽产品保鲜与加工 [M]. 广州：广东科技出版社，2002.

5. 曾庆孝. 食品加工与保藏原理 [M]. 北京：化学工业出版社，2003.

6. 彭增起. 肉制品配方原理与技术 [M]. 北京：化学工业出版社，2007.

7. 张秋会. 乳肉蛋深加工技术 [M]. 郑州：中原农民出版社，2006.

8. 田国庆. 食品冷加工工艺 [M]. 北京：机械工业出版社，2008.

9. 孙锡斌. 动物性食品卫生学 [M]. 北京：高等教育出版社，2006.

10. 蒋丽施. 肉品新鲜度的检测方法 [J]. 肉类研究，2011，25（1）：46 - 49.

11. 宋志娟. 冷却肉的微生物控制和保鲜技术的研究进展 [J]. 肉类研究，2009，23（6）：31 - 36.

12. 张冬怡. 冷却肉卫生安全控制及保鲜技术的研究进展 [J]. 肉类研究，2013，27（8）：39 - 43.

13. 刘宝林. 食品冷冻冷藏学 [M]. 北京：中国农业出版社，2010.

14. 孔保华，马丽珍. 肉品科学与技术 [M]. 北京：中国轻工业出版社，2003.

15. 中国就业培训技术指导中心. 猪屠宰加工工 [M]. 北京：中国劳动社会保障出版社，2007.

16. 马美湖. 现代畜产品加工学 [M]. 长沙：湖南科技出版社，2001.

17. 周光宏. 畜产品加工学 [M]. 北京：中国农业出版社，2002.

18. 周光宏，徐幸莲. 肉品学 [M]. 北京：中国农业科技出版社，1999.

19. 周光宏，张兰威，李洪军，马美湖. 畜产食品加工学 [M]. 北京：中国农业大学出版社，2002.

20. 伊藤肇躬. 肉制品制造学 [M]. 东京：日经印刷株式会社，2007.

21. 齐晓巍. 浅谈肉的"冷却排酸"过程 [J]. 食品研究与开发，2003，24（1）：8 - 9.

22. 王书成. 冷鲜肉的特点及其生产工艺流程 [J]. 养殖技术顾问，2009，（6）：160.

23. 朱维军. 肉品加工技术 [M]. 北京：高等教育出版社，2007.

24. 王玉田，马兆瑞. 肉品加工技术［M］. 北京：中国农业出版社，2008.

25. 顾仁勇. 肉干、肉脯、肉松生产技术［M］. 北京：化学工业出版社，2009.

26. 林春艳，李威娜. 肉制品加工技术［M］. 武汉：武汉理工大学出版社，2011.

27. 顾仁勇. 肉干、肉脯、肉松生产技术［M］. 北京：化学工业出版社，2009.

28. 马兆瑞，李慧东. 畜产品加工技术及实训教程［M］. 北京：科学出版社，2011.

29. 李慧东，严佩峰. 畜产品加工技术［M］. 北京：化学工业出版社，2008.

30. 浮吟梅，吴晓彤. 肉制品加工技术［M］. 北京：化学工业出版社，2008.

31. 张坤生. 肉制品加工原理与技术［M］. 北京：中国轻工业出版社，2005.

32. 杜克生. 肉制品加工技术［M］. 北京：中国轻工业出版社，2006.

33. 于新，李小华. 肉制品加工技术与配方［M］. 北京：中国纺织出版社，2011.

34. 葛长荣，马美湖. 肉及肉制品工艺［M］. 北京：中国轻工业出版社，2002.

35. 吕玉珍，王彦力，灌肠生产中常出现的质量问题分析［J］. 现代化农业，2005（1）：37-39.

36. 袁仲. 肉品加工技术［M］. 北京：科学出版社，2012.

37. 车云波，林春燕. 肉制品加工技术［M］. 北京：中国质检出版社，2011.

38. 林春燕，李威娜. 肉制品加工技术［M］. 武汉：武汉理工大学出版社，2012.

39. 岳晓禹，张美玲. 烧烤肉制品加工技术［M］. 北京：化学工业出版社，2013.

40. 岳晓禹，安晓兵. 烧烤肉制品配方与工艺［M］. 北京：化学工业出版社，2008.

41. 周光宏. 肉品加工学［M］. 北京：中国农业出版社，2009.

42. 孔保华，韩建春. 肉品科学与技术［M］. 北京：中国轻工业出版社，2011.

43. 夏文水. 肉制品加工原理与技术［M］. 北京：化学工业出版社，2003.

44. 高翔，王蕊. 肉制品生产技术［M］. 北京：中国轻工业出版社，2010.

45. 刘晓杰，王维坚. 食品加工机械与设备［M］. 北京：高等教育出版社，2010.

46. 张懋. 速冻生鲜食品品质调控新技术［M］. 北京：中国纺织出版社，2010.

47. 刘洪义，杨旭，吴泽全等. 食品油炸技术及其关键设备的研究［J］. 农机化研究，2011（6）：95～98.

48. 陈阳楼，樊成艳，王院华等. 冷冻调理猪肉串的加工工艺［J］. 肉类工业，2010（5）：3～4.